罗立强 詹秀春 李国会 等 编著

X射线
荧光光谱分析

X-Ray Fluorescence
Spectrometry

第三版

U0248734

化学工业出版社

·北京·

内 容 简 介

《X 射线荧光光谱分析》(第三版)系统阐述了 X 射线荧光光谱(XRFS)和 X 射线吸收光谱(XAS)分析基本原理,描述了 XRFS 光谱仪主要组件与功能,介绍了 XRFS 定性与定量分析方法、元素基体校正理论模型和算法、样品制备技术、仪器基本特性和仪器日常维护技术。同时,还根据 XRFS 的发展,介绍了 μ 子 X 射线光谱、同步辐射与微区 X 射线光谱分析原理与应用,强调了 X 射线光谱分析技术在解决重大科学问题中的支撑作用,并给出了其在生态与环境、地质、冶金、半导体材料、生物、考古等领域的研究进展与应用实例。

本书可供 X 射线荧光光谱分析工作者学习参考,同时也可作为高等学校分析化学、分析仪器及相关专业师生的参考书。

图书在版编目(CIP)数据

X 射线荧光光谱分析/罗立强等编著 . —3 版 . —
北京:化学工业出版社,2023.5
ISBN 978-7-122-43039-7

Ⅰ.①X… Ⅱ.①罗… Ⅲ.①X 射线荧光光谱法-光谱
分析 Ⅳ.①O657.34

中国国家版本馆 CIP 数据核字(2023)第 039641 号

责任编辑:杜进祥 　　　　　　　　文字编辑:向　东
责任校对:刘　一 　　　　　　　　装帧设计:史利平

出版发行:化学工业出版社(北京市东城区青年湖南街 13 号　邮政编码 100011)
印　　装:三河市航远印刷有限公司
710mm×1000mm　1/16　印张 21½　插页 1　字数 413 千字
2023 年 8 月北京第 3 版第 1 次印刷

购书咨询:010-64518888 　　　　　　售后服务:010-64518899
网　　址:http://www.cip.com.cn

凡购买本书,如有缺损质量问题,本社销售中心负责调换。

定　　价:128.00 元 　　　　　　　　　　　
京化广临字 2023-03

前　　言

时光过得好快。离着手写这本书，已经过去了整整二十年。

二十年前，互联网还没有现在这么便捷。查找和收集资料，主要还靠做卡片。撰写之初，笔者正好去了加拿大 McMaster University 做博士后，有机会接触到了一般不太好找到的基础资料，也更快地接触到一些学科发展前沿动态信息。当时正是毛细管聚焦光源和硅漂移探测器新兴发展之时，今天它们已成为常见装置；以前只能在大型同步辐射装置上方可进行的 X 射线吸收光谱（XAS）测定，现在已可在实验室小型 XAS 光谱仪上进行，普通实验室通过 XAS 分析元素形态已成为现实。近年来，还出现了 μ 子 X 射线光谱分析技术，为解决 X 射线荧光光谱轻元素分析难题打开了一扇希望之门。

二十年间，技术进步，装置发展，新型 X 射线光谱（XRS）分析仪越来越多，应用也日趋广泛。在这期间，本书也经历了第一版发行，第二版更名，第二版修订。在第一版的撰写和出版中，主要构筑了本书基本框架，介绍了 X 射线荧光光谱（XRFS）分析基本原理、实验技术、数据处理、样品制备和光谱仪维护；在第二版中，根据 XRFS 的发展，增加了 X 射线微区分析技术，补充了 XRFS 实际应用内容；在目前的第三版中，笔者重新撰写了绪论，对 XRFS 基本原理和主要特性进行了较大幅度的补充完善；推导了不同计数时间条件下的 XRFS 检出限计算公式，以弥补无相关计算式可用的不足；同时，本次修订也扩充了一些对新型 XRFS 装置的介绍篇幅，较详细介绍了对元素形态分析具有重要价值的 XAS 原理和小型 XAS 实验室测定装置，推介了 μ 子 X 射线光谱分析原理，补充了 X 射线驻波探测原理及其在硅晶半导体材料分析中的应用，提出了偏振-聚焦-单色-全反射 XRFS 分析原理构想；此外，本书专门补充一章，用以阐述和强调 XRS 在解决重大科学问题中的重要支撑作用。

第三版由罗立强、詹秀春、李国会等编著，全书由罗立强定稿。其中第一章~第九章由国家地质实验测试中心罗立强研究员编写，第十章由国家地质实验测试中心詹秀春研究员编写，第十一和第十二章由廊坊物化探研究所李国会高级工程师编写，第十三和第十四章分别由国家地质实验测试中心沈亚婷和柳检编著，第十五和第十六章分别由国家地质实验测试中心刘洁、袁静、孔亚飞、劳昌玲、蔺雅洁和孙建伶、曾远、马艳红、孙晓艳、储彬彬编写。

再过二十年，X 射线光谱分析的未来，相信会有更大的发展和更广泛的应用，XRFS 检出限不够低、轻元素测定困难、多层样品分析面临挑战的问题也应会有较大程度的解决。

回首走过的二十年，深感本书的撰写和三次出版的不易，笔者感谢曾参与本书撰写的各位作者和化学工业出版社的支持。做一件事，写一本书，不难。但坚持二十年，没有他们的支持和坚守，恐很难有今天本书的第三次出版。唯此，作者衷心感谢每一位关心、关注、支持本书出版的作者、编辑和读者们，谢谢你们！

愿各位健康、顺利，一切安好。

罗立强

2022 年 7 月 27 日北京

第一版前言

X 射线光谱分析技术作为直接应用 X 射线的一门分支学科和一种实用分析技术，目前已在地质、冶金、材料、环境、工业等无机分析领域得到了极其广泛的应用，是各种无机材料中主组分分析最重要的首选手段，各种与 X 射线荧光 (XRF) 光谱相关的分析技术，如同步辐射 XRF、全反射 XRF 光谱技术等，在痕量和超痕量分析中发挥着十分重要的作用。尤其是在无损分析和原位分析方面，X 射线荧光光谱技术具有无可替代的地位。

X 射线荧光光谱分析技术在近几年已取得显著进展，特别是在新型能量探测器研发方面，成就显著。各种商品化仪器也实现了高度集成，通过采用多种高新技术，使得能量色散 X 射线光谱仪的分辨率和适用性都具有了真正的实用价值。微区、原位、形态分析及多维信息获取等是目前的研究热点。在应用领域，活体分析、环境与健康等越来越受到人们的关注。

在过去的若干年中，我国 X 射线荧光光谱分析技术在一些关键技术和数据处理及各种应用领域也取得了令人瞩目的进展，特别是在微束毛细管聚焦透镜研制和化学计量学应用方面，在国际 XRF 界受到普遍尊重和认可。在仪器研发和制造方面，也取得了一些进展，但在大型商品仪器的制造方面，与国际上还存在差距。X 射线光谱技术的发展前景与应用潜力是巨大的。研发高性能、多功能、具有自主知识产权的大型仪器是我们的共同目标，需要国内同仁加倍努力，集体攻关，实现该领域的突破。

本书共分十二章，第一～五章阐述了 X 射线光谱分析的基本原理和光谱仪基本结构，第六～九章介绍定性、定量分析技术和数据处理方法，第十章详细分析并介绍了 X 射线光谱分析中的样品制备技术，并可应用于相关分析技术领域；第十一～十二章介绍了常用 X 射线荧光光谱仪的特性与参数选择及仪器检定、校正与维护基本技巧等。本书第一～九章由国家地质实验测试中心罗立强研究员编写，第十章由国家地质实验测试中心詹秀春研究员编写，第十一～十二章由中国地质科学院地球物理地球化学勘查研究所李国会教授级高级工程师编写。

编写时我们参考了诸多文献，并采用了其中的部分图片，还有一些图片来源于互联网，在各章最后列出了主要的参考文献，在此一并致以谢意。尽管编写中我们力求准确，但不足之处在所难免，敬请读者批评指正。

编著者

2007 年 6 月

目　　录

第一章　绪　论

X射线光谱（XRS）分析技术的发展已历经一百多年历程，其独有的无损、原位和微区分析特性和主成分准确定量分析能力，使其在自然探索、科学研究、技术进步和生产应用中，发挥了十分重要的作用。深入理解X射线光谱分析原理和掌握实验测试技术，有助于加深对自然现象的认识，推动对科学问题的探索，促进工业应用和社会发展。

第一节　X射线的发现与基本特性

X射线的发现经历了一段戏剧性历程。自1857年，国际上广泛开展了电磁光偏移效应、物体荧光投影、阴极管发光实验等物理学研究。至19世纪80年代，物理学家们更加关注用密封玻璃管开展低真空度下的高压原子发光实验。1890年，美国科学家古德斯皮德（Arthur Godspeed）在利用照相版进行可见光实验时，观察到了一种奇趣图案，他以为是由于实验中的某些未知错误引起。但5年后，德国物理学家伦琴（Wilhelm Roentgen）利用透光玻璃屏进行可见光实验，他改变了通常采用的实验条件，将管压升高，并提高真空度至当时可达的实验极值。于1895年11月8日黎明，当他将玻璃管包在纸中放入暗室利用实验装置［图1-1(a)］和荧光屏进行实验时，忽然发现其中的一个荧光屏被点亮。这是以前从未观察到的现象。于是，他移去荧光屏，并试图挡住光束。但他却发现，荧光屏上出现了他用之遮挡光线的手影。这一未知射线因此而被发现。

根据国际科学惯例，这一新发现的未知射线最初被命名为伦琴射线。但伦琴本人建议命名为X射线。而在此前5年美国科学家古德斯皮德已观察到这一未知的实验现象，此时他才意识到，那些图像其实是一枚碰巧落在了照相版上的硬币，这本应是世界上第一幅放射性透视图像，他却错失了首发良机。

X射线的发现，很快在科学和工业界，特别是在医学疾病诊断领域获得了广泛应用。1896年，美国哈佛大学沃尔特·坎农（Walter Bradford Cannon）用其进行了消化道衬度成像；成功拍摄到断腕X射线诊断图片；同年，世界上第一所配备X射线诊断装置的公共医疗机构建立；第一个X射线管专利颁布。X射线发现后仅一年，已发表相关论文逾千篇。工业化X射线管开始规模生产，10年中已生产近10万只，早期生产的X射线管如图1-1(b)所示。

X射线的发现也促进了化学、放射科学、光谱学的诞生和发展。1898年，居里夫人（M. Curie）发现放射性元素镭；1908年，巴克拉（C. G. Barkla）发现特征X射线；1913年，莫塞莱（H. G. J. Moseley）研究发现了原子序数和X射线荧光强度间的定量关系，这一定量关系的发现，导致了周期表中丢失元素的发现，例如在1923年，发现了元素周期表中的元素铪。在X射线发现后不到20年的时间内，X射线光谱学基础已经形成。

 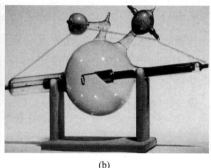

(a)　　　　　　　　　　　　(b)

图1-1　1895年伦琴发现X射线的实验装置（a）和早期的X射线管（b）

　　X射线是一种能量在0.1～100keV的高能光子，或波长约0.01～10nm的短波电磁辐射。一些时候，X射线的能量范围也会界定为0.1～50keV（波长0.025～10nm），而远紫外线（EUV）能量<124eV，γ射线能量>50keV。事实上，X射线的短波端会与γ射线重叠，长波端会与紫外线重叠。可测定的轻元素Li的X射线能量为54.3eV，重元素U和Cf的$K\beta_1$线分别为111.30keV和129.82keV，对应的波长分别为22.83nm、0.011nm及0.0096nm。因此对于元素XRF分析而言，进行X射线分析的能量范围为0.05～130keV，波长0.01～25nm。

　　X射线对物体具有透射能力，透射深度与物质组成和射线能量相关，被照射物体原子序数越小，X射线能量越大，透射越深。例如对Si基质，Al（Kα线

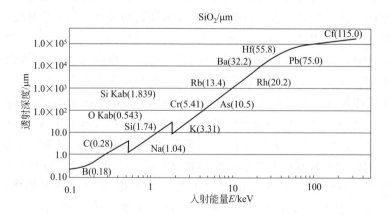

图1-2　物质组成、元素X射线能量与穿透深度的相互关系

1.4865keV）可穿透 3μm，而 Sn（Kα 线 25.271keV）则可穿透 3mm，能量相差 16 倍，穿透深度相差了逾约 1000 倍，如图 1-2 所示。

　　X 射线照射物体时会与组成物质发生相互作用。能量越大，穿透力越强。硬 X 射线（能量 $E>5.0$keV，元素 Cr K$\alpha_1=5.4$keV）比软 X 射线（$E<5.0$keV，Ti K$\alpha_1=4.5$keV）具有更大的透射深度。通常在对物体特别是人体透视时会使用大电压、小电流，既保证有足够穿透深度，又不至于损伤被照射人体。

第二节　X 射线光谱分析

一、X 射线荧光光谱

　　当用高能电子照射样品时，入射电子被样品中的电子减速，会产生宽带连续 X 射线谱。如果入射光为 X 射线，样品中元素内层电子受其激发会产生特征 X 射线，称为二次 X 射线或 X 射线荧光（XRF）。通过分析样品中不同元素产生的 X 射线荧光波长/能量和强度，可以获得样品中的元素组成与含量信息，达到定性和定量分析的目的。

　　不同元素，X 射线谱线能量不同。利用原级 X 射线激发待测物质，可获得连续谱分布和物质组成元素特征谱线（例如图 1-3）。当谱图上元素特征 X 射线谱线能量或波长处存在可识别谱峰时，即可定性认为存在该元素；利用对应的谱峰强度可以进行定量分析，获取物质中的组分浓度信息。

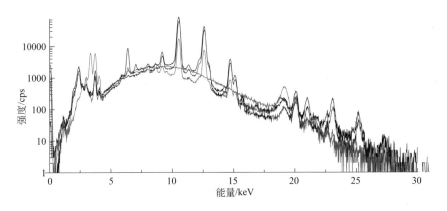

图 1-3　植物样品 X 射线荧光光谱图

　　X 射线荧光光谱仪一般根据激发或探测方式分类。根据分辨 X 射线的方式分为波长色散（WDXRF）和能量色散（EDXRF）X 射线荧光光谱仪两大类；根据激发源或激发方式的不同，又有全反射 XRF 光谱仪、同步辐射 XRF 光谱仪、粒子激发 XRF 光谱仪、微区 XRF 光谱仪等。结合不同 X 射线探测技术，可进行 X 射线衍射（XRD）、X 射线计算机断层扫描（XCT）、X 射线衬度成像

（DCT）分析，获得元素形态、物质组构和空间图像信息，如图 1-4 所示。

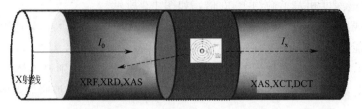

图 1-4　X 射线与物质相互作用及 X 射线探测与各类谱学分析技术

X 射线荧光（XRF）分析技术的特点是制样方法简单，一般采用粉末压片或熔融制样，无须大比例稀释样品，特别适用于物质组成主量元素分析和主、次、痕量多元素同时测定。XRF 分析技术的缺点是检出限不够低，通常在 $\mu g/g$ 量级；Na 以前轻元素分析较为困难，且依赖标样；分析液体样品的操作比较麻烦。常规 XRF 分析方法的浓度测定范围一般在 $10^{-4}\% \sim 99\%$ 以上，等离子体发射光谱（ICP-OES）和等离子体质谱（ICP-MS）一般应用于测定的浓度范围为 $0.1 \sim 10\mu g/g$ 和 $1 \sim 500 ng/g$，检出限可达 $10^{-9} g/g$ 量级。对于固体和液体样品，ICP-MS 分析技术主要应用于痕量元素测定，浓度范围一般在 ng/g 或 $10^{-12} \sim 10^{-6}$ 级，检出限可达飞克级（$10^{-15} g/g$）。X 射线光谱与 ICP-OES、ICP-MS 分析技术的应用浓度范围，既各有特点，又相互补充，图 1-5 所给出了建议的使用范围，以充分发挥各自的特长和优势。这些范围并不代表它们的能力限定。事实上，XRF 也具有分析低浓度组分的能力。若采用富集方法，例如采集 2L 水后用活性炭毡过滤，用手持式 XRF 测定自来水中的 Pb，检出限即可低达 10^{-9}，可以满足 EPA 饮用水中 Pb 浓度小于 15×10^{-9} 限定值的要求。如果采用全反射 X 射线荧光光谱分析技术，则检出限可达原子量级。目前国内外实验室较为通行的做法是同时配备 X 射线荧光光谱仪和电感耦合等离子体光谱或质谱仪，用 XRF 分析高含量元素，用 ICP-OES/MS 分析低含量元素。

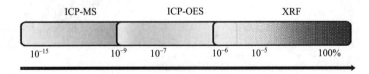

图 1-5　X 射线荧光光谱与 ICP-OES、ICP-MS 分析技术的适宜测定浓度范围

XRF 是一种无损分析技术，特别适用于原位和现场分析。在文物保护、活体分析、工业探伤、在线检测、产品检验等领域获得了广泛应用，是一项极富生命力和活力的分析技术，科研、应用发展潜力巨大。

二、X 射线吸收光谱

X 射线光谱不仅可进行元素定性和定量分析，还可以通过测定元素 X 射线吸收谱（XAS），进行元素形态分析。用一束能量可调 X 射线照射物体，随入射能量增加，X 射线透射力增强，散射吸收减少，质量吸收系数降低。当入射能量达到一临界值时，原子内层电子被激发，入射 X 射线被大量吸收，质量吸收系数显著升高，对应的能量称为 X 射线吸收边。

测定 XAS 的方式有两种，一种是透射模式，另一种是荧光模式。透视模式直接测定 X 射线入射光强度和透射光强度，通过计算得到物质的质量吸收系数；荧光模式是通过测定入射光照射物质产生的 X 射线荧光，经过相应的计算后，获得物质的吸收信息。

X 射线吸收边由元素内层电子结构和能级控制，同时还受其价态和外部环境影响。分析元素 X 射线吸收边特征变化，可获得物质组成元素价态、配位原子特性和配位结构等信息。例如，Mn 的氧化数变化与吸收边位移成正比，线性相关性良好，如图 1-6 所示。

X 射线发射光谱（XES）与共振非弹性 X 射线散射（RIXS）谱也是揭示元素组态信息的重要工具。对具有未配对 d 电子的开壳层过渡金属，3p-3d 轨道杂化产生谱线分裂，形成 $K_{\beta_{1,3}}$ 和 $K_{\beta'}$。分析这些复杂的 X 射线发射光谱，或进行 RIXS 光谱分析，可获得详尽的元素氧化态、结构配位等信息，是当前关于未成对电子及金属配位特性等探索中的研究热点。

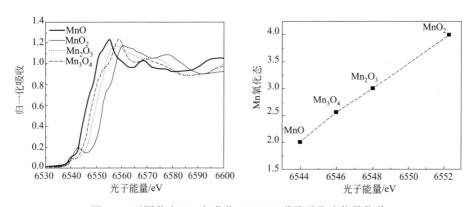

图 1-6　不同价态 Mn 氧化物 XANES 谱及吸收边能量位移

第三节　X 射线光谱分析装置研发新发展

X 射线发现 100 多年来，X 射线管已从单一固态靶，发展到近代双阳极、旋转阳极和液体金属靶 X 射线管，实现了大功率、高电压激发。同时随着探测器和分光系统的进步，X 射线光谱（XRS）分析技术与应用均取得了迅速发展。

一、能量探测器

除了已广泛应用的波长色散 X 射线荧光光谱（WDXRF）分析外，最近十多年以来，以硅漂移探测器（SDD）为代表的能量探测器技术发展迅速，已形成能量色散 X 射线荧光光谱（EDXRF）主流，其分辨率已达 125.7eV @ Mn Kα 5.9keV。

超导隧道结（STJ）探测器也是近年来快速发展并逐渐成熟的一种能量探测技术。STJ 对 C Kα（422eV）线的能量分辨率为 23.8eV，在低能可达 5eV @ 1keV，优于 SDD 的能量分辨率（42eV @ C Kα），已可与波长色散 X 射线光谱仪相媲美，对 N Kα 线能量分辨率 SDD、STJ、WDS（波谱法）分别为 70eV、10eV 和 9eV，探测效率分别为 120cps/nA、7.0cps/nA 和 9.4cps/nA，尽管 WDS 分辨率还略优于 STJ，但 WDS 需要扫描，测量时间长，不适于获取二维和三维谱图信息。

二、微区 XRF 分析装置与应用

微区 XRF（μXRF）分析是近年来发展最快的 XRF 分析技术。实现微区 XRF 分析的手段主要有同步辐射 XRF（SRXRF）、聚束毛细管透镜 XRF（PCXRF）和扫描电镜 XRF（SEMXRF）。SRXRF 和 PCXRF 已基本成熟，PCXRF 已商品化。而 SEM-XRF 则刚刚起步，是当前装置研发热点。

利用毛细管聚焦技术实现三维共聚焦，可获取物质组成元素二维或三维立体信息与图像，用以揭示元素的迁移转化规律，是当前科学研究和自然探索中十分重要的分析技术手段，也是当前的一种发展趋势。例如，通过 μXRF 测定，可以揭示植物种子发芽和生长过程中的元素迁移规律［图 1-7(a)］。

正如伦琴发现 X 射线时的手指图像一样，X 射线具有穿透物体能力，可以发现物体表面之下的深层信息，揭示隐藏或似已丢失的信息。这一特点在文物研究中具有独特优势。读者仔细观察凡·高油画绿草地图 1-7(b) 及其方框中的区域，能否发现什么新的信息？有兴趣的读者可以阅读原文参考文献［16］，相信读者阅后一定会惊叹于 μXRF 的强大分析和信息揭示能力。

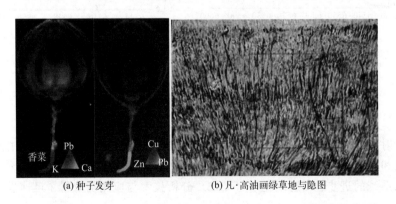

(a) 种子发芽　　　　　　　　　　(b) 凡·高油画绿草地与隐图

图 1-7　μXRF 二维分布

三、全反射 X 射线光谱装置与应用

随着半导体工业在提高性能、降低成本方面的竞争加剧，面临着不间断追求以最小装置尺寸、容纳最大芯片数量的困境和艰难挑战，对硅晶片性能产生关键影响的金属污染物种类、数量、分布、形态等的准确定量分析，日趋重要。原子级别的极微量污染即可产生原子级别的硅晶片性能缺陷，导致载流子寿命缩短、PN 节漏电流增加、门氧化物（gate oxide）绝缘体击穿、电压阈值可控性变差，从而使装置可靠性降低，装置故障率增加。

导致硅晶片性能变差的金属污染物，主要包括 Na、Al、Ca、Cr、Fe、Co、Ni、Cu 和 Zn 等。检测污染物浓度，对控制产品质量、发展可除去这些污染物的工艺至关重要。根据国际半导体工业协会半导体国家技术路线图指南要求，过渡金属灵敏度应达到 5×10^8 原子/cm^2，但当前采用 X 射线管激发的全反射 X 射线荧光光谱（TXRF）分析技术仅可达到 5×10^9 原子/cm^2。难以达到晶片生产技术要求。

利用全反射 X 射线驻波原理，结合掠入射或掠出射全反射 X 射线荧光光谱（GITXRF/GETXRF）探测装置，不仅可以分析硅晶表面成分，还可以进行半导体纳米涂层分析（图 1-8）。半导体纳米涂层厚度和性质决定了半导体材料电学性能，如果采用 SIMS 等破坏分析方法则会改变系统特性，采用 TXRF 无损检测，可深入研究和揭示纳米埋层互补特性与机理。

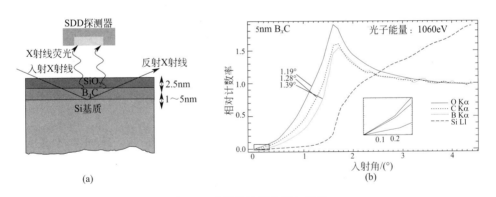

图 1-8　硅晶片涂层分析与特性

四、实验室小型 X 射线吸收谱测定装置与应用

XAS 通过边前峰、吸收边、近边结构和扩展的精细结构，可以揭示原子氧化态及化学键特征、近邻原子类型及空间配位、原子间距、化学键键角。常规 X 射线光谱仪难以达到 XAS 分析所需要能量分辨率。过去只能利用同步辐射装置。近年来实验室型 XAS 装置研发取得了显著进展，使得在普通实验室进行元素 XAS 测定和元素形态分析成为可能，是解决当前重大科学问题的有效技术手段：

1. 元素氧化态分析

利用X射线吸收近边结构（XANES）谱进行元素氧化态识别，是XAS最重要、最广泛的应用领域。金属元素，特别是3d过渡金属，价态多变，XANES信息丰富。例如，Mn K吸收边能量位移随氧化数增加而升高，Fe（Ⅱ）至Fe（Ⅵ）的K-XANES谱随氧化数增加呈规律性变化，磁铁矿、磁赤铁矿（γ-Fe$_2$O$_3$）、水铁矿、菱铁矿、针铁矿、赤铁矿和方铁矿等典型Fe矿物中Fe K-XANES谱图特征明显（图1-9），由此可准确测定氧化态，识别矿物种类。

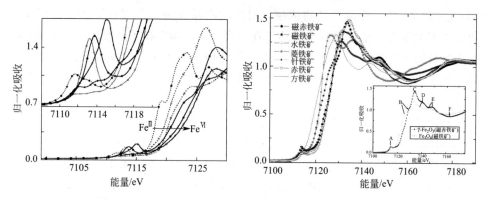

图1-9 Fe（Ⅱ）至Fe（Ⅵ）及矿物Fe形态与K-XANES谱

2. 配位原子识别

当元素氧化态变化、配位原子不同时，XANES也显著不同。例如，不同氧化态的Co和Ni，吸收边相同或相似，差别小。但当配位原子不同时，XANES谱图变化显著。Cu亦如此，且Cu(Ⅰ)有明显边前峰，对具有相同氧化数的Cu(Ⅰ)，当配位数分别为2、3、4时，Cu K-XANES吸收谱显著不同。

3. 元素空间结构与配位分析

利用XANES分析，可以获得元素空间结构与配位信息。例如CuMoO$_4$是一类温压变色材料，当温度从230K升高至280K时，XANES测定发现，随着棕红色γ-CuMoO$_4$向绿色α-CuMoO$_4$转化，其空间结构也随之改变。用XANE测定植物中Pb配位，发现Pb并不与通常认为的—S、—N和—PO$_4$基团结合，而是在第一配位层与9个O、第二配位层与3个O形成了内、外球层Pb-O络合物。

4. 元素形态化学反应动力学反应规律分析

通过XAS装置，可以研究动态化学反应过程。如用XAS测定Cu-ZSM-5催化剂在773K经He气处理和在623K与O$_2$连续接触后Cu K边XANES谱变化，可以观察到1s→3d转化，从而揭示O$_2$反应路径。此外，通过扩展的X射线吸收精细结构谱（EXAFS），还可以计算元素和配位原子间距。

五、当代 X 射线探测技术发展与应用

物质组成除了采用 XRF 和 XAS 分别测定成分和形态，还可以利用 X 射线进行与物质组成相关的其它特性研究，例如，进行物质组构、形貌、材料电学特性等研究。

将 μXRF 与 X 射线感应电流（XBIC）测量技术相结合，可原位测定半导体异质结构、埋层和纳米物质组成与特性，通过测量因应力或组分梯度产生的内在载流子分离特性，揭示了组分特性、元素形态等与电场和能带间相关性规律。

自旋波是设计未来新型磁纳米装置的构建模块。通过磁 X 射线显微镜，可以研究磁性材料电子自旋对所形成的积聚性磁激发态自旋波。过往处理自旋波需要空间扩展微波磁场，限制了其在微小装置中的应用。自旋矩转换技术进步实现了纳米自旋波控制，使之在室温下即可进行信号传输或编码。将直流电 I_{DC} 叠加微波电流 I_{mw}，流进纳米触点，使自旋波激发与 X 射线探测同步。将磁场 H 施加于样品，自旋波受激生成，采用光电二极管，通过 X 射线磁圆二色谱（XMCD）（图 1-10），探测透过样品信号，可以获得并揭示磁场随时间沿 X 射线传播方向变化规律。

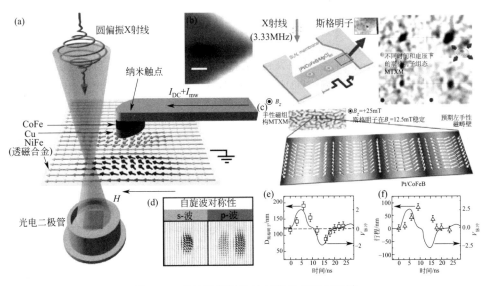

图 1-10 磁纳米装置设计与磁 X 射线显微镜

此外，超强、超快自由电子激光（FEL）脉冲 X 射线技术可以研究物质瞬态特性，揭示球形颗粒物爆裂过程、动量变化、物相变化过程，从原子尺度揭示材料 3D 动态变化，是未来的重要发展方向之一。

总之，经过 100 多年的发展，X 射线光谱分析技术已在若干重大科学问题探索和技术难点攻关中，发挥了越来越重要的作用。在生命起源探索、地球早期生命寻证、全球气候变化研究等领域，X 射线光谱的应用揭示了诸多的重要科学规

律。但在实际应用中，还存在一些局限，例如，轻元素测定困难，薄层分析复杂，XRF 检出限不理想等。为此还需在不断的理论探索和基础研究中，寻找有效的解决途径。任重而道远。

本书重点阐述了 X 射线荧光光谱分析原理，介绍了 X 射线光谱仪结构、关键部件和主要功能，强调了新颖设计和技术创新。对于近期的一些进展，如新型微热量仪和超导探测器、毛细管透镜聚焦、X 射线激光、μ 子 X 射线光谱等，也给予了一定篇幅的介绍。按照 XRS 分析方法所须遵循的原则，对定性与定量分析方法、基体校正与数据处理、化学计量学做了较详细的描述，强调了各方法的特点、局限及基本选用原则，介绍了具体算法，并使其具有可编程性。制样设备和技术单独成章，以使读者对其有深刻认识并能灵活运用。在仪器与维护方面，分析了不同仪器的特性，提供了一定的具有共性的仪器校正方法、日常维护知识和故障判断原则。

参考文献

[1] Behling R. Physica Medica，2020.

[2] de Vries J L. Advances in X-ray Analysis，1995，39：1-11.

[3] Kravetz R E. The American Journal of Gastroenterology，2001，96（4）：1273.

[4] Gilfrich J V. Advances in X-ray Analysis，1995，39：29-39.

[5] NASA's HEASARC. High Energy Astrophysics Science Archive Research Center，What are the Energy Range Definitions for the VariousTypes of Electromagnetic Radiation，National Aeronautics and Space Administration，Goddard Space Flight Center，Sciences and Exploration；https：//heasarc. gsfc. nasa. gov/docs/heasarc/headates/spectrum. html，2021-3-18.

[6] Hovington P，Timoshevskii V，Burgess S，et al. Scanning，2016，38（6）：571-578.

[7] Deslattes R D，Kessler E G，Indelicato P，et al. Reviews of Modern Physics，2003，75（1）：35-99.

[8] Liu Y，Xue D，Li W，et al. Microchemical Journal，2020，158：105221.

[9] Palmer P T，Jacobs R，Baker P E，et al. Journal of Agricultural and Food Chemistry，2009，57（7）：2605-2613.

[10] Tighe M，Bielski M，Wilson M，et al. Analytical Chemistry，2020，92（7）：4949-4953.

[11] Kuo C-H，Mosa I，Thanneeru S，et al. Chemical Communications，2015：51.

[12] Hafizh I，Bellotti G，Carminati M，et al. X-Ray Spectrometry，2019，48（5）：382-386.

[13] Fujii G，Ukibe M，Ohkubo M. Superconductor Science & Technology，2015，28（10）.

[14] Fujii G，Ukibe M，Shiki S，et al. X-Ray Spectrometry，2017，46（5）：325-329.

[15] Schlosser D M，Lechner P，Lutz G，et al. Nuclear Instruments and Methods in Physics Research Section A：Accelerators，Spectrometers，Detectors and Associated Equipment，2010，624（2）：270-276.

[16] Dik J，Janssens K，Van Der Snickt G，et al. Analytical Chemistry，2008，80（16）：6436-6442.

[17] Luo L，Shen Y，Ma Y，et al. X-Ray Spectrometry，2019，48（5）：401-412.

[18] Unterumsberger R，Pollakowski B，Müller M，et al. Analytical Chemistry，2011，83（22）：8623-8628.

[19] Sarangi R. Coordination Chemistry Reviews，2013，257（2）：459-472.

[20] Piquer C, Laguna-Marco M A, Roca A G, et al. The Journal of Physical Chemistry C, 2014, 118 (2): 1332-1346.

[21] Lühl L, Mantouvalou I, Schaumann I, et al. Analytical Chemistry, 2013, 85 (7): 3682-3689.

[22] Jonane I, Cintins A, Kalinko A, et al. Low Temperature Physics, 2018, 44 (5): 434-437.

[23] Bovenkamp G L, Prange A, Schumacher W, et al. Environmental Science & Technology, 2013, 47 (9): 4375-4382.

[24] Smeets P J, Hadt R G, Woertink J S, et al. Journal of the American Chemical Society, 2010, 132 (42): 14736-14738.

[25] Bonetti S, Kukreja R, Chen Z, et al. Nature Communications, 2015, 6 (1): 8889.

第二章 基本原理

X射线是一种波长为0.01~10nm较短的电磁辐射，能量在0.1~100keV的光子。X射线与物质的相互作用主要包括光电效应、散射和吸收三种，并产生特征X射线、俄歇电子、光电子等。物质中的组成元素受激产生的特征辐射称为二次X射线，也称为X射线荧光。通过测量和分析样品产生的X射线荧光，即可获知样品中的元素组成，得到物质成分的定性和定量信息，是地质、生物、环境、材料等领域中的重要应用工具。

第一节 特征X射线的产生与特性

当用高能电子束照射物质时，入射高能电子被物质组成元素中的电子减速，这种带电粒子的负的加速度会产生宽带的连续X射线谱，简称为连续谱或韧致辐射。

另外，化学元素受到高能光子或粒子的照射，如内层电子被激发，则当外层电子跃迁时，就会放射出特征X射线。特征X射线是一种分离的不连续谱。如果激发光源为X射线，则受激产生的X射线称为二次X射线或X射线荧光。

一、特征X射线

图2-1显示了特征X射线产生的过程。当入射X射线撞击原子中的电子时，如光子能量大于原子中的电子束缚能，电子就会被击出。这一相互作用过程被称为光电效应，被击出的电子称为光电子。通过研究光电子或光电效应可以获得关

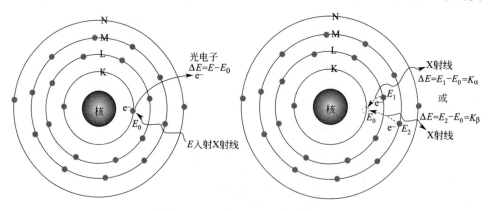

图2-1 特征X射线产生的过程

于原子结构和成键状态的信息。在这一过程中，如入射光束的能量大得足以击出原子中的内层电子，就会在原子的内壳层产生空穴，这时的原子处于非稳态，外层电子会从高能轨道跃迁到低能轨道来充填轨道空穴，多余的能量就会以 X 射线的形式释放，原子恢复到稳态。如果空穴在 K、L、M 壳层产生，就会相应产生 K、L、M 系 X 射线。

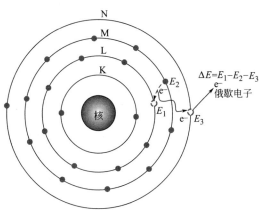

图 2-2 俄歇电子与俄歇效应

光电子出射时有可能再次激发出原子中的其他电子，产生新的光电子。再次生成的光电子被称为俄歇电子，这一过程被称为俄歇效应，如图 2-2 所示。

一种元素的原子受激后辐射出的 X 射线光子的能量等于受激原子中过渡电子在初始能态和最终能态的能量差别，即发射的 X 射线光子能量与该特定元素的电子能态差成正比，即遵守能量方程：

$$E = h\nu \tag{2-1}$$

式中，E 为光子能量；ν 为射线频率；h 为普朗克常数。光子能量 E（keV）与波长 λ（nm）的关系为：

$$E = \frac{hc}{\lambda} = \frac{1.2398}{\lambda} \tag{2-2}$$

受激原子辐射出的能量与该特定原子的轨道能级差直接相关，与原子序数的二次幂成正比：

$$\frac{1}{\lambda} = \Delta \widetilde{\nu} = k(Z - \sigma)^2 \tag{2-3}$$

此即 Moseley 定律。式中，k、σ 均为特性常数，随 K、L、M、N 等谱系而定。

X 射线荧光是源于样品组成的特征辐射，通过测定和分析 X 射线的能量或波长，即可获知其为何种元素，故可用来识别物质组成，定量分析物质中的元素含量。

二、特征谱线系

对于一给定元素，原子的初始和最终状态是由电子的量子数的不同结合方式所决定的，产生的特征谱线必须遵守一定的跃迁选择定则。

1. 电子组态

电子在原子轨道中的运动遵守量子理论，分别由主量子数 n（1，2，3，…）、角量子数 l（0，1，…，$n-1$）、磁量子数 m（l，$l-1$，0，$-l$）和自旋量子数

m_s（$\pm 1/2$）决定。四种量子数的结合原则必须符合鲍利原理，即任一给定电子组态不能存在一个以上的电子，也即每四个量子数的结合对于一个电子而言是唯一的。

此外，角动量 J 是角量子数与自旋量子数之和：

$$J = l \pm m_s \tag{2-4}$$

总量子数不能为负值。三个主壳层的电子结构及量子数取值范围见表 2-1。这些基本电子组态是判断电子跃迁和 X 射线特征谱的基础。

2. 选择定则

当原子受到高能粒子激发后，并不是所有轨道电子之间都能产生电子跃迁，发射 X 射线光子。电子跃迁时必须符合选择定则，如表 2-2 所示。

表 2-1　原子轨道、电子结构及量子数取值范围

壳层	n	l	m	m_s	轨道	J
K(2)	1	0	0	$\pm 1/2$	1s	1/2
L(8)	2	0	0	$\pm 1/2$	2s	1/2
		1	$-1,0,+1$	$\pm 1/2$	2p	1/2;3/2
M(18)	3	0	0	$\pm 1/2$	3s	1/2
		1	$-1,0,+1$	$\pm 1/2$	3p	1/2;3/2
		2	$-2,-1,0,+1,+2$	$\pm 1/2$	3d	3/2;5/2
N(32)	4	0	0	$\pm 1/2$	4s	1/2
		1	$-1,0,+1$	$\pm 1/2$	4p	1/2;3/2
		2	$-2,-1,0,+1,+2$	$\pm 1/2$	4d	3/2;5/2
		3	$-3,-2,-1,0,+1,+2,+3$	$\pm 1/2$	4f	5/2;7/2

表 2-2　选择定则

量子数	选择定则	说明
主量子数(n)	$\Delta n \geqslant 1$	必须至少改变 1
角量子数(l)	$\Delta l = \pm 1$	只能改变 1
角动量(J)	$\Delta J = \pm 1$ 或 0	必须改变 1 或 0，且不能为负

结合表 2-1 和表 2-2，可以获知跃迁能级。对 K 壳层，只有 1s 电子，J 只能取 1/2，故只有一个 K 系跃迁能级；对 L 层电子，J 可有三个取值，因此可有三个跃迁能级，分别用 L_1、L_2、L_3 表示；对 M 壳层，可有五个跃迁能级，依次类推。这些基本电子组态和选择定则决定了我们可以观察到的特征 X 射线谱线。例如对 K 系和 L 系谱线，允许以下跃迁：

K：p→s，例如 $K\alpha_1$（K-L_3）、$K\alpha_2$（K-L_2）；

L：p→s($L\beta_3$，L_1-M_3)，s→p($L\eta$，L_3-M_1)，d→p($L\alpha_1$，L_3-M_5)。

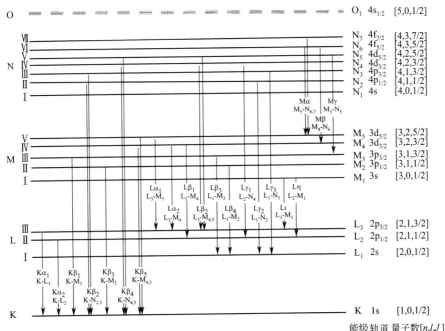

X射线光谱能级与主要谱线系

图 2-3　跃迁能级与 X 射线谱线系的关系

3. 特征谱线系

特征 X 射线由三类组成，第一类是我们通常看到的常规 X 射线，第二类是所谓受禁跃迁谱线，第三类是卫星线。

常规 X 射线的产生符合选择定则，例如对 K 系谱线，分别由来自于 L_{II}/L_{III}、M_{II}/M_{III}、N_{II}/N_{III} 壳层的电子形成三对谱线系。图 2-3 显示了跃迁能级与 X 射线谱线系的关系。国际纯粹与应用化学联合会（IUPAC）采用跃迁能级命名，故从中既可了解跃迁能级，也不易将不同谱线来源与名称混淆。表 2-3 列出了特征 X 射线谱线产生能级、常用名（俗称）以及与国际标准名称的比较。

第二类为受禁跃迁谱线，主要来源于外层轨道电子间没有明晰的能级差的情况。例如过渡金属元素的 3d 电子轨道，当电子轨道中只有部分电子充填时，其能级与 3p 电子类似，故可观察到弱的受禁跃迁谱线（β_5）。当存在双电离情况时，则可能会观察到第三类谱线——卫星线。

三、谱线相对强度

入射光与物质相互作用后，产生的特征谱线强度取决于以下三个因素：

① 入射光子使特定壳层电子电离的概率；

② 产生的孔穴被某一特定外层电子充填的概率；

③ 该特征 X 射线出射时在原子内部未被吸收的概率。

表 2-3　特征 X 射线谱线产生能级、常用名（俗称）以及与国际标准名称的比较

常用名	IUPAC	常用名	IUPAC	常用名	IUPAC
$K\alpha_1$	$K\text{-}L_3$	$L\alpha_1$	$L_3\text{-}M_5$	$L\gamma_1$	$L_2\text{-}N_4$
$K\alpha_2$	$K\text{-}L_2$	$L\alpha_2$	$L_3\text{-}M_4$	$L\gamma_2$	$L_1\text{-}N_2$
$K\beta_1$	$K\text{-}M_3$	$L\beta_1$	$L_2\text{-}M_4$	$L\gamma_3$	$L_1\text{-}N_3$
$K\beta_2^{\mathrm{I}}$	$K\text{-}N_3$	$L\beta_2$	$L_3\text{-}N_5$	$L\gamma_4$	$L_1\text{-}O_3$
$K\beta_2^{\mathrm{II}}$	$K\text{-}N_2$	$L\beta_3$	$L_1\text{-}M_3$		
$K\beta_3$	$K\text{-}M_2$	$L\beta_4$	$L_1\text{-}M_2$	$L\gamma_5$	$L_2\text{-}N_1$
$K\beta_4^{\mathrm{I}}$	$K\text{-}N_5$	$L\beta_5$	$L_3\text{-}O_{4,5}$	$L\gamma_6$	$L_2\text{-}O_4$
$K\beta_4^{\mathrm{II}}$	$K\text{-}N_4$	$L\beta_6$	$L_3\text{-}N_1$	$L\gamma_8$	$L_2\text{-}O_1$
$K\beta_{4x}$	$K\text{-}N_4$	$L\beta_7$	$L_3\text{-}O_1$		
$K\beta_5^{\mathrm{I}}$	$K\text{-}M_5$	$L\beta_7'$	$L_3\text{-}N_{6,7}$	$L\eta$	$L_2\text{-}M_1$
$K\beta_5^{\mathrm{II}}$	$K\text{-}M_4$	L_{β_9}	$L_1\text{-}M_5$		
		$L\beta_{10}$	$L_1\text{-}M_4$	Ls	$L_3\text{-}M_3$
		$L\beta_{15}$	$L_3\text{-}N_4$	Lt	$L_3\text{-}M_1$
		$L\beta_{17}$	$L_2\text{-}M_3$	Lu	$L_3\text{-}N_{6,7}$
				Lv	$L_2\text{-}N_{6,7}$

第一个与第三个影响因素分别与吸收和俄歇效应相关，而第二个则与跃迁概率相关。

谱线相对强度是指在一特定谱线系中各谱线的强度比。例如 $K\alpha_1/K\alpha_2$ 或 $K\beta/K\alpha$ 等 K 系谱线的相对强度。K 系谱线相对强度在不同元素间变化范围较小，测得的准确度也较高，而 L 和 M 谱线系的相对强度变化较大。

值得注意的是，谱线相对强度与谱线相对强度份数是不同的。谱线相对强度份数是指一特定谱线占该能级中总的强度比例。对 K 系线的谱线相对强度份数（$f_{K\alpha}$）有：

$$f_{K\alpha} = \frac{K\alpha}{K\alpha + K\beta} = \frac{1}{1 + K\beta/K\alpha} \tag{2-5}$$

谱线相对强度份数将在基本参数法计算中得到应用。

四、荧光产额

并非所有产生的空穴都会产生特征 X 射线，例如会产生俄歇电子。因此从一能级产生的光子数取决于相对效率，其大小可用荧光产额来衡量。

荧光产额（ω）定义为在某一能级谱系下从受激原子有效发射出的次级光子数（n_K）与在该能级上受原级 X 射线激发产生的光子总数（N_K）之比，代表了某一谱线系光子脱离原子而不被原子自身吸收的概率。对 K 系谱线，有：

$$\omega = \frac{\sum n_K}{N_K} \tag{2-6}$$

荧光产额具有两个特点，一是原子序数越大，荧光产额越高，如表 2-4 所示。对轻元素，荧光产额很低，这也是利用 XRF 分析轻元素比较困难的主要原因之一。二是 K 系谱线荧光产额最大，并按 K、L、M 谱系依次递减。

荧光产额 ω 可由实验测定，也可采用经验公式计算：

$$\omega = \frac{F}{1+F} \qquad (2\text{-}7)$$

$$F = (a + bZ + cZ^3)^4 \qquad (2\text{-}8)$$

式中，Z 为原子序数；a、b、c 为常数。公式表明荧光产额随原子序数的增加而显著上升。该经验公式可应用于基本参数法计算中。

表 2-4　不同元素的 K 系谱线荧光产额

元素	C	O	Na	Si	K	Ti	Fe	Mo	Ag	Ba
ω_K	0.0025	0.0085	0.024	0.047	0.138	0.219	0.347	0.764	0.830	0.901

K 系谱线的荧光产额 ω_K 准确度要明显高于 L 谱线系的 ω_L，而 ω_M 最小。ω_K 的准确度为 3%~5%，ω_L 为 10%~15%。

第二节　X 射 线 吸 收

当 X 射线穿过物质时，一方面受散射作用衰减，另一方面还会经受光电吸收。光电吸收效应会产生 X 射线荧光和俄歇吸收，散射则包含了弹性和非弹性散射作用过程。

一、X 射线吸收和衰减

当一单色 X 射线穿过均匀物体时，其初始强度将由 I_0 衰减至出射强度 I_x，X 射线的衰减符合指数衰减定律：

$$I_x = I_0 \exp(-\mu\rho L) \qquad (2\text{-}9)$$

式中，μ 为质量衰减系数，cm^2/g；ρ 为样品密度，g/cm^3；L 为射线在样品中的辐射距离，cm。图 2-4 解释了这一作用过程。

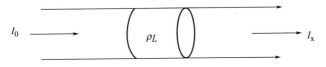

I_0　　　　　ρL　　　　　I_x

图 2-4　单色 X 射线穿过厚度为 L 的均匀物体后强度衰减

质量衰减系数（μ）是质量光电吸收系数（τ）和质量散射吸收系数（σ）的和：

$$\mu = \tau + \sigma \qquad (2\text{-}10)$$

且

$$\tau = \tau_K + (\tau_{L_I} + \tau_{L_I} + \tau_{L_{II}}) + (\tau_{M_I} + \tau_{M_{II}} + \tau_{M_{III}} + \tau_{M_{IV}} + \tau_{M_V}) \quad (2\text{-}11)$$

$$\sigma = \sigma_{Rayleigh} + \sigma_{Compton} + \sigma_{Pair} + \sigma_{Triplee} \quad (2\text{-}12)$$

式中，$\sigma_{Rayleigh}$、$\sigma_{Compton}$、σ_{Pair}、$\sigma_{Triplee}$ 分别为弹性散射、非弹性散射、核场和原子电场下的正负电子偶散射截面。由（2-11）式可见，除 K 壳层外，在 L 和 M 层，将分别出现 3 个和 5 个吸收跃迁。在 0～100keV 范围，光电吸收系数比散射系数要大若干倍，通常占质量衰减系数的 95％左右。

如果考虑穿透深度为 x，并对式（2-9）进行微分，可得质量衰减系数（μ）的微分表达式

$$\mu = -\frac{dI}{I\rho dx} \quad (2\text{-}13)$$

即质量衰减系数（μ）是 X 射线穿过单位厚度、单位质量后的衰减份额，代表了被辐射物质对 X 射线的衰减作用大小。而质量光电吸收系数（τ）和质量散射吸收系数（σ）则分别代表了在单位质量（或单位厚度、单位原子截面）情况下的光电吸收和散射吸收。

利用公式（2-9）可以计算特定波长或能量 X 射线的透射深度。在标准物质研制中进行均匀性检查时，可以根据不同的元素，利用该式计算特征 X 射线的有效出射距离，获得各元素对应的最小取样量数据。通常，特征 X 射线在固体样品中的透射深度并不是很大，利用式（2-9）可以计算透射厚度 L（μm），考虑 99％吸收的情况，则有

$$L = 46052/(\mu\rho) \quad (2\text{-}14)$$

特征 X 射线在固体样品中的透射深度通常只有几微米到几百微米，如表 2-5A 和表 2-5B 所示。在应用式（2-14）时，要注意 μ 与能量相关。

表 2-5A　元素特征 X 射线穿透深度（衰减 99％）　　　　单位：μm

元素特征 X 射线能量	$H_2O(\rho=1.0)$	$Fe(\rho=7.86)$	$Cu(\rho=8.94)$
C $K\alpha_2 = 277$keV	10.12	0.50	0.38
Al $K\alpha_1 = 1.4865$keV	34.88	1.79	1.19
Si $K\alpha_1 = 1.7398$keV	50.35	2.53	1.65
Fe $K\alpha_1 = 6.4052$keV	2488	91.14	57.62
Rh $K\alpha_1 = 20.216$keV	58130	236.0	156.1

表 2-5B　30keV X 射线透射深度（衰减 99％）　　　　单位：cm

项目	H_2O	SiO_2	TiO_2	ZnO	ZrO	Fe	Zn	Zr	Pb
质量吸收系数（MAC）	0.38	0.87	3.07	9.66	21.09	8.09	11.93	24.72	29.75
ρ	1.00	2.32	4.53	7.11	6.49	7.86	7.11	6.49	11.33
透射深度/cm	119.84	22.87	3.31	0.67	0.34	0.72	0.54	0.29	0.14

二、吸收边

光电吸收由各原子能级吸收之和构成，且是原子序数的函数。将质量吸收系数与波长或能量的对应关系画图，在与原子各壳层中电子束缚能所对应的波长（能量）处，存在一些不连续处，质量吸收系数会出现突然变化，在特定能量下的这一吸收突变称为吸收边。

图 2-5 是质量吸收系数与 X 射线能量关系的一个示例。由图可见，随着入射光子的能量增加，吸收下降。当入射光子能量稍稍比吸收边大时，吸收会突然上升，这是因为入射光子能量大于该能级的最小激发能后，光子能量可以击出原子中的光电子，产生了对应能级的光电吸收所致。这时可激发产生相应能级的 X 射线。不同元素的原子有完全不同的电子结合能和激发势能（表 2-6），其各壳层也具有各自的特征吸收曲线。各元素均包括 1 条 K 吸收边、3 条 L 吸收边和 5 条 M 吸收边。

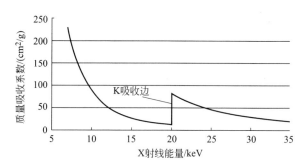

图 2-5　质量吸收系数与 X 射线能量关系

三、吸收跃变

在质量吸收系数与波长的关系曲线中，在吸收边前后表现为分布的不连续，而吸收跃变则是对此的量化。吸收跃变定义为在任一不连续处的两吸收系数之比。吸收跃变也称为吸收陡变。

吸收跃变（r_K）与原子的电离截面（τ_a）相关，而原子的电离截面等于质量光电吸收系数。在实际应用中，更多的是用到吸收跃变因子。吸收跃变因子 J 定义为在给定波长间隔和特定能级上，其特征吸收在整个吸收中的份数，例如对 K 系跃变，吸收跃变因子 J_K 为：

$$J_K = \frac{r_K - 1}{r_K} = \frac{\tau_K}{\sum_i \tau_i} \tag{2-15}$$

吸收跃变因子 J_K 会在基本参数法中应用。

四、质量衰减系数特性与计算

质量衰减系数 μ 与原子序数 Z 成三次或四次幂的关系，并与入射 X 射线波

表 2-6 不同元素各壳层电子结合能（吸收边能量）

单位：eV

元素	$K\,1s$	$L_1\,2s$	$L_2\,2p_{1/2}$	$L_3\,2p_{3/2}$	$M_1\,3s$	$M_2\,3p_{1/2}$	$M_3\,3p_{3/2}$	$M_4\,3d_{3/2}$	$M_5\,3d_{5/2}$	$N_1\,4s$	$N_2\,4p_{1/2}$	$N_3\,4p_{3/2}$	$N_4\,4d_{3/2}$	$N_5\,4d_{5/2}$	$N_6\,4f_{5/2}$	$N_7\,4f_{7/2}$	$O_1\,5s$	$O_2\,5p_{1/2}$	$O_3\,5p_{3/2}$	$O_4\,5d_{3/2}$	$O_5\,5d_{5/2}$	$P_1\,6s$	$P_2\,6p_{1/2}$	$P_3\,6p_{3/2}$
6 C	284.2	18	7.2	7.2																				
11 Na	1070.8	63.5	30.65	30.81																				
19 K	3608.4	378.6	297.3	294.6	34.8	18.3	18.3																	
24 Cr	5989	696	583.8	574.1	74.1	42.2	42.2																	
29 Cu	8979	1096.7	952.3	932.7	122.5	77.3	75.1																	
33 As	11867	1527	1359.1	1323.6	204.7	146.2	141.2	41.7	41.7															
37 Rb	15200	2065	1864	1804	326.7	248.7	239.1	113	112	30.5	16.3	15.3												
48 Cd	26711	4018	3727	3538	772	652.6	618.4	411.9	405.2	109.8	63.9	63.9	11.7	10.7										
82 Pb	88005	15861	15200	13035	3851	3554	3066	2586	2484	891.8	761.9	643.5	434.3	412.2	141.7	136.9	147	106.4	83.3	20.7	18.1	3	1	1
92 U	115606	21757	20948	17166	5548	5182	4303	3728	3552	1439	1271	1043	778.3	736.2	388.2	377.4	321	257	192	102.8	94.2	43.9	26.8	16.8

20

长相关，可用以下通式表达：

$$\tau \approx \mu = kZ^4\lambda^3 \tag{2-16}$$

研究表明，在 X 射线穿过物质被衰减的过程中，通常以光电吸收为主。故一般可用质量吸收系数近似表达质量衰减系数。

质量衰减系数可采用多种由实验数据拟合得来的公式计算，例如：

$$\mu = CE_{abs}\lambda^n\left(\frac{12.3981}{E}\right)^n \tag{2-17}$$

式中，E_{abs} 为入射光吸收边低能侧的吸收边能量；C 为依存于原子序数 Z 的常数；n 为与能量相关的常数，可从相应文献中查到，该式的适用范围为 1～40keV。另有包含更宽能量范围计算质量衰减系数的公式，如 1～50keV、1～1000keV、200eV～20keV 等。现在一般将多个公式结合使用，以使程序有更好的选择性和更宽的适用范围。

由于质量衰减系数与吸收物质的原子序数近似成三次或四次幂的关系［式(2-16)］，表明原子序数越高，吸收越强，故重元素对 X 射线有较多吸收。这也是总采用高原子序数 Pb 来进行 X 射线屏蔽或防护的主要原因。另外，质量衰减系数与入射波长近似成三次幂关系，表明入射 X 射线波长越长，能量越小，吸收越多，穿透力越弱；而短波 X 射线，能量大，吸收少，穿透力强。

样品和化合物的质量衰减系数遵循算术加权平均和定律。对于由 i，j，…多个组分组成的化合物，总的质量衰减系数等于各组分质量分数与其质量衰减系数之积的和，即：

$$\mu_s = C_i\mu_i + C_j\mu_j + \cdots = \sum C_i\mu_i \tag{2-18}$$

第三节　X 射线散射

光散射现象在自然界十分普遍。我们之所以观察到蓝天，即因为光散射作用。当太阳光穿过稀薄大气，横向散射将产生蓝光，但红光则较少受到散射，而保持前直传播。这使得我们在白天看到的是蓝天，在早间日出和傍晚日落、太阳西斜时，可观察到朝霞和红色落日。事实上，在太阳出海前和太阳下山后，我们仍可看到朝、晚霞的绚丽色彩。这是因为散射作用与角度相关，在太阳光线与昼夜明暗界 18°范围内，仍可观察到大气对太阳光的散射线。

X 射线作为电磁辐射，也存在散射作用，只是能量更高、波长更短。故除光电吸收产出特征 X 射线外，入射光子还可与原子或电子碰撞，在各个方向上发生散射。X 射线与物质的散射是由于 X 射线与电子的相互作用而产生的。而更高能量的 γ 射线则还可与原子核发生相互作用而产生散射。散射作用分为两种，即相干散射和非相干散射。如果被散射光子能量与入射光子能量相同，则称为相干散射或弹性散射，相干散射又称为瑞利（Rayleigh）散射，没有能量损失。如果出现能量变化或损失，则为非相干散射，也称为康普顿（Compton）散射。

当有散射现象发生时，散射效应对 X 射线的衰减作用的影响不可忽略。为更好地描述 Compton 和 Rayleigh 散射，式（2-16）和式（2-17）则宜采用以下表达式：

$$\mu = CE_{abs}\left(\frac{12.3981}{E}\right)^{n} + \frac{\sigma_{KN}}{A}ZN_a + DE^{-4} \tag{2-19}$$

式中，σ_{KN} 为描述相干和非相干散射的 K-N 质量截面系数；Z 和 A 分别为吸收物质的原子序数和质量；N_a 为阿伏伽德罗常数；C 为依存于原子序数的常数；D 为与散射相关的常数。事实上，质量衰减系数的准确和全面表达，并无一个简单公式，多数情况下都需要分段计算。

相干散射与光干涉现象相互作用的结果可产生 X 射线衍射。X 射线衍射图与晶格排列等密切相关，可被用于研究物质结构。

一、相干散射

入射 X 射线光子与靶元素的内层电子碰撞，如果光子能量保持不变而只是改变了出射方向，这时的散射作用为相干散射，从能谱图上看，相干散射峰对应于入射光子能量，如图 2-6 中所示 88.035keV 处的 γ 射线弹性散射峰。

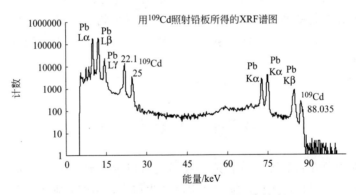

图 2-6　γ 射线（88.035keV）弹性散射峰

相干散射由于受物质表面形状等影响较小，常被用来进行形态校正，以在一定程度上补偿形态、粒度等变化对分析结果的影响。

二、非相干散射

较小能量的光子照射物质并产生相互作用时，通常会发生相干散射作用，例如太阳光中的可见光部分产生的蓝光和红光散射，对于 X 射线也一样。在能量较小时，相干散射或弹性散射所占比例较大。但随着能量增加到足以可以与原子中的电子产生相互作用并由于碰撞发生能量转移，这时则会产生非相干散射（或称 Compton 散射），发生能量的转换。

非相干散射会产生反冲电子，如图 2-7 所示。反冲电子将带走部分能量，根据能量守恒原理，这必然使出射光子能量降低。

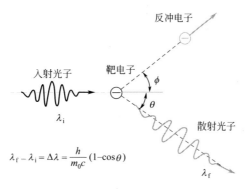

图 2-7　非相干散射（Compton 散射）过程

设入射光子的波长为 λ(nm)，能量为 E(keV)，出射角为 θ，则计算 Compton 散射峰波长的公式可表述如下：

$$\lambda_c = \lambda + \frac{h}{m_e c}(1-\cos\theta) \tag{2-20}$$

根据：

$$\lambda = \frac{hc}{E} = \frac{1.2398}{E} \tag{2-21}$$

$$\frac{h}{m_e c} = \frac{hc}{m_e c^2} = \frac{1.2398\text{keV} \cdot \text{nm}}{510.996\text{keV}} = 0.002426\text{nm} \tag{2-22}$$

则有：

$$\Delta\lambda(\text{nm}) = 0.0024 \times (1-\cos\theta) \tag{2-23}$$

Compton 散射能量 E_c(keV) 为：

$$\lambda_c(\text{nm}) = \lambda + \frac{h}{m_e c}(1-\cos\theta) = \lambda + 0.002426 \times (1-\cos\theta) \tag{2-24}$$

$$E_c = \frac{E_i}{1 + \dfrac{E_i}{m_e c^2}(1-\cos\theta)} = \frac{E_i}{1 + \dfrac{E_i}{510.996}(1-\cos\theta)} \tag{2-25}$$

故：

$$E_c = \frac{E_0}{1 + \dfrac{E_0}{mc^2}(1-\cos\theta)} \tag{2-26}$$

式(2-15)～式(2-19) 表明散射角越大，波长或能量位移越显著。这是非相干散射的第一个特点。当采用波长色散或能量色散光谱仪进行定性和定量分析时，可以利用以上公式计算 Compton 散射峰位置，借以判断干扰，选择分析谱线。

在 XRF 分析能量范围，通常以光电吸收为主。当入射 X 射线能量较低，且小于 10keV 时，与 Rayleigh 散射相比，Compton 散射几乎不存在。但在入射 X 射线能量较高时，非弹性散射逐渐占主导。若入射能量大于 20keV 且为轻基体，则由轻基体和高能射线引起的非弹性散射会大于光电吸收。

三、吸收、衰减与散射作用关系与效应

弹性和非弹性散射效应的大小和影响会随着入射 X 射线能量的变化而发生改变。正如式(2-10)所示，物质的质量衰减系数由质量光电吸收系数和质量散射系数构成，散射效应的变化，必然会影响到物质的总质量衰减。同时不同的元素也具有不同的吸收和散射特性。这些光电吸收和散射效应，与入射 X 射线能量之间，呈现出了一定的相互作用规律。

第一，在 X 射线低能范围，无论轻重元素，光电吸收效应在元素的总衰减系数中占据绝对主导地位，而散射效应所占比例较小。例如，在入射 X 射线能量为 5.0keV 时，C 的总质量衰减截面为 $18.76cm^2/g$，光电吸收占 97.6%，弹性和非弹性散射分别占其中的 1.88% 和 0.52%；对 Cu，总质量衰减截面为 $189.9cm^2/g$，光电吸收占 98.45%，弹性和非弹性散射分别占其中的 1.53% 和 0.02%；对于 Pb，总质量衰减截面为 $730.5cm^2/g$，光电吸收约占 98.88%，弹性和非弹性散射仅占约 1.12% 和 0.003%，这也印证了公式(2-16)，即长波、低能 X 射线具有强光电吸收和质量衰减作用；被照射物质的原子序数越大，光电吸收和质量衰减越显著。

第二，随着能量增加，除吸收边外，质量衰减系数、光电吸收效应、弹性散射截面均呈下降趋势，但非弹性散射却逐渐增加，并呈现极值现象。如图 2-8 所示。研究表明，在 X 射线范围内，非弹性散射所占份额可逐渐上升并超出弹性散射和光电吸收，成为总衰减系数中的主导，而能量增加至 γ 射线范围时，由于原子核效应呈现，核场（nuclear）散射和原子电场（electron）正负电子偶散射作用将成为质量衰减截面的控制性因素。

第三，轻、重元素质量衰减、光电吸收、弹性和非弹性散射作用差异显著：

① 重元素光电吸收截面 σ 显著大于轻元素，$\sigma_{Pb\_PhotoE} > \sigma_{Cu\_PhotoE} > \sigma_{C\_PhotoE}$，当存在元素吸收边时，光电吸收截面会较大，对于 Cu（Kab＝8.979keV），故在 ＜10keV 范围，其光电吸收截面最大 $\sigma_{Cu\_PhotoE} > \sigma_{Pb\_PhotoE} > \sigma_{C\_PhotoE}$；

② 元素越重，弹性散射越显著，$\sigma_{Pb\_Coh} > \sigma_{Cu\_Coh} > \sigma_{C\_Coh}$；

③ 元素越轻，非弹性散射越显著，轻元素的散射截面显著高于重元素 $\sigma_{C\_Inc} > \sigma_{Cu\_Inc} > \sigma_{Pb\_Inc}$。从图 2-9 可以更清楚地看出这种趋势。

第四，弹性与非弹性散射的比例，会随着物质或组成元素及入射 X 射线能量的不同而改变，并表现出如下特征：

① 轻元素比重元素具有更大的非弹性散射截面，非弹性散射截面的最大值

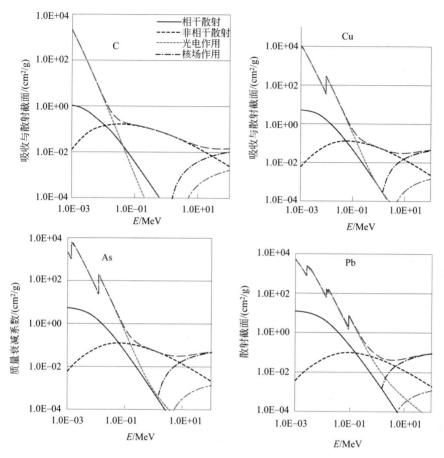

图 2-8 元素质量衰减、光电吸收和散射效应与入射 X 射线能量相互关系

随着原子序数和入射能量的增加后移，C、Cu、As、Pb 的 Compton 散射最大值分别在 30keV、60keV、60keV 和 88keV 处出现。

② 轻基体时，非弹性散射在总的质量衰减作用中占主导，例如对于 C，在 30～60keV 能量范围，非弹性散射占总衰减截面的 65%～91%，弹性散射截面则随着能量增加从 13% 降为 6%，且非弹性散射与弹性散射之比大于 1。

③ 对重元素或中等原子序数组成的基体，弹性散射占主导，例如对于 Pb，非弹性散射仅占总衰减截面的 0.27%～1.94%，弹性散射则从 4.54% 增加至 9.76%，非弹性散射与弹性散射之比小于 1。

④ 轻元素的非弹性散射作用在总质量衰减中的份额比重元素大得多，例如对于 C 和 Pb，两者的非弹性散射截面比约为 1.6～3.9 倍，而 C 的非弹性散射截面在总衰减截面中的份额比 Pb 大 47～238 倍，但弹性散射则为 Pb 的 1/50～1/14。如图 2-10 所示。基体组成对于弹性与非弹性散射的影响十分显著，即使在主元素相似基体中，例如 Cu 合金基体，轻元素相对含量略有增加，也会导致弹性散

射明显下降，非弹性散射增加，如图 2-11 所示。

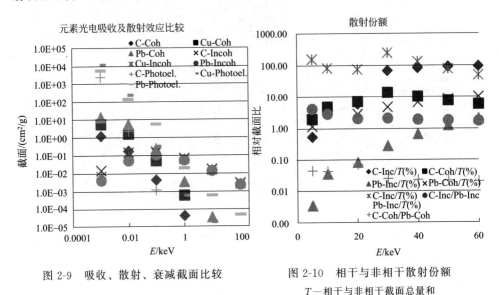

图 2-9 吸收、散射、衰减截面比较

图 2-10 相干与非相干散射份额

T—相干与非相干截面总量和

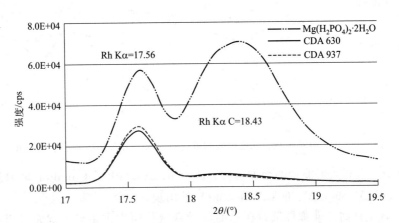

图 2-11 Z 越低，非相干散射越强；非相干与相干散射比随散射体 Z 增加而降低

⑤ 非相干散射与相干散射强度比随散射体的原子序数增加而降低，相干散射与非相干散射的比例甚至会出现反转（图 2-11）。当被散射物质的组成元素的原子序数越低时，非相干散射作用越强。故轻元素会产生非常强烈的 Compton 峰，甚至掩盖待测元素的有用信息。例如，在进行活体分析时，由于被测物体的低原子序数，致使 Compton 峰在低含量元素谱峰附近产生强烈重叠，故需要利用不同的仪器几何角设计，改变出射角，以尽量避开 Compton 峰对分析元素的干扰。图 2-12 是人胫骨的 X 射线荧光谱图，位于约 66.5keV 的 Compton 峰占据了整个光谱的主体，对痕量元素分析产生极大干扰，使得解谱成为必不可少的手段。

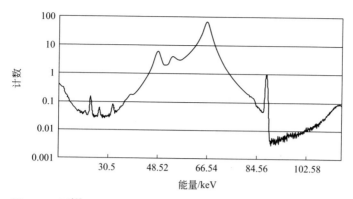

图 2-12 用^{109}Cd 照射石膏所产生的位于 66.5keV 的 Compton 峰

轻元素会产生强 Compton 散射，是轻元素基体条件下某些元素 XRF 分析比较困难的重要原因之一。但另外，弹性与非弹性散射特性，也是 XRF 分析中的一种有用的基体校正方法。

总体而言，重元素外层电子多、能级低，并受到内部电子壳层的屏蔽效应，因此容易受到入射 X 射线的激发，如表 2-6 所示，Pb 的 O 层电子只有几十电子伏，而 P 层电子仅 1～3eV，故特别容易产生光电吸收，这使得重元素比轻元素具有强得多的光电吸收效应和大的光电吸收系数和质量衰减系数。

对轻元素，特别是对于第二周期轻元素，仅有 K 和 L 层充有电子。随着入射 X 射线能量升高到一定程度，由于入射 X 射线能量已高到可与原子中的 K 或 L 壳层电子束缚能相当，故除了产生光电吸收效应和弹性散射外，还会发生产生 X 射线光子与轻元素轨道电子的直接碰撞，产生非弹性散射相互作用，一方面产生反冲电子，另一方面入射 X 射线由于碰撞而改变方向并损失能量。

事实上，这种非弹性散射也会在重元素中产生。但由于重元素的外层电子受原子核束缚更小，屏蔽更大，约束更弱，因此通过光电吸收而直接被击出的概率较大；另外，重元素原子核也对内层电子束缚更为紧密，使得被入射 X 射线撞击损失能量、产生非弹性碰撞的概率较小。而且，式（2-12）～式（2-14）是根据静态电子导出。而实际上，电子是在连续运动中，且 XRF 光谱仪装置的 X 射线管在照射样品时，也呈大角度入射，并非平行光，故实际测得的非相干散射 Compton 峰呈现较宽分布。同时，光电吸收和 Compton 散射作用强弱转化。物质对 X 射线的吸收，主要是因产生电离而出现的光电吸收。波长越长，吸收越显著，如式（2-16）所示。因此，低能、长波 X 射线穿透能力弱，多数被物体吸收。因此，对于人体来说，长波 X 射线更容易被吸收，危害更大。另外，被照射物质原子序数越大，吸收越多。基体原子序数越低，光电吸收和散射吸收越显著。出现这种情况的原因在于，轻元素原子核小，对电子吸引力弱，根据式（2-16）和式（2-17），也更容易吸收低能长波 X 射线；且轻元素的外层电子受核引力更小，也更容易与 X 射线光子发生碰撞而被击出，产生更严重的 Compton 效应。从式(2-17)也可以看出，吸收物质质量越轻，波长越长，能量越小，吸收衰减越显著。

第四节　X 射线荧光光谱分析原理

X 射线光谱仪通常可分为两大类，波长色散 X 射线荧光光谱仪（WDXRF）和能量色散 X 射线荧光光谱仪（EDXRF），波长色散光谱仪主要部件包括激发源、分光晶体和测角仪、探测器等，而能量色散光谱仪则只需激发源和探测器及相关电子与控制部件，相对简单。

波长色散 X 射线荧光光谱仪使用分析晶体分辨待测元素的分析谱线，根据 Bragg 定律，通过测定角度，可获得待测元素的谱线波长：

$$n\lambda = 2d\sin\theta \quad (n=1,2,3,\cdots) \tag{2-27}$$

式中，λ 为分析谱线波长；d 为晶体的晶格间距；θ 为衍射角；n 为衍射级次。利用测角仪可以测得分析谱线的衍射角，利用上式可以计算相应被分析元素的波长，从而获得待测元素的特征信息。

能量色散 X 射线荧光光谱仪则采用能量探测器，通过测定由探测器收集到的电荷量，直接获得被测元素发出的特征 X 射线能量：

$$Q = kE \tag{2-28}$$

式中，E 为入射 X 射线的光子能量；Q 为探测器产生的相应电荷量；k 为不同类型能量探测器的响应参数。电荷量与入射 X 射线能量成正比，故通过测定电荷量可得到待测元素的特征信息。

待测元素的特征谱线需要采用一定的激发源才能获得。目前常规采用的激发源主要有 X 射线光管和同位素激发源等。

为获得样品的定性和定量信息，除光谱仪外，还必须采用一定的样品制备技术，并对获得的信号强度进行相关的谱分析和数据处理，以下各章将对 X 射线荧光光谱仪与定性定量分析方法等的相关内容进行分别介绍。

第五节　X 射线衍射分析

如图 2-13 所示，根据上述 Bragg 衍射方程，如果已知晶体的 d 值，通过 X 射线光谱仪测定 θ 角，可得到样品中元素的特征辐射波长 λ，从而可以确定所含元素的种类，此即 X 射线荧光光谱仪的工作原理。而如果我们采用波长已知为 λ 的光源作为激发源，通过 X 射线光谱仪测定 θ 角后，计算产生衍射的晶体的 d 值，就可以知道所分析物质的晶格间距，从而了解待测物的结构性质，这即是 X 射线衍射（XRD）分析的工作原理。

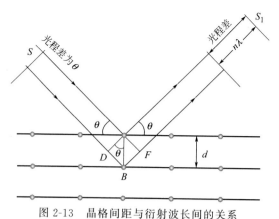

图 2-13　晶格间距与衍射波长间的关系

参考文献

［1］　Ron Jenkins. X-ray fluorescence spectrometry. 2nd ed. New York：Wiley，1999.

［2］　Dzubay，Thomas Gary. X-ray fluorescence analysis of environmental samples. Ann Arbor Mich：Ann Arbor Science，1977：1-310.

［3］　Ahmedali S T. X-ray fluorescence analysis in the geological sciences：advances in methodology. St John's Nfld：Geological Association of Canada，1989：1-297.

［4］　Hayat M A，Baltimore. X-ray microanalysis in biology. Baltimore：University Park Press，1980.

［5］　吉昂，陶光仪，卓尚军，等. X 射线荧光光谱分析. 北京：科学出版社，2003.

［6］　Ron Jenkins，Gould R W，Dale Gedcke. Quantitative X-Ray Spectrometry（Practical Spectroscopy）. 2nd Edition. New York：Marcel Dekker，1995：484.

［7］　Enkins R. X-Ray Fluorescence Spectrometry. New York：John Wiley & Sons INC，1999：200.

［8］　Hayat M A. X-ray Microanalysis In Biology. Baltimore：University Park Press，1980.

［9］　Dzubay T G. X-ray fluorescence analysis of environmental samples. Ann Arbor Mich：Ann Arbor Science Publishers，1977：310.

［10］　Nasrazadani S，Hassani S. Chapter 2-Modern analytical techniques in failure analysis of aerospace，chemical，and oil and gas industries//In Handbook of Materials Failure Analysis with Case Studies from the Oil and Gas Industry. Makhlouf A S H，Aliofkhazraei M，Eds. Oxford：Butterworth-Heinemann，2016：39-54.

［11］　Thompson Alber，Attwood D T，et al. X-RAY DATA BOOKLET. Center for X-ray Optics and Advanced Light Source. Berkeley，California：Lawrence Berkeley National Laboratory，2009.

［12］　Ravel B，Newville M. Athena，Artemis，Hephaestus：data analysis for X-ray absorption spectroscopy using IFEFFIT. Journal of Synchrotron Radiation，2005，12，(4)：537-541.

［13］　Hecht E Optics. 5th Edition. New York：Pearson Education Ltd，2015：96.

［14］　Campbell J L，Deforge D. X-Ray Spectrometry，1989，18 (5)：235-242.

［15］　Hubbell J H，Gimm H A. Journal of Physical and Chemical Reference Data，1980，9 (4)：1023-1148.

［16］　Hubbell J H. The International Journal of Applied Radiation and Isotopes，1982，33 (11)：1269-1290.

［17］　Hubbell J H，Veigele W J，Briggs E A，et al. Journal of Physical and Chemical Reference Data，1975，4 (3)：471-538.

第三章 激 发 源

要产生 X 射线荧光就必须采用适当的激发源。如果高能光子或粒子的能量足以激发出原子内壳层中的电子,产生特征 X 射线,它就可以用作 X 射线激发源。目前常用的激发源主要是各种 X 射线管,电子、质子、放射性同位素、同步辐射等也可用作激发源。

X 射线管可分为端窗和侧窗两种类型。高功率 X 射线管需要水冷,50W 以下的小功率 X 射线管可直接由空气冷却。由于 X 射线管热效应严重,还出现了一些新型 X 射线管。同时常规 X 射线管发散角较大,不能进行微区分析,故聚焦 X 射线激发源目前得到了广泛重视。

第一节 常规 X 射线管

X 射线管分析范围宽,适用性强,稳定性好,是常规分析中的首选激发源。可利用 X 射线管产生的连续谱和特征靶线来激发被测元素。

一、常规 X 射线管结构与工作原理

常规 X 射线管主要采用端窗和侧窗两种设计。普通 X 射线管一般由真空玻璃管、阴极灯丝、阳极靶、铍窗以及聚焦栅极组成,并利用高压电缆与高压发生器相接,同时对高功率光管还需要配有冷却系统。侧窗 X 射线管结构及工作原理如图 3-1 所示。当电流流经 X 射线管灯丝线圈时,引起阴极灯丝发热发光,并向四周发射电子。一部分电子被加速,撞击 X 射线管阳极,大约 99% 的能量转换成热;另一部分撞击电子则产生连续 X 射线谱和靶线特征谱。X 射线经铍窗

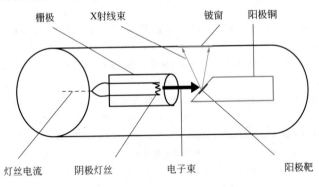

图 3-1 X 射线管结构与工作原理示意图

出射后，照射样品。X射线管可采用阴极或阳极接地方式，阳极通常为镀或嵌有所需靶材的铜块，使用铜块也是为了利用其良好的导热性。为使灯丝电流足够高，例如100mA～2A，灯丝可能需要加热到2700K。若采用旋转阳极，由于当电子打击阳极靶的外圈时，阳极高速旋转，因此热散布在更大区域上，故X射线的产生效率更高。

X射线管高压的产生和控制，在X射线光谱分析中占有重要地位。X射线管高压产生与控制原理图如图3-2所示。

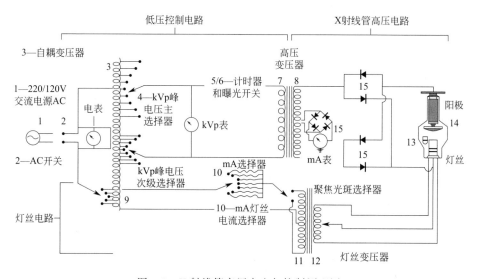

图3-2　X射线管高压产生与控制原理图

X射线电路分为低电压电路、灯丝电路和高压电路三个子电路，各有一个专属变压器。低压电路是将220/120V电源经自耦（单圈）变压器3（图3-2中节点3，下同）提供X射线电路电源、峰值电压（kVp）选择和幅度可达±5%的线性输入电压波动补偿。自耦变压器将通过位于其次级圈侧的峰值电压选择器，为高压变压器提供原级圈电压，改变kVp即可改变和控制X射线管高压变压器的输入。曝光开关（6）控制着高压原级电流的连通和关闭。电路连通后，电流流过高压变压器原级线圈，并导致变压器次级线圈产生感应电流，并在X射线管两段产生高压。

施加在阴极和阳极间的高电压可加速电子穿过阳极靶，因此灯丝温度即灯丝电流将对流经X射线管的电子流即管流起到控制作用，也即在足够高的管压下，X射线强度（管流）受灯丝电流控制。灯丝电路：通常采用交流电降压变压器提供12V电压、6A电流，灯丝电流通过调节灯丝电压来实现，小的灯丝电压或电流改变将产生大的电子发射，即大的管流，高压电路：X射线管高压由升压变压器提供，变压器初级与自耦变压器和变质器相连，以实现电压步进可调，变阻器通过改变电路电阻，达到以连续方式调节电压的目的，变压器次级将为X射线管提供 kV 级高压。灯丝电路是 X 射线主电路，包含降压变压器（11/12）原、次级两部分。原级提供加热灯丝的低电流，产生热电子发射。只要调节高压发生器的电流值（mA 表），灯丝电路就会被激活。灯丝电路变压器原级与自耦变压器相接，电流从自耦变压器流经 mA 选择器和降压变压器，回到自耦变压器，形成回路；灯丝变压器次级降低电压，通过 X 射线灯丝（13）传导电流，为加热灯丝提供所需电流。灯丝电路中的 mA 选择器控制着灯丝电流大小，此电流又控制着灯丝加热程度，由此也就决定了 X 射线管灯丝可产生的电子数，从而也就决定了高压 X 射线管的电流（mA）。

高压电路包含高压变压器次级、X 射线管、整流单元（15）。高压电流只有在 X 射线管开启使用时才会产生。高压发生器通过诸如 500∶1 的高转换比，将自耦变压器电压升压至 X 射线管需要的 50～100kV。整流电路是为了将交流电整流为直流电，为 X 射线管提供电子流动方向正确的电流。整流电路通常采用由 4 个二极管组成的全波整流电路来实现。

X 射线管流大小主要由灯丝电流控制。当灯丝电流一定，X 射线管电流随管电压升高而增加，但存在一饱和电压值，当管压超过该饱和电压值时，管电流将不再随管压升高而增加，因为此时由灯丝产生的所有电子在该电压下均已到达阳极。对于高压发生装置而言，高压变压器的次级线圈通常高达上万匝。高压发生装置一方面提供 X 射线管所需高压，同时也提供灯丝加热电流，并具有相应的稳压及电压电流调整与保护功能。

由 X 射线管结构和工作原理及高压发生与控制电路特性可知，X 射线的管流受 X 射线灯丝电流控制，其灯丝电流特性曲线如图 3-3 所示。在 X 射线管实际使用中，我们总会升高或降低 X 射线管的电压和电流。如果保持灯丝电流不变，升高电压即可增加管电流；而当保持 X 射线管激发电流不变时，从 X 射线灯丝电流与 X 射线管压、管流关系曲线可以发现，如果

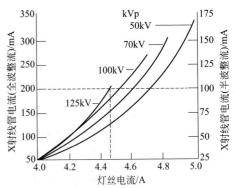

图 3-3　灯丝电流与管压、管流关系曲线

降低 X 射线电压，此时必须加大灯丝电流，如图 3-3 平行虚线所示。而灯丝电流的增加，需要提高灯丝温度，这势必也提高了灯丝材料的蒸发速率，从而导致灯丝变细，直至断裂。灯丝质量 10% 的减少即达到了灯丝寿命的 98%，意味着灯丝的实际使用寿命的终结。这时实际上灯丝直径其实仅仅才减少了 5%。这一方面说明了 X 射线灯丝的易损性，另一方面也解释了为什么在 X 射线管的实际使用中需要有电压升降顺序的电学原理与依据。特别是在降低 X 射线管功率时，需要先降电压，再降电流（如图 3-3 垂直虚线所示），以减少因 X 射线管灯丝不

必要的电流和温度升高而导致的蒸发损耗；在增加 X 射线管功率时，则先升电压，再加电流，此时由于 X 射线管压的升高，管流已相应升高，从而避免了灯丝电流的不必要过度升降。

二、连续 X 射线谱

X 射线管利用由高压产生的 X 射线束作为激发源。在高压下，X 射线阴极发射的高能电子与靶元素中的原子发生相互作用，带负电荷电子与带正电荷原子核在库仑场作用下，电子运动方向偏转，电子减速，动能部分或完全损失，损失的能量将以光子发射的形式出现，从而产生连续的 X 射线谱，称为韧致辐射。其产生机理与过程如图 3-4 所示。

除靶材和电压外，连续谱还与光管、铍窗厚度及仪器配置等有关。由于受入射电子能量的限制，产生的光子能量不可能超过入射电子能量，即由 X 射线管激发可产生的最大光子能量为：

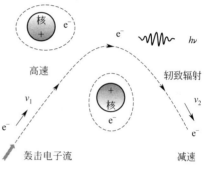

图 3-4　韧致辐射与连续谱过程

$$E_{max} = V \qquad (3-1)$$

对应的，其连续谱存在一最小值，称为短波限，连续谱的短波限 λ_{min}（nm）与光管激发电压（V，kV）相关：

$$\lambda_{min} = 1.2398/V \qquad (3-2)$$

X 射线管产生的连续谱积分强度（I_{intg}）与激发电压、电流、波长和 X 射线阳极靶材料之间呈现一定的规律性。其定量关系可由下式表达

$$I(\lambda) = \frac{CZi}{\lambda^2}\left(\frac{1}{\lambda_{min}} - 1\right) \qquad (3-3)$$

$$I_{intg} = KZiV^2 \qquad (3-4)$$

式中，Z 为原子序数；λ、i 和 V 分别为波长、X 射线管电流及电压；C 和 Z 为常数。即 X 射线连续谱强度，与电流和靶材原子序数成正比，并随激发电压的平方而显著增加（图 3-5）。这说明提高管压对于增加 X 射线强度更为有效。

由图 3-5 也可以发现，随着 X 射线管电压升高，连续谱在最大强度对应波长（$\lambda_{I max}$）附近，强度显著增加，同时，短波限 λ_{min} 和最强波长 $\lambda_{I max}$ 均向短波即高能侧移动，且两者间具有以下关系式

$$\lambda_{I max} = \frac{3}{2}\lambda_{min} \qquad (3-5)$$

在能量色散 XRF 中，最大连续谱强度处所对应的能量（$E_{I max}$）为

$$E_{I max} = \frac{2}{3}E_{max} \qquad (3-6)$$

根据以上式（3-3）至式（3-6），可以发现，选择大电压更有利于获得高激发

效率，且选择激发电压靠近待测元素的吸收边会有利于提高特征线的激发效率。对于波长较长、能量较低的连续谱，当电压太高时，靶材会有强吸收，故对轻元素分析，一般采用低电压、大电流。另外，分析谱线和散射线背景也会随着激发电压和电流的升高而等比例增加（图3-6）。通常，在分析样品选择激发条件时，可根据待测元素特性，根据式(3-1)～式(3-6)，参照图3-5和图3-6进行激发条件的选择和优化。这对于有效激发待测元素，提供高质量分析数据，十分必要。选择正确、合宜的测定条件，容易忽略、但却是决定分析准确度的最关键性因素。

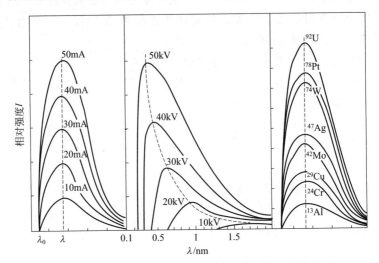

图 3-5　X射线管连续谱与激发电流、电压和靶材关系图

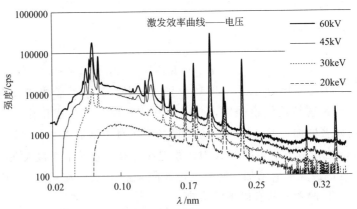

图 3-6　实验测定的连续谱、靶线及待测元素特征线与电压相关图

三、特征 X 射线谱

产生特征 X 射线所需的最小能量等于相应壳层电子的结合能，也称为吸收边能量（E_{abs}）。当用 X 射线管激发时，达到激发出特征 X 射线的最小电压与吸收边能量（E_{abs}）相对应，故也称此时所需的电压为临界激发能。光管只有在

超出临界激发电压的情况下，靶的特征线才会出现。特征谱线强度 I 与管压 V、管电流 i 和临界激发电压 V_c 的关系如下式：

$$I = Ki(V - V_c)^n \qquad (3-7)$$

式中，n 的取值范围为 1.5～2；V/V_c 的最佳值为 3～5。这是因为电压太高时，电子穿透深度过大，靶材的自吸收将会变得十分显著。故只有当光管电压等于临界激发电压的 3～5 倍时，才可得到最佳的特征谱线强度。这对于选择靶线激发的轻元素分析具有指导意义。

四、X 射线管特性

X 射线管可产生连续谱和叠加的特征靶线谱。当选用 X 射线管或仪器时，通常会根据拟分析的对象，选择不同靶材，以获得最佳激发效果。常用的密封 X 射线管采用 Cr、Sc、Rh、W、Ag、Au、Mo 等作为阳极靶材。通常要考虑以下几方面的因素。

第一，选择 X 射线管时，一般根据拟分析的主要样品对象，选择其组成元素特征 X 射线能量可有效激发拟测定元素的靶材。特别是轻元素，发射谱线能量小、波长较长，一般用光管的长波特征线作为选择性激发源，并可提高激发效率。对能量较大、波长较短的重元素，多用光管的连续谱，且靶材原子序数越大，即靶材越重，激发效率越高（图 3-5 和图 3-6）。靶的特征辐射与连续谱的相对强度比随阳极靶材的原子序数减少而增加，即原子序数越小，特征辐射所占比例越高。例如，对 Cr 靶，靶线约占总强度的 75%，对 W 靶，靶线约占 40%。在分析对象为 $Z < 24$ 的轻元素时，主要用 Cr 靶的特征线作为激发源。Cr 靶特征线可全激发的元素为 Ti（$Z = 22$）之前的元素，而 Cr 的 $K\beta$ 线则可部分激发 V（$Z = 23$），如表 3-1 所示。分析 P、S、Cl 等时，可选择 Ag 靶特征 L 线，选择性激发 P、S、Cl 的 $K\alpha$ 线，有效提高分析灵敏度和准确度。

第二，在选择靶材元素时，要注意尽量避免靶线对测定元素的特征谱线产生干扰。一些靶线对常见分析元素的潜在干扰情况见表 3-1。这些干扰除了受 X 射线光谱分辨率的影响外，还应考虑样品中待分析元素的含量，当待测元素浓度较低时，这种干扰将更为显著。

第三，X 射线管铍窗厚度对 X 射线激发效率的影响。特别是对于轻元素分析，管窗吸收不可忽略。例如，对 0.08～2nm 波长的 X 射线透过率，厚度为 $75\mu m$ 的铍窗仅为 $25\mu m$ 铍窗的 1%～10%，为提高轻元素或极轻元素的激发效率，甚至可采用无窗 X 射线管。

第四，X 射线管靶材杂质谱线的影响。X 射线管通常会含有一些杂质元素，例如 Cr、Fe、Ni、Cu、Au 等。在使用 X 射线管进行分析前，应采用空白样进行分析测定，并确定影响范围。杂质线的强度应小于总强度的 1%。当靶的杂质元素谱线干扰元素测定时，可选择一定的滤光片滤除。

第五，X 射线管应具有良好的稳定性，对于 WDXRF，稳定性应优于 0.001%；对 EDXRF，应优于 0.01%，以保证定量分析结果的稳定可靠。

表 3-1　X 射线管靶材特性与适用范围　　　　　　　　　单位：keV

Z	靶	特征线	可激发元素	对分析线重叠干扰
24	Cr	Kα=5.4147 Kβ=5.9467	Z(T)<22 Ti(Kab=4.964) Z(P)<23 V(Kab=5.463)	
29	Cu	Kα=8.0478 Kβ=8.9053 Lβ₁=0.9498	Z(T)<27 Co(Kab=7.709) Z(P)<28 Ni(Kab=8.333)	30 Zn Kα=8.6389 11 Na Kα=1.0410
42	Mo	Kα=17.4793 Kβ=19.6083 Lα₁=2.2932 Lβ₁=2.3948 Lγ₁=2.6235	Z(T)<39 Y(Kab=17.037) Z(P)<40 Nb(Kab=18.987) Z(T)<15 P(Kab=2.1455) Z(P)<16 S(Kab=2.472)	16 S Kα=2.3078； 17 Cl Kα=2.6224
45	Rh	Kα=20.2161 Kβ₁=22.7236 Kβ₂=23.1695 Kβ C=21.3 Lα₁=2.6967 Lβ₁=2.8344 Lγ₁=3.1438	Z(T)<42 Mo(Kab=20.002) Z(P)<44 Ru(Kab=22.118) Z(T)<16 S(Kab=2.472) Z(P)<17 Cl(Kab=2.8224)	48 Cd Kα=23.1736 16 S Kα=2.3078 17 Cl Kα=2.6224 19 K Kα=3.3138
46	Pd	Kα=21.1771 Kβ=23.8187 Lα₁=2.8386 Lβ₁=2.9902 Lγ₁=3.3287	Z(T)<43 Tc(Kab=21.054) Z(P)<45 Rh(Kab=23.224) Z(T)<17 Cl(Kab=2.6224) Z(P)<19 K(Kab=3.3138)	48 Cd Kα=23.1736 17 Cl Kα=2.6224 19 K Kα=3.3138
47	Ag	Kα=22.1629 Kβ=24.9424 Kβ C=23.5 Lα₁=2.9843 Lβ₁=3.1509 Lγ₁=3.5196	Z(T)<44 Ru(Kab=22.118) Z(P)<46 Pd(Kab=24.347) Z(T)<17 Cl(Kab=2.6224) Z(P)<19 Ar(Kab=3.2059)	48 Cd Kα=23.1736 19 K Kα=3.3138 20 Ca Kα=3.6917
64	Gd	Kα=42.9962 Kβ=48.697 Lα₁=6.0572 Lβ₁=6.7132 Lβ₂=7.1028 Lγ₁=7.7858	Z(T)<59 Pr(Kab=41.998) Z(P)<63 Eu(Kab=48.515) Z(T)<24 Cr(Kab=5.989) Z(P)<27 Co(Kab=7.709)	5 Mn Kα=5.8988 (26 Fe Kα=6.4038) 27 Co Kα=6.9303
74	W	Kα=59.3182 Kβ=67.2443 Lα₁=8.3976 Lβ₁=9.6724 Lβ₂=9.9615 Lγ₁=11.2859 Mα₁=1.7754	Z(T)<68 Er(Kab=57.483) Z(P)<72 Hf(Kab=65.313) Z(T)<28 Ni(Kab=8.333) Z(P)<32 Ge(Kab=11.103)	30 Zn Kα=8.6389 32 Ge Kα=9.8864 34 Se Kα=11.2224 14 Si Kα=1.740

Z	靶	特征线	可激发元素	对分析线重叠干扰
79	Au	Kα=68.8037 Kβ=77.984 Lα₁=9.7133 Lβ₁=11.4423 Lγ₁=13.3817	$Z(T)<73$ Ta(Kab=67.416) $Z(P)<77$ Ir(Kab=76.111) $Z(T)<30$ Zn(Kab=9.659) $Z(P)<34$ Se(Kab=12.658)	32 Ge Kα=9.8864 34 Se Kα=11.2224 45 Rh Kα=13.3953

注：Z—原子序数；Z(T)—靶线可全激发元素原子序数；Z(P)—部分靶线可激发元素原子序数；Kβ C—Kβ 康普顿峰。

为获得好的激发效果，双阳极靶材是一种不错的设计。低原子序数的靶材置于高原子序数的靶材之上，在高电压下，电子穿透薄层，以连续谱和重元素特征

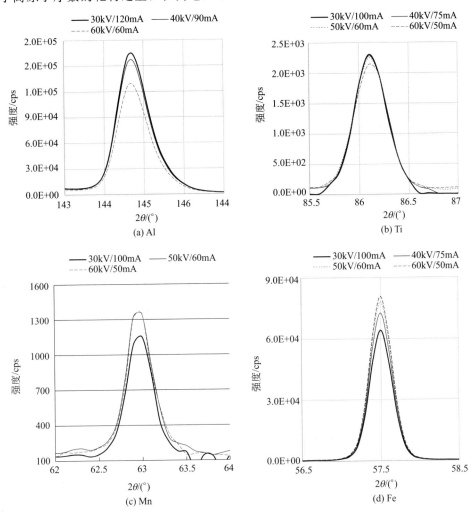

图 3-7　X射线管激发电压与电流对元素分析谱线强度的影响

线为主，在低电压下，电子主要与轻元素靶材作用，以长波特征辐射为主，例如，Sc/Mo、Cr/Ag、Sc/W 等的双阳极靶材结合等。

X 射线管的电压和电流均需要较高稳定性，故需要利用经整流后的电压和稳定电流。光管的长期稳定性一般至少需要使长期漂移保持在 0.2%～0.5%，短期漂移小于 0.2%，以便得到好的定量分析结果。光管或仪器的长期和短期漂移可通过与参照样的计数比值来得到校正，这种校正需要经常进行。利用这种校正，仪器的长期漂移可得以较好消除。

通常 X 射线光谱仪的分析范围为 0.7～40keV，故一般激发电压范围为 1～50kV，X 射线管可提供的最高管压一般为 30～100kV，波长色散光谱仪的光管功率为 2～4kW，能量色散光谱仪一般采用低功率光管（0.5～1.0kW）。对波长色散光谱仪，最佳激发电压约为临界激发电压的 6 倍。当测定多种元素时，为获得最佳的激发效果，多数情况下选择 50kV 以上，在 60～100kV 电压范围，可获得轻、重元素的最佳灵敏度。随着技术的进步，现在可以实现根据不同元素特性设定电压。增加管压，对激发分析物更为有效。对能量色散光谱仪而言，由于受到能量探测器计数率的限制，通常都采用待测元素吸收边能量的 2～6 倍。

WDXRF 分析中，通常会根据待分析元素特性，选择不同的激发电压和电流。对轻元素，加大电流更为有效；对重元素，增加电压更能提高元素分析线强度，如图 3-7 所示。WDXRF 对轻元素，通常采用低电压、大电流，对重元素测定，则采用高电压、小电流，以获得最佳激发效率。

第二节　非常规 X 射线管

由于热扩散能力的限制，常规 X 射线管通常只能达到几千瓦的功率。但这一功率范围不能满足当代科学技术的需求，特别是 X 射线图像技术对大功率 X 射线管的需求，迫使人们寻求能达到具有更大功率、能产生更高 X 射线强度、同时又使用方便的 X 射线管。旋转阳极靶和液体金属阳极 X 射线管即是这种需求的一种体现。

一、旋转阳极靶

采用旋转阳极靶，电子束在磁场作用下偏转，照射旋转着的阳极靶材，热量被迅速带走，X 射线靶可在 20s 内冷却到油温；而靶在旋转的同时也搅动了冷却油（图 3-8）。这使得旋转靶 X 射线管焦点功率最大可达 60～100kW。

二、液体金属阳极靶

液体金属阳极靶 X 射线管（LIMAX）的设想于 2001 年提出，目前已获得实验结果，在 150kV 电压下，功率可以达到约 20kW，有效焦斑面积为 1mm×1mm，图 3-9 是其工作原理图。将负高压施加于阴极，当聚焦电子束穿过地极电子透射窗打击液体金属时，会激发出 X 射线，产生的热量被高速流动的金属带走，并被热交换器冷却。由于在泵的作用下，热量可被迅速带走，因此液体金属阳极 X 射线管可以达到很高的功率。目前一般可用 Ti、Mo 薄膜作为电子窗，用金属 Hg（熔点 −38.9℃）及 Ga-In-Sn（熔点 10.8℃）和 Bi-Pb-In-Sn（熔点 58.5℃）以及 Pb-Bi（熔点 58.5℃）合金作为液体金属阳极靶材。液体金属阳极靶 X 射线光管特性与应用见表 3-2。目前 LIMAX 已可达到的最大管功率为 1kW，最大电压 160kV，最大电流 4.3mA。将液体金属阳极靶 X 射线管用于全反射 XRF，采用 Ga Kα（9.24kV）单色激发，Mn 和 Ni 的检出限分别可低达 0.9pg 和 0.3pg。

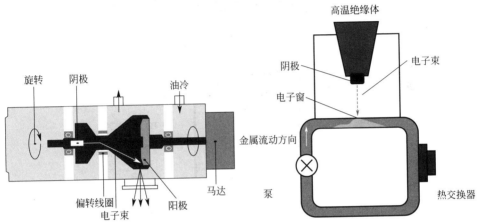

图 3-8　旋转阳极靶 X 射线管工作原理图　　图 3-9　液体金属阳极靶 X 射线管工作原理

表 3-2　液体金属阳极靶 X 射线管特性与应用

阳极材料	X 射线管特性	焦斑大小/μm	应用
Ga/In 合金	70/160kV,300/1kW	5	光谱、图像、小角散射
GaIn	300W	5	TXRF(Ni)
GaIn	70kV,250W	20	共聚焦多元素微区分析
Sn	40W	6.5	医学相衬度成像
Ga	Ga Kα,9.25keV	50	太阳能电子材料热学性质研究
PbSn	50kV,100W	75	乳腺、血管造影
Sn	10~100W	15~23μm	微区分析

三、冷 X 射线管

与常规热 X 射线管不同，冷 X 射线管无需施加高压，不会像大功率管那样产生大量热量。当对冷 X 射线管通电时，热电晶体会出现自发性极化减少。随温度增加，电场逐步增强直至跨越晶体。对一特殊晶面，晶体最表层获得正电

荷，并吸引低压气体中的电子。当电子撞击晶体表面时，将产生特征 X 射线
（Ta）和韧致辐射连续谱。当冷却开始，自发极化增加，晶体顶层电子加速飞向
基电位 Cu 靶，产生 Cu 靶的特征 X 射线和韧致辐射。当晶体温度达到低点时，
加热状态又重新开始。这种冷热循环过程周期为 2～5min。冷 X 射线管结构与工
作原理如图 3-10 所示。冷 X 射线管属低功率 X 射线管，使用 9V 电池作为电源，
功率小于 300mW，能量约为 35keV，适用于制作成现场 XRF 分析光谱仪。

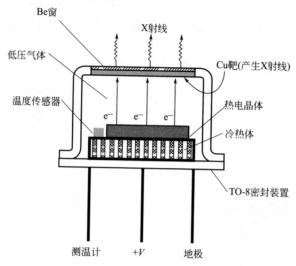

图 3-10   冷 X 射线管结构与工作原理

第三节   选择性激发

在利用 X 射线管连续谱激发待测样品中的分析元素时，还会出现因韧致辐
射产生的高背景对分析谱线的灵敏度所施加的严重影响。因此，降低 X 射线荧
光分析中的连续谱背景，提高待测元素特征谱线的信号峰背比，是 X 射线荧光
分析中的主要工作任务之一。目前主要采用滤光片、单色激发和偏振光激发等方
式来达到降低背景，提高峰背比的目的。

单色激发有多种方式，例如二次靶和放射性同位素激发源。最常用的单色和
选择激发方式是选用滤光片和二次靶。对能量分布范围较宽的多种元素分析，韧
致辐射激发效率较高，但当需要分析痕量元素时，管光谱被轻基体强烈散射，在
痕量元素的谱峰附近产生高背景，严重干扰测定。解决的办法之一是选择滤光片
或二次靶产生单色光，消除管光谱分布。采用晶体分光，也可获得理想的单色光
源。另外，采用偏振光激发也是降低背景，提高分析谱线峰背比的有效方式
之一。

一、滤光片

当采用一个厚度为 d 的滤光片时，入射光强度 I_0 将被衰减为 I，两者强度比可由以下方程计算：

$$\frac{I}{I_0} = \exp(-\mu\rho d)$$

式中，μ 为滤光片质量衰减系数；ρ 为材料密度。

质量衰减系数与能量按指数规律成反比下降，即质量衰减系数随能量上升而减小，再结合上式，可知滤光片对光管韧致辐射的低能连续谱有强吸收，使其显著降低。另外，由于在滤光片组成元素的低能端附近，透过率较高，自吸收低，允许滤光片元素的特征谱线透过，因此，可采用滤光片元素的特征辐射作为单色线来激发待分析元素，由于低能背景辐射显著降低，故可获得好的峰背比。在滤光片的吸收边高能端附近，背景也较低，并随滤光片厚度增加而更为显著。这一特征也可被用来分析能量高于滤光片吸收边的痕量元素。采用 X 射线原级滤光片表现出七方面的特性。

采用 X 射线原级滤光片的第一个特性是 X 射线能量带宽或窗口特性，这一窗口特性，可使处于滤光片组成元素吸收边低能端一定能量带宽的 X 射线具有高透过率，而对此窗口外更低能量范围的韧致辐射具有强吸收，从而可显著降低由于连续谱导致的高背景，如图 3-11 所示。可以利用这一带宽特性，选择这一区间的连续谱或特征线作为激发能；同时利用对于低能 X 射线的强吸收，滤除连续谱背景。理想情况下，采用滤光片可以显著滤除背景，可使检出限降低约 1/4。

第二个特性是带宽高能限随滤片厚度的增加而提高。原级 Ag 滤片（图 3-11 Ag）吸收边能量较高，对 $50\mu m$ Ag 片，25.514keV 的透过率约为 63.3%，$100\mu m$ Ag 片为 40.1%。若将连续谱强度降低 0.1% 作为窗宽，则对于 $50\mu m$ Ag 片，此时对应的低能端能量范围为 9.3keV；而对 $100\mu m$ Ag 片，则为 11.7keV。即滤片越厚，X 射线带宽高能限越高，能量窗口越窄。这也不难理解，因为滤片越厚，吸收越多，衰减也越厉害。

第三个特性是所谓滤片再生单色作用（regeneration monochromator filter）。这是因为当滤片受原级 X 射线照射后，其滤片组成元素会受激产生特征 X 射线。如果此时采用了相同的靶材和滤片，例如，采用 Mo 靶和 Mo 滤光片，则 Mo 靶在容许高通量 Mo 靶线透过 Mo 滤片的同时，还会由于 X 射线管高能连续谱对滤片 Mo 的激发，而产生额外的 Mo 特征线激发，如图 3-11 Mo 滤片中所标识的 Mo K 系线所示。

第四个特性是滤片滤除连续谱背景，降低检出限的效果与滤片材料和厚度密切相关（图 13-11～图 3-13）。尽管可通过理论计算，估算其降低检出限的程度，

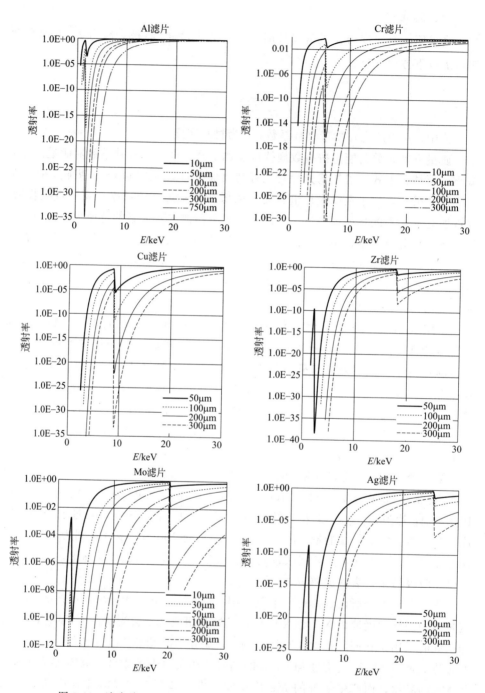

图 3-11 滤光片 Al、Cr、Cu、Zr、Mo、Ag 透射率与能量相关性曲线

但在实际应用中，通常需要根据装置和样品进行实验选择。需要选择合适的滤片
来显著降低连续谱背景，滤除的能量范围不同，所选滤片材料也应不同，例如滤

除能量范围在 20keV 以上的连续谱，特别是滤除 Rh 靶 K 系特征谱线及其 Compton 散射峰，使用 Zr 作为滤片，就比 Cu 和 Ni 滤片更为有效，比较图 13-11～图 3-14 中的 Cu、Zr 亦可发现此规律。采用 Cu 滤片，亦可显著滤减 Ag 靶 Compton 散射背景（图 13-13 和图 3-14）。若选用 $24\mu m$ Al 滤片，滤除 ＜4keV 能量范围的低能背景，特别是 Rh L 线及其 Compton 峰的干扰，则可测定低能量范围的 Cl 和 S 等。通过选择 Ni 滤片，而不是 XRF 光谱仪通常配置的 Al、Ti、Cu 等滤片，可以显著改善 U 和 Pu 的峰背比，降低检出限，幅度可达 10%；降低的幅度与滤片元素、所选择的厚度及待测元素相关。

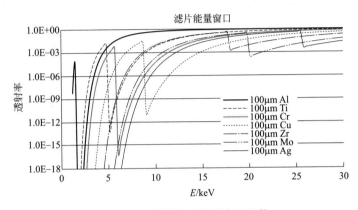

图 3-12　不同滤片的能量窗口比较

第五，滤光片组成元素吸收边高能端近边低谷，也是有效的背景滤除区间。此时利用远边高能连续谱可以激发该区间能量范围的元素，又可降低其背景，从而实现有效降低检出限的目的。

第六，使用滤光片可显著降低低能韧致辐射背景，但由于谱峰也同时降低，因此滤光片有时对于含量较低元素的灵敏度提高、检出限降低的能力有限，且和待测元素、样品及其基体密切相关。对轻元素，由于有效激发能量被滤除，导致滤片不能改善吸收边＜4keV（即元素 K 之前）的轻元素检出限，且不同基质材料，滤片的作用效果相差显著，并出现使用 Al、Cu 等滤片，但检出限反而比无滤片时的效果差的情形，例如青铜和金合金等。此外，当通过理论计算估算其降低检出限的程度时，部分滤片和元素理论检出限与实际测定值会有一定差距，甚至可相差 3～6 倍。事实上，在实际应用中，使用滤片的确不一定可以显著提高分析元素的峰背比。尽管滤片的采用几乎完全滤除了 Rh 靶及其 Compton 峰背景，但 Cd 的特征谱峰还是未能明显突出，峰背比改善不明显；但对于 Sn，峰背比则有了较显著提高。

第七，除可在 X 射线管和样品之间放置初级滤光片外，还可以在样品和探测器之间，放置次级滤光片，并采用高取向热解石墨（HOPG）等非常规材料作为滤光片，也可以达到滤除低能和高能端背景的效果。

所以，通常还是需要进行实验比较后确定。因为在使用滤片滤除连续谱背景的同时，通常待分析元素的特征谱线强度也会随之降低。滤片的使用是否可提高谱线峰背比，需要根据具体样品和待分析元素、靶材等，综合考虑决定。选择何种材料作为滤片及其厚度，可参考图 3-11 和表 3-3 中的滤片材料、能量窗口宽度、适用范围等参数，并结合实验来确定。必要时，也可以采用混合滤片来获得理想效果。

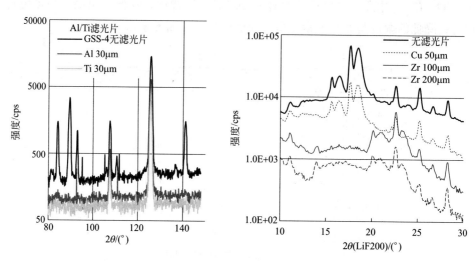

图 3-13　采用滤光片降低连续谱背景、消除靶线干扰、提高峰背比

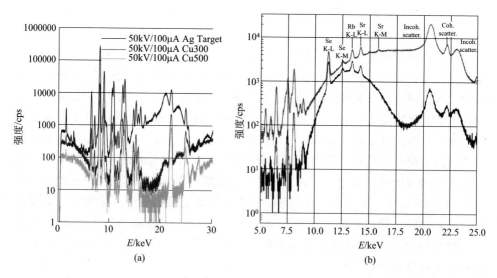

图 3-14　采用 Cu（Epsilon 4，Panalytical）（a）和 HOPG 次级滤光片（b）
减小连续谱和靶线干扰采用滤减背景效果

表 3-3　X 射线滤光片特性与适用范围

滤光片	作用	能量/keV	适用元素及应用实例	文献
Al	滤减<4keV 低能背景；消除 Mo、Rh、Ag 等的 L 线及其 Compton 峰干扰；滤减合峰	<4	K、Ca、Ti、V(Al,50μm) Cr、Mn、Fe(Al,200μm)	[27]
Al	滤减<4keV 低能背景；消除 Mo、Rh、Ag 等的 L 线及其 Compton 峰干扰；滤减合峰	<4	减低低能区背景；消除 X 射线管靶线对轻元素干扰	[25]
Al	共聚焦毛细管透镜微区 XRF	<4	S、Cl	[22]
Al	提高 Na、Mg、Al、Si、K 信噪比	<4	无效果	[24]
Ti	滤减背景，提高峰背比	<4	Pb Lβ	[21]
Cr	再生单色激发，Cr 靶/Cr 滤光片	<4	轻元素分析	[20]
Ni	滤减低能背景，提高峰背比	9~20	U、Pu	[23]
Ni	滤减低能背景，提高峰背比		Pb Lβ	[21]
Cu	滤减背景，提高峰背比	5~9	减少 W 靶轫致辐射；降低 Cu、Zn 检出限	[25]
Cu	滤减背景，提高峰背比	9~20	Co Kα、Ba Lα	[20]
Al+Cu	滤减背景，提高峰背比	6~12	Fe、Pb	[25]
Zn	滤减低能背景，提高峰背比	9~20	U、Pu	[23]
Zr	滤减 Rh 靶 Kα、Kβ 线及相应的 Compton 峰干扰	>20	Pb	[28]
Zr	滤减 Rh 靶 Kα、Kβ 线及相应的 Compton 峰干扰	12~15；>20	Sn Kα U Lα、Th Lα、Pb Lβ	本研究
Zr	压制 Mo 靶 Kβ 线	19.6	获取近单色激发	[25]
Zr	滤减背景，提高峰背比		Pb Lβ	[21]
Zr	滤减背景，提高峰背比		土壤中 Cd	[29]
Mo	滤减背景，提高峰背比		Pb Lβ	[21]
Mo	滤减轫致辐射背景，提高峰背比	6~13	Cr~Se	[20]
Mo	滤减背景，提高峰背比	20~27	Cd、Ag	[20]
Ag	滤减背景，提高峰背比	7~16	Ni~Zr(100μm)	[27]
HOPG	样品-探测器间二级宽带滤光片；压制 X 射线源低能峰和散射背景	10~18	Se、Rb、Sr、Y	[26]

二、二次靶

在 X 射线光管与样品之间可放置一个二次靶，利用光管连续辐射激发二次靶材的组成元素，产生选定靶材的特征辐射，利用此单色光可达到降低背景辐射、提高痕量元素峰背比、降低检出限的目的。二次靶目前主要有金属箔二次靶、巴克拉散射靶和布拉格衍射晶体等三种形式，其中金属箔二次靶产生单色光，巴克拉散射靶和布拉格衍射晶体产生偏振光。

采用二次靶技术要求光管功率较大，靶材有高轫致辐射输出，以便有效激发二次靶特征元素。二次靶可利用的特征辐射份额较低，同时需有好的准直系统，以避免原级辐射到达样品或进入探测器。简单配置的二次靶可能还会有原级辐射与二次靶的散射线到达样品，故还可附加一个滤光片以进一步降低低能背景。

对于离开滤光片或二次靶特征线很远的元素，该方法的激发效率会很低，例如用 Mo 靶及 Mo 滤光片的情况，尽管改善了 Cu、Zn 等的峰背比，但对 Al、Ti 等灵敏度却显著降低。因此，无论是滤光片，还是二次靶，通常只是为了提高峰背比，用来选择性地分析痕量元素，降低检出限。

第四节　偏振光激发

一、X 射线偏振效应

X 射线以 90°照射由低原子序数组成的物质，散射作用将产生偏振辐射，这一散射作用由 Charles Glover Barkla 等于 1906 年发现，并于 1917 年获得诺贝尔奖。利用这一原理制成的 X 射线靶也称为巴克拉（Barkla）靶。将 X 射线管、样品和探测器呈正交设计，可显著降低连续谱背景。偏振是晶体衍射的本征特性，除了巴克拉散射，布拉格衍射、博尔曼透射等也可产生偏振光。目前 EDXRF 通常采用巴克拉散射体和布拉格晶体二次靶产生偏振 X 射线。

X 射线偏振是一种波效应，有线偏振、圆偏振等多种类型，并由偏振光强度、偏振角、辐射椭圆方向与椭圆率等四参数描述，其中偏振光强度与偏振角密切相关（如图 3-15）。低原子序数比高原子序数物质具有更强的散射能力，目前巴克拉靶是偏振 X 射线荧光光谱仪的主要构件。在选择巴克拉靶散射体时，需要考虑两个重要因素：用于样品激发的偏振 X 射线散射线强度和影响待测样品与元素能量范围的峰背比散射谱分布。

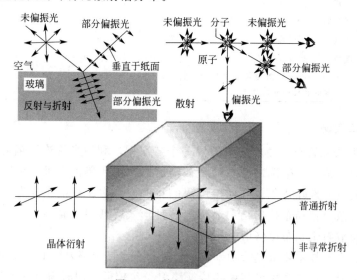

图 3-15　偏振光产生机制

二、X射线偏振靶

不同材料制备的巴克拉靶，其散射效率和应用范围也不尽相同：①在 5～20keV 能量范围，高取向热解石墨（HOPG）（相对密度 2.25）和 B_4C（2.17）具有最大偏振效率；②在 20～30keV 范围，BeO（2.86）和 $LiBO_2$（2.75）作为散射体最适宜，但 BeO 粉末剧毒，因此，需要制备成陶瓷予以固化方可使用；③在 30～60keV，MgO（3.58）和 Al_2O_3（3.63）散射效率最高。尽管巴克拉衍射与密度相关，但并不具有唯一性，例如金属 Ti（4.5）和 Y_2O_3（5.03）具有很高的密度，但散射效果并不如 Al_2O_3。因此，实验应用时，应根据各自的适用能量范围，综合考虑不同散射体的性质和散射效率。

三、偏振激发应用效果

比较石墨和 Al_2O_3 巴克拉散射偏振激发谱图曲线，可以发现，在 16keV 以下，巴克拉散射偏振激发比二次靶激发可以获得更低的方法检出限（MDL），且石墨散射体具有更高的激发强度，但背景也更高，而 Al_2O_3 信噪比更好，MDL 相近，但 Fe 的 MDL 高约 30%；在 20keV 以上，石墨检出限最高，Al_2O_3 和 Sm 检出限相近，而 Al_2O_3 没有干扰线。因此，总体而言，Al_2O_3 适用于整个能量范围。而且，Al_2O_3 也比 B_4C 的纯度更高，因此对分析线的干扰也更少。

利用 X 射线管 Pd 靶 L 线，采用高取向热解石墨晶体布拉格衍射产生偏振光，可有效激发 Na～Cl 的 K 系线，显著提高这些轻元素的分析灵敏度。为保证待测元素的荧光强度足够高，需要增加准直器直径，同时在散射靶和样品中还存在多重散射，因此，所能实现和达到的能量色散偏振 X 射线荧光光谱仪的偏振效率目前约为 0.9，尽管如此，这也显著降低了检出限，与常规 EDXRF 相比，检出限约可降至 1/10。采用偏振 X 射线荧光分析土壤样品，可使 Cd 的检出限由常规 EDXRF 的 2×10^{-6} 降低至 0.3×10^{-6}。目前甚至有研究人员将偏振 X 射线与波长色散技术相结合，未来的研究进展值得关注。

第五节　单色光激发

根据晶体衍射布拉格定律和罗兰圆聚焦原理，可以利用弯晶实现 X 射线的单色聚焦。弯晶单色聚焦需满足以下两个条件：

① 罗兰圆条件：设 X 射线的入射和出射狭缝均位于一圆上，若该圆的直径（$2r$）与衍射弯晶的曲率半径（R）相等（$2r=R$），且该圆与衍射弯晶面的中点相切，则其满足了罗兰圆条件，可以实现光学聚焦。

② 布拉格条件：用于 X 射线单色的晶体应弯曲为与罗兰圆处处相切的弯晶，且其晶面的曲率半径为 $R/2$。

严格满足上述两个条件的聚焦系统，对弯晶制备要求也比较苛刻。故目前有全聚焦和半聚焦两种光学聚焦系统。采用约翰逊（Johansson）法制备的全聚焦弯晶色散聚焦原理图如图 3-16 所示。根据上述条件，可以采用不同的方法，制备弯晶，构建成弯晶单色 X 射线分析器，实现 X 射线的聚焦和单色，从而达到降低背景、显著提高激发强度和分析灵敏度的目的，如图 3-17 所示。

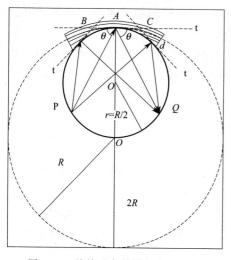

图 3-16　约翰逊弯晶单色聚焦原理

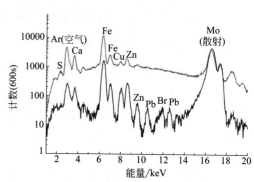

图 3-17　单色激发与常规 EDXRF 比较

制备弯晶的方法一般还有约翰（Johann）聚焦法、径向和矢状弯晶、双面弯晶、超环面弯晶等，尽管约翰弯晶较为常用，但存在偏移角，即存在波长漂移和约翰弯晶散焦缺陷。而采用约翰逊法 则可获得全聚焦，避免此缺陷，但其制作工艺更为复杂。晶体单色与聚焦应用广泛，例如可应用于催化反应 XANES 在线分析研究等，更多详情可参见本书第五章。

第六节　同位素源

放射性同位素利用 γ 射线或 γ-X 射线作为激发源，由于其结构简单，稳定性和可靠性高，体积小，花费低，可制成便携式光谱仪，常用于太空、现场或在线分析。

常用的放射性同位素多发射 γ 射线或特征 X 射线，基本上是单色光源。主要的 γ 源有 ^{241}Am、^{109}Cd、^{153}Gd、^{155}Eu、^{145}Sm 等，其光子能量和适用范围见表 3-4。在实际应用时，应根据待测元素的吸收边，选择能量适宜、干扰较少的同位素作为激发源。采用 ^{109}Cd 光源，一方面可用 Ag K 系线作为激发谱线；另一方面，还要考虑 Ag 的 K 系线对其他待测元素的干扰，同时，^{109}Cd 的 γ 射线正好在 Pb 的 K 吸收边之上，因此 ^{109}Cd 特别适合用来测定痕量 Pb，进行活体 Pb 的 XRF 分析。

表 3-4　常用的放射性同位素激发源特性

同位素	主要衰变方式	半衰期	衰变产生的特征射线	光子能量/keV	适用范围
^{55}Fe	E. C.	2.7 年	Mn K	5.9	Al～Cr
^{57}Co	E. C.	270d	Fe K	6.4	＜Cr
				7.1	
			γ	14.4	
			γ	122	
			γ	136	
^{109}Cd	E. C.	1.3 年	Ag K	22.2	Ca～Tc
				25.5	W～U
			γ	88.035	
^{125}I	E. C.	0.16 年	Te K	27	＜Xe
			γ	35	
^{153}Gd	E. C.	0.65 年	Eu K	42	Mo～Ce
			γ	97	
			γ	103	
^{3}H-Ti	β^-		白光	3～10	Na～Cu
			Ti K	4～5	
^{210}Pb	β^-	22 年	Bi L	11	＜Sm
			γ	47	
^{238}Pu	α	89.6 年	U L	15～17	Ca～Br
^{241}Am	α	470 年	Np L	14～21	Sn～Tm
			γ	26	

注：E.C. 代表电子捕获。

第七节　聚束毛细管 X 射线光源

电子激发由于需要真空条件并存在热消散问题，故并不常用于 X 射线荧光分析。质子激发和同步辐射则由于具有高灵敏度和微束特性而在痕量元素和微区分析领域受到广泛关注。同步辐射需要通过加速器产生，而建设高能加速器耗资庞大，其数量有限，因此实际应用受到一些限制，主要应用于探索性研究。目前实验室多用聚束毛细管作为微区分析 X 射线光源。

大功率 X 射线光管除了可以提高激发效率，还会引起焦斑的增加。功率越大，焦斑越大。而为了获得图像或多维信息，必须采用微束分析技术。同步辐射是一个良好的微束光源，但要获得广泛应用，还比较困难。因此利用椭圆反射镜和聚束毛细管光源等进行微束分析，就得到了广泛关注和研究。

获得微束 X 射线的方法有多种，表 3-5 列出了可以利用的方法，目前研究较多的主要是玻璃毛细管聚焦和准直透镜系统。毛细管透镜系统可分为单根和聚束毛细管透镜。从功能上又可分为聚焦透镜和准直透镜，前者产生聚焦微束 X 射线，后者产生平行 X 射线束。

表 3-5　获得微束 X 射线的方法

方法	途　径	聚焦光斑大小/μm	特征
狭缝	狭缝或准直器	50～500	连续谱
掠入射法	毛细管透镜	1～10	连续谱
	聚束毛细管透镜	30～100	连续谱
衍射法	不对称反射晶体	100	单色
折射法	折射透镜	10	长焦距

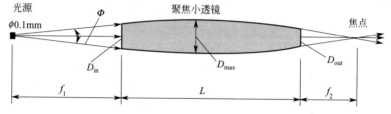

图 3-18　聚束毛细管透镜通过多重全反射形成聚焦光束或平行光束的原理图

聚束毛细管透镜由大量细小的具有一定凹曲面的玻璃管排列，当 X 射线以小于临界角 $\theta_c = 0.02\sqrt{\rho/E}$ 的角度入射时，X 射线就会在弯曲的毛细管内产生多重全反射，出射方向就会改变。改变凹曲管的几何角，可以产生平行、聚焦或发散的 X 射线，如图 3-18 所示。

由于临界角 θ_c 非常小，在 5～30keV 范围内，对玻管介质通常只有几个毫弧度。故毛细管的弯曲度必须是渐进的，毛细管的直径应该小得足以满足全反射条件。典型毛细管透镜的曲率半径一般在几毫米，毛细管中每一光子通道的直径一般在几微米到几十微米，一根聚束毛细管中总的通道数为几百万道。最大捕获角达 30°，输出束斑最大可达 50～100mm，最小为 10～20μm。

由于临界角与能量相关，故毛细管透镜传播效率是能量的函数，随着能量上升，传播效率下降。在高能辐射产生干扰背景时，可利用毛细管透镜的这种带通特性予以抑制。

焦斑大小与聚焦距离成正比，因此要获得较小的焦斑和足够高的光子通量就需要缩短聚焦距离，但这也限制了设备可用空间。焦斑大小是初始入射光源大小的函数。由于焦斑大小随临界角度变化，且临界角与能量相关，故焦斑大小也是能量的函数，焦斑大小随能量上升而下降。与采用针孔方式获得的微束 X 射线相比，在光斑大小相同的条件下，毛细管透镜产生的光子通量要高 3 个量级。

目前聚束毛细管 X 射线透镜在 XRF 光谱分析中已得到广泛应用，在生物地球化学、文物考古等研究领域已成为一种必不可少的分析手段。用毛细管透镜产生平行光构成毛细管准直透镜，在 X 射线衍射分析中也是十分有用的。

第八节　X 射线激光光源

受激辐射式光频放大器（激光）可产生相干、共线、强度极高的单色光。在 X 射线至紫外线波长范围内的激光由于用途广泛，目前研究、发展迅速。

原子中处于基态的电子在吸收波长为 λ 的光子能量后，将跃迁到一能级较高的轨道。通常受激电子会立即自发地返回到基态，并辐射出波长相同的光子。但也会出现电子落入中间态（亚稳态）的情况，在此中间态，电子自发跃迁到基态的概率很小，从而使得这些电子陷落于此中间态中。波长为 λ 的激发辐射不断将电子提升到这种亚稳态，并将最终导致总体逆转，出现处于亚稳态的电子多于基态电子的现象。每个原子中仅有一个特定电子经受这种转换。

在一定条件下，处于亚稳态的电子会向基态跃迁，并辐射出能量，其对应的波长为 λ_s（$\lambda_s < \lambda$）。这一转换可以由波长为 λ_s 的辐射受激产生。该辐射不能被吸收。当一个亚稳态原子恢复基态，其辐射能量将立即激发其他亚稳态原子衰变，产生波长为 λ_s 的强辐射。此即我们所想要得到的能量辐射——激光。

例如，将红宝石棒（含 Cr 的 Al_2O_3 材料）两端镀银，一端不透明，另一端透过率约 90%，形成共振器，并与一螺旋电子闪光灯同轴安装。受闪光辐射的作用，Cr 原子经受总体逆转，其辐射的 λ_s 被两端反射，进一步激发跃迁，当所有 Cr 原子都回复到基态后，再次应用闪光辐射开始另一次激发，从而获得我们所需要的激光。

产生 X 射线激光的困难主要有两点：一是随着从亚稳态到基态能量间隔的增加，相应的状态寿命减少，从而很难保持其总体逆转性能；二是很难实现激光 X 射线的反射。

软 X 射线激光处于 4～40nm 范围，在光谱学领域的应用较少。但现阶段的技术已可以将用作原始激发源的激光脉冲能量的百分之几转换成非相干 X 射线，将可利用的光谱范围从软 X 射线扩展到硬 X 射线，应用于 X 射线衍射和吸收光谱。

利用超短脉冲激光和高次谐波发生器是发展实验室型相干 X 射线源的途径之一，目前可以达到 2.3～4.4nm 波长范围。由激光等离子体也可以产生硬 X 射线，例如 Si、Ti、Cu 的特征 X 射线等。因此我们期待 X 射线激光能在不久的将来取得显著进展，以期在 X 射线光谱领域获得较大应用，较大程度地改善 XRF 的检出限和灵敏度。

参考文献

[1] Ron Jenkins R W G, Dale Gedcke. Quantitative X-Ray Spectrometry (Practical Spectroscopy) 2nd Edition. New York: Marcel Dekker, 2nd edition (April 26, 1995), 1995. p. 9-48.

[2] Jenkins R. X-Ray Fluorescence Spectrometry. New York: JOHN WILEY & SONS, INC., 1999. p1-200.

[3] Taggart J. X-Ray Spectrometry, 1990, 19 (5): 247-248.

[4] Hayat M A. X-ray Microanalysis In Biology. Baltimore: University Park Press, 1980.

[5] Dzubay T G. X-ray fluorescence analysis of environmental samples. United States: Ann Arbor, Mich.: Ann Arbor Science Publishers, c1977, 1977. 310.

[6] Nasrazadani S, Hassani S. Handbook of Materials Failure Analysis with Case Studies from the Oil and Gas Industry. Oxford: Butterworth-Heinemann, 2016: 39-54.

[7] Alber Thompson J K, D. T. Attwood, et al. X-RAY DATA BOOKLET. Berkeley, California: Center for X-ray Optics and Advanced Light Source, Lawrence Berkeley National Laboratory, 2009.

[8] Ravel B, Newville M. Journal of Synchrotron Radiation, 2005, 12 (4): 537-541.

[9] Hecht E. Optics 5th Edition: Pearson Education Ltd., 2015. 722.

[10] Campbell J L, Deforge D. X-Ray Spectrometry, 1989, 18 (5): 235-242.

[11] Hubbell J H, Gimm H A, O/verbo/ I. Journal of Physical and Chemical Reference Data, 1980, 9 (4): 1023-1148.

[12] Hubbell J H. The International Journal of Applied Radiation and Isotopes, 1982, 33 (11): 1269-1290.

[13] Hubbell J H, Veigele W J, Briggs E A, et al. Journal of Physical and Chemical Reference Data, 1975, 4 (3): 471-538.

[14] Zohuri B. Principles of Plasma Physics, 2017: 49-101.

[15] Roque R. X-ray imaging using $100\mu m$ thick Gas Electron Multipliers operating in $Kr-CO_2$ mixtures. 2018.

[16] Schardt P, Deuringer J, Freudenberger J, et al. Med Phys, 2004, 31 (9): 2699-2706.

[17] Harding G, Thran A, David B. Radiation Physics and Chemistry, 2003, 67 (1): 7-14.

[18] David B, Barschdorf H, Doormann V, et al. Liquid-metal anode X-ray tube: SPIE, 2004.

[19] Maderitsch A, Smolek S, Wobrauschek P, et al. Spectrochimica Acta Part B: Atomic Spectroscopy, 2014, 99: 67-69.

[20] Ron Jenkins, Gould R W, Dale Gedcke. Quantitative X-Ray Spectrometry. New York: Marcel Dekker Inc, 1981: 66-75.

[21] Ogawa R, Ochi H, Nishino M, et al. X-Ray Spectrometry, 2010, 39 (6): 399-406.

[22] Yagi R, Tsuji K. X-Ray Spectrometry, 2015, 44 (3): 186-189.

[23] Ishii K, Izumoto Y, Matsuyama T, et al. X-Ray Spectrometry, 2019, 48 (5): 360-365.

[24] Corzo R, Steel E. X-Ray Spectrometry, 2020, 49 (6): 679-689.

[25] Pessanha S, Samouco A, Adão R, et al. X-Ray Spectrometry, 2017, 46 (2): 102-106.

[26] Sokoltsova T, Esbelin E, Lépy M-C. X-Ray Spectrometry, 2022, 51 (1): 43-52.

[27] Oreščanin V, Mikelič I L, Mikelič L, et al. X-Ray Spectrometry, 2008, 37 (5): 508-511.

[28] Sasaki N, Okada K, Kawai J. X-Ray Spectrometry, 2010, 39 (5): 328-331.

[29] Shibata Y, Suyama J, Kitano M, et al. X-Ray Spectrometry, 2009, 38 (5): 410-416.

[30] Johnston E M, Byun S H, Farquharson M J. X-Ray Spectrometry, 2017, 46 (2): 93-101.

[31] Potts P J. Encyclopedia of Analytical Science. Second Edition. Amsterdam: Elsevier Ltd, 2005: 429-440.

[32] Zhalsaraev B Z. X-Ray Spectrometry, 2019, 48 (6): 628-636.

[33] Wobrauschek P, Aiginger H. X-Ray Spectrometry, 1980, 9 (2): 57-59.

[34] Fernández J E. X-Ray Spectrometry, 1995, 24 (6): 283-292.

[35] Swoboda W, Beckhoff B, Kanngießer B, et al. X-Ray Spectrometry, 1993, 22 (4): 317-322.

[36] Heckel J, Haschke M, Brumme M, et al. Journal of Analytical Atomic Spectrometry, 1992, 7 (2): 281-286.

[37] Heckel J, Brumme M, Weinert A, et al. X-Ray Spectrometry, 1991, 20 (6): 287-292.

[38] Zhalsaraev B Z. X-Ray Spectrometry, 2020, 49 (4): 480-492.

[39] Chen Z W, Gibson W M, Huang H. X-Ray Optics and Instrumentation, 2008, 2008: 318171.

[40] Johann H H. Zeitschrift für Physik, 1931, 69 (3): 185-206.

[41] Beckhoff B, Laursen J. X-Ray Spectrometry, 1994, 23 (1): 7-18.

[42] Wei F, Chen Z W, Gibson W M. X-Ray Spectrometry, 2009, 38 (5): 382-385.

[43] Zimmermann P, Peredkov S, Abdala P, et al. Coordination Chemistry Reviews, 2020, 423: 213466.

[44] Haugh M J, Stewart R. X-Ray Optics and Instrumentation, 2010, 2010: 583626.

[45] Kowalska J K, Lima F A, Pollock C J, et al. Israel Journal of Chemistry, 2016, 56 (9-10): 803-815.

[46] Moya-Cancino J G, Honkanen A-P, vander Eerden A M J, et al. ChemCatChem, 2019, 11 (3): 1039-1044.

第四章 探 测 器

X射线探测器的作用是将X射线光子能量转换成易于测量的电信号。在入射X射线与探测器活性材料相互作用下产生光电子，由这些光电子形成的电流经电容和电阻产生脉冲电压。脉冲电压的大小与入射X射线光子能量成正比。好的探测器通常要求量子计数效率和分辨率高，线性和正比性好。

最初的X射线探测器是无能量分辨能力的盖革计数器，现在已发展出了多种类型、不同用途，并具有良好分辨率的多型X射线探测器。特别是最近几年，随着太空探测技术和超导材料研究的进步，X射线能量探测器技术取得了显著进展。目前除正比计数器、闪烁计数器及Si(Li)探测器等已广泛应用于商用仪器外，多种基于半导体原理及超导特性等制成的能量探测器研发也已取得了显著进步，并已在实用性XRF光谱仪中得到应用，发展前景良好。

第一节 波长色散探测器

在波长色散X射线荧光光谱仪中，由于使用分光晶体，使得待测元素的分析谱线可以较好分离，故通常使用分辨率较低的流气式正比计数器和NaI闪烁计数器作为X射线探测器。分光晶体与低分辨率探测器的结合应用，使得波长色散X射线荧光光谱仪的整体分辨率要优于使用常规半导体Si(Li)探测器的能量色散X射线荧光光谱仪。

一、流气式正比计数器

气体正比计数器主要分为封闭式和流气式正比计数器两种。由于封闭式正比计数器分辨率太低，而温差电冷能量探测器已实用化，这就导致了封闭式正比计数器逐渐被淘汰。

流气式正比计数器为一直径约2cm的柱状体，中间有一根$20\sim30\mu m$的金属丝，用作前放信号和外部高压的接头，如图4-1所示。筒内充惰性气体和猝灭气体，通常为90%氩和10%甲烷，并在金属丝和柱壳间（柱壳接地）施加$1400\sim1800V$的电压。

当流气式正比计数器中的探测气体受到X射线照射时，会产生大量的由负电子和正电性氩离子组成的离子对。设入射X射线光子的能量为E_x，产生离子对的有效电离能为V，则由入射X射线光子产生的平均离子对数n与入射X射

54

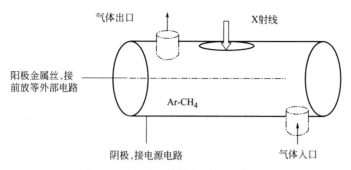

气体出口　　　　　X射线

阳极金属丝,接
前放等外部电路

Ar-CH₄

阴极,接电源电路　　　　气体入口

图 4-1　流气式正比计数器原理示意图

线光子的能量成正比,与离子对的有效电离能成反比:

$$n = \frac{E_x}{V}$$

产生的电子在电压作用下会逐渐加速飞向阳极金属丝,并引发进一步的氩原子电离,这一效应被称为气体电离增益,流气式正比探测器的电离增益一般为 6×10^4。经放大后的电流由电容收集,产生的脉冲电压与入射光子的能量成正比。

需要特别注意的是脉冲高度和强度的区别。脉冲高度(pulse height)是指由单个 X 射线光子产生的单个脉冲电压幅度,而 X 射线强度则是指每秒测得的脉冲数。

探测器的分辨率通常定义为峰高一半处所对应的谱峰宽度(FWHM),简称谱峰半高宽。流气式正比计数器的理论分辨率 R_t 为:

$$R_t = \frac{38.3}{\sqrt{E_x}} \times 100\%$$

式中,E_x 为入射 X 射线光子能量。

流气式正比计数器适用于长波长的 X 射线探测,通常用于 0.15～5nm 波长的 X 射线探测,对 0.15nm 以下的波长,探测灵敏度低。

二、NaI 闪烁计数器

闪烁计数器由荧光物质(闪烁体)和光电倍增器组成,闪烁体通常为一块涂有铊的 NaI 晶体。受 X 射线光子照射后,闪烁体产生蓝光,蓝光进而在光电倍增器表面激发出电子,并在倍增器电极的作用下,线性放大,经转换成脉冲电压后记录,倍增系数一般约为 10^6。其产生的电子数与入射 X 射线光子的能量成正比。如图 4-2 所示,图中倍增器电极电子线性放大的作用在后部以箭头表示,未按线条的多少来表达。

闪烁计数器的 X 射线-光子-电子转换效率很低,要比流气式正比探测器低一个数量级,故闪烁计数器的理论分辨率 R_t 更差,为:

$$R_t = \frac{128}{\sqrt{E_x}} \times 100\%$$

闪烁计数器为检测短波长 X 射线而设计，适用波长范围为 0.02～0.2nm。

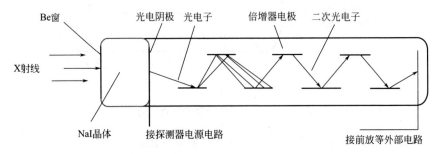

图 4-2　闪烁计数器原理示意图（线性放大作用在后部以箭头表示）

三、波长色散探测器的逃逸峰

入射 X 射线与探测器材料的相互作用机理包括三种。

（1）透射　入射 X 射线直接穿透探测器的有效探测区而不被吸收。

（2）光电吸收　入射 X 射线击出探测器组成材料中的外层电子，产生光电子，并生成相应的离子对，如 Ar^+-e^-。其脉冲输出与入射 X 射线光子能量（E_x）成正比。

（3）二次激发　入射 X 射线击出探测器组成材料中的内层电子，产生光电子、探测器组成元素的特征 X 射线及俄歇电子，并伴随逃逸峰的产生。

当入射光子的能量足以激发出探测器组成元素的特征 X 射线时，由于特征 X 射线光子不易被其组成元素本身所吸收而逃逸出探测器活性区。该入射光子的能量一方面激发出了特征谱线，另一方面在探测器中产生了光电子，而可被探测器活性区所探测的能量（E_e）则为两者之差。该光子此时输出的脉冲高度与入射光子能量（E_x）与探测器组成元素的特征 X 射线能量（E_K）之差成正比，其所对应的谱峰即为所谓的逃逸峰：

$$E_e = E_x - E_K$$

换句话说，入射 X 射线由于激发出了探测器组成元素的特征 X 射线而损失部分能量，这部分能量不能被探测器有效检测，剩余的能量可被探测器检测，形成的脉冲即是逃逸峰。逃逸峰的能量低于入射 X 射线光子的能量。

对于采用 Ar-CH_4 的流气式正比计数器而言，Ar 的 E_K 约为 2.96keV，故探测器除输出被测元素的特征峰外，还将在比特征峰低 2.96keV 的地方产生 Ar 逃逸峰，如图 4-3 所示。对于 NaI 探测器，将在低于特征峰约 29keV 处产生 I 的逃逸峰。

越靠近探测器窗口，逃逸概率越大。对于能量刚好高于 Ar 或 I 吸收边的光子，在对应的正比或闪烁计数器中产生的逃逸峰强度最大。而具有较高能量的光

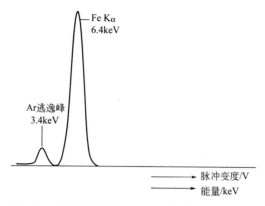

图 4-3　在比特征峰低 2.96keV 处产生 Ar 逃逸峰

子由于穿透力更强，进入探测器更深，逃逸峰减弱。

在选择脉高分布窗口和背景时，逃逸峰是要重点考虑的因素之一。

第二节　能量探测器

波长色散 X 射线光谱仪的优点是整体分辨率高，稳定性好。但分光晶体的使用在提高分辨率的同时，也使得体系结构变得复杂。在严酷环境和现场分析时，波长色散 X 射线光谱仪变得不再适用。

能量探测器由于无需晶体分光即可获得足够的分辨率，因此省却了分光和测角系统，且能满足大部分实际应用的需要，特别是在太空探测、现场和原位分析领域具有不可替代的作用。因此能量探测器获得了足够的重视和相当快的发展。其中以 Si(Li) 探测器为代表的半导体探测器应用广泛。

一、能量探测原理

在 X 射线光谱分析技术领域，能量探测器是目前发展最快的，它具有比正比计数器和闪烁计数器更高的能量分辨率。目前锂漂移硅探测器已得到广泛应用。

在结构上，锂漂移硅探测器是一种硅或锗单晶半导体探测器，表层为正电性的 p 型硅，中间为锂补偿本征区，底层为负电性的 n 型硅，组成 PIN 型二极管。其中表层 p 型区为死层，是非活性探测区，本征区则是由锂漂移进 p 型硅中形成，以补偿其中的不纯物或掺杂物，并增加电阻。锂漂移硅探测器通常可表示为 Si(Li) 探测器，简称硅锂探测器。Si(Li) 探测器原理示意图如图 4-4 所示。

当在探测器的两端施加一逆向偏压，产生的电场将耗尽补偿区中的残留电子空穴对载流子，该耗尽区就是探测器的辐射敏感区或活性区。当 X 射线光子穿过半导体的锂漂移活性区时，其中的硅原子将由于光电吸收产生光电子，在负偏

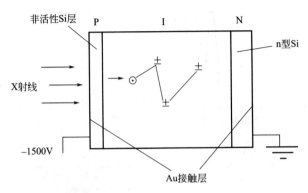

图 4-4　Si(Li) 探测器原理示意图

压作用下，空穴流向 p 型区，电子流向 n 型区。探测器直径越小，在低能范围的分辨率越高，厚度越大，对高能光子的探测效率越高。

二、能量探测器组成与特性

能量探测器除半导体探测器和前置放大器外，还需由主放大器、多道分析器等共同组成完整的能量探测器。

主放大器的作用是将前置放大器微弱和低信噪比的信号放大成型，以便用于脉高分析，并滤掉和压制极高和极低频信号，改善能量分辨率。

多道分析器则用来测量每一放大后的脉冲信号，并将其转换成数字形式。脉冲高度对应于入射光子能量，在一定脉冲高度下所累计的数量代表了特定能量光子的数量。即多道分析器首先确定脉冲高度（即道，对应能量），再将脉冲信号分类，按其高度大小排队，记录数量（即计数，对应强度），从而得到常见的以道-计数或能量-强度关系表示的能量色散 X 射线光谱图。

在室温下，锂具有很高的扩散速率。故锂漂移硅探测器以及前置放大器必须保持在低温下，以降低噪声，抑制锂的迁移，保证最佳分辨率。为了获得低能光谱和保证高探测效率，真空和薄的 Be 窗也是必要的。

此外，能量探测器死时间较长，当多个光子到达探测器时，由于长的脉冲周期，而使输出脉冲畸变，脉冲输出为其多个光子响应脉冲的线性加和，这种畸变被称为脉冲堆积。所以，能量探测器一般还具有死时间校正和抗脉冲堆积电学系统，以消除其影响。

能量探测器的探测效率受到多种因素的影响，高能 X 射线需要较厚的探测区域，而轻元素分析则需要使用更薄的 Be 窗。其他影响因素还包括不完全电荷收集，逃逸峰损失，边角损失，探测器材料产生的荧光及其死区吸收，接触层吸收与荧光等。

决定探测器的能量分辨率的关键因素有三个，即前置放大器噪声、电离统计分布和其他线性变宽因子，如不完全电荷收集等。通常可简化计算 Si(Li) 探测器分辨率（R）：

$$R = \sqrt{\sigma_n^2 + (2.35FE_x)^2}$$

式中，σ_n 为 Si(Li) 探测器的前置放大器噪声；F 为 Fano 因子，与第一电离能相关，表示产生一个离子对时所需的平均能量分数。

当以高斯分布的半高宽表示时，则有如下的分辨率计算简式：

$$R = \text{FWHM} = 2.35\sigma$$

式中，σ 为高斯分布中的标准偏差。

三、能量探测器的逃逸峰

硅锂能量探测器的逃逸峰产生机理与正比计数器和闪烁计数器相同。硅锂能量探测器的逃逸峰主要由 Si 的 K 系线（1.74keV）产生，且由于谱线众多，高含量元素产生的逃逸峰通常会干扰低含量元素的测定。但逃逸峰与分析元素特征峰（父峰）的比值随着特征峰能量的增加按近乎指数的关系下降，故高能谱线的逃逸峰效应可以忽略。其原因在于 Si 的 K 系 X 射线能量太低，只有在靠近窗口时发生的概率才会较大，而高能光子则多会更深入地进入探测器内部，导致逃逸概率降低。

此外，用作触点的 Au 和 Pt，焊锡合金材料中的 In-Sn、Pb-Sn 及 Al、Si 等，由于探测器制作工艺的需要而被采用，它们的特征谱线也可能会在不同的情况下被观察到。有时甚至对分析谱线产生严重干扰。在实际工作中往往容易疏忽干扰的识别，因此需要高度重视，审慎对待实验数据与分析结果。

第三节　新型能量探测器

目前新型能量探测器技术的研究发展十分迅速，取得了令人瞩目的进展，一些探测器的分辨率已超过波长色散光谱仪的整体分辨率，适用能量范围更宽，应用领域也更广泛，并可获得多维信息，是 X 射线荧光光谱分析领域最活跃的研究领域之一。

一、Ge 探测器

硅的原子序数低，探测器死区对低能 X 射线吸收也小，逃逸峰出现的概率低，Si(Li) 探测器对 20keV 以下的能量探测效率高，通常用于 1～40keV 能量范围的 X 射线检测。但对高能射线，则最好选择高能探测器，例如高纯 Ge 探测器。

由于室温时，Li 在 Ge 中漂移性很强，故 Ge(Li) 探测器在经受温度升高后将会损坏。目前，Ge(Li) 探测器多已被各种高纯 Ge 探测器所取代。高纯 Ge 型探测器没有锂漂移补偿，故可像 Si(Li) 探测器一样，能在一定程度上承受温度的升高。

Ge 探测器也是一种具有 PIN 结构的半导体二极管，本征区敏感于电离辐射，特别是高能 X 射线和 γ 射线。在反向偏压作用下，入射光子在耗尽层产生的电子空穴对载流子分别流向 P、N 极，其电荷大小与入射光子能量成正比，并经前置放大器转换成电压脉冲。

Ge 探测器根据探测能量范围分为低能、超低能及宽能带 Ge 探测器。根据探测器外形的不同还有同轴和井形 Ge 探测器之分。超低能 Ge 探测器的可探测能量范围可低至几百电子伏特。低能 Ge(LEGe) 探测器的能量探测范围为几电子伏特至 1000keV。该型探测器的后接触层较小，故容量也较小。由于前置放大器的噪声与探测容量直接相关，故 LEGe 探测器在低能和中间能量范围内的分辨率好于其他几何形状的探测器。同时 LEGe 探测器也有更好的计数率和峰背比特性。同轴 Ge 探测器即通常称的高纯 Ge(HPGe) 探测器，是一种柱形探测器，其外表面接触面为锂漂移 n 型区，轴井的内表面为植入硼的 p 型区。目前，该型探测器已发展成多元探测器，可由十几至二十几个小的探测单元组成，并仍在发展中。

Ge 能带较低，故必须低温冷却以减少反向漏电流，降低噪声，保证好的分辨率。尽管高纯 Ge 探测器容许不使用时温度升高，但由 Li 漂移形成的 n 型接触层在室温下不是很稳定，故 Ge 探测器也应尽量避免长时间的温度升高。

Ge 探测器在 11～30keV 会有复杂的逃逸峰，且它的死区对低能 X 射线有强吸收，故 Ge 探测器通常用于探测谱线能量在 40keV 以上的元素。

目前在 Ge 探测器发展中，还有一种用于高能粒子探测的所谓四叶花瓣形或四叶苜蓿（clover leaf）探测器，它是将四个相同的方形圆边 Ge 探测器同轴安装，形成一个四叶花瓣形的整体 Ge 探测器，显著提高了探测效率。

低能 Ge 探测器也具有这种花瓣形探测器的某些特征。但四叶花瓣形探测器并不是四个探测器的简单集合，而是将四个探测器设计成特殊形状，其固定装置安在后部，使探测器整体具有更紧密的结构，Ge 与 Ge 晶体间的距离为 0.2mm。减少了晶体周围的附加材料，提高了峰背比，且能记录全能光子，其加和效应优于四个探测器的简单组合。而目前 LEGe 探测器还只是四个探测器的简单组合。四叶花瓣形探测器通过最小化多普勒展宽效应，改进了分辨率和检出限，目前该型探测器主要用于高能射线的探测，其在 1.33MeV 处的分辨率为 2.1keV，在 122keV 处为 1.05keV。

二、Si-PIN 探测器

1. 温差电制冷原理

Si(Li) 探测器需要液氮制冷，这对于日常维护及常规应用极不方便，而欲应用于太空探索则更是行不通。随着空间科学探索的需要，一种不用液氮制冷的新型温差电冷型（thermoelectric cooler）半导体探测器自发明之日起就得到了广泛关注，并迅速应用于太空探索及常规分析研究中。温差电冷型半导体探测器目前已广泛应用于 Si(Li)、Si-PIN、CdZnTe、CdTe 等多种类型 X 射线能量探测器研制中。

温差电冷过程利用了 Peltier 制冷原理。此现象为一法国钟表匠 Peltier 于 1834 年发现的。实验发现，在 Sb-Bi 半导体的结点处如果滴上一滴水，接通电流后，水滴将会结冰，但如果改变电流方向，则冰又会融化。实际上，在电场作用下，当电子加速时，其动能就会增加，并转换成热能；而当电子减速时，动能下降，结点温度就会降低。该过程完全可逆，从而通过电场的变化，就可实现冷热的转换。

如果将温差电冷原理用于 p-n 结半导体中，组成 pn 和 np 阵列，每一结点都与散热器相接，当按确定的极性接通电流后，半导体两端的散热器就会产生温差，一端温度上升，成为热池，另一端则温度下降，用作冷却器，其原理图如图 4-5 所示。采用无位错 p 型 Si 制造温差电冷型半导体探测器，其制造工艺的关键是使漏电流尽可能小，容量也要求小。目前温差电冷型半导体探测器在 Si-PIN 中的应用最为成功。两者的结合使温差电冷型 Si-PIN 半导体探测器得到广泛和实际的应用。

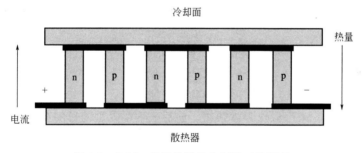

图 4-5　Peltier 半导体温差电制冷工作原理

2. 温差电冷型 Si-PIN 探测器

Si-PIN 探测器目前发展迅速，并得到广泛应用。Si-PIN 探测器与 Si(Li) 探测器之间有何不同吗？相信细心的读者会提出此问题。但似乎很难找到详细资料，多数均无解释或比较。本书试图依据笔者的理解，在此做些说明。

半导体探测器于 1949 年首次以 Ge 单晶制成，Si(Li) 探测器于 1962 年问世，1967 年出现了离子植入型 Si 二极管、二维探测器和高纯 Ge 探测器。20 世纪 60～70 年代的主要进步表现在材料处理技术和电子脉冲处理器的发展上。1987 年后，各种 Si 基探测器和集成电路得到广泛的研究和迅速发展，制造技术日益成熟。

开始阶段的单晶硅探测器采用表面势垒，即使一个小的指印都会损坏 Au 涂层，致使探测器不稳定。但超纯 Si 具有约 $100k\Omega \cdot cm$ 的近乎本征电阻特性，故应用前景广泛。但由于 B 在 Si 中的偏析，天然 B 对 Si 的污染很难除去。故需要反复的晶层净化工艺才能达到单晶硅的本征特性（10^{10} 载流子/cm^3）。

应用 Li 漂移技术可以克服需要反复进行晶层净化的复杂工艺过程，可以制成具有近乎本征硅特性并具有一定厚度的 Si(Li) 探测器，其显著特点是可以补偿任何局部受体密度，这一技术使得 Si(Li) 探测器迅速成为能量探测器领域的主要探测工具之一。但需要低温抑制 Li 漂移引起的噪声，避免分辨率下降。

而在此期间也出现了采用在前后触点分别植入 B 和 P 离子的 p-n 结探测器，并成功地应用于获取物体的二维图像。到 20 世纪 80 年代末，一种 SiO$_2$ 氧化物钝化工艺应用于制造 Si 半导体探测器，以保护表面敏感区。场效应管（FET）的引入也是该时期的一个重要进展。

20 世纪 80 年代后，一项最重要的技术进步是平面二极管制造技术。通常的光电二极管由简单的 p-n 结组成，耗尽层未施偏压。如果结合离子植入技术，在 p 型和 n 型 Si 之间插入本征（i）硅层，而不是采用 Li 漂移技术，并运用 SiO$_2$ 钝化工艺，就可制成具有较大厚度耗尽层的 PIN 光电二极管，即 Si-PIN 探测器。中间插入层也可是薄的涂层。

Si-PIN 探测器最初主要用于卫星等宇宙与太空探测，并在火星探路者中得到实际应用，其极端环境下的实用性和可靠性得到验证。1993 年商用型 Si-PIN 探测器投入使用。

Si-PIN 探测器基质可以是掺杂度低的 n 型硅，中间为本征硅，前面为掺杂度高的 p 型硅，其表层为约 100nm 的 SiO$_2$ 保护膜，后部为掺杂度高的 n 型硅。对于不同硅晶片，可选用不同的掺杂物，例如对于 p 型硅基质，可采用硼作为掺杂物，对 n 型硅，采用磷作为掺杂物。前后表面层处理的目的在于使非辐射载流子结合概率减至最小，从而增强探测效率。一般可采用 Al-Si（1%）沉积形成接触面。

Si-PIN 光电二极管可制成具有一定厚度和有效面积的 X 射线探测器，漏电流小，具有较高的分辨率，由于没有 Li 漂移问题，故无须液氮冷却，仅用温差电冷器即可，因此特别适用于现场和原位分析，在太空探测和严酷环境下使用具有无法替代的地位。据估计，Si-PIN 探测器的有效使用寿命为 10 年。笔者亦购买该型探测器应用于现场岩心原位分析。

三、Si 漂移探测器

Si 漂移探测装置的设想于 1983 年提出，利用了基于侧向耗尽原理，即一个具有高电阻率的 n 型硅晶片，在其两面覆盖上 p$^+$ 触点后，通过施加偏压，可使晶片完全耗尽。只要 n$^+$ 极到整个非耗尽区的通路不中断，耗尽带就会同时从所有整流结扩张。耗尽带在 p$^+$ 置入物之间的基质中部以对称形式存在，用作电子通道。在一特定电压下，从 p$^+$ 区传播的耗尽带会彼此相接，这时耗尽带将突然消失。使整个硅晶片耗尽的电压与耗尽相同厚度的简单二极管所需的电压相比,耗尽硅晶片的电压低四倍。垂直于晶片表面的电子势能呈抛物线形,晶片中部的电子势能最小。

利用这一侧向耗尽原理,可制成 Si 漂移探测器（SDD）,即通过施加平行于晶片表面的电场,在 p^+ 区两边形成条带电压梯度,选择电压梯度方向以使 n^+ 阳极处于最小电子势能,达到收集由入射光子在探测器耗尽区产生的电信号的目的。目前 Si 漂移探测器（SDD）多制成柱形,并用 p-n 结替代条带结构。晶片背面有一向心柱状漂移电极,迫使光电子向装置中心的小尺寸阳极迁移,只有第一条和最后的 p^+ 环在外部相接并施加偏压,形成电压梯度。目前脉冲电压放大器也已集成到了芯片上。其原理示意图如图 4-6 所示。

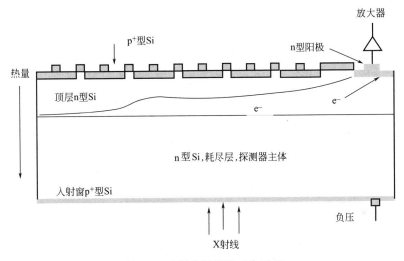

图 4-6　硅漂移探测器工作原理

与相同大小的标准二极管型探测器相比,Si 漂移探测器的主要优点是阳极电容小,并与整个装置的活性区大小无关。这使得探测器上升时间较短,输出信号脉冲幅度更大,信号受电子元器件的噪声影响小。但来自于探测器边的电荷收集时间约为 100ns,电荷云的扩散时间约为 5ns,因此电荷重叠限制了单个光子计数率。

Si 漂移探测器阳极一方面收集由吸收辐射所产生的光电子,另一方面也收集在耗尽区内产生的热电子,但由于电荷载流子热生成率很小,使得这种装置可以在中等低温,甚至是不用冷却的条件下运行,再加上高计数率特点,故 Si 漂移探测器在文物研究与卫星技术等在线或现场分析中具有实用价值,也是获取图像数据的有效技术之一。SDD 的能量分辨率较高,在 5.9keV 处为 140～150eV（FWHM）。灵敏区的面积可达到 $50～100mm^2$,计数率大于 $10^5～10^8cps$。目前,经过电子学线路等的进一步改进后,SDD 的能量分辨率可达 121.2eV。

四、电荷耦合阵列探测器

电荷耦合阵列探测器（CCD）也是一种基于硅晶片的 p-n 型半导体探测器，其原理与 SDD 基本相同。CCD 同样是以反向偏压 PIN 二极管为基本原理。它的中间层电阻率约为 $5k\Omega \cdot cm$，厚为 $270\mu m$ 的 n 型 Si；上层也为 n 型 Si，但电阻率较大，为 $40k\Omega \cdot cm$，厚度较薄，为 $12\mu m$；它的前后两端为 p^+ 型植入物。CCD 的两边各有 383 道。目前 p-n 型 CCD 的尺寸可以达到 $6cm \times 6cm$，像素 $150\mu m \times 150\mu m$。这种装置采用侧向耗尽，以 n 型端为阳极，在前后两端的 p^+ 极施加负电压，整个耗尽层约为 $300\mu m$，前置放大器置于芯片上。

当 X 射线光子穿过 CCD 的后部窗口时，将在硅单晶片中产生大量的电子-空穴对。空穴被后部吸收，电子则快速向转移道迁移。硅片内的转换深度决定了电荷收集效率。由信号产生的电子-空穴对的平均转换区域约为 $10\mu m$，而 p^+ 型道槽的间距也约为 $10\mu m$，因此在大约 70% 概率下，产生的信号都只限于单像素，分裂事件也不会多于四个像素区。每一像素由三个寄存器组成，中间由氧化层分隔，电子则被一像素中负电性最强的寄存器收集。在施加于寄存器上的脉冲电压作用下，电子沿道槽向 n 型阳极漂移，收集到的电荷与入射光子能量成正比。通过前置放大器等电学系统即可进行定性和定量分析。

目前电荷耦合阵列探测器的分辨率对 Mn Kα 线约为 130eV，主要用于太空探索、医学图像等需要记录时间与空间信息的领域。

五、超导跃变微热量感应器

通过 X 射线在本征半导体内吸收后产生电子-空穴对，经施加偏压产生正比于 X 射线能量的电荷，此即半导体探测器的工作原理。但其能量分辨率限于约 100eV 量级，不足以分辨许多重要但却重叠的谱峰，如硅化钨中 Si 和 W 的谱线重叠。目前有两类新型能量探测器，即微热量计和超导隧道结能量探测器，在能量分辨率方面取得了重大进展。

微热量计主要有超导跃变感应器（transition-edge sensor，TES）和半导体热敏电阻两种形式，是用于探测 X 射线的新型能量探测器，其分辨率比传统 Si(Li) 探测器明显提高。

TES 是一种超导薄膜，它从正常到超导状态的电阻跃变窄小。通常在 TES 两端施以偏压，流过薄膜的电流用一种低噪超导量子干涉放大器（SQUID）测量。整个超导跃变感应型微热量计装置如图 4-7 所示。氮化硅薄膜用于减少从探测器到热池的热传导，以避免高能光子透入基质而损失入射 X 射线光子能量。TES 的电触点采用超导铝线，其热导率非常低。在常态金属（Ag）和超导体（Al）间的邻近耦合使超导跃变温度窄小且重复性好（0.05~1K）。

若将装置（热池）冷却到超导薄膜的跃变温度以下，这时随着 TES 温度下降，电阻降低，薄膜中的焦耳热随之上升，当由于电阻降低产生的焦耳热与传递

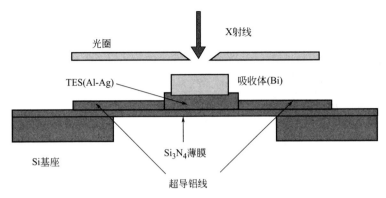

图 4-7　超导跃变感应型微热量计装置示意图

到热池的热量相等时，就建立起了一种平衡态。此时，如果有 X 射线入射，将使 TES 温度和电阻上升，而电流则下降，TES 中的焦耳能量散逸也随之降低，但向热池传递的热量却几乎保持不变，故 X 射线的能量减小只能通过焦耳热的减少来实现。而其电荷量和温度变化的大小与入射 X 射线的能量成正比，即：

$$\Delta T \propto \frac{E}{C}$$

式中，E 为入射 X 射线的能量；C 为热容。简而言之，超导跃变感应型微热量计是通过测量入射 X 射线引起的超导薄膜的温度和电阻下降，以及由此引起的电流变化来实现的。目前探测器 TES 的分辨率在 1.5keV 处为 2.0eV，在 5.9keV 处为 3.9eV。

六、超导隧道结探测器

除超导跃变感应器（TES）外，超导隧道结（STJ）探测器是另一种高分辨率低温 X 射线探测器。两者相比，TES 分辨率稍好，但计数率较低，现在约在 1000cps，而超导隧道结探测器的计数率目前要高一个量级。

超导隧道结探测器现在的缺点是在脉冲高度谱中有一些杂峰。这些峰主要来源于基质或 Nb 触点对光子的吸收。谱线分裂和谱线延展概率会随入射光子能量的升高而增加，这是因为上部 Nb 层和 Al 层的吸收能力通常会下降，光子可以到达底部 Nb 层。底层和上部 Nb 层的响应彼此略有不同，当两响应重叠时，就会出现谱线分裂。该缺陷可通过采用增加顶层吸收能力的方式在一定程度上得到克服。

超导隧道结探测器的整个探测装置都置于约为 10^{-1}K 温度下，所有金属层都处于超导状态。超导隧道结由两层超导金属薄膜组成，中间为绝缘层，上部 Nb 层用于吸收入射 X 射线，超导 Al 层俘获产生的类粒子，而 Al_2O_3 则用作偏压阻隔层，结构示意图如图 4-8(a) 所示。

在平衡态下，只有少量由于热激发产生的类粒子穿过阻隔层。但超导隧道结

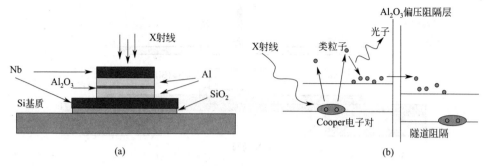

图 4-8 超导隧道结探测器结构和工作原理

的平衡态很容易被入射光子打破，当 Cooper 电子对被打破时，将大量产生类粒子，隧道电流显著上升。通过施加的偏压和平行磁场收集产生的电荷，其电荷量与入射光子能量成正比。超导隧道结探测器的工作原理如图 4-8(b) 所示。目前超导隧道结探测器的能量分辨率在 5.9keV 时约为 12eV，计数率为 80kcps。

七、CdZnTe 探测器

CdZnTe 化合物的高原子序数和高密度提供了对高能光子的强吸收和高探测效率，半绝缘 CdTe 和 CdZnTe 探测器在室温 X 射线和 γ 射线探测领域的应用潜力巨大。该种材料的能带宽，故可制成耗尽层深、漏电流小的高阻探测器。载流子寿命长，流动性好，电荷迁移距离可达若干毫米甚至几厘米，故特别适用于探测高能光子。最初几十年具有高质量的商用型 CdZnTe 晶体很难获得，发展缓慢，但自 20 世纪 90 年代中期以来，$Cd_{1-x}Zn_xTe$ 探测器研制取得显著进展，现已广泛应用于工业监控、图像、核技术研究等领域。

CdZnTe 探测器的主体由半导体晶块和两端电极组成，晶块两端外施偏压，处于自由载流子状态。入射光子在半导体内通过光电作用和康普敦效应产生电子-空穴对，其自身在连续的光电和康普敦作用下失去能量。由于该过程的截面大，电子-空穴对只能形成几微米直径的电荷云。电子-空穴对数量与入射光子能量成正比。

在外加偏压作用下，电子-空穴对分离，分别反向迁移，在探测装置内形成电流。通过对电荷感应灵敏的前置放大器收集产生的总电荷量，形成电压脉冲。其电压脉冲幅度与总电荷量成正比，该电压脉冲被多道分析器放大、记录。不同能量的入射光子在前置放大器上产生大小不同的电压脉冲幅度，在多道分析器上则对应产生按能量大小排列的谱峰。而在单位时间内相同电压脉冲幅度出现的频率，在多道分析器上表现为峰位不同的峰强度大小。浓度越高，产生对应电压脉冲幅度频率越高，故峰强度越大。即探测器的实质是通过测量电压脉冲幅度获得元素的能量信息，通过测量其出现频率（频度），获得该元素的浓度信息。

由于电子噪声产生的脉冲幅度波动会导致谱峰拓宽，电荷在探测器中由于被俘获或复合而产生的电荷损失将使脉冲幅度降低，并引起谱峰低能拖尾。

为高效探测高能 γ 射线，需要探测器有效体积足够大。对 140keV 的 γ 射线，采用含 10%Zn 的 15mm 的 CdZnTe 探测器，探测效率接近 100%。为使如此厚度的晶块处于自由载流子状态，并保持在 1000eV/cm 的电场下，需要载流子浓度小于 $10^{10}\,cm^{-3}$，或采用电阻率高于 $10^6\,\Omega \cdot cm$ 的材料，为达此目的，一般采用半绝缘晶体，或用半绝缘晶体形成势垒。为了获得高信噪比特性，漏电流要小于几纳安。

与此类似，还可以采用 GaAs 晶体制成适用于 10～100keV 能量范围的半绝缘型 X 射线能量探测器。

八、钻石探测器

与半导体材料相比，钻石有几项优越性能，如能带宽，电子-空穴对迁移率高，载流子生存时间短，对恶劣环境有极强的耐受力，故特别适用于高放射强度和高能量的粒子探测。

钻石能量探测器的工作原理仍然是利用入射光子在钻石内产生电子-空穴对，在电场作用下，载流子产生局部位移，电荷迁移的结果使装置电极产生瞬时信号。其典型配置也采用了通常的夹心层状结构，即在钻石两端安置电极触点。钻石探测器的探测效率 η 等于自由载流子的平均电荷收集距离。

天然钻石的探测效率几乎可达到 100%，只有非常少的几种宝石具有这样高的性能，如精心选择的 Ⅱα 型钻石，使得探测到的电荷几乎等于碰撞粒子产生的电荷。但一般商业型 Ⅱα 型钻石大约只能获得 15% 的探测效率，这主要由于天然钻石中存在有高浓度的不纯物和缺陷。这种现状就促进了人工制造钻石的技术研究，以便更好地用于探测器。

目前一种采用微波等离子体增强化学蒸气喷镀技术（PE-CVD）制成的 CVD 钻石，由于面积大，具有一定的可重复性，在放射性粒子探测器研制中得到了重视和应用。在 H_2 和 CH_4 混合气体中采用大稀释比（1%），并通过控制基质温度、能量密度、减低生长速率（每小时几十微米）等方法可增强钻石的电学性能。目前这种方法通常用来制造 $10～500\,\mu m$ 厚的钻石探测器材料。

钻石中可能存在的缺陷和不纯物会显著改变探测器性能，降低响应特性，探测区域内材料的不均匀性将导致光谱漂移，而电荷阱的存在会影响探测器衰变时间。CVD 钻石具有多晶结构，粒度为厚度的 10%～20%，一个固有缺点就是在颗粒边界会出现性能下降，导致探测响应特性的不一致。因此制造钻石探测器对合成钻石的制作工艺要求较高。

硅型探测器在稳定性、均匀性、分辨率、探测效率及价格性能比等方面更具优越性，而 CVD 钻石探测器分辨率极低，对单色 α 粒子的分辨率仅 30％，故 CVD 钻石探测器不适用于全谱分析领域，而主要用于严酷条件下的高能粒子探测。

钻石的 C—C 键的键能高，使得它对强辐射、腐蚀性环境具有极佳的耐受性，CVD 钻石探测器可用来监测极高通量的 γ 射线，其线性响应范围为 10mGy/h～5kGy/h，在核反应堆和核燃料再生过程控制中有成功应用。例如在高能粒子物理研究中，粒子能量大、穿透力强，与探测器材料的相互作用程度就低，而钻石具有截面小、电子-空穴对的生成能较高的特性，故每次作用产生的载流子也非常少。CVD 钻石探测器的探测效率（η）与探测器厚度（L）成反比，但与能量（E）和光生载流子迁移率-寿命乘积（$\mu\tau$）成正比：

$$\eta = \frac{\mu\tau E}{L}$$

因此 CVD 钻石探测器特别适合于满足高能物理研究的需要。此外，CVD 钻石探测器组成元素的低原子序数使得这种薄层材料对入射光子在一定程度上是透明的，故 CVD 钻石探测器可以用于同步辐射中监控束流强度。

九、无定形硅探测器

无定形硅（A-Si）探测器属于一种复合型探测器，它将闪烁体发光与半导体探测技术相结合，在医学图像研究与诊断领域得到应用。这种将多种探测原理相结合的复合型探测技术也许在未来会得到广泛的发展和应用。

无定形硅（A-Si）最显著的特点是它特别适用于制作成大面积的半导体探测器。无定形硅在可见光范围和场效应特性等方面具有特别显著的半导体特性，沉积温度较低，可选用多种基质，与硅加工工艺相容，且对 X 射线辐射稳定。达到了减少 X 射线辐射剂量，提高立体分辨率的目的。

通常用涂 Tl 的 CsI 作为闪烁体，将 X 射线转换成可见光，可见光再通过无定形硅 PIN 光电二极管阵列转换成电荷分布，从而得到信息丰富的医学诊断图像。

无定形硅探测器可由 $450\mu m$ 厚的 CsI：Tl 层与无定形硅阵列二极管耦合形成，像素 1024×1024，玻璃基质，活性探测区 20cm×20cm，显然这比常规半导体探测器的有效探测面积要大许多。每一像素由一个 NIP 光电二极管和一个 PIN 开关二极管组成。

与使用晶体管相比，双二极管技术的制造工艺更简易，几何充填因子也得以改善，故光电二极管在整个像素区域占有更大比例。两个二极管均采用常规等离子体化学蒸气法由无定形硅沉积制成，并通过最小化电流密度和提高量子效率使其达到最佳化。无定形硅探测器的优点在于在探测器边角没有几何畸变，有效探测面积大、灵敏度高，这也无形中减小了所需的放射剂量。因此，无定形硅探测器在医学诊断领域具有较好的应用发展前景。

第四节　各种探测器性能比较

由于探测器性能的不同，在选用探测器时，就需要综合考虑多种因素。好的探测器不仅需要具有高分辨率和高计数率，还需要有较宽的元素分析范围和有效活性区。其应用领域和使用环境等也是需要关注的重点之一。

一、波长色散与能量色散能力

由入射光子在探测器中产生的等价离子对数目与入射光子能量成正比，与产生离子对的平均能量成反比。就目前常用的三种 X 射线探测器而言，产生一个离子对的平均能量，在 Si(Li) 探测器、流气式正比计数器、闪烁计数器之间大约相差一个量级，而分辨率与一个光子产生的电子数的平方根成正比，故三者之间的分辨率也粗略相差三倍，如表 4-1 所示。

表 4-1　常用探测器性能比较

探测器	适用波长范围/nm	平均能量（离子对）/eV	电子数（光子）	分辨率/keV
流气式正比计数器	0.15～5.0	26.4	305	1.2
NaI 闪烁计数器	0.02～0.2	350	23	3.0
Si(Li)探测器	0.05～0.8	3.6	2116	0.16

流气式正比计数器主要用于轻元素分析，闪烁计数器用于重元素测定，此两种探测器由于分辨率低，必须与分光晶体同时使用，才能得到良好的谱线分辨效率，故主要用于波长色散 X 射线光谱仪。尽管曾经有一段时期流行用封闭式气体正比计数管作为现场分析仪，但由于分辨率太低，再加上温差电冷能量探测器的广泛采用，仅采用封闭式气体正比计数管的现场 X 射线分析仪在国际上已基本淘汰。

二、探测器分辨率比较

Si(Li) 探测器目前主要应用于能量色散 X 射线光谱仪。就能量探测器而言，Si(Li)、Si-PIN、高纯 Ge（HPGe）探测器已得到广泛使用，SDD、CDD 等则主要应用于获取成分及多维信息。由于 Si(Li) 探测器等没有增益，故需要前置放大器。

多种探测器分辨率及适用能量范围与应用领域的比较列于表 4-2 中，为比较方便，利用分光晶体的波长色散光谱仪的整体分辨率也列于表中。由表可见，目前能量探测器的分辨率和计数率多已达到实用水平，有些类型的能量分辨率甚至已接近理论极限。应该指出的是，采用不同的准直器，所得分辨率会有所差别。

表 4-2　探测器分辨率及适用能量范围与应用领域

探 测 器	分辨率/eV	条件/keV	适用领域与范围
波长色散-分光晶体 LiF200	31	8.04(Cu Kα)	波长色散
波长色散-分光晶体 LiF220	22	8.04(Cu Kα)	波长色散
Si(Li)探测器	140	5.9(Mn Kα)	1~50keV
高纯 Ge 探测器	150	5.9(Mn Kα)	1~120keV
Si 漂移探测器(SDD)	140	5.9(Mn Kα)	二维阵列
温差电冷型半导体探测器(Si-PIN)	149	5.9(Mn Kα)	2~25keV
电荷耦合阵列探测器(CDD)	130	5.9(Mn Kα)	二维阵列
超导跃变微热量感应器(TES)	3.9	5.9(Mn Kα)	实验新型
超导隧道结(STJ)探测器	12	5.9(Mn Kα)	实验新型
CdZnTe 探测器	280	5.9(Mn Kα)	2~100keV
低能 Ge 探测器	522	122(Co57)	5~1000keV
四叶花瓣形探测器	1050	122(Co57)	高能粒子

尽管 WDXRF 光谱仪由于使用分光晶体而达到约 22eV 的分辨率，但最新的能量探测器可达到 2eV，在分辨率方面已取得优势。目前许多厂家已推出了成功的 EDXRF 光谱仪，WD 与 ED 在 X 射线光谱仪中的份额已发生明显变化，能量色散 X 射线光谱仪的比重显著增加。如果新型能量探测器在计数率和制造工艺的稳定性方面能取得突破，则能量色散 X 射线光谱仪有可能在未来逐步取代复杂的波长色散 X 射线光谱仪系统，成为 X 射线荧光光谱分析领域的主流。

三、探测器的选用

探测器除了分辨率是需要考虑的重要因素外，活性区大小和计数率也很重要。在实际应用中，探测器的能量探测范围、分辨率、探测器有效活性区、线性响应范围、铍窗厚度等是选择探测器时需要考虑的重要因素。事实上，分辨率、有效活性区和线性响应范围这三种因素正好相互制约。

前置放大器噪声主要由脉冲成型时间常数所决定，能量分辨率与脉冲成型时间常数的关系呈一种极小值曲线分布，故有时适当选择稍大的脉冲成型时间常数，可有较高的能量分辨率，但线性分析范围可能会受到影响。当希望保持高计数率而需要窄脉冲宽度时，则可选择具有较小脉冲成型时间常数的探测器。探测器的谱峰成型时间越短，线性响应范围越宽，但探测器的分辨率越低。例如谱峰成型时间为 $0.8\mu s$ 的线性响应范围为 $(20\sim40)\times10^4$ cps，分辨率为 250eV，尽管谱峰成型时间为 $25.6\mu s$ 的探测器，其线性响应范围只有 $1\times10^4\sim1.5\times10^4$ cps，但分辨率则提高到优于 150eV，如图 4-9 所示。而探测器面积越小，谱峰成型时间越长，分辨率越高；面积越大，分辨率越差。故当需要高计数率时，通常只能选用大面积的探测器。

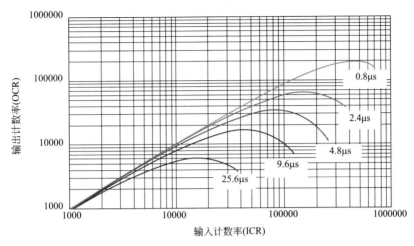

图 4-9 探测器脉冲成型时间与线性相应范围关系（Amp Tek XR-100CR 数据图）

铍窗厚度是选择探测器时需要考虑的另一个要点。由于铍对轻元素分析谱线的强吸收，使得其探测效率很低，如图 4-10 所示，采用 $25.4\mu m$ 的铍窗，将很难测定 Na 等轻元素。故为分析轻元素，当然希望铍窗越薄越好。但过薄的铍窗厚度其使用寿命也会受到影响。因此选择铍窗厚度时，应根据拟分析的对象，确定合适铍窗厚度的探测器，如果没有实际需求，过分追求薄的铍窗是没有必要的。

此外，对常规 X 射线荧光分析而言，通常的探测器厚度已满足需求，如果需要分析重元素的 K 系谱线或高能粒子，探测器厚度也是需要重视的一个环节。探测器厚度越大，越有利于分析高能粒子或高能射线。

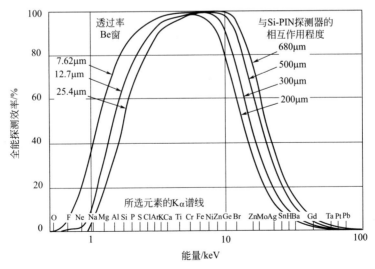

图 4-10 探测器和铍窗厚度与探测效率关系曲线（Amp Tek 公司 XR-100CR 数据）

在选购一台能量探测器时，一方面要考虑探测器的分辨率，另一方面还需要考虑是将主元素测定作为分析重点，以寻求尽可能宽的浓度测定范围，还是寻求好的分辨率而偏重于微量元素分析，综合与折中大概是通常的选择。

总之，在选择探测器时，应根据拟分析对象，综合考虑分辨率、线性响应范围、铍窗厚度、探测器厚度及有效探测面积，权衡主、次、痕量元素分析范围，有所侧重，以达到有效满足多数分析项目的目的。

参考文献

[1] Cüneyt Can，Serdar Ziya Bilgici. X-Ray Spectrometry，2003，32：276-279.

[2] Murty V R K，Devan K R S. Radiation Physics and Chemistry，2001，61：495-496.

[3] Eggert T，Boslau O，Goldstrass P，et al. X-Ray Spectrometry，2004，33：246-252.

[4] Marco Ferretti. Nuclear Instruments and Methods in Physics Research Section B，2004，226：453-460.

[5] Lechner P，Pahlke A，Soltau H. X-Ray Spectrometry，2004，33：256-261.

[6] Cargnelli M，Fuhrmann H，Giersch M，et al. Nuclear Instruments and Methods in Physics Research Section A，2004，535：389-393.

[7] Bruijn Marcel P，Norman H R Baars，Wouter M Bergmann Tiest，et al. Wiegerink，Nuclear Instruments and Methods in Physics Research Section A，2004，520：443-445.

[8] Vitali Sushkov. Nuclear Instruments and Methods in Physics Research Section A，2004，530：234-250.

[9] Beckhoff B，Fliegauf R，Ulm G. Spectrochimica Acta Part B，2003，58：615-626.

[10] Kwon J S，Shin D Y，Choi I S，et al. Physica Status Solidi（b），2002，229：1097-1101.

[11] Bergonzo P，Tromson D，Mer C，et al. Phys Stat Sol A，2001，185（1）：167-181.

[12] Hoheisel M，Arques M，Chabbal J，et al. Journal of Non-Crystalline Solids，1998，227-230：1300-1305.

[13] Carapelle A，Lejeune G，Morelle M，et al. X-Ray Spectrom，2022；doi. org/10. 1002/xrs. 3282.

第五章　X射线荧光光谱仪

根据分光方式不同，X射线荧光光谱仪可分为波长色散和能量色散X射线荧光光谱仪两大类；根据激发方式又可细分为偏振光、同位素源、同步辐射和粒子激发X射线荧光光谱仪；根据X射线的出射、入射角度还可有全反射、掠出入射X射线荧光光谱仪等。

波长色散XRF光谱仪利用分光晶体的衍射来分离样品中的多色辐射，能量色散光谱仪则利用探测器中产生的电压脉冲和脉高分析器来分辨样品中的特征射线。以下将介绍波长色散和能量色散X射线荧光光谱仪及其他几种XRF光谱仪的主要结构和工作原理。

第一节　波长色散X射线荧光光谱仪

波长色散X射线荧光光谱仪有多道和顺序式XRF光谱仪之分。顺序式荧光光谱仪通过顺序改变分光晶体的衍射角来获取全范围光谱信息，具有很强的灵活性；而多道光谱仪则采用固定道，可同时获得多元素信息，快速简便，而灵活性不够。

一、X射线管、探测器与光谱仪结构

顺序式波长色散X射线荧光光谱仪由X射线管、分光晶体、测角仪、探测器以及样品室、准直器、计数电路和计算机组成。图5-1是采用平面分光晶体的顺序式波长色散X射线荧光光谱仪结构图，其中图5-1(a)利用平晶分光，图5-1(b)采用弯晶分光。

X射线管要尽可能靠近样品安装，以获得最大辐射强度。为满足Bragg定律，用重元素平行薄片形成原级准直器并安装在分光晶体之前以限制样品X射线的发散。二级准直器放在流气式正比计数器之前限制发散并改善分辨率。在闪烁计数器之前也放置一辅助准直器起类似的作用。X射线管和探测器详情前面已有叙述，可参见相关章节。

样品室和样品需保持良好的平面精度，因为分析样品表面高度变化$500\mu m$可能引起0.5%的测量误差。对于压片法尤其要引起注意，通常我们用肉眼可以观察到样品压片的表面凹凸不平，这也可能是压片法误差较大的原因之一。

正比计数器与闪烁计数器通常前后顺序放置。正比计数器采用薄窗设计，能

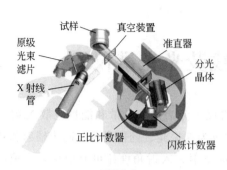
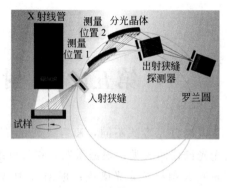

(a) 平晶分光   (b) 弯晶分光

图 5-1 波长色散 X 射线荧光光谱仪结构原理示意图

量分辨率高，对低能长波 X 射线探测效率好，而闪烁计数器尽管分辨率较低，但对高能短波 X 射线的探测效率高。故正比计数器用来探测轻元素，闪烁计数器用来探测重元素。

两种探测器均将探测到的 X 射线光子转换成电荷脉冲，探测器产生的电荷脉冲（q）首先要经过电容（C）转换成电压脉冲（V），并被前置放大器收集，电压脉冲高度与入射 X 射线能量成正比：

$$V = Nq/C$$

式中，N 为与电路脉冲形成时间和增益相关的函数。

经过前置放大器、脉冲成形放大器和脉冲高度分析器后，脉冲信号可以图像或数字方式输出，得到我们所需的计数率或计数。通常信号处理电子学系统有积分电路和单光子计数系统两种。但前者由于漂移严重且不能选择或剔除第 n 级衍射线等缺陷，目前已很少采用。

二、准直器

在 WDXRF 光谱仪中，会在样品后、晶体前设置初级 X 射线准直器，在晶体后、探测器前设置二级准直器。准直器由高原子序数平行金属片组成。初级准直器有多种金属片间距可选，用于不同分析目的；二级准直器固定于探测器前，不能调节。

准直器主要用于限制从样品发射出的和由晶体衍射后的特征 X 射线荧光发散，一方面使其满足晶体分光布拉格平行光衍射条件，另一方面用于提高 WDXRF 分辨率。准直器金属片越长、间距越小，发散角越小，分辨率越高。但荧光强度越低。准直器发散角 α 可由片间距 s 和片长 l 计算：

$$\alpha = \tan^{-1}(s/l) \approx s/l$$

三、分光晶体与分辨率

在波长色散 X 射线荧光光谱仪中，分光晶体既可采用平晶也可采用弯晶。

平晶光谱仪采用准直器，而弯晶光谱仪在聚焦点上使用狭缝。这两大类光谱仪均利用了 Bragg 定律：

$$n\lambda = 2d\sin\theta \qquad (n=1,2,3,\cdots)$$

来达到分离谱线的目的。

对平晶光谱仪，当进行波长扫描时，分光晶体转动 θ 角，探测器转动 2θ 角。谱峰半高宽（FWHM）等于晶体、准直器的均方根和，即：

$$FWHM = (FWHM_{晶体}^2 + FWHM_{初级准直器}^2 + FWHM_{二级准直器}^2)^{1/2}$$

光谱仪的角色散能力为：

$$d\theta/d\lambda = n/(2d\cos\theta)$$

上式表明，角色散力与分光晶体的 $2d$ 值成反比，即 $2d$ 值越小，分辨率越好，如图 5-2 所示。由于光谱仪可以达到的最大有效衍射角度在 75°左右，同时不同晶体的反射效率也不同。故波长色散光谱仪通常配备具有不同 $2d$ 值的多块晶体，以达到有效分析不同元素的目的。

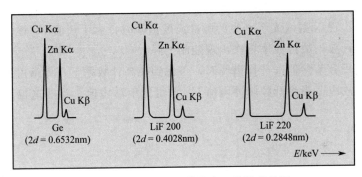

图 5-2　分光晶体 $2d$ 值越小，分辨率越好

四、脉冲放大器和脉高分析器

探测器产生的电荷脉冲需要经过前置放大器、脉冲成形放大器和脉高分析器才能最终转换为有效的光谱信号。

由于前置放大器的脉冲幅度极小，持续时间太长，叠加在信号上的过大噪声降低了脉高分辨率，故需采用脉冲成形放大器来放大脉冲信号至 0～10V，并缩短脉冲持续时间，减小高计数率时的死时间损失，抑制噪声并最佳化脉冲高度分辨率，从而使得脉冲高度与入射 X 射线能量成正比，且脉冲成形时间为 1～9μs。

多数脉冲幅度对应于由分光晶体选择的波长，但也会出现干扰脉冲。这些干扰脉冲可来源于晶体的二次或高次衍射线、晶体荧光、光子在探测器中的异常作用过程等。故还需采用脉冲高度分析器（PHA）或脉冲高度选择器（PHS）来消除这些干扰脉冲信号。对于落入预先选定的脉冲高度范围的脉冲，脉高分析器输出短而标准的数字逻辑脉冲信号。

脉冲高度分析器分为两种，一种是积分鉴频器，另一种是窗甄别脉高分析器。

　　积分鉴频器首先选择一低频脉冲阈值 V_L，对放大器中所有超过阈值 V_L 的脉冲，都产生一逻辑输出脉冲，而对所有没有超过阈值的脉冲，则没有逻辑脉冲产生。超出阈值的时间即为逻辑脉冲的持续时间。积分鉴频器可抑制脉冲幅度较低的计数，选择脉冲高度较大的计数，主要用于阻止前置放大器噪声引起的低幅度波动。

　　当两个 X 射线光子同时或几乎同时到达探测器时，就会出现脉冲堆积和组合峰，这时积分鉴频器只能对一个 X 射线光子计数。当两个脉冲高度均在鉴别阈值以下，本身并不能被计数，但由于脉冲堆积产生的合峰超出了鉴别阈值而被探测器计数。这种堆积事件是探测器死时间损失的主要原因之一。

　　在积分鉴别模式下，输出计数率等于所有超过阈值 V_L 的脉冲计数之和。此时放大器输出呈脉冲高度谱峰分布，积分鉴频器输出信号呈现出几个阶段。首先是由前放噪声引起的极高计数，但随着阈值 V_L 升高到超过前放噪声幅度，计数率陡峭下降；此后在背景阶段，由于阈值 V_L 逐渐升高，脉冲逐渐滤掉，计数平缓下降；当出现 X 射线光子产生的脉冲高度谱峰时，由于阈值 V_L 逐渐升高会过滤掉更多的计数，故计数率再次出现陡峭下降。

　　在利用积分鉴频器来选择谱峰时，考虑到在高计数率下，光谱可能向低脉冲高度漂移，故应适当将低频脉冲阈值 V_L 调得低于谱峰值。当然这也包含了更多的背景计数。

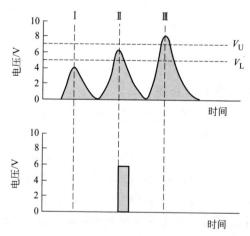

图 5-3　窗甄别脉高分析器原理示意图

　　窗甄别脉高分析器是在一低频脉冲阈值 V_L 的基础上，又增加了一高频脉冲阈值 V_U，形成一脉冲高度选择窗口，该种窗甄别脉高分析器只对大于低频阈值 V_L、小于高频阈值 V_U 的放大器脉冲计数输出，如图 5-3 所示。如果有脉冲堆积，则情况可能更复杂一些。当脉冲堆积大于高频阈值时，可能两个峰都不能计数，而引起更大的计数损失。采用记忆模板来判定是否需要进行高频脉冲阈值 V_U 检验也是一种选择。

在实际使用脉高分析器进行扫描时，窗甄别会包含邻近背景区域，展宽光谱特征，平滑峰顶。一般将窗宽设定为小于最窄脉高光谱峰半高宽的 1/4。如果想剔除其他峰而仅选择感兴趣的谱峰，则也可采用窗甄别模式，以便获得最佳统计测量精度。当峰背比低且来源于背景的统计误差占主导时，窗口应选择在谱峰中间，宽度等于谱峰半高宽的 1.17 倍，这时统计精度最高，但这种方式敏感于峰漂。因此实际应用中，窗宽应包含所有峰和邻近背景。当逃逸峰未与感兴趣主峰的低能边完全分离时，窗宽必须展宽，并且做不对称设置，以包含主峰和相关联的逃逸峰。

另外，在利用脉高分析器的同时，逃逸峰有时也会带来不能消除的干扰。例如考虑一特例情况。Ar 和 I 的 Kα 逃逸峰分别为 2.957keV 和 28.51keV。设一分析线能量为 E_0（波长为 λ），且 E_0 位于逃逸峰 10% 范围内。若样品中另有一元素，其特征谱线能量为 E_1，它将进入探测器，且

$$E_1 = 2E_0$$

对应波长为 λ/2。这时，高能谱线 E_1 的逃逸峰与分析谱线严重重叠，对分析谱线 E_0 产生干扰。例如，Mn 的 Kα₁ 能量为 5.895keV，其使用正比计数器时的逃逸峰能量则为 2.94keV。由于脉高分析器并不能过滤掉该能量，故此逃逸峰将会对 K 的 Kα（3.312keV）谱线的背景产生干扰。背景测量值将与 Mn 的含量强相关，这显然是错误的。因此在实际工作中，尤其要注意这种干扰的存在和消除。

窗甄别脉高分析器最有效的应用实例就是消除高次衍射线对分析谱线的干扰。例如，Si 的 Kα 线波长为 0.713nm，Zn 的 Kα 线波长为 0.144nm，Zn 的五级衍射线为 0.718nm，Fe 的 Kβ 线波长为 0.176nm，Fe 的四级衍射线为 0.661nm。这两种元素的高次衍射线对 Si 的 Kα 线均构成干扰。但如果采用脉冲高度分析器，则可分开这三个干扰峰，它们的波长和能量对比如表 5-1 所示。通过将脉高分析器的能量窗口设置为 1.740keV，并适当设置窗宽则 Fe 和 Zn 的高能光子由于远远超出高频脉冲阈值而被剔除，从而消去了高次线的干扰。

表 5-1 Si、Fe、Zn 谱峰与 n 级衍射波长和能量 E 的比较

谱线系	E/keV	波长/nm	n	n 级衍射线/nm	2θ/(°)
Si Kα	1.740	0.7125	1	0.7125	109.20 LiF
Zn Kα	8.630	0.1437	5	0.7183	110.34 LiF
Fe Kβ	7.057	0.1757	4	0.6605	106.99 LiF
Hf Lα	7.8990	0.1570	1	0.1570	45.89 LiF
Zr Kα	17.668	0.0786	2	0.1572	45.96 LiF

谱线系	E/keV	波长/nm	n	n 级衍射线/nm	$2\theta/(°)$
Al Kα	1.4867	0.8340	1	0.8340	145.10 PET
Ba Lα	4.4663	0.2776	3	0.8328	144.60 PET
Ba LαE	1.5086	Ba LαE-Al Kα		$\Delta=0.022keV$	
Mg Kα	1.2536	0.9890	1	0.9890	20.46 RX35
Ca Kα	3.691	0.3359	3	1.0076	20.85 RX35
Ca KαE	0.734	Ca KαE-Mg Kα		$\Delta=-0.52eV$	
P Kα	2.0137	0.6157	1	0.6157	140.99 Ge
Ge Lα	1.1880	Ge Lα1-Al Kα		$\Delta=-0.83keV$	

第二节　能量色散 X 射线荧光光谱仪

能量色散 X 射线荧光光谱仪由 X 射线管、样品室、准直器、探测器及计数电路和计算机组成，如图 5-4 所示。此外，亦可在样品前加一单色器，达到降低背景的目的，以改善能量色散 X 射线荧光光谱仪的检出限。它与波长色散 X 射线荧光光谱仪的显著不同是没有分光晶体，而是直接用能量探测器来分辨特征谱线，达到定性和定量分析的目的。

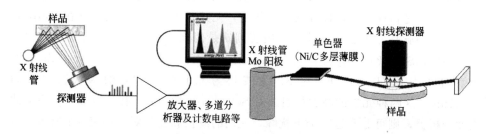

图 5-4　能量色散 X 射线荧光光谱仪原理示意图

当样品中待测元素的特征射线进入能量探测器时，即会产生电子-空穴对，其数量正比于入射光子的能量，经过前置放大器，产生电压脉冲。由于前放产生的信号幅度小、信噪比低，需要慢脉冲成型放大器将其放大，并采用滤波器压制极低和极高频信号，改善信噪比，提高分辨率。

在能量探测过程中，多道分析器起着模-数转换的重要作用。多道分析器的作用是测量每一放大器的脉冲输出高度，按积分方式对脉高分类计数，完成模拟信号向数字信号的转换，形成脉冲高度光谱。在多道分析器中，首先利用模数转换器甄别脉冲信号的高度（能量），并按其能量分类以一定能量间隔作为 x 轴（道），统计在该能量间隔内的脉冲数，得到相应能量的计数，并作为 y 轴，从而获得我们熟知的每道能量间隔的光子计数，如图 5-5 所示。

由于放大器和多道分析器均需要一定的时间进行信号处理和系统重置与恢复，在此期间无法接受新的脉冲信号，故会产生系统死时间。当计数率高时，两个 X 射线光子在放大器输出脉冲宽度内同时达到探测器的概率很高，这时会出现脉冲堆积，两个脉冲不能被分辨，脉冲发生畸变。故在多道分析器中，通常都会配置死时间校正和抗脉冲堆积电路来克服这两个问题。

此外，在能量色散 XRF 光谱分析中采用充 He 气条件时，应小心，因为 He 可能穿透较薄的探测器 Be 窗，损害探测器的低温真空系统。

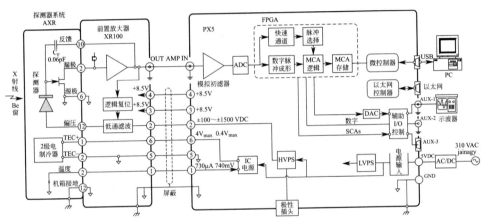

图 5-5　EDXRF 能量探测前置放大器及多道分析器原理

第三节　同位素源激发和偏振激发 X 射线荧光光谱仪

一、同位素源激发

同位素源激发 XRF 光谱仪的特点是设备简单，特别适合于现场分析，在太空探索中是首选设备之一。火星探路者射线原位分析器对火星表面岩石的现场分析应用就是一个成功的例子。

利用放射性同位素做激发源几何设置通常有三种，即环源、点源和侧向激发分布，环源和点源的几何分布相似，激发源、样品和探测器分布在一条直线上，而侧向激发方式与光管激发的几何分布类似。

除激发方式不同外，同位素源 X 射线荧光光谱仪的结构和原理与能量色散 X 射线荧光光谱仪相同。

二、偏振激发

与其他电磁辐射一样，X 射线也能形成偏振光。原级韧致辐射是部分偏振光，最大偏振向量与 X 射线光管中的电子运动方向平行。在白光的高能端，X

射线光子几乎完全是平面偏振光。

X射线与物质的散射作用可产生偏振X射线,例如,使用高定向热解石墨(highly oriented pyrolytic graphite,HOPG)作为巴克拉散射体可产生偏正X射线辐射。当散射角为90°时,可产生几乎完全偏振的X射线。晶体衍射也可产生偏振光。由X射线管发射的未偏振X射线经与轻元素靶以90°发生散射后,产生高度偏振的平面X射线。用这一偏振光照射样品,由于样品中元素产生的X射线是各向异性的,而入射的平面偏振光是不能沿其平面传播的,故当探测器与样品成90°,且与偏振器和X射线管平面相交时,来自X射线光管的背景降低,其原理如图5-6(a)所示。常规配置与偏振光激发的光谱图比较如图5-6(b)所示,图中黑色光谱为偏振光激发所产生,可见背景明显降低。

采用偏振X射线荧光光谱仪分析样品时,可根据待测样品、元素特性和光谱仪配置,参照表5-2,选择所需的二次靶。

表5-2 偏振XRF分析中二次靶的选择

靶型	二次靶	Barkla靶	Bragg晶体
靶材	纯金属:Al,Zr,Mo,…	低 Z 元素组成的高密度物质	单晶体:LiF,Cu,HOPG,…
效果	无极化作用,但产生很强的单色X射线	有极化作用,可产生强的多色X射线	有极化作用,产生强单色X射线
适用范围	对某些特定元素测量有效	用于激发 $Z>22$ 的元素	用于激发 $Z=11\sim22$ 的元素(HOPG)

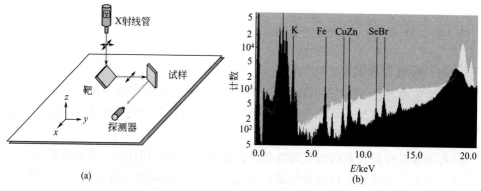

图5-6 偏振XRF光谱分析原理(a)和偏振XRF背景(b)

第四节 全反射X射线荧光光谱仪

X射线荧光光谱分析中的主要局限之一是检出限不够低,其主要原因是由于样品散射产生的高背景。为克服这一缺点,20世纪70年代研究人员提出了全反射 X 射线荧光光谱分析概念，全反射 X 射线荧光（TXRF）光谱分析尤其适用于痕量元素分析、表面或近表面分析。

一、全反射原理与痕量元素分析

当原级 X 射线以较大入射角照射样品，X 射线将表现为常规吸收与散射；当原级 X 射线以一特定低掠射角（$\theta = \theta_{crit}$）照射样品时，入射 X 射线将不再被样品散射，背景急剧下降。这种效应称为全反射，对应的角度称为临界角 θ_{crit}。临界角 θ_{crit} 与入射 X 射线能量 E 或波长 λ 具有如下关系：

$$n = 1 - \delta + i\beta$$

$$\delta = \frac{N_A}{2\pi} r_0 \lambda^2 \frac{Z}{A} \rho$$

$$\theta_{crit}(\text{mrad}) \approx \sqrt{2\delta} = 0.0203 \frac{\sqrt{\rho(\text{g/cm}^3)}}{E(\text{keV})}$$

式中，N_A、r_0、Z、A、ρ 分别为阿伏伽德罗常数、电子半径、原子序数和原子量、基质密度。由式可见，临界入射角与入射能量 E 成反比，入射能量越大，临界角越小；临界入射角与被照射样品的密度 ρ 平方根成正比，基质密度不同，临界角也不一样，如表 5-3 所示。临界角 θ_{crit} 通常很小，绝大多数仅为几毫弧度。例如用 Mo Kα 线（$E_{K\alpha} = 17.5\text{keV}$）照射 Si 基质（$\rho_{Si} = 2.33\text{g/cm}^3$），$\theta_{crit}$ 仅为 $1.77\text{mrad} \approx 0.1°$。

表 5-3　不同材料对 8.0keV 入射光子的临界入射角

元素	Si	Ti	Ni	Au	Pt
临界入射角/mrad	3.9	5.2	7.0	9.7	10.5

TXRF 光谱仪原理示意图如图 5-7 所示。来自于 X 射线管的原级辐射，经过两级精密排列的狭缝形成片形后，到达高能剪切反射体。在低于临界角入射条件下，照射含样品的第二反射体，样品中的被测元素受激产生二次 X 射线。用探测器在载片上方接受被测元素特征 X 射线，即可进行定性和定量分析。第一反射体既可以是镜面石英反射体，也可以是多层结构单色体。入射光在 Si 基质上的反射率大于 95%。探测器直接近距离安装在样品上方，使得尽可能多地接受样品特征 X 射线荧光。临界角通常小于 1°。

具有极低的检出限，是 TXRF 的第一个显著特点。由于小于临界角的入射光通常只能激发 1～100nm 有效厚度样品，TXRF 主要用于痕量分析和表层分析，如硅晶片及载体上的薄样和痕量元素分析。在 TXRF 光谱仪中，由于设置初级入射角小于临界角，使 X 射线几乎不能穿透基质，此时来自基质的散射和荧光最小，从而使得 X 射线主要源于基质上样品所含元素，且 TXRF 利用了原级和反射光双激发，可获得高峰背比信号。目前 TXRF 检出限可达到 10^{-9} ～

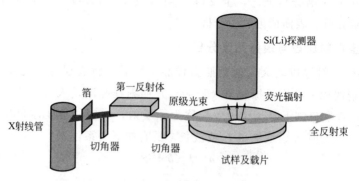

图 5-7　TXRF 光谱仪原理示意图

10^{-12} 级，绝对检出量 10^{-12}g 或 10^8 原子/cm^2，结合同步辐射，甚至可低至 10^{-15}g 量级。

TXRF 目前的应用领域主要包括硅晶片表面污染物检测和液体样品、大气飘尘分析。尽管也可用于固体样品，如沉积物、地质样品测定，但由于需要进行样品前处理，如酸解、加内标等，故与 ICP-MS 相比无显著优势。将 TXRF 与其他技术相结合，开展微束或原位分析则更能发挥其特长和优势。

半导体工业的迅猛发展对进一步降低检出限提出了迫切需求。为应对这一挑战，目前国际上采取了多种途径：① 采用预富集技术。结合蒸汽相分解收集预浓缩（VPD）技术，使 VPD-TXRF 可以达到 $5×10^7$ 原子/cm^2 水平，利用同步辐射技术，使 SR-VPD-TXRF 测定 Co 的最小检出限低至 $1.2×10^5$ 原子/cm^2。② 改进激发光质量。采用 4kW 旋转阳极 Cu 靶，在 X 射线激发光路中，采用双层多层膜抑制单反射束摇摆，进一步降低背景、保持高亮度激发光通量，检出限可低至 300fg Co（$1.02×10^7$ 原子/cm^2）或 300ng/L。③ 采用聚焦-单色光联用技术。利用双弯晶 DCC 聚焦和单色激发，可使检出限进一步降低，DCC-TXRF（40W）可达到几飞克 Br（约 10^7 原子/cm^2）。

二、TXRF 轻元素分析

将 TXRF 应用于轻元素分析，是其第二个显著特点。轻元素 Be、B、C、N、O 分析一直是 XRF 面临的艰巨挑战。轻元素特征 X 射线属软 X 射线能量范围，具有 5 个特点：① 谱线强度弱；② 荧光产额低；③ 样品吸收强烈；④ 轻元素特征 Kα 线对应于外层价电子，谱线自然宽度大，约为 5～10eV；⑤ 无天然晶体可用。因此，要进行轻元素 XRF 分析，就需要克服众多困难。其中，因已有自然界晶体的晶间距均小于轻元素特征谱线波长，这使得无法对轻元素特征 X 射线进行波长分辨，就成为了最主要的困难。

人工合成晶体目前主要有两种途径：① 单化合物晶体，例如硬脂酸铅皂膜晶体，但这种晶体反射率较差，且峰背比不好；② 微结构多层膜（LSM），将低

Z 轻元素和高 Z 重元素通过分层叠加，低 Z 和高 Z 元素/化合物叠加层的加和厚应等于轻元素分析所需晶面间距。

成功制备分光性能优良的晶体，需控制好以下五个重要条件：

（1）人工合成晶体对待测元素要有最大反射效率。例如采用由 50 层 La/B_4C 组成多层膜，周期 10nm；从其反射效率曲线可以看出，在布拉格一级衍射峰 24.5°处，La/B_4C 与 Mo/B_4C 对 B $K\alpha$ （=183eV）谱线的反射率分别为 53% 和 38%，对于 s-偏振激发，两者的理论反射率分别可达 68.6% 和 45.6%。因此，采用 La/B_4C 多层膜反射镜可以显著增强对 B $K\alpha$ 线的探测强度。

（2）人工合成晶体对其它元素的反射率应尽可能小，以获得最大信噪比，提高待测元素的灵敏度。比较 La/B_4C 与 Mo/B_4C 对不同能量的反射率可以看出，对于 90eV （Si $L\alpha$）和 525eV （O $K\alpha$），两种多层膜反射镜在 B $K\alpha$ 布拉格一级衍射峰 24.5°处都呈现出杂反射背景，即 Si $L\alpha$ 和 O $K\alpha$ 都会对 B 的 $K\alpha$ 谱线产生重叠干扰。但比较两种晶体反射曲线可以发现，采用 La/B_4C 比用 Mo/B_4C 可降低至反射背景约 48% 和 22%。因此，分析 B 时采用 La/B_4C 也更为有利。

（3）选定合适晶格间距。大的晶格间距可满足 B 等轻元素分析。但 24.5°布拉格衍射角并非最佳选择。减小晶格间距可增加布拉格衍射角，提高衍射效率。

（4）进行轻元素 TXRF 分析时，晶体会受到较长时间 X 射线照射，因此，人工制成的晶体还应该具有良好的辐射和热稳定性。

（5）利用晶体的偏振激发效应。在增加布拉格衍射角、提高衍射效率的同时，还可以利用制备成衍射角为近 45°，使得掠射角靠近布拉格角，充分利用横向电场（TE）偏振激发，这样就通过反射消除了电场横磁波（TM），实现通过多层干涉镜进行偏振激发。由圆偏振激发和 TE 激发反射率可见，采用 TE 模式可以提高峰背比，进一步增加了 B 分析灵敏度。由于 La/B_4C 所具有的这些特点，与 Mo/B_4C 和硬脂酸铅（LS）相比，La/B_4C 多层膜可显著降低检出限。由 La/B_4C、Mo/B_4C 和硬脂酸铅测定 BN 样品中 B $K\alpha$ 线时的强度比较（图 5-8）可知，La/B_4C 的反射率是 Mo/B_4C 的两倍、LS 的四倍，检出限也分别下降了

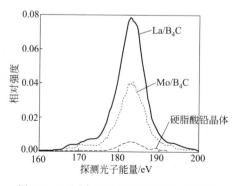

图 5-8　不同合成晶体测定 B $K\alpha$ 线强度

1/2 和 3/4（表 5-4）。

人工制备等间距多层膜具有高反射率和大晶间距的特点，且一定条件下，可抑制偶级衍射，减少重叠干扰。但还存在一些缺点是，① 在低布拉格衍射角，由于高光谱反射而产生的非线性背景高，难以扣除，影响痕量元素测定；② 由于人工合成膜的衍射谱宽和仪器函数影响，导致分辨率差。前者可通过减小晶间距、增大布拉格衍射角来克服，后者则需要研制更适宜的 LSM。

总之，进行轻元素 XRF 分析需要考虑三方面的影响因素，即① 获取具有良好反射效率和适宜衍射晶格间距的分析晶体；② 为有效进行轻元素分析，除晶体外，还需尽可能选择低能激发和浅层测定，以有效激发轻元素，并减小对软 X 射线的吸收，例如选择激发电压<5keV，分析厚度 1～400nm；③ 制备弯晶，对轻元素较弱的 XRF 特征线聚焦，增强探测灵敏度。

表 5-4　轻元素分析合成多层膜晶体特性

元素	波长 λ /nm	晶体	间距 d/nm	能量分辨率 λ/Δλ	检出限 /(10^{20} 原子/cm^3)	文献
B Kα	6.7638	Ni/C	4.8	22.9	600 (10^{-6}, 2σ)	[7]
		Mo/Si	5.0	18.5	3000 (10^{-6}, 2σ)	[7]
		B/Si	4.6	19.6～20.4		[7]
		La/B_4C	4.8		4.9	[5]
		Mo/B_4C			10.7	[5]
		硬脂酸铅			18.8	[5]
		Mo/B_4C	8.52		1.473[$\sqrt{B}/(P-B)$]	[8]
		La/B_4C	8.57		1.047[$\sqrt{B}/(P-B)$]	[8]
C Kα	4.4758	W/Si	3.25	19.2		[7]
N Kα	3.1595	W/Si	3.25	27.0		[7]

注：P—X 射线总计数；B—背景计数。

三、X 射线驻波原理与层叠物表层及埋层元素组成与分布分析

TXRF 的第三个显著特点是进行层叠物表层与深部元素组成与分布分析。X 射线穿透物质深度随入射能量上升而增大。通常定义入射光衰减至 1/e 时（约 0.3）对应的基质厚度为穿透深度。小于临界入射角时，穿透深度约在 10nm 之下。

根据量子力学概率密度函数理论计算，小于临界角的掠入射波仅可穿透基质几个纳米的深度，由此产生的 X 射线背景极小。TXRF 通过最小化散射背景，可使背景降低至 1:500；与此同时，由于入射和反射光双激发效应，增大荧光强度达 2:1，使得待测物特征 X 射线峰强度增加，检出限显著降低。随着原子

序数增加，TXRF 的激发效率也显著增强。当原级辐射以小于临界角照射基质和样品，表层上下原级辐射强度随入射角改变，且基质表层上下的原级辐射与反射光由于叠加而产生干涉效应。元素的荧光强度也随入射角呈现显著变化，从而通过改变入射角，可以鉴别和分析表层、薄层和埋层中的元素浓度，得到层叠物表层与深部元素组分与分布信息。

1. X 射线驻波（XSW）原理

临界角与透射深度的变化具有以下三个特征：① 等于临界角。表层之上时，入射和反射束形成标准干涉波，Mo Kα 在 Si 基质上的全发射临界角 1.8 mrad，波间距 $d \approx 18 nm$，第一波腹（波峰）位于基质面。在反射率为 90% 的条件下，波腹强度可达原级辐射的 3.6 倍；表层之下，强度在 10nm 范围内，随深度呈指数级下降；② 小于临界角。波间距变大，第一个波腹脱离开反射表面，在基质内部几个纳米范围内，强度急剧衰减。③ 入射角大于临界角。波间距变小，基质内振荡消失，强度趋于单位强度 1，穿透深度可达数微米。由此可见，入射角度变化会改变入射光的透射深度；在以临界角入射时，激发强度增加，与大于临界角相比，增加约 4 倍。

X 射线以几毫弧临界角照射平滑物体表面，入射、反射 X 射线产生干涉效应，呈现干涉条纹和驻波，X 射线驻波（XSW）产生原理如图 5-9 所示。由图可见：

$$F = \frac{h_{beam}}{\sin\alpha}$$

$$h = \frac{F}{2}\tan\alpha = \frac{h_{beam}}{2\cos\alpha}$$

对小角入射

$$h \approx \frac{1}{2}h_{beam}$$

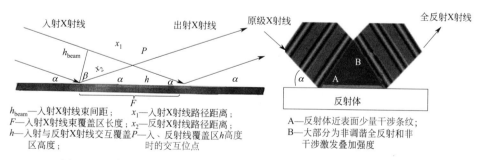

h_{beam}—入射X射线束间距；　　　　x_1—入射X射线路径距离；
F—入射X射线束覆盖区长度；　　　x_2—反射X射线路径距离；
h—入射与反射X射线交互覆盖　　P—入、反射线覆盖区 h 高度
　　区高度　　　　　　　　　　　　　时的交互位点

A—反射体近表面少量干涉条纹；
B—大部分为非调谐全反射和非
　　干涉激发叠加强度

图 5-9　入射和反射 X 射线产生干涉效应，并可观察到干涉条纹和驻波

在反射面三角区域内高度为 h 的任一 P 点，当波长为 λ 的入射和反射光光程差（$\Delta x = x_2 - x_1$）等于整数倍 m 时，入射和出射光相位产生相长和相消干涉作用，即

$$m\lambda = x_2 - x_1 = \frac{h}{\sin\alpha} - \frac{h\cos(2\alpha)}{\sin\alpha}$$

因此，最大波腹强度 h 等于

$$h = m\frac{\lambda\sin\alpha}{1-\cos(2\alpha)}$$

由此可见，干涉图与反射面平行，波腹与波谷的位置与入射角波长和入射相关。相邻波腹和波谷的距离在整个三角形区域内相同，等于

$$\Delta h = \frac{\lambda\sin\alpha}{1-\cos(2\alpha)}$$

在小角度入射情况下，

$$\Delta h \approx \frac{\lambda}{2\alpha}$$

由此产生的干涉波节点和波腹随入射角改变。当入射能量大于待测元素吸收边，则三角区域 X 射线驻波场内的原子受激，发射出特征 X 射线荧光。通过改变 X 射线入射角，对静态样品实现 XSW 扫描，则特征 X 射线荧光强度呈周期性变化；亦可保持入射角不同，使待测原子移动，实现固定角动态扫描。三角区域内并未被干涉条纹完全充填，A 区有干涉条纹，但 B 区仅有入射和发射 X 射线的重叠。X 射线相干散射距离有限，这种干涉效应仅在发射体近表面 $<2\mu m$ 的范围内发生。

基质上有单层或多层覆盖物时，XSW 场的激发作用还需要考虑辐射在覆盖层内的衍射、吸收和层间界面结构的反射增强作用。这一复杂过程和元素在层间的分布可通过矩阵和计算机程序计算得到。

考虑入射角为 α 时，多覆盖层情况 [图 5-10（a）] 下的 XSW 场激发强度计算：

$$I_{\text{XSW}}(\theta_0, z_i) = I_0 \mid A_j^i \exp(-ikE\theta_j z_j) + A_j^r \exp(ikE\theta_j z_j) \mid$$

式中，I_0 和 E 分别为入射光强度和能量；A_j 为驻波振幅；α_j 为入射角；z_j 为第 j 层厚；k 为常数。当用一定量的 X 射线照射基质，可以计算得到随入射光角度和反射面距离而改变的 X 射线驻波强度分布图 [图 5-10（b）]。

XSW 具有如下几个特点：① 在入射角小于基质全反射入射角时，辐射没有穿透基质，基质内强度为零，XSW 在基质内随深度增加呈指数下降；② 在基质面之上，出现由入射和反射波产生的振荡干涉波，在小于临界角区域内，因全反射而使干涉波振幅更高，由于存在入射和反射波电场干涉波波腹振幅叠加效应及入射和全反射光强度加和双重作用，使得振幅强度最高可达入射光强度的 4 倍，在波节点由于波振幅彼此抵消，强度为零；③ 在临界角之上，部分入射光进入基质，反射波较小，XSW 强度小于入射光强度；④ XSW 并不能被直接探测到，因为在 XSW 内部放置任何大的探测器都会完全破坏和改变 X 射线驻波。

为利用 XSW 进行层中元素分析，需要使用标记原子作为微小探针。通过将

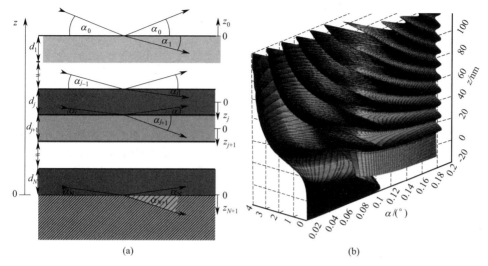

图 5-10　XSW 覆层模型（a）及 XSW 模拟计算结果（b）

探测器放置在 XSW 之外来探测 XSW 中的标记原子所发射出的荧光信号，才可实现对 XSW 的有效探测。而这些所谓标记原子正是我们需要分析的层中元素。

通过 XSW 原理和几何配置，实行小角度连续扫描，可测定并计算出层中元素的分布情况。例如元素在基质上 40～45nm 范围分布，当用不同入射角扫描该多层样品时，在对应层位待测元素发射出了特征 X 射线荧光，通过探测器探测，可获得显著的 XRF 强度信息，而其它无标记原子的部分，则因并不存在"探针原子"，驻波完全消失。由此即获得了多层材料中的元素分布信息。由于探针原子的相对强度与所分析元素的浓度成正比，故利用 XSW 微探针扫描分析技术，可以实现对多层膜中元素浓度分布和成分的定量分析。

当 Si 基质上覆盖不同层厚的元素时，XSW 表现出不同分布特征。对 29nm Ge 样品，大于 Ge 临界角时（$\theta_{\text{Ge\_crit}} = 0.1688°$ @ 15keV，$\rho_{\text{Ge}} = 5.323\text{g/cm}^3$），XSW 振荡波可见，但振荡波腹不如硅基质高。这是因为 Ge 临界角大于 Si，使得进入 Ge 的光子可穿透 Si，导致仅有部分入射 Ge 的光子被反射。对 309nm Ge 层，由于较厚 Ge 层对入射辐射吸收增强，反射波振幅减小，甚至无法影响入射辐射产生干涉作用，使得相长和相消不会产生，振荡消失，仅表现出强度呈指数级下降。

2. 多层纳米材料元素组分测定与掠入射 X 射线荧光光谱分析

TXRF 和掠入射 X 射线荧光（GIXRF）光谱分析，是痕量和超痕量元素分析中的重要技术手段。在 GIXRF 中，入射角在全反射临界角附近从小到大不断增加，通过改变 XSW 场，导致入射 X 射线逐渐穿透基质（样品）表层，使得被测 X 射线荧光强度与入射角度密切相关，从而可以获得待测物（原子）在基质表层、表面和层中的浓度和分布。

对于在纳米级多层材料表层颗粒物、覆盖物和纳米薄层中的掺杂原子，可以利用全反射和掠入射或掠出射 X 射线荧光光谱测定，借助 X 射线驻波和受激特征 X 射线荧光强度计算公式，获得元素分布信息和浓度数据。

在 XSW 场强 I_{XSW} 下，埋层中植入元素受激发射的特征 X 射线荧光强度 I_{imp} 可通过下式计算：

$$I_{imp}(\theta) = G \int_0^{t_{max}} P_{imp}(t) I_{XSW}(t, \theta, E_0) \exp\left[-\frac{t\rho\mu_{tot}(t)}{\sin\theta_d}\right] dt$$

式中，θ 为入射角；G 为包含几何因子、基本参数等的系数；t 为植入物深度；$P_{imp}(t)$ 为与深度相关的植入物分布函数；$I_{XSW}(t, \theta, E_0)$ 为 X 射线驻波场强度函数；ρ 为材料密度；μ 为质量吸收系数；θ_d 为探测角度。

3. 掠出射 X 射线光谱分析

掠出射 X 射线荧光（GEXRF）光谱分析最早于 1983 年提出。GEXRF 与GIXRF 一样，都是利用发生在样品界面的 X 射线折射效应，通过测量 X 射线角度与位于基质表面或深部标记原子的荧光强度间存在的相关性，获取元素分布信息。不同的是，GIXRF 测量入射光及其入射角，GEXRF 测量出射光和出射角（图 5-11）。对于 GEXRF，掠出射角度与 GEXRF 强度及特征 X 射线能量和透射深度相关，对于硅晶片—真空界面，特征 X 射线谱线能量越大，临界角越小；能量越大，发射谱线的分布越窄。

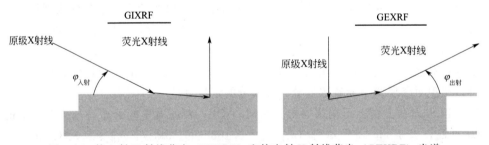

图 5-11　掠入射 X 射线荧光（GIXRF）和掠出射 X 射线荧光（GEXRF）光谱
分析原理示意图

对于 GEXRF，只要在不同界面的反射系数非零，在探测器方向就会有多重发射线。从样品到探测器，根据发射角和荧光波长，依据其路径的不同会出现 X 射线干涉的相长和相消，只有在界面反射干涉为偶数时，才可观察到干涉波纹，获得层面或层中近表面植入物与角度相关性元素分布图。如果基质折射指数比表层小，则干涉更为显著，角度对层厚的依存关系更易区分，如涂层上分布痕量金属时即属于这种情况，但对于 Si 上 Al 沉积层，则并非如此。

GIXRF 和 GEXRF 各有特点和应用优势。GIXRF 几何设置具有大探测立体角，探测器可近距离直接置于样品表面之上；而 GEXRF 只能在与样品表面几近平行的远距离放置，这使得 GEXRF 比 GIXRF 的检出限差了一个数量级。但

GIXRF 要相对于原级掠入射光进行几何设计，因此 GIXRF 只能利用对入射光的单色化进行选择性激发，而不能对源于样品的 X 射线进行波长或能量色散探测。而 GEXRF 结合对出射光进行分光，可增强能量分辨率。故在需要高能量分辨率和多元素分析时，GEXRF 具有优势。目前，在常规 GEXRF 基础上，发展出了在 X 射线出射光路上加装一块柱状弯晶，实现对掠出射 X 射线的聚焦和分光，在提高分辨率的同时，也增加了荧光强度，提高了分析灵敏度，降低了检出限。

第五节　聚束毛细管透镜微束 XRF 光谱仪

尽管同步辐射是进行微区分析的理想光源，但其装置庞大，使其常规应用受到限制。而聚束毛细管透镜微束 XRF 光谱仪则可在普通实验室和现场分析中得到应用，特别是在必须获得原位数据和多维信息等研究领域中具有重要应用价值。

聚束毛细管微束 XRF 光谱仪工作原理与普通 X 射线光谱仪基本相同，仅是在 X 射线管作为光源的基础上，安装一个聚束毛细管来聚焦 X 射线，并在焦点位置安装样品。图 5-12(a) 是一个聚束毛细管透镜微束 XRF 光谱仪的结构图。除了在 X 射线管和样品间加装一个聚束毛细管透镜用于聚焦 X 射线束外，通常还必须将样品支撑机构设计为三维可调，这一方面是为了满足聚焦的需要，另一方面也是为了获得多维信息。另外，也有将 X 射线管和样品台均设计为三维可调的光谱仪设置。

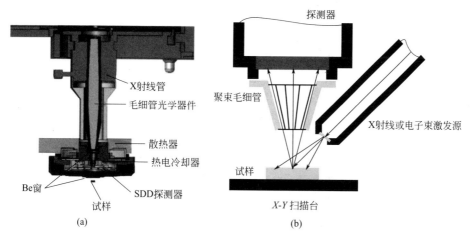

图 5-12　聚束毛细管透镜微束 XRF 光谱仪结构（a）及
聚束毛细管透镜准直器装置（b）示意图

聚束毛细管透镜微束 XRF 光谱仪目前已实现商品化。许多研究机构也仍在研制用于不同目的的实验装置。此外，聚束毛细管透镜亦可在探测器前用作准直器［如图 5-12(b)］。

应用聚束毛细管透镜的微束 XRF 光谱仪的优点在于聚焦 X 射线光束能用来增加小面积区域的光强，从而使信号增强，而来自于样品的背景则保持不变，因此提高了峰背比。在样品和探测器之间还可以加一块滤光片，使得探测器只收集来源于特定区域的 X 射线，这样净荧光强度保持不变或略有降低，但背景却显著降低。

聚束毛细管透镜不仅可应用于微束 XRF 光谱仪，还可在 X 射线衍射（XRD）、X 射线吸收近边结构（XANES）分析中得到广泛应用，是目前元素成分、形态、结构研究领域中的一个热点领域，值得我们关注。

第六节　X 射线光谱分析技术发展新趋势、新方向

X 射线光谱分析技术已历经 100 多年发展。其独有的无损、微区、原位和主量元素定量分析特性，使其在科学探索、工业应用和社会发展中发挥着越来越重要的作用。XRS 分析技术在单色-偏振-聚焦 X 射线荧光（XRF）光谱分析联用技术、实验室型 X 射线吸收谱（XAS）分析装置研发和 μ 子 X 射线光谱分析等 3 个领域呈现出了快速发展趋势，是未来值得关注的新兴学科发展方向。

一、新趋势——单色-偏振-聚焦-全反射 XRF 光谱联用分析技术

检出限不够理想一直是 XRF 最大的局限之一。要达到提高灵敏度、降低检出限的目的，首先需要考虑三方面的重要因素：

（1）降低背景。偏振 XRF 具有显著降低连续谱背景的特点，是现阶段普遍采用的技术之一。Charles Glover Barkla 于 1906 年发现，当非偏振 X 射线以 90° 照射由低原子序数组成的物质时，散射作用将产生偏振辐射。利用这一原理制成 X 射线靶（巴克拉靶），可以产生偏振光激发源，但仍存在 3 个问题：①单元立体角散射效率低，有效激发强度不足；②块状散射体主要产生宽带康普顿散射，背景依然较高；③由此产生的偏振散射为发散光源，需要准直，这将使有效激发强度降低。

（2）提高信噪比。滤片是降低背景，提高峰背比的常规手段之一。但滤片在降低背景的同时，也会降低谱峰强度。使用滤片不能保证可以提高信噪比。

（3）增强光源有效激发强度。检出限与激发强度成反比，但连续谱会随 X 射线管功率提升而增强。大功率、高电压光管的出现并未使 XRF 灵敏度出现质变性提升。

因此，探索既可有效增强激发源强度，又可减低背景、提高信噪比的技术方法是实现高灵敏度 XRF 分析的关键。在这方面，晶体可发挥重要作用：① 晶体衍射可产生单色光，单色激发在降低背景的同时也显著提高峰背比；② 晶体偏振效应，当一束光穿过晶体时，会由于晶体的这种偏振效应产生偏振光，从而降

低背景；③ 利用弯晶并结合罗兰圆原理，可实现对 X 射线的聚焦，增强 X 射线光源强度。与此同时，联用技术也是必不可少的技术途径。

目前在提高灵敏度、降低检出限探索中，研究主要聚焦在四个方面：

（1）采用联用技术。常规偏振 XRF 多采用不同散射体获得偏振激发源，需要较大功率 X 射线管、角度接近 $\pi/2$、较长照射时间。在能量 $E < 10keV$ 时，散射靶偏振装置可增加信噪比（S/N）约 3～10 倍。因此，将 X 射线管激发与其他相关技术有效结合是一种新的发展趋势，有望进一步提高信噪比和有效激发强度。

（2）探索聚焦方式。采用弯晶聚焦、单色 X 射线激发源，或聚束毛细管-平晶单色器，可产生较强微束单色光源。准直毛细管半透镜可将 8～10keV X 射线聚焦到约 4mrad。理想晶体单色器，特别是多重反射单色器，其本征衍射角宽要比之小 2 个数量级，但对特征 X 射线衰减率小于 1%，使用高定向热解石墨单晶可使单色辐射强度达 10^8 光子/s，使用双弯晶单色器亦可获得高强度单色光，将单色器与 EDXRF 相结合，在 $E < 10keV$ 时，S/N 可提高一个数量级。

（3）提高器件品质。为获得高强度单色光，聚焦晶体单色器应具有大的有效反射面 S_M 和入射光接收立体角 Ω，且 $\Omega \propto S_M$。因此，尽可能增加聚焦晶体单色器的有效反射面 S_M 是提高单色辐射强度的有效途径。

（4）选择高性能晶体。聚焦晶体受到的是宽带多色激发，这必然也会增强弹性和非弹性散射背景。通常采用的 Si 或 HOPG 单色器，在 $E \geqslant 8keV$ 能量范围偏振度较小，这降低了进一步提高 S/N 的可行性。因此，为发展高偏振度、高单色性 X 射线光源，正确选用合适晶体十分重要。

根据物理学原理，晶体要对入射 X 射线起到单色、偏振器作用，需要同时满足两个条件，即需要符合布拉格方程

$$n\lambda = 2d\sin\theta$$

并符合汤普逊偏振条件

$$\theta = 45°$$

由此可得

$$n\lambda = d\sqrt{2}$$

式中，λ 为入射 X 射线波长；d 为所用晶体的晶格间距常数。

要显著降低检出限（LOD），还需要提高激发光源的强度。根据公式（原公式有误）

$$LOD \geqslant \frac{3C \cdot m}{R_0 \sqrt{TR_s} \sqrt{\dfrac{R_s}{R_b}}}$$

式中，R_s、R_b、R_0 分别为待测元素的信号、背景和光源强度计数率；T 为计数时间。由该式可以看出，如果入射强度降低，那么任何不能提高信噪比/峰

背比的方法都不能降低检出限。

根据以上原理，为实现聚焦、单色和偏振激发，达到高灵敏度、高信噪比、低背景测定目的，我们提出了弯晶聚焦、单色和偏振激发及全反射 XRF 探测与分析装置设计，如图 5-13 所示。采用弯晶聚焦、单色，并选择合适的晶体和靶线，既提高了光源强度，也降低了背景，提高了峰背比，由此可以获得增加 5 倍的激发强度，使检出限降低 1/15。而在全反射 XRF 条件下，XRF 光谱背景和检出限将可得到进一步降低，从而达到显著提高灵敏度的目的。

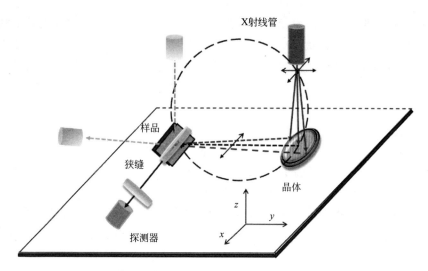

图 5-13　聚焦、单色、偏振激发、全反射 XRF 光谱分析装置设计原理图

近期研究表明，将 X 射线管采用半透镜聚焦，将光源-单色晶体-探测器正交放置可以显著降低背景。依据劳厄衍射原理进行几何光学设计，衍射 2θ 角 94.49°，荧光与样品面出射角 45°，用有位错和晶格缺陷的天然钻石作为镶嵌型衍射单晶，确保相邻晶块存有角位差，这样可避免因衍射湮灭致强度衰减。采用这一设计的激发强度可达 5×10^9 光子/s（管功率 50W），偏振度 99.86%，背景降至 19dB，峰背比和微量元素分析灵敏度得以显著提高。

研究显示，采用弯晶单色、聚焦和合适晶体，激发强度可增加 5 倍，检出限降低 1/15；与常规 WDXRF 相比，采用弯晶、偏振、单色 X 射线的激发装置，可将 Pd 到稀土元素的检出限降低 1/20～1/10；对 15～20keV 以上能量的元素，采用 Si、Ge 探测器，可获得比 WDXRF 更高的能量分辨率，检出限也得以明显降低（图 5-14）。采用弯晶聚焦、单色和偏振装置和正交设计，是未来 XRF 光谱仪研发和应用中一个十分重要的发展方向。

二、新发展——实验室小型 X 射线吸收谱分析装置

X 射线光谱不仅可用于元素成分的定性和定量分析，还可通过 X 射线吸收

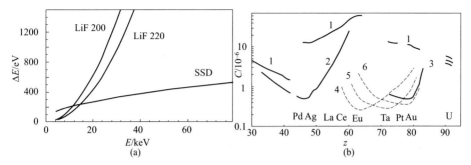

图 5-14　波长色散和能量色散分辨率（a）与检出限（b）比较

1—WDXRF，Ta-U 采用 L 系线，其它为 K 系统；2—偏振 EDXRF，最大激发电压 $E_{max}=60keV$；

3—采用高纯 Ge 探测高能 K 系线的能量色散 XRF（EDS）；4—EDS，$E_{max}=100keV$；

5—EDS，$E_{max}=20keV$；6—EDS，$E_{max}=140keV$

谱（XAS）的吸收边和边前与边后延展精细结构分析，测定元素的电子组态与原子配位，进行元素形态分析。目前，随着实验室小型 X 射线吸收谱测定装置的日趋成熟，这项技术正成为未来 XRS 分析的重要发展方向之一。

（一）X 射线吸收谱原理与特性

元素质量吸收系数是入射 X 射线能量的函数。随入射 X 射线能量升高，质量吸收系数逐渐下降。但当能量高得足以击出元素某一层级的内层电子时，入射光子被吸收并激发出内层电子，导致质量吸收陡峭增加，此时对应的能量即为吸收边。元素由 K、L、M 等能量层级组成，内层电子受激跃迁后即对应产生 K、L、M 吸收边。利用探测器进行连续测定，即可获得相应的特征 XAS 谱。

X 射线吸收谱具有五个显著特征，可提供重要的元素形态信息（图 5-15）：

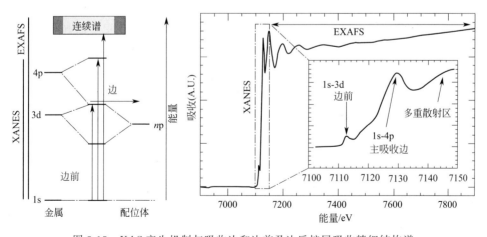

图 5-15　XAS 产生机制与吸收边和边前及边后扩展吸收精细结构谱

（1）吸收边：揭示样品中被测元素的氧化态。对不同氧化物，其氧化态

XAS 吸收边能量和位置均发生显著变化。氧化数的变化与吸收边的位移成正比，1～2eV 吸收边能量变化对应于一个单位的原子氧化态变化。对 3d 过渡金属，强吸收边谱源于电子偶极受允跃迁（1s → 4p）。例如，随着 MnO、Mn_3O_4、Mn_2O_3 和 MnO_2 中 Mn 氧化态由 Mn（Ⅱ）向 Mn（Ⅳ）升高，吸收边由 6.539keV 向 6.552keV 位移，氧化数与吸收边能量呈较好的线性相关性（参见第一章图 1-6）。

（2）边前峰：提供体系对称性信息。元素氧化态的变化也会导致边前结构变化。在非中心对称点群中，3d 和 4p 轨道可以形成杂化轨道，使之可产生偶极受允跃迁，导致边前峰强度增强，并高于中心对称体系的边前峰强度。对于 3d 过渡金属元素，强吸收边谱源于电子受激从 1s 轨道向 4p 轨道偶极受允跃迁（1s→4p），而弱的边前峰源于元素 1s→3d 四极受允跃迁。例如，Cu（Ⅰ）存在空束缚态，出现边前峰，Ti（Ⅳ）、Cr（Ⅵ）、Mo（Ⅵ）等也可观察到边前峰。边前峰一般用于揭示吸收原子局部几何信息、氧化态及化学键特征。

（3）X 射线吸收近边结构（XANES）：光电子多重散射共振效应产生 XANES，反映了待测元素近邻原子空间配位、原子间距和化学键键角特性。即使氧化态相同，如配位数不同，则 XANES 也会不同。例如 Cu K-XANES 谱，不仅 Cu（Ⅰ）和 Cu（Ⅱ）的边前峰、吸收边不同，且在 Cu（Ⅰ）的配位数分别为 2、3、4 时，其 XANES 也显著不同。对组成和结构都复杂的矿物，XANES 也变化明显。例如 Fe 矿物 XANES 谱，峰位、峰形等特征信息丰富。在地质分析中，通常要测定铁价态，特别是 Fe（Ⅲ）-Fe（Ⅱ）含量。目前随着实验室型 X 射线吸收谱装置的出现和普及，相信不久的将来，地质样品中亚铁测定将不再是一个难点。

（4）边后延展精细结构（EXAFS）：吸收边之后延展的 X 射线吸收精细结构谱，是一种多重散射振荡谱，由待测元素光电子波与邻近原子电子间存在的相互干涉和散射作用产生，反映了被测元素与键合原子的配位结构。分析 EXAFS，可获知邻近原子类型和距离（±0.002nm）。但 EXAFS 也存在一些局限，如在散射体相似时，C、N、O 的 EXAFS 谱难以区分，且无法识别质子，故对 O^{2-}、OH^-、H_2O 等 H 配体不同时的差异难以识别，仅可获得配位距离信息。

（5）除吸收谱测定模式，还可以通过测定待分析元素的 X 射线发射谱（X-ray emission spectroscopy，XES）。XES 也是一种可用于元素形态分析的重要技术手段。例如，在元素 1s 电子被激发后，最大的概率事件是 2p 轨道电子充填 1s 电子受激跃迁后产生的空穴，从而产生 Kα 线。由于 2p 自旋轨道的偶极特性，Kα 线将分列为 $Kα_1$ 和 $Kα_2$ 线。从 3p 到 1s 的跃迁将产生 Kβ，但可能性概率减小约一个数量级。对具有未配对 d 电子的开壳层过渡金属，3p-3d 轨道杂化产生谱线分裂，形成 $Kβ_{1,3}$ 和 Kβ'。通过分析这些复杂的发射线，可获得详尽的元素氧化态及结构配位信息。尽管 Kα 线最强，但其对于化学性质变化的敏感性不如

Kβ线。故 Kα线适用于高分辨率 XAS 分析，Kβ线通常用于 XES 测定，以获得未成对电子及金属配位特性研究。

（二）吸收谱装置

测定 X 射线吸收谱的方式有两种：一是直接测量模式，通过测量入射 X 射线透过样品后的吸收谱；二是间接测量模式，通过测量样品受入射 X 射线照射后，元素受激产生的 X 射线荧光谱。

实验室型 XAS 分析装置根据探测原理可分为布拉格反射和劳厄透射两种模式，根据探测方式可有能量扫描和能量色散两种设计。能量扫描方式采用弯晶色散和罗兰圆聚焦原理。

X 射线吸收光谱分析装置主要依据约翰（Johann，1931）、冯·哈莫斯（von Hamos，1932）、约翰逊（Johansson，1933）和杜蒙德（DuMond，1947）单色聚焦原理进行设计。

1. 约翰型实验室 X 射线吸收谱装置

约翰型球面弯晶是目前实验室小型 XAS 分析装置研发中应用最多的一种分光聚焦模式（图 5-16）。由图 5-16 中几何角设计可见，在约翰弯晶体系，弯晶顶端两边会稍稍偏离聚焦圆。即与罗兰圆聚焦条件有小的偏离，产生像差。多数情况下，所用约翰晶体直径较小（10～15cm），罗兰圆较大（0.5～1m），装置可达到的整体能量分辨率<1eV，此条件下，像差影响可以忽略。

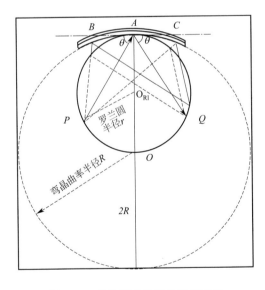

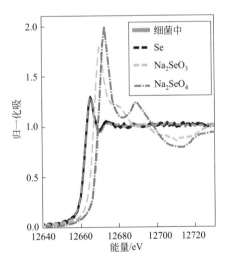

图 5-16　约翰型弯晶单色聚焦原理　　　　图 5-17　XANE 装置测定 Se 形态

目前利用约翰聚焦单色原理制备的实验室型 XAS 光谱装置已成功应用于多种元素的近边吸收谱测定。例如，采用 Ag 靶，20kV、2mA，Si(533) 单色弯晶 XANE 装置测定 Co，数据可与同步辐射装置所测得的 XAS 相媲美。这种约翰型实验室型 XAS 装置分辨率为 $1\sim5\mathrm{eV}$，适用范围 $4\sim20\mathrm{keV}$；并已成功应用于测定微生物细菌中 Se 形态（图 5-17）和材料中 V、Ni、Zn、Ce、U 形态分析。目前常采用柱状弯晶和球面弯晶作为单色器。

约翰型弯晶单色聚焦方式会因不能实现全单色聚焦而存在像差，但由于制备相对容易，在目前的实验室型非同步辐射 X 射线吸收谱装置研发中，应用更为普遍，研究报道较多。

2. 冯·哈莫斯型实验室 X 射线吸收谱装置

冯·哈莫斯型单色聚焦模式是当前实验室型 XAS 装置研发中的主要技术途径之一。由装置原理［图 5-18(a)］可见，采用冯·哈莫斯柱状弯晶，一方面可利用晶体衍射功能，通过布拉格衍射对元素 X 射线进行色散分离；另一方面，在晶体的另一个维度利用罗兰圆对 X 射线聚焦，从而实现同时获得大能量范围 X 射线光谱。利用同步辐射装置，结合冯·哈莫斯柱状弯晶，可以在 $8\sim9.6\mathrm{keV}$ 能量范围，使能量分辨率达到 $0.25\mathrm{eV}$。

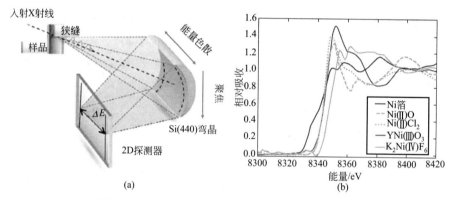

图 5-18　冯·哈莫斯 XAS 装置原理及 Ni 形态测定

在冯·哈莫斯型实验室 XAS 装置研发中，除采用常规冯·哈莫斯型柱状弯晶设计外，还可以采用改进的冯·哈莫斯几何配置，或运用全柱形冯·哈莫斯弯晶设计，将晶面作为能量色散面，光源和探测器位于矢状弯晶光轴上，探测器与柱轴正交，使反射光子矢状聚焦于探测器上，形成矢状环形聚焦 X 射线束。全柱形冯·哈莫斯弯晶几何设计的主要优点在于有效立体角（反射率×立体角）大，具有较高的光谱探测效率。

在冯·哈莫斯型柱状弯晶设计中，采用高淬火热解石墨（HAPG）镶嵌式晶体较为普遍，并已成功应用于 Fe 形态和 Ni 键长测定，亦可应用于 XES 装置，进行不同 Fe 氧化物的分析测定。

实验室小型 XAS 装置在需要时空分辨的化学反应动力学研究中具有巨大应用潜力。在元素形态与化学反应动力学研究中，一方面可应用冯·哈莫斯柱状弯晶准确测定 Ni 形态，同时还可以揭示不同形态化学物随时间的变化规律。图 5-

18(b) 显示了由实验室测定的五种 Ni 化物形态，Ni 箔（0）、NiO（Ⅱ）、$NiCl_2$（Ⅱ）、$YNiO_3$（Ⅲ）和 K_2NiF_6（Ⅳ）的实验室 XAS 谱与同步辐射装置所得结果符合良好，其 XANES 和一阶导数，呈现出明显的吸收谱峰位随 Ni 氧化数增加而向高能端位移的趋势。

通过 XANES 分析，不仅可以获知慢化学反应中的元素形态变化，还可以获得化学反应动力学定量描述。例如，当 K_2NiF_6（Ⅳ）在潮湿空气中水解时，应用实验室冯·哈莫斯弯晶 XAS 吸收谱分析装置，可清晰监测到 Ni 在水解反应中其形态随时间的变化。氧化数为四的 K_2NiF_6（Ⅳ）在水存在下不稳定的 Ni（Ⅳ）离子会还原为 Ni（Ⅲ），这一反应根据粉末密封程度可持续较长时间。在 12d 的 K_2NiF_6（Ⅳ）还原反应动力过程研究中，Ni 的 K 边二维 XANES 谱呈现出显著变化，可观察到 K 边二维 XANES 谱在 51.5h 中呈现出三个变化阶段。在 8356eV 和 8351eV 能量刻度处出现最大值峰位，分别对应于 Ni（Ⅳ）和 Ni（Ⅲ），中间为两种氧化态转化共存时区。吸收谱呈现了反应物水解反应前和 12d 之后的 XANES 吸收谱，分别对应于 Ⅲ 价和 Ⅳ 价 Ni。与四价化物比较，在 8338～8354eV 处的能量对应于三价化合物吸收边前后两个等吸收点，相应于从 Ni（Ⅳ）到 Ni（Ⅲ）的转化。将 8338eV 和 8354eV 间的信号强度差进行积分，可以得到 Ni 形态转化动力学曲线，可以观察到在 41h 之后，Ni（Ⅲ）出现。其一级反应动力学曲线呈现出简单的指数能力学反应特征，一级反应常数为 $2.03 \times 10^{-5} s^{-1}$。

总体而言，冯·哈莫斯型尤其适用于需要时间分辨和对辐射敏感的样品分析，由于其一次即可测定完整全谱，因此对入射 X 射线归一化处理遇到的问题较少。但当要探测的信号弱，或探测范围为高能光子时，冯·哈莫斯模式因其单元能量可探测的光子数极少，信噪比差。即在高能光子和低含量元素吸收谱分析时，冯·哈莫斯能量色散模式不如扫描模式。此外，同步辐射在监控需要较长机时的慢化学反应研究中应用受限。而实验室型 XAS 装置由于没有机时限制，因此在长时化学或物理反应动力学研究领域，实验室 XAS 装置具有更大应用潜力。

3. 约翰逊型 X 射线光谱测定装置

与约翰型仅将晶体弯曲不同，约翰逊型弯晶除了将晶体制备成具有一定曲率的弯晶，还会对晶体进行打磨，使得聚焦圆与罗兰圆重合（参见第三章图 3-16），从而克服光束大小影响，消除像差，实现全单色聚焦。约翰逊型柱状弯晶具有消除像差的优点，但晶体制备较为困难。采用约翰逊型弯晶和二维探测器，将样品置于罗兰圆之内而非罗兰圆上，能量范围可向下扩展至中、低能 X 射线范畴（1.6～5.0keV），衍射角和分辨率可达 30°～65° 和 0.32eV。

约翰逊型 X 射线吸收/发射谱分析装置已取得较显著应用研究进展。主要表现在三个方面。

（1）共振价电子特性分析。当存在受激芯电子时，与基态密度函数相比，共振 XES 理论解释会面临一些挑战。目前随着一些先进从头算法的迅速发展，在分子和固态系统领域的研究中，共振价电子特性分析已取得进展，并已成功应用于 Mo L$_3$ 共振价电子 XES 谱测定，可以观察到能量和价电子发射光谱及 AS 的紧密关系。测量时以 90°和偏振面执行测定是共振价电子发射光谱测定的实验关键条件，否则，入射光的康普顿散射会对价电子发射光谱产生严重干扰。

（2）锕系元素 f 态电子特性分析。锕系元素芯电子空穴衰变期极短，致使光谱增宽（>5eV），阻碍了常规 X 射线光谱仪的应用。近十年来 HERFD/RIXS 取得显著进展后，处于中能 X 射线能量范围的锕系元素 M 吸收边可以得到准确测定和分辨，通过测定 U 的 M 系 HERFD/RIXE 谱记录的锕系元素 M$_{4,5}$ 边，直接观察到了通过受允 3d→5f 偶极跃迁导致的部分填充 f 态电子结构。这使得测定并研究整个锕系元素的吸收谱、电子结构、配位特性等成为可能。

（3）化学反应动力学研究。在氯化羟基反应中，X 射线辐射会引起光化学反应，数分钟内即可改变气体组分化学性质，因此测定时间和探测效率是整个装置的关键。由具有时间分辨特性的约翰逊光谱分析装置测定气相中 CH$_3$CH$_2$Cl 的 Cl-1s2p 共振非弹性 X 射线散射（RIXS）光谱二维分布和 Cl 的 K 吸收边谱，可以观察到 Cl Kα$_1$ 峰。测定时，样品靶放置在离焦点位，同时采集 770 道信息，在 2819~2827eV 范围，采集 41 个 RIXS 二维分布图，可获得稳定的气相化学反应元素特性，整个测定仅需数分钟。

4. 杜蒙德和科舒瓦透射式 X 射线吸收谱实验室分析装置

晶体衍射光谱色散方式有两种：布拉格（Bragg）反射模式和劳厄（Laue）透射模式。前面所述约翰、冯·哈莫斯和约翰逊型弯晶色散模式都是一种反射型装置。杜蒙德（DuMond）和科舒瓦（Cauchois）弯晶色散则属于劳厄透射模式。在布拉格反射条件下（不含约翰逊弯晶模式），衍射面与晶面平行；在劳厄透射模式下，衍射面正交于弯晶面，如图 5-19(a) 所示。

在弯晶色散几何光学中，分辨率与 X 射线入射能量和晶体材料、衍射方式密切相关，并呈现规律性：① 根据布拉格定律，入射光能量增加，布拉格衍射角减小。在小角度布拉格衍射时，光谱仪分辨率变差（$\Delta E \sim \cos\theta_B$），在布拉格衍射条件下，光谱仪反射衍射角须大于 20°。② 随入射能量升高，X 射线穿透晶体的深度非线性增加。例如，10keV 光子的穿透深度为 100μm，30keV 时为 3000μm。穿透深度的增加会展宽所测定的 X 射线，降低能量分辨率。③ 反射型光谱仪衍射效率会随着能量增加而迅速下降。因此，反射型晶体光谱仪不适合于 15keV 以上能量的 X 射线光子测定。

在劳厄模式下，X 射线光子穿过晶体达到置于晶体之后的探测器，入射和衍射光束被部分吸收。吸收衰减度随能量增加而减少。用于透射式 X 射线光谱仪的弯晶通常为 0.5mm 厚，15kV 能量光子穿过这一厚度 Si 和 SiO$_2$ 单晶的透射率约为 30%和 50%。因此，布拉格反射和劳厄透射模式在晶体分光色散中可针对不同能量范围的需求，起到互补作用。

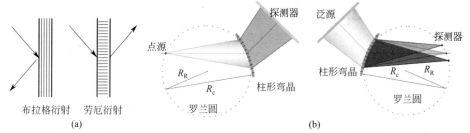

图 5-19　布拉格反射和劳厄透射模式及杜蒙德与科舒瓦透射式弯晶色散原理

劳厄透射型 X 射线光谱仪通常采用杜蒙德和科舒瓦柱状弯晶模式：① 杜蒙德模式将样品作为光辐射点源置于罗兰圆上，探测器位于晶体另外一面的罗兰圆之外；② 科舒瓦模式下，探测器置于罗兰圆上，光源则位于晶体另外一面的罗兰圆之外；③ 在这两种模式中，柱状弯晶的曲率（R_c）均等于聚焦罗兰圆的直径（$2R_R$），如图 5-19(b) 所示。

杜蒙德模式适宜于点源分析。点源-柱状弯晶设计，使得杜蒙德光谱仪成为一台单色器，晶体将来自样品点源光子经衍射色散为具有不同波长或能量的光，并被晶体外侧的二维探测器记录。科舒瓦模式将具有不同能量的非点源 X 射线光子聚焦于罗兰圆上的不同位置，利用二维探测器可以获得 X 射线光谱，适用于非点源、大光斑 X 射线分析。

杜蒙德 XAS 分析装置已在 Mo、Ru 等元素光谱线特征与元素形态分析中成功应用，特别是在高能辐射领域应用较为广泛。例如，在 4d 元素价电子-核跃迁机理、核反应堆 γ 射线测定、俄歇效应、介子（mesonic）衰变、μ 子（muonic）原子特性、康普顿散射等研究中的应用。

在 4d 过渡金属价电子-核（VtC）弱跃迁机制与过程研究中，需要具有极高能量分辨力的光谱测定装置，可以分辨 K 壳层空穴初态自然能量宽度，例如对于 Ru，这一能量宽度仅为 5.33eV。利用 Si(111) 弯晶、2 m 曲率半径杜蒙德 X 射线光谱分析装置，测定 Ru Kβ 线（$E_{K\beta_1}=21.6555\mathrm{keV}$，$E_{K\beta_3}=21.6337\mathrm{keV}$，$E_{K\beta_2}=22.0707\mathrm{keV}$），Ru 的 $K\beta_{1,3}$ 双峰谱线（$\Delta E=21.8\mathrm{eV}$）可以清晰分辨，而这在常规装置中是难以分开的。

在 Ru 氧化态分析中，利用杜蒙德 X 射线光谱分析装置，可以分析不同氧化态的 Ru。三种氧化态 Ru^0、$\mathrm{Ru}^{\mathrm{III}}\mathrm{Cl}_3$、$\mathrm{Ru}^{\mathrm{IV}}\mathrm{O}_2$ 中 Ru 的 $K\beta_2$ 跃迁谱线敏感于化学环境变化，能量随氧化态和配位原子不同而出现明显谱峰漂移。在 4d 元素中，由于 $K\alpha_1$ 线比 $K\beta_2$ 线强 25 倍，因此，杜蒙德 X 射线光谱分析装置在提取 4d 元素价电子较弱跃迁信息、分析过渡金属元素形态方面，具有独特优势。

（三）实验室型 X 射线吸收谱分析装置特性比较

总体而言，这四种实验室 XAS 光谱分析装置，具有不同的特性参数，其适用范围也不同（表 5-5）。

表 5-5　实验室型 XAS 分析装置特征与性能

模式	晶体	R/eV	E/keV	r/m	激发源	探测器	应用实例
Jhn	Si(533) SBCA	1~5	4~20	0.500	Ag,1.5kW,细聚焦	SC,SDD	Co,Ni,Se[26]
	Si & Ge SBCA	1.1	5~17	1.000	W,Pd,0.05kW,1mm²	SDD	V,Ni,Zn,Ce,U[27]
	Ge(111) SBCA	1	5~10	1.000	Au,0.01kW,0.4mm×0.4mm	25mm² SDD	Co[40]
vHms	HAPG	4.6	5~14	0.150	Mo,Cu,0.03kW,60μm	CCD,50μm	Ni,Fe[32]
	HAPG	3.9	2.5~15	0.150	Cu/W,0.1kW,50μm	CCD,20μm	Ti,Fe[33]
	HAPG XES	0.6~2.5	2.3~10	0.300	Ga-jet,0.25kW,30μm	CCD,20μm	Fe[34]
	Si(111)	2	5~10	0.250	Cu,0.4kW,1.2mm×0.4mm	XES-SDD XAS-CCD,50μm	Co,Ni[41]
Jhns	Ge(220),Si(400)	—	8~9	−1.2	Mo,1.6kW	D/teX-25	Ni[42]
	Si(111)	6.9	5~25	0.800	Cu,12kW,0.5mm×10mm	SC/PC	Cu,Ni[43]
	Si/Ge	0.32	1.6~5.0	1.000	SR	CCD,13μm×13μm	S,Ca,Pa,Mo,U[35]
DuMd	Si(111)	2.8~17.1	>10	3.15	Au,Cu,Cr,Sc,3kW	SC	Mo[39]
	Si(111)	3.5~12.5	15~26	1.3~2.5	SR	CCD,172μm×172μm	Ru[37]
Cauchs	SO$_2$(100) CBCA	1.92	6~15	0.500	SR	相版	Cu[38]

注：1. Jhn：Johann；Jhns：Johansson；vHms：von Hamos；DuMd：DuMond；Cauchs：Cauchois。

2. R 为能量分辨率。

3. r 为弯晶曲率半径。

4. SBCA 为球面弯晶，CBCA 为柱状弯晶。

5. HAPG：Highly Annealed Pyrolitic Graphite，高取向热解石墨。

6. SC 为闪烁探测器，SDD 为硅漂移探测器，CCD 为电荷耦合二维探测器。

第一，能量分辨率和适用能量探测范围不同。XAS 光谱仪分辨率与 X 射线入射能量、晶体材料和衍射方式密切相关。入射光能量增加，布拉格衍射角减小，分辨率变差，反射型光谱仪衍射效率下降。因此，反射型晶体光谱仪不适合于 X 射线能量大于 15keV 的光子测定；而对于大于 15keV 的高能 X 射线，需要采用劳厄透射模式进行探测。

第二，几何角效应有差异。约翰和冯·哈莫斯色散需在近背散射角 70°～89° 运行，原因在于：① 入射线光束大小会影响能量分辨率；② 可探测的能量有效立体角较高；③ 在大立体角下，可使约翰型弯晶的几何像差效应不致太过突出；

④ 对于 2.0～4.5keV 的低～中能 X 射线，可适用于近背散射角、具有适宜 $2d$ 值的 Si/Ge 晶体极少，因为 Si(111)、Si(220) 和 SiO₂(10$\bar{1}$0) 等晶面不仅难以切割获得，且在近背散射角可衍射的能量范围也非常窄。解决这些困境的途径可通过选用精细可调、d 值较大的 Bragg 理想晶体，或使用背散射角较大的 Si/Ge 晶体。

第三，几何光学设计不同。在约翰逊几何设计中：聚焦圆与罗兰圆重合，按照罗兰圆进行点对点扫描，整个立体角都用于探测特定的 X 射线能量。消除了约翰弯晶存在的本征像差，即使布拉格角远离背散射角亦无影响。但在低布拉格角时能量分辨率变差，入射光束达数百微米就会制约共振非弹性 X 射线散射谱和高能分辨 X 射线荧光吸收谱测定；且约翰逊型弯晶制备工艺复杂，获得均匀、精准磨制的约翰逊晶体十分困难，制备的非完美性会降低分辨率。冯·哈莫斯几何设计采用能量色散模式，由二维探测器采集广域能谱，无须移动部件作能量扫描，一次即可测得全谱，尤其适用于需要时间分辨和对辐射敏感的样品分析。但冯·哈莫斯弯晶光谱探测装置在高能光子和低含量元素吸收谱分析时，单元能量可探测光子数极少，信噪比差，此时冯·哈莫斯能量色散模式不如扫描模式。

第四，晶体特性选择有所不同。高能 X 射线通常采用完美弯晶分析发射谱或荧光谱。仪器设计会综合考虑由几何角决定的探测效率和布拉格晶体能量分辨率。能量分辨率主要由布拉格衍射本征宽度、激发源焦源大小、散射体位置、晶体非完美性程度、弯晶应力产生的能带展宽等因素决定。多数情况下，入射光源的能量展宽效应是能量分辨率的决定性因素。在硬 X 射线（5～20keV）能量范围，布拉格理想晶体是实现高通量、高能量分辨探测的主要手段，通常可采用 Si、Ge 单晶制备约翰型球面弯晶或冯·哈莫斯柱状弯晶，获得聚焦半径为 0.5～1m 的高分辨率和高通量 XAS 分析装置，分辨率大于 7000、立体角达 1%。高能量分辨率硬 X 射线约翰逊型晶体色散装置可获得价电子 X 射线发射光谱，通过基态密度函数理论计算可解释光谱特征，简单、直接、信息量丰富。

总体而言，将样品置于罗兰圆之内，采用柱状弯晶和二维探测器，通过能量色散模式实现宽 Bragg 角、大能量范围光谱测定，可将光源焦斑大小影响降至最小。采用精确的约翰逊几何设计，使聚焦圆与罗兰圆重合，可消除约翰弯晶几何设计存在的本征像差，即使布拉格角远离背散射角亦无影响。

点到点的罗兰圆设计似对探测中能 X 射线最为有效。但点对点约翰逊设计仍受入射光能量分辨率影响，制备所得晶体的非完美性，减低了能量分辨性能，制约了约翰逊弯晶 XAS 实验室装置的发展，使得其应用不如约翰型普遍。

为克服约翰逊弯晶制备困难，近期提出了一种罗兰圆非点对点几何设计，将样品置于非罗兰圆之上。这种离焦设计使得无须使用入射狭缝，可使入射光束达几毫米，从而增加了 X 射线的有效采集。由于光源不在理想的罗兰圆上，因此沿分析晶体表面的布拉格角具有侧向能量相关性，当采用二维探测器时，可获得二维空间能量分辨能力。即使布拉格角小至 30°，束斑大小的影响仍会受到抑制。在这种离焦设计中，只有部分晶体被用于 X 射线衍射。但这一缺陷通过能量色散可得到补偿。如果光源焦斑大小限制了能量分辨率，影响到 XAS 或 XES 分析时，可以采用这样的离焦设计。由于一给定能量的 X 射线仅被部分约翰逊晶体衍射，这使得晶体不均匀性，甚至是晶体缺陷等影响显著减小。

除了采用 XAS，目前 XES 也是进行元素形态分析的重要手段。XES 激发通常应用电离阈值之上的连续谱，即使用宽带连续谱增加激发光子通量，故非共振 XES 测定一般不需要单色 X 射线激发；而共振 XES 需要选择性激发特定组态，要采用单色激发，最终的能量分辨率取决于入射 X 射线的单色度。在中能 X 射线能量范围，价电子发射线很弱，指纹信息获取困难；4d 过渡元素芯电子空穴衰变期增宽等制约了光谱精细结构的分辨。共振价电子 X 射线发射光谱正是解决这些问题最有前景的技术手段，因为强吸收共振可显著增强发射信号，芯电子空穴衰变期增宽抑制可更好地分辨光谱指纹变化。共振非弹性散射 X 射线（RIXS）光谱目前主要用于固态物质、分离原子和分子等的电子结构研究。RIXE 光谱分析需要较高的能量分辨率，以实现对入射单色光本征宽度的分辨。目前的固态能量探测器还不足以提供如此高的能量分辨率，因此需要高能量色散力晶体分光装置。

三、新方向——μ 子 X 射线光谱分析

轻元素分析，是常规 XRF 分析中，除元素灵敏度不够之外的另一个难以逾越的障碍。对 Na 之前的 O、N、C、B、Be 等元素，XRF 分析一直面临挑战，而 Li、H 则全无可能。近年来，随着高能物理研究的发展，轻元素 XRF 分析出现了一缕希望的曙光，并为元素深度分布分析提供了更为准确的分析手段。

宇宙高能原级辐射主要为质子，也含其他粒子和极少量重核。当其以近光速穿透大气层并与大气中氢和氧碰撞时，会产生各种二次粒子。到达海平面的粒子数平均 1 个$/(s \cdot cm^2)$。在这些二次粒子中，包含有 μ 子（muon）。μ 子具有极强穿透力，可深达地球数千米，适用于地质、建筑和考古研究。在古埃及胡夫金字塔内构研究中，借助 μ 子探测等技术手段发现了以前未知的空洞结构。

μ 子是一种基本粒子，除由宇宙射线轰击地球大气产生，也可通过大型加速器粒子碰撞产生。当两质子碰撞时会产生新粒子，衰变中产生正负两个 μ 子，相应于粒子和反粒子。μ 子自旋为 $-1/2$，作为一种轻粒子，μ 子质量是电子的 208 倍、质子的 $1/9$。正电荷 μ 子近似于轻质子，可应用于材料科学进行自旋、共振效应研究。负 μ 子可应用于物质组成指纹分析。人工 μ 子的产生需要大型加速器。目前世界范围内可用的 μ 子源主要有 TRIUMF（加拿大）、PSI（瑞典）、ISIS（英国）、JPARC（日本）。

μ 子 X 射线光谱分析（muon X-ray spectral analysis）是一种新近发展起来

的新型 X 射线光谱分析技术。当一束高能质子与一约 1cm 厚的碳靶相碰撞时，质子-质子的碰撞将产生介子（pion）束流。负介子经衰变产生 μ 子。当高速负 μ 子进入样品后，将逐渐减慢并被原子捕获，随着它们占据越来越低的轨道，负 μ 子就会逐级向低能级轨道梯次（级联）跃迁，并发射出特征 X 射线（图 5-20）。由此获得的 μ 子 X 射线能量谱图和相应的元素强度可用于元素定性和定量分析，分辨元素，获得含量数据。

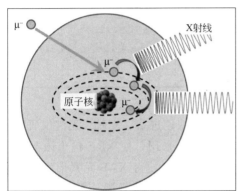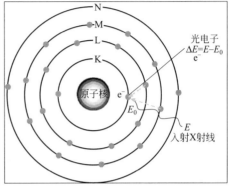

图 5-20　μ 子 X 射线产生机理与 X 射线荧光原理及其比较

μ 子 X 射线光谱分析具有四个特点：

① 与电子相比，μ 子质量更重，原子轨道离核更近，相互作用也更强，故轻元素 μ 子 X 射线光谱能量更大，便于进行轻元素 XRS 分析（表 5-6）。

② μ 子 X 射线发射光谱（μXES）谱线能量更大，穿透力更强，且 μ 子动量易于调节。通过调节动量，使 μ 子达到不同深度，可使 μXES 仅来自于 μ 子达到的部位，适用于进行物质组成元素的深度分布分析。

③ 与常规微区 XRF 不同，μXES 不仅可获得明显的 C μ-X 射线峰，而且来自第二层的 C 没有自吸收，且不含覆盖层和层下的 Si、O、N 干扰信息，从而更清晰分辨出在不同层次、不同深度的元素分布。

④ μ 子 X 射线能量大，通常在 keV～MeV 范围，除轻元素可用目前常用的 Si 基探测器外，其他元素大多要用高能 Ge 探测器。

目前，μ 子 X 射线光谱已应用于金币中 Au、Ag 分析，CaO/MgO-Fe_3O_4/MnO 氧化混合物测定，C-Al-Fe_2O_3 元素分布图像分析，富含有机质的陨石 B、C、N、O 元素与 mm 级厚度等样品分析，深入的研究仍在进行。μ 子 X 射线光谱分析在获得轻元素和样品内部元素分布信息方面，具有突出优势。弥补了常规 XRF 在轻元素测定及较厚样品中埋层元素含量分析的困难。随着可用装置的增加和相关设备与技术的发展，相信 μ 子 X 射线光谱分析在未来会取得重大研究进展和广泛应用。

表 5-6 典型元素特征 μ 子 X 射线谱线、能级与能量

元素	μ 子 X 射线能级	能量/keV	元素	μ 子 X 射线能级	能量/keV
1 H	$2p-1s,K\alpha$	1.9	26 Fe	$2p_{3/2}-1s_{1/2},K\alpha$	1.256[①]
2 He	$2p-1s,K\alpha$	8.2	29 Cu	$2p_{3/2}-1s_{1/2},K\alpha$	1.512[①]
3 Li	$2p-1s,K\alpha$	18.1	82 Pb	$2p_{3/2}-1s_{1/2},K\alpha$	5.966[①]
4 Be	$2p-1s,K\alpha$	33.4	6 C	$3d_{5/2}-2p_{3/2},L\alpha$	13.966
5 B	$2p-1s,K\alpha$	52.2	8 O	$3d_{5/2}-2p_{3/2},L\alpha$	24.915
6 C	$2p-1s,K\alpha$	75.3	12 Mg	$3d_{5/2}-2p_{3/2},L\alpha$	56
7 N	$2p-1s,K\alpha$	101.3	13 Al	$3d_{5/2}-2p_{3/2},L\alpha$	66
8 O	$2p-1s,K\alpha$	133.5	14 Si	$3d_{5/2}-2p_{3/2},L\alpha$	76
9 F	$2p-1s,K\alpha$	168.07	19 K	$3d_{5/2}-2p_{3/2},L\alpha$	143.81
13 Al	$2p-1s,K\alpha$	346.21	20 Ca	$3d_{5/2}-2p_{3/2},L\alpha$	157.8
15 P	$2p-1s,K\alpha$	457.06	20 Ca	$M\alpha$	55
16 S	$2p-1s,K\alpha$	516.24	26 Fe	$M\alpha$	94

① 计量单位为 MeV。

随着近年高能物理和探测技术等相关学科的快速进步，X 射线光谱仪研发也取得了较大进展。单色-偏振-聚焦多项技术的结合采用，使 XRF 检出限显著降低；多模式下弯晶分光系统和测定装置的快速发展，使得 XAS 元素形态分析得以在普通实验室进行；粒子物理学研究促生了 μ 子 X 射线光谱分析方法的诞生，在解决轻元素 X 射线光谱分析方面展露出了明媚曙光。这些不断呈现的新趋势和新方向，必将推动 X 射线光谱分析技术在未来取得更大的进步和发展。

参考文献

[1] Kanngiesser B，Beckhoff B，Swoboda W. X-Ray Spectrometry，1991，20（6）：331-336.

[2] Heckel J，Brumme M，Weinert A，et al. X-Ray Spectrometry，1991，20（6）：287-292.

[3] Wobrauschek P. X-Ray Spectrometry，2007，36（5）：289-300.

[4] von Bohlen A. Spectrochimica Acta Part B：Atomic Spectroscopy，2009，64（9）：821-832.

[5] Michaelsen C，Wiesmann J，Bormann R，et al. Optics Letters，2001，26（11）：792-794.

[6] André J-M，Jonnard P，Michaelsen C，et al. X-Ray Spectrometry，2005，34（3）：203-206.

[7] Hombourger C，Jonnard P，André J-M，et al. X-Ray Spectrometry，1999，28（3）：163-167.

[8] Ricardo P，Wiesmann J，Nowak C，et al. Applied Optics，2001，40（16）：2747-2754.

[9] Krämer M，von Bohlen A，Sternemann C，et al. Applied Surface Science，2007，253（7）：3533-3542.

[10] Hönicke P，Beckhoff B，Kolbe M，et al. Analytical and Bioanalytical Chemistry，2010，396（8）：2825-2832.

[11] Kayser Y，Szlachetko J，Banaś D，et al. Spectrochimica Acta Part B：Atomic Spectroscopy，2013，88：136-149.

[12] Kayser Y，Banaś D，Cao W，et al. X-Ray Spectrometry，2012，41（2）：98-104.

[13] Ong P S，Randall J N. X-Ray Spectrometry，1978，7（4）：241-248.

[14] Turyanskiy A G，Gizha S S，Senkov V M，et al. X-Ray Spectrometry，2017，46（6）：548-553.

[15] Zhalsaraev B Z. X-Ray Spectrometry，2021，50（1）：28-36.

[16] Kowalska J K，Lima F A，Pollock C J，et al. Israel Journal of Chemistry，2016，56（9-10）：803-815.

[17] Zimmermann P，Peredkov S，Abdala P M，et al. Coordination Chemistry Reviews，2020，423：213466.

[18] Kuo C-H, Mosa I, Thanneeru S, et al. Chemical Communications, 2015, 51.

[19] Lühl L, Mantouvalou I, Schaumann I, et al. Analytical Chemistry, 2013, 85 (7): 3682-3689.

[20] Doyle P M, Berry A J, Schofield P F, et al. Geochimica et Cosmochimica Acta, 2016, 187: 294-310.

[21] Szulczewski M D, Helmke P A, Bleam W F. Environmental Science & Technology, 2001, 35 (6): 1134-1141.

[22] Jonane I, Cintins A, Kalinko A, et al. Low Temperature Physics, 2018, 44 (5): 434-437.

[23] Sarangi R. Coordination Chemistry Reviews, 2013, 257 (2): 459-472.

[24] Piquer C, Laguna-Marco M A, Roca A G, et al. The Journal of Physical Chemistry C, 2014, 118 (2): 1332-1346.

[25] Szlachetko J, Cotte M, Morse J, et al. Journal of Synchrotron Radiation, 2010, 17 (3): 400-408.

[26] Honkanen A-P, Ollikkala S, Ahopelto T, et al. Review of Scientific Instruments, 2019, 90 (3): 033107.

[27] Jahrman E P, Holden W M, Ditter A S, et al. Review of Scientific Instruments, 2019, 90 (2): 024106.

[28] Seidler G T, Mortensen D R, Remesnik A J, et al. Review of Scientific Instruments, 2014, 85 (11).

[29] Szlachetko J, Nachtegaal M, de Boni E, et al. Review of Scientific Instruments, 2012, 83 (10).

[30] Nemeth Z, Szlachetko J, Bajnoczi E G, et al. Review of Scientific Instruments, 2016, 87 (10).

[31] Legall H, Stiel H, Schnurer M, et al. Journal of Applied Crystallography, 2009, 42: 572-579.

[32] Schlesiger C, Anklamm L, Stiel H, et al. Journal of Analytical Atomic Spectrometry, 2015, 30 (5): 1080-1085.

[33] Anklamm L, Schlesiger C, Malzer W, et al. Review of Scientific Instruments, 2014, 85 (5): 053110.

[34] Malzer W, Grötzsch D, Gnewkow R, et al. Review of Scientific Instruments, 2018, 89 (11): 113111.

[35] Nowak S H, Armenta R, Schwartz C P, et al. Review of Scientific Instruments, 2020, 91 (3): 033101.

[36] Kavčič M, Budnar M, Mühleisen A, et al. Review of Scientific Instruments, 2012, 83 (3): 033113.

[37] Jagodziński P, Szlachetko J, Dousse J-C, et al. Review of Scientific Instruments, 2019, 90 (6): 063106.

[38] Seely J F, Hudson L T, Henins A, et al. Review of Scientific Instruments, 2016, 87 (11): 11E305.

[39] Szlachetko M, Berset M, Dousse J-C, et al. Review of Scientific Instruments, 2013, 84 (9): 093104.

[40] Seidler G T, Mortensen D R, Remesnik A J, et al. Review of Scientific Instruments, 2014, 85 (11): 113906.

[41] Németh Z, Szlachetko J, Bajnóczi É G, et al. Review of Scientific Instruments, 2016, 87 (10): 103105.

[42] Shinoda K, Suzuki S, Kuribayashi M, et al. Journal of Physics: Conference Series, 2009, 186: 012036.

[43] Deshpande S K, Chaudhari S M, Pimpale A, et al. Pramana, 1991, 37 (4): 373-385.

[44] Morishima K, Kuno M, Nishio A, et al. Nature, 2017, 552 (7685): 386-390.

[45] Sturniolo S, Hillier A. X-Ray Spectrometry, 2021, 50 (3): 180-196.

[46] Ninomiya K, Kubo M K, Nagatomo T, et al. Anal Chem, 2015, 87 (9): 4597-6000.

[47] Hillier A D, Paul D M, Ishida K. Microchemical Journal, 2016, 125: 203-207.

[48] Ninomiya K, Kitanaka M, Shinohara A, et al. Journal of Radioanalytical and Nuclear Chemistry, 2018, 316 (3): 1107-1111.

[49] Hillier A, Ishida K, Seller P, et al. Proceedings of the 14th International Conference on Muon Spin Rotation, Relaxation and Resonance (μSR2017), 2018, 21 (21).

[50] Terada K, Ninomiya K, Osawa T, et al. Scientific Reports, 2014, 4: 5072.

第六章 定性与定量分析方法

XRF 定性分析的目的是识别样品中组成元素，并根据样品类型、待测和共存元素特点制定样品制备方案，确定分析条件；定量分析是要根据元素 XRF 测定强度，采用一定的实验和数学方法，准确获得样品中各元素浓度定量数据。

第一节 定性分析

通常，在接收到一个未知样品后，需要根据分析要求，选择必要的样品制备方法，并进行定性分析。定性分析的主要目的首先是要通过 XRF 谱和强度数据，判定被分析样品中可能存在的元素，识别干扰，制定定量分析策略。

一、判定特征谱线

元素受 X 射线激发后，会发射出具有不同能量或波长的特征 X 射线，这些特征谱线是识别样品中存在特定元素的指纹信息（表 6-1）。用 XRF 光谱仪测定样品，获得 XRF 波长或能量谱图，在元素特征 X 射线线系（Kα&β、Lα&β 等）波长或能量处（图 6-1）存在谱峰，且相对强度符合一定比例，即可判定样品中可能存在该元素。但样品通常由多元素组成，不可避免地存在共存元素谱线重叠干扰。因此，判断特征谱线存在、识别谱线干扰，就是定性分析中的主要工作。

表 6-1 过渡金属元素特征 X 射线波长与能量

谱线	Cr		Mn		Fe		Co		Ni	
	λ/nm	E/keV	λ/nm	E/keV	λ/nm	E/keV	λ/nm	E/keV	λ/nm	E/keV
Kα_1	0.2290	5.415	0.2102	5.900	0.1936	6.405	0.1789	6.931	0.1685	7.480
Kβ_1	0.2085	5.947	0.1910	6.491	0.1756	7.059	0.1621	7.649	0.1500	8.267
Kab	0.2070	5.989	0.1896	6.539	0.1747	7.112	0.1608	7.709	0.1488	8.333

在对一个未知样进行定性分析时，首先应正确识别原始的特征谱线，须遵循如下谱线识别三原则。

原则 1：从所有谱线中寻找最强线

① 多数情况下，当原子序数 Z 小于 40 时，应寻找 K 系线，大于 40 时，可寻找 L 系线。这主要取决于可用或所用的激发电压。

② 尽管 M 系线也可应用于此目的，但 M 系线的分布和强度变化较大，且可

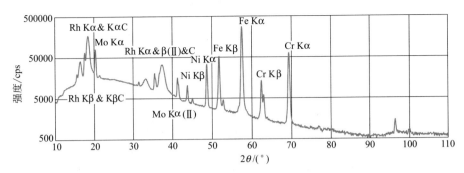

图 6-1　典型样品 XRF 谱图与主要元素定性分析示例

能来源于那些只是部分充填的轨道，甚至是分子轨道，故相对而言，M 系线较少应用于定性分析的目的。M 线多用于 Z 大于 71 的情况。

③ 如果一个谱线系被干扰，应选择其他谱系，并寻找最强线。

原则 2：多条特征光谱线同时存在，且相互间的强度比正确

在 XRF 光谱中，应证实同系列多个特征光谱线同时存在，必要时还需证实不同谱系特征线的存在。例如，当发现 Kα 线时，则应同时证实有 Kβ 线的存在。否则，不能确认在未知样品中存在该种元素。应用其他谱线或谱系时亦如此。

原则 3：多条特征光谱线同时存在，且相互间的强度比正确

① 在同一谱线系中，不同特征谱线的强度比例一定。当相互间的强度比例正确时，才可确定某一元素真实存在。多数情况下，$Kα_1 \sim Kα_2$ 在 K 系线中占据主导地位。低原子序数的 Kβ 线要比 Kα 线弱得多。对 L 系线，则较为复杂。例如，Sr 的 $Lα_1 : Lβ_1 = 100 : 65$，而 Au 的 $Lα_1 : Lβ_1 = 89 : 100$。

② X 射线谱线绝对测量强度尽管受多种因素影响，但主要由荧光产额 ω 和溢余临界电压值决定。溢余临界电压值是指光管激发电压（V）超出被测元素的临界激发电压（$V_临$）的多余部分，荧光强度与溢余临界电压的 1.6 次幂成正比，即荧光强度随 $(V - V_临)^{1.6}$ 而变。

二、干扰识别

在 XRF 实际分析应用中，最困难的工作之一就是识别样品中可能存在的干扰。在识别干扰时，既要关注谱线波长和能量，还要注意干扰元素的含量相关。在含量低时干扰可能不显著，但如果含量很高时，其强度分布很宽，这时干扰亦会十分显著，并会影响背景点选取，如图 6-2 所示。常见的干扰来源和特性识别见表 6-2。

① 应注意避免将 EDXRF 的合峰，WD-EDXRF 逃逸峰误认为是元素谱线。

② 定期使用低原子序数纯有机样品检查仪器通道中的谱线干扰。除连续谱和特征靶线外，还可以测得灯丝 W、Be 窗密封材料 Ni、Ca、Fe，以及光路中的 Mo、Cr 等干扰谱线。也可借此判断是否有源于粉末或液体样品对光管、准直器

的污染。有时样品杯或衬底材料也可能产生干扰谱线。

表 6-2　XRF 中的主要干扰来源和特性识别

干扰来源	特　性	干扰来源	特　性
元素间的谱线重叠	K 系线相互干扰；高 Z 元素 L、M 系线对低 Z 元素的 K 系线产生干扰	样品衍射	来自试样的衍射线也会产生干扰线
连续谱的相干、非相干散射	随原子序数降低，干扰显著增强；低衍射角最大	分光晶体产生的高次线	WDXRF 中，高次线比衍射级次低的谱线强度弱
光管靶线相干、非相干散射	随原子序数降低，干扰明显增强	晶体产生的背景和干扰	在 WDXRF 中存在
靶材及其污染	Cu，W，Ni，Ca，Fe；光管使用寿命越长，干扰越强	拖尾	电荷采集不完全引起低能拖尾
二次靶	相干、非相干散射靶线	合峰	EDXRF 中的合峰
卫星线	随原子序数降低，干扰强度增加	康普顿棱	EDXRF 中不相干逃逸峰产生的康普顿棱
逃逸峰	逃逸峰位由探测器材料决定		

③ 尽管通常情况下，高次线是干扰因素，需用脉冲高度分析器（PHA）去除，但有时可使用高次线来识别元素，这时不应使用脉冲高度分析器。

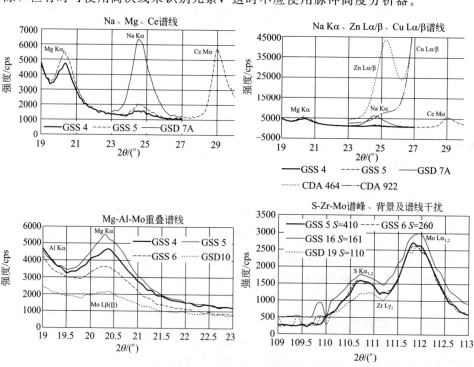

图 6-2　谱线干扰示例

第二节 定量分析

定量分析需要完成三个步骤。首先要根据待测样品特点、元素特性及分析准确度要求，采用适宜的制样方法，保证样品均匀和合适的粒度；其次通过实验，选择合适的测量条件，对样品中的元素进行有效激发和实验测量；最后运用一定的方法，获得净谱峰强度，并在此基础上，借助一定的数学方法，定量计算分析物浓度。

一、获取谱峰净强度

要获得待测元素浓度，首先要准确测量并获得谱峰净强度。谱峰净强度等于谱峰强度减去背景。真实背景是指分析物为零时，在对应于分析元素能量或波长处测得的计数，但这样做并不实际，因为背景依赖于基体组分。因此，使用一种不含分析物的所谓"空白"样测量背景并用于背景校正是不实际的。

背景扣除法主要有单点法和两点法（如图6-3），净强度采用以下两式计算：

单点法：$I_{net} = I_p - I_b$

两点法：$I_{net} = I_p - (I_H + I_L)/2$

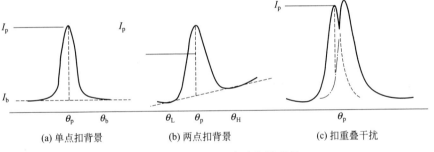

(a) 单点扣背景　　　　(b) 两点扣背景　　　　(c) 扣重叠干扰

图6-3　单点法和两点法扣除背景

当谱峰两边背景比较平滑时，采用单点扣背景，多在分析线波长的长波一侧，例如高出$1°(2\theta)$。选择高角度也是因为在某些情况下要考虑卫星线，例如$K\alpha_3$、$K\alpha_4$会显著地向谱峰短波边扩展，这种情况尤其在分析低原子序数时应该注意。此外也可采用公共背景法或比率法扣背景。当峰背比大于10时，背景影响较小。这时，最佳计数方式是谱峰计数时间要长于背景计数时间。当峰背比小于10时，背景影响较大，需要准确扣除。

二、干扰校正

当样品中被测物存在分析谱线重叠时，可用比例法扣除干扰。对于复杂体系，需要通过解谱或拟合来消除干扰，例如图6-3(c)的情况。

采用比例法扣除干扰时，需要分别测定两处的重叠因子。设α和β分别为两个元素的谱线重叠比例系数，由纯 j 元素求得在其峰位处的强度 I_j 和其在 i 元素峰位处的强度 I_{ji}，其比值即等于 α，即：

$$\alpha = \frac{I_{ji}}{I_j}$$

与之相似：

$$\beta = \frac{I_{ij}}{I_i}$$

又设上标 net 和 lap 分别代表净强度和测定的重叠峰强度，则计算谱峰净强度的公式为：

$$I_i^{\text{lap}} = I_i^{\text{net}} + \alpha I_j^{\text{net}}$$
$$I_j^{\text{lap}} = I_j^{\text{net}} + \beta I_i^{\text{net}}$$
$$I_i^{\text{net}} = I_i^{\text{lap}} - \alpha I_j^{\text{net}} = I_i^{\text{lap}} - \alpha I_j^{\text{lap}} + \alpha\beta I_i^{\text{net}} = I_i^{\text{lap}} - \alpha I_j^{\text{lap}}$$

式中最后忽略了二次项的影响。如果干扰谱线 j 的谱峰位置离 i 元素的谱峰位置足够远，则校正效果会更好。

三、浓度计算

在扣除背景和干扰，获得分析元素的谱峰净强度后，即可在分析谱线强度与标样中分析组分浓度间建立起强度-浓度定量分析方程。利用这类方程即可进行未知样品的定量分析。

对于简单体系，例如可以忽略基体效应的薄样或一定条件下的微量元素分析，可以在谱峰净强度和浓度间建立简单的线性或二次方程。对于复杂体系中的主、次、痕量元素分析，如地质和冶金样品等，则需要进行基体校正，才能获得准确结果。XRF 分析的特点是制样技术简单，但需要进行复杂的基体校正，才能获得定量分析数据，XRF 分析的最大局限是依赖标样。

1. 基体效应

当入射线能量大于分析元素吸收边时，除质量衰减吸收外，样品中的元素对入射线会产生强烈吸收。当样品中受激元素谱线能量大于某一共存元素的谱线吸收边时，该共存元素也会强烈吸收分析谱线。被吸收的这部分分析谱线强度不能出射样品，使得分析谱线强度降低，从而偏离了理想线性方程，这种现象称为吸收效应，如图 6-4 所示。

如果共存元素谱线能量大于分析

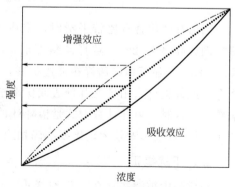

图 6-4　（理想）标准曲线及吸收和
增强效应示意图

元素的吸收边，则分析元素会受到共存元素的额外激发，此为增强效应。增强效应使得特征谱线强度上升（图6-4）。

这种吸收和增强效应一般统称为基体效应。吸收和增强效应可采用实验和数学模型进行校正。本处主要介绍简单体系下的定量分析方法和实验基体校正技术。对复杂体系进行基体校正的数学方法内容丰富，将在下章介绍。

2. 线性和二次曲线

当分析物质量分数（w）与分析谱线净强度（I）符合简单的线性或二次曲线关系时，可以采用以下两个方程计算分析元素的浓度：

$$w = aI + b$$
$$w = aI^2 + bI + c$$

式中，a，b，c 为系数，可结合标样，由最小二乘回归计算求得。

需要注意的是，所用标样类型应具有代表性，浓度范围也应足够宽，至少需要涵盖拟测定的未知样浓度范围。此外，以上两式也是利用基体校正方程和计算理论校正系数时需要用到的，是连接分析谱线强度、理论强度、浓度及表观浓度间的桥梁，是进行数学校正的基础。

第三节　数学校正法

样品中元素谱峰净强度与浓度关系一般不是简单的线性或二次曲线关系，需要考虑共存元素（基体元素）的影响，即要进行基体效应校正。如以通式表述，可有：

$$w_i = X_i \left(1 + \sum_j d_j w_j\right) - \sum_j L_j w_j$$

式中，w_i、w_j、X_i、d_j、L_j 分别表示分析物浓度、基体元素浓度、分析物表观浓度（或相对强度）、基体影响系数、基线干扰系数。其计算方法如下。

① 由标样浓度计算出表观浓度（或结合纯元素等计算出相对强度）：

$$(X_i)_r = \left(\frac{w_i + \sum_j L_j w_j}{1 + \sum_j d_j w_j}\right)_r$$

② 测定标样强度，求出表观浓度和强度间的关系曲线：

$$(X_i)_r = a(I)_r + b$$

③ 将未知样测定强度分别代入以上三式即可得到未知样的浓度。

④ 系数 L 的计算：可通过强度校正，直接得到净强度，或由浓度校正方程，通过回归计算得到系数 L。

⑤ 系数 d 的计算方法：可采用实验方法通过回归分析得到，或由理论方法，如基本参数法等计算获得。

第四节　实验校正方法

在 XRF 分析中，实验校正方法是进行准确定量分析必不可少的手段。其目的一是减少仪器波动，二是补偿实验条件、样品组成及样品形态的变化。如果将实验校正方法应用于基体校正，则多数情况下主要是应用于简单体系。当面对复杂样品或体系时，通常需要将实验和数学校正方法结合使用，才能达到理想效果。

一、标准化

现代 XRF 光谱仪具有良好的稳定性。但其长期稳定性以及可能的波动需要进行监测。同时实验条件，例如熔样温度，也会出现一些变化。因此，需要利用监控样品或所谓标准化样品，在一定程度上，减少和补偿其变化。

监控样品的使用可有两种方式：一是使用强度比；二是将测量强度进行标准化处理。设 I_x^i、I_m^i 分别表示未知样品和监控样品中同一分析元素特征谱线测量强度，则在每一次实验中，总是将同一监控样品与分析样品一起，经历整个实验过程，并测定相应分析谱线的强度，计算比值 R_i。利用其比值作为定量分析数据，如下式所示：

$$R_i = \frac{I_x^i}{I_m^i}$$

另外，也可利用监控样品进行测量强度的标准化处理，使得每次的测量强度都能"恢复"至出厂时或是建立分析方法时的原始测量强度。设标准化样品中同一分析元素特征谱线的初始测量强度为 I_s^1，实际测量强度为 I_s^m，未知样品实际测量强度为 I_x^m，则未知样品校准（或标准化）后的测量强度为 I_x^c，如下式所示：

$$\alpha = \frac{I_s^1}{I_s^m}$$

$$I_x^c = \alpha I_x^m$$

例如，设初始测量强度为 $I_s^1 = 12\text{kcps}$，实际测量强度为 $I_s^m = 10\text{kcps}$，则 $\alpha = 1.2$。此时说明由于仪器漂移、样品条件的改变等引起了实际测量强度比初始强度显著降低，如果仍利用原来的系数进行基体校正或定量分析，则会带来较大误差，因此需要利用监控样品或标准化样品使其恢复到初始强度。例如设实际测量强度为 $I_x^m = 20\text{kcps}$，则标准化（校准）后的强度为 $I_x^c = 24\text{kcps}$。

如果采用多个监控样品，则可利用线性方程进行测量强度的标准化。

二、内标法

内标法也是利用了比值法的特点来校正基体效应，或补偿由于实验条件和仪器漂移等带来的变化。

设分析元素为 i，添加内标元素为 j；添加内标元素前原试样的质量分数为 w_0，添加后为 w_a，则：

$$C_i = K_i I_i M_i w_0$$

式中，M_i 为基体效应校正系数。对于加入的内标元素也有：

$$C_j = K_j I_j M_j w_a$$

两式相除得：

$$C_i = C_j \frac{K_i I_i M_i w_0}{K_j I_j M_j w_a}$$

若分析元素和内标元素的性质及吸收与增强效应彼此十分接近，即 K_i、M_i、K_j、M_j 可以消去，则可得简式：

$$C_i = C_j \frac{I_i w_0}{I_j w_a}$$

从而达到校正基体效应的目的。

应用内标法的重要原则是在两条发射线之间不能有主、次量元素的吸收边。此外，亦可利用背景内标法在一定程度上补偿基体效应或实验条件等的变化。

值得注意的是，应用添加一种元素作为内标来校正基体效应，由于需要针对不同分析对象分别选择不同的内标元素，通常要耗费大量时间，实用程度和灵活性不理想，而且所选内标元素自身又可能引入附加基体效应。因此，实用性较差。但可以使用其中的一种特例，即使用分析物自身作为内标，这种方法称为标准添加法。

三、标准添加法

设 I_x^i、I_{x+a}^i 分别表示未知样品和添加分析元素后特征谱线的测量强度，添加分析元素前后对应的质量分数为 w_x，w_a，于是有：

$$w_x = \frac{I_x^i}{I_{x+a}^i}(w_x + w_a)$$

式中，w_a 已知；w_x 可从上述方程中经过简单计算后得到。

标准添加法主要适用于分析物浓度在 5% 以下的分析体系。要注意上述方程为线性方程，因此该种方法仅能在分析物浓度和测量强度呈线性关系时才可用，否则将产生较大误差。实际应用标准添加法时，因为不能保证其线性，故一般须额外制备两个样，加上样品自身，共三个样品。

四、散射线内标法

散射线内标法包括散射背景法、相干和非相干散射线法、靶线内标法等。

散射线的背景强度 I_B 与原子序数 Z 的平方呈反比，即：

$$I_B = k_B Z^{-2}$$

分析物的荧光强度 I_x 与总的质量吸收系数呈反比，而质量吸收系数与原子序数呈正比 [见式(2-16)]，Z 越大，μ 越大，故：

$$I_x = k_x C_x Z^{-3}$$

于是采用相干散射线作为内标，并合并常数项后，其强度比为：

$$\frac{I_x}{I_B} = k \frac{C_x}{Z}$$

由此方程可见，强度与原子序数的关系已由三次幂降为一次幂，峰背比对平均原子序数的依赖程度明显减小，故采用散射线内标法可以显著降低基体效应，但还不足以完全消除。

尽管散射线内标法并不能完全抵消基体效应，但某些特殊情况下是十分有用的，例如硅酸盐分析中，当存在含有 Fe、Zr、Ba、Pb 等不同基体元素时银的测定。如果仅采用 Ag 的计数，将产生数倍的误差，但若采用康普顿散射线强度 $I_{Compton}$ 作为内标，则由 Ag 的 Kα 线强度和 $I_{Compton}$ 之比可得到较为准确的结果。

第五节　实验校正实例——散射线校正方法

X 射线弹性散射（Rayleigh 散射）和非弹性散射（Compton 散射）既可以作为一种有用工具，例如用来获得结构信息、研究基态电子性质，也可以是一种不利因素，例如散射线与分析元素谱线重叠干扰测定、或产生大的探测器死时间等。非弹性散射还可用于获得材料密度，判定肿瘤组织的治疗效果等。激光-Compton 散射技术目前在医学和生命科学中也已得到了应用。

在 X 射线荧光分析中，X 射线弹性散射效应被用来补偿仪器、样品和基体变化。例如 Pb 的峰强度与 Rayleigh 散射之比可以有效消除几何角、重叠组织厚度、骨的形状及距离变化等对分析结果的影响。此外，Rayleigh 和 Compton 散射已用于无标样 X 射线基本参数法。通常 Rayleigh 散射峰可以比较准确地描述，但 Compton 峰由于峰形变宽，非高斯函数因子等影响，目前如何准确拟合 Compton 峰仍是研究热点。此外，已发现 Compton 峰随着石墨样品厚度增加而向高角度漂移，且准直器直径越小，Compton 峰的强度越低。

当使用二级滤光片时，Compton 峰强度降低，峰位出现漂移。图 6-5 是采用[109]Cd 源，HPGe 探测器测定 $210\mu g/g$ Pb 时，采用不同厚度和材料作为二级滤光片时的实测光谱图。Al 滤光片使 Compton 峰变宽，峰位向高能漂移，元素越轻，漂移越大。Al 滤光片产生的 Compton 峰拖尾还会影响到 Pb 等元素的测定。此外辐射角度和位置对 Compton 峰的实验结果也会产生影响。

滤光片厚度增加 Compton 峰指数下降，尽管 Kα1、Kβ1,3 与 Rayleigh 散射

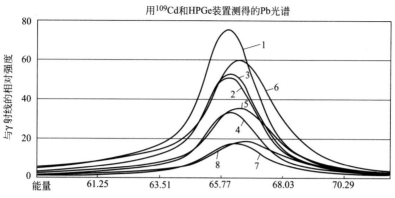

图 6-5　采用不同厚度和材料作为二级滤光片时的实测光谱图

1—无滤光片；2—1In；3—1Cu；4—2In；5—2Cu；6—4Al；7—2Cu2In；8—4Cu

峰强度也下降，但 $K\alpha_1$ 及 $K\beta_{1,3}$ 与 Compton 峰强度之比却随滤光片厚度增加成指数上升。

　　Cu、In 滤光片的使用还可以显著降低探测器的死时间，但由于峰面积下降，不确定度也上升，如表 6-3 所示。如选择合适的滤光片，在一定程度上可以提高信噪比，如表 6-4 所示，分别可提高 4%～6%。平均测量 9 次，最大信噪比有所提高，但平均值和最小值则有高有低。使用滤光片后，测量精度有较显著提高。遗憾的是，在该应用条件下，使用滤光片后，分析线的灵敏度有所下降，故未能降低 Pb 的分析检出限。

表 6-3　滤光片的使用可以显著降低探测器的死时间

项　目	无滤光片	0.26mm In	0.52mm In	2.16mm Cu	5.4mm Cu	2.0mm Al	0.26mm In/In
死时间/%							
死时间变化	14.02	7.54	3.46	2.26	0.11	19.27	6.2
FWHM/keV							
Rayleigh 散射	0.707	0.731	0.707	0.732	0.725	0.725	0.740
Compton 散射	1.992	2.066	1.995	2.546	2.601	2.380	2.657
$K\beta_{1,3}$	0.828	0.858	0.837	0.906	0.311	0.878	0.840
$K\alpha_1$	0.660	0.653	0.639	0.658	0.434	0.660	0.690
不确定度/%							
Rayleigh 散射	0.39	0.44	0.51	0.47	1.21	0.32	0.22
Compton 散射	0.05	0.06	0.10	0.12	0.77	0.04	0.12
$K\beta_{1,3}$	1.43	1.73	1.95	2.21	6.69	1.30	2.75
$K\alpha_1$	1.13	1.53	1.73	2.32	6.68	1.11	2.49

表 6-4 选择合适的滤光片，在一定程度上可以提高信噪比

项目	无滤光片	0.26mm In	0.52mm In	1.08mm Cu	2.0mm Al	0.52mm In+1.08mm Cu
$R_{\text{Pk/Cmpt}}$①						
K$\beta_{1,3}$	1.17	1.63	2.68	2.09	1.26	4.20
Kα_1	3.69	4.21	6.11	5.27	3.64	7.60
$R_{\text{Pk/Ryl}}$②						
Compton	174.5	112.9	71.8	85.71	152.2	39.8
K$\beta_{1,3}$	0.20	0.18	0.19	0.18	0.19	0.17
Kα_1	0.64	0.48	0.44	0.45	0.55	0.30

① $R_{\text{Pk/Cmpt}}$＝峰面积$_{\text{Peak}}$/峰面积$_{\text{Compton}}$（$\times 10^{-3}$）。

② $R_{\text{Pk/Ryl}}$＝峰面积$_{\text{Peak}}$/峰面积$_{\text{Rayleigh}}$。

准直器直径对 X 射线荧光能量光谱有显著影响，合理使用准直器可改善峰形。长且窄的准直器可以提高信噪比，改善分辨率，但也会降低分析线强度。比较三种直径的准直器发现，直径过大，Compton 峰较宽，Kα_1 附近背景增高，产生峰形畸变，峰背比下降，而较小直径的准直器则使 Compton 峰宽变窄，Kα_1 峰背比明显改善，如图 6-6 所示。此外，使用 W 作为滤光片或面罩，由于 W 的 K 系线可能会对 Pb 产生重叠干扰，应尽量避免。准直器直径越小，Kα_1 与峰左边的最小处的背景比越高。

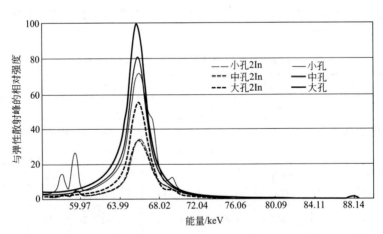

图 6-6 较小直径的准直器使 Compton 峰宽变窄，Kα_1 峰背比明显改善

大直径的准直器会使 Compton 峰面积更大，并降低信噪比，较小直径的准直器不仅提高信噪比，还在一定程度上减小了不确定度，如表 6-5 和表 6-6 所示。Pb Kα_1 的净峰面积大约只占总面积的 10%，这可能给低浓度时的谱峰拟合带来一些困难。从实验技术上降低散射背景，对于更准确地获取净峰值强度也是有益的。

表 6-5　不同准直器直径，$K\alpha_1$ 与峰的左边最小处背景比

项目	小孔径 2In	小孔径	中孔径 2In	中孔径	大孔径 2In	大孔径
P/G	1.50	1.45	1.46	1.42	1.26	1.19

我们发现 Compton 峰位随滤光片材料的原子序数增加会产生漂移。由于有效入射角的变化，Compton 峰位会随着石墨厚度的增加向高角度漂移，在 K. D. Kundra 的实验中，由于 Al 样品材料过多的衰减，没有观察到类似漂移。我们在实验中观察到不仅 Compton 峰位随 Al、Cu 材料厚度增加漂移，Compton 峰位随滤片材料的原子序数增加也会出现向高能漂移。

表 6-6　准直器直径与不确定度

滤光片	峰	峰计数	峰面积	强度比[①]	FWHM/keV	死时间/%	不确定度/±%
				大孔径			
无	Rayleigh	8049	119968		0.736	22.87	0.37
	$K\beta_{1,3}$	1737	5738	0.05	0.700		7.05
	$K\alpha_1$	11002	22256	0.19	0.596		3.81
0.52mm In	Rayleigh	3547	52441		0.731	5.04	0.58
	$K\beta_{1,3}$	772	5252	0.10	0.728		4.47
	$K\alpha_1$	3827	7532	0.14	0.595		7.65
				中孔径			
无	Rayleigh	10898	174768		0.754	25.48	0.28
	$K\beta_{1,3}$	2768	29441	0.17	0.863		1.39
	$K\alpha_1$	16432	86194	0.49	0.694		0.90
0.52mm In	Rayleigh	7509	115435		0.730	6.99	0.36
	$K\beta_{1,3}$	1714	18293	0.16	0.917		1.78
	$K\alpha_1$	7636	41864	0.36	0.684		1.70
				小孔径			
无	Rayleigh	8877	140396		0.752	21.33	0.31
	$K\beta_{1,3}$	2025	21801	0.16	0.957		1.80
	$K\alpha_1$	12709	68776	0.49	0.652		1.24
0.52mm In	Rayleigh	5014	77918		0.739	4.95	0.44
	$K\beta_{1,3}$	1151	11366	0.15	0.843		2.34
	$K\alpha_1$	5235	18434	0.24	0.594		4.06

① Pb K 系线与 Rayleigh 散射线强度比。

在本实验中，不存在入射角的变化，根据 Compton 动力学方程：

$$E_c = \frac{E_0}{1 + (E_0/mc^2)(1 - \cos\theta)}$$

式中，E_c 和 E_0 分别为 Compton 散射和入射光子能量；θ 为散射角；m 为

电子的静止质量。从上式看，Compton 散射光子能量与材料原子序数没有关系。但如果考虑 Compton 散射的多普勒效应：

$$\Delta E = \frac{E_0^2}{mc^2}(1-\cos\theta) + \frac{2E_0 P_x}{mc}\sin\frac{\theta}{2}\cos\psi$$

式中，ΔE 为 Compton 散射和入射光子能量的能量差；P_x 为电子冲量；ψ 为电子运动方向和散射面法线间的夹角。因此材料的改变对于电子运动的影响或许是产生这种相关性的原因之一。

参考文献

[1] Achmad B，Hussein E M A. Applied Radiation and Isotopes，2004，60（6）：805-814.

[2] Alvarez R P，Espen P Van，Quintana A A. X-Ray Spectrometry，2004，33（1）：74-82.

[3] Can C，Bilgici S Z. X-Ray Spectrom，2003，32：276-279.

[4] Can C，Bilgici S Z. X-Ray Spectrometry，2003，32：280-284.

[5] Chettle D R. Environmental Health Perspectives，1991，91：49-55.

[6] Guo W，Gardner R P，Todd A C. Nuclear Instruments and Methods in Physics Research Section A：Accelerators，Spectrometers，Detectors and Associated Equipment，2004，516（2-3）：586-593.

[7] Gysel M Van，Lemberge P，Espen P Van. X-Ray Spectrometry，2003，32（2）：139-147.

[8] Kundra K D. X-Ray Spectrometry，1992，21：115-117.

[9] Manninen S. Journal of Physics and Chemistry of Solids，2000，61（3）：335-340.

[10] Nie H，Chettle D R，Arnold I M，et al. Nuclear Instruments and Methods in Physics Research Section B：Beam Interactions with Materials and Atoms，2004，213：579-583.

[11] O' Meara J M，Börjesson J，Chettle D R. Applied Radiation and Isotopes，2000，53（4-5）：639-646.

[12] O' Meara J M，Börjesson J，Chettle D R，et al. Applied Radiation and Isotopes，2001，54（2）：319-325.

[13] O' Meara J M，Börjesson J，Chettle D R，et al. Nuclear Instruments and Methods in Physics Research Section B：Beam Interactions with Materials and Atoms，2004，213：560-563.

[14] Panek P，Kaminski J Z，Ehlotzky F. Optics Communications，2002，213（1-3）：121-128.

第七章　基体校正

X射线荧光分析技术具有快速、简便、精密度好、准确度高和非破坏测定等优点，在常规测定、在线分析、流程控制、考古研究、环境监测与治理、化学探矿中都得到了广泛应用。X射线发现后所进行的一些重大物理学实验和所揭示出的理论与定律为X射线光谱分析的研究发展奠定了基础。最初的XRF定量分析主要采用实验校正方法，包括内标法、外标法、增量法、散射线标准法、质量衰减系数直接测定法、可变出射角法等。但随着工业技术的进步和日益扩大的应用范围，这些方法已不能满足科技发展的需要。因此，应用数学方法进行基体校正就成了人们共同关心和研究的领域。同时，计算机技术的出现与应用也为数据处理与基体校正数学模型的研究提供了基础和条件。XRF分析数据处理技术与基体校正数学模型的研究约经历了三个发展阶段。

第一阶段：经验校正方程研究。1954年提出的著名的Sherman方程，在有限浓度范围内对二元和三元体系进行共存元素间的基体效应校正。之后，不断有经验基体校正方程提出以适应不同的体系和用途，彼此各有优点和局限性。这中间较为重要的有Beattie-Brissey方程、Lachance-Traill方程、Lucas-Tooth方程、Claisse-Quintin方程、de Jongh方程和Rasberry-Heinrich方程。这一阶段从20世纪50~70年代跨越了约20年的时间，基本上提出和完善了经验基体校正模型。对于有较多标准物质的情况，根据不同体系，可以选择与之相适应的经验方程，进行基体校正，给出定量分析结果。经验基体校正模型的主要缺陷在于所需标样较多，体系依赖性强，灵活性差；分析浓度范围较窄，外推预测能力不理想。这促使人们开始从数学和物理学领域寻找解决办法，从此基体校正研究进入了下一个活跃期。

第二阶段：基本参数法与理论 α 系数算法的探索建立。根据实际工作的需要并考虑到经验校正方程的局限，一些研究人员在原级和二次X射线荧光计算公式的基础上，开展了新的探索性工作。Criss和Birks提出了基本参数法（FP），在1975年又利用FP计算理论强度，再由回归分析确定 α 系数。此后，不断有一些利用FP的理论 α 系数算法和结合算法提出，同时也开发出了一些相应的计算机程序。至20世纪80年代中期，已有NRLXRF和NBSGSC等软件问世，并有不少成熟的商用软件出现。这一方法的特点是所需标样少、分析浓度范围较宽和灵活性较好。缺点是各类算法和软件仍然依赖于特定体系，对不同分析对象，不同的算法和软件给出不同的分析准确度；基本参数，如光管光谱分布、质量吸收系数等的不准确度引入了较大误差；在模型建立阶段，二元和三元非真实体系的假设与实际多元体系有差异；如果应用经典最小二乘法建立多元回归模型，则可能出现复共轭现象，而病态方程的出现将使模型不具有好的预测能力；可能包含的过多噪声，也将使模型预测稳定性变差。与此同时，科学技术尤其是计算机技术的不断进步，带动了分析技术向前发展。在此环境下，孕育了第三阶段的出现。

第三阶段：以自动化和智能化为特征的探索与发展。在经历了经验系数法发展阶段和基本参数法与理论 α 系数算法的建立和逐渐成熟两个阶段后，从 20 世纪 90 年代至今，应该说，XRF 分析数据处理技术与基体校正数学模型研究领域，经历了一个相对平稳发展的过渡时期。一方面仍然有一些改进算法和软件出现，并有研究者考察不同算法和软件的特点与适用范围，对影响 FP 的因素进行评估和修正；另一方面也有研究者开展了神经网络、专家系统等化学计量学方法的研究，并取得了一些有价值的成果。由于 XRF 光谱分析已实现高度自动化控制，因此有条件实现从制样到最终报出分析结果的完全自动化。这无疑是一个既复杂但又充满前途的研究领域。这一领域的深入研究和突破势必带来 XRFA 领域中基体校正研究的第 3 个高潮。

基体校正作为 XRF 定量分析中必不可少的环节，其研究从未间断，关于基本参数例如质量吸收系数等的准确测量与计算，近期仍可见报道。本章主要介绍基本参数法，包括 X 射线荧光强度理论计算公式的推导、基本参数计算、理论校正系数及系数间的转换等。

第一节　理论荧光强度和基本参数法

一、理论荧光强度

1. 一次荧光强度

（1）一次荧光的产生　考虑一厚度为 h 的平滑、均匀试样 s，设含有荧光元素 i，相对浓度为 c_i，入射原级光谱分布为 I_λ，入射角和出射角分别为 α 和 β（见图 7-1），并将 X 射线强度以单位截面下的每秒计数（或光子数）来表达。则荧光强度与下列因子成正比：

① 经过入射路径衰减，达到 $\mathrm{d}x$ 体积的入射光强度 a 为：

$$a = I_\lambda \, \mathrm{d}\lambda \exp\left(-\mu_{s,\lambda} \rho \, \frac{x}{\sin\alpha}\right) \tag{7-1}$$

式中，$\mu_{s,\lambda}$ 是试样 s 对波长为 λ 的入射光的质量衰减系数；ρ 为试样密度。

② 原级辐射在 $\mathrm{d}x$ 体积中被质量衰减系数为 $\mu_{i,\lambda}$ 的元素 i 吸收的份数为：

$$b = c_i \mu_{i,\lambda} \rho \, \frac{\mathrm{d}x}{\sin\alpha} \tag{7-2}$$

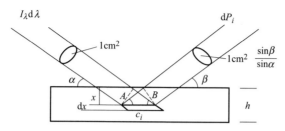

图 7-1　一次荧光强度推导过程中的物理和几何示意图

③ 从 $\mathrm{d}x$ 体积中产生的 $K\alpha$ 线荧光由所吸收的光子数与激发因子的乘积得到，它等于三个概率因子吸收跃变因子 J_K [式(2-15)]、荧光产额 ω_K 和谱线相对强度份数 $f_{K\alpha}$ 的乘积，即：

$$E_i = \frac{r_K - 1}{r_K} \omega_K f_{K\alpha} \tag{7-3}$$

④ 受激产生的 X 射线荧光从 $\mathrm{d}x$ 体积中向各方向均一发射，进入准直器的份数为：

$$c = \frac{\mathrm{d}\Omega}{4\pi} \tag{7-4}$$

式中，Ω 为准直器立体角。

⑤ 出射 X 射线荧光 λ_i 经试样衰减后的强度份数为：

$$d = \exp\left(-\mu_{s,\lambda_i}\rho\,\frac{x}{\sin\beta}\right) \tag{7-5}$$

式中，μ_{s,λ_i} 为试样 s 对荧光 λ_i 的质量衰减系数。

⑥ 由于已设入射光为单位面积，因此应将出射光也换算成单位面积，故需附加一个单位面积调节因子。

因为

$$\sin\alpha = \frac{A}{C}$$

$$\sin\beta = \frac{B}{C}$$

则

$$\frac{\sin\beta}{\sin\alpha} = \frac{B}{A}$$

由于 $A = 1$，故调节出射光至单位面积的面积调节因子为：

$$e = \frac{\sin\alpha}{\sin\beta} \tag{7-6}$$

⑦ 由上式可得总的一次荧光强度计算式，即出射 X 射线荧光强度 $\mathrm{d}P_i(\lambda, x)$ 等于以上几个因子的乘积：

$$\mathrm{d}P_i(\lambda, x) = qE_i c_i \frac{\rho}{\sin\psi_1}\mu_{i,\lambda}I_\lambda \mathrm{d}\lambda \exp\left[-\rho x\left(\frac{\mu_{s,\lambda}}{\sin\psi_1} + \frac{\mu_{s,\lambda_i}}{\sin\psi_2}\right)\right]\mathrm{d}x \tag{7-7}$$

式中，$q = \dfrac{\sin\alpha}{\sin\beta} \times \dfrac{\mathrm{d}\Omega}{4\pi}$，且 $\psi_1 = \alpha$，$\psi_2 = \beta$。

（2）一次荧光强度计算式　对于式（7-7）从 $x=0$ 到 $x=h$ 积分即可得到一次荧光强度计算式：

$$P_{i,s} = qE_i c_i \int_{\lambda_0}^{\lambda_{\mathrm{abs},i}} \left\{ 1 - \exp\left[-\rho h \left(\frac{\mu_{\mathrm{s},\lambda}}{\sin\psi_1} + \frac{\mu_{\mathrm{s},\lambda_i}}{\sin\psi_2} \right) \right] \right\} \frac{\mu_{i,\lambda} I_\lambda \mathrm{d}\lambda}{\mu_{\mathrm{s},\lambda} + \dfrac{\sin\psi_1}{\sin\psi_2}\mu_{\mathrm{s},\lambda_i}} \tag{7-8}$$

对于一无限厚试样，上式变为：

$$P_{i,s} = qE_i c_i \int_{\lambda_0}^{\lambda_{\mathrm{abs},i}} \frac{\mu_{i,\lambda} I_\lambda \mathrm{d}\lambda}{\mu_{\mathrm{s},\lambda} + A\mu_{\mathrm{s},\lambda_i}} \tag{7-9}$$

式中

$$A = \frac{\sin\psi_1}{\sin\psi_2} = \frac{\sin\psi_{\mathrm{in}}}{\sin\psi_{\mathrm{off}}}$$

2. 二次和三次荧光强度

（1）二次和三次荧光的产生　设一试样由 Cr、Fe、Ni 组成，由于 $\lambda_{\mathrm{Ni,abs}} < \lambda_{\mathrm{Fe,abs}} < \lambda_{\mathrm{Cr,abs}}$（$E_{\mathrm{Ni,abs}} > E_{\mathrm{Fe,abs}} > E_{\mathrm{Cr,abs}}$），故 Ni 只受到入射光 I 的激发，产生一次荧光，并由于样品的吸收，存在基体吸收效应；Fe 不仅受到入射光的激发，产生一次荧光，而且由于 $\lambda_{\mathrm{Ni,abs}} < \lambda_{\mathrm{Fe,abs}}$，所以 Ni 可以激发 Fe 原子，使 Fe 产生二次荧光，基体效应表现为吸收和增强效应；Cr 的波长最长，除受到入射光的激发外，它还可受到 Fe 和 Ni 荧光谱线的二次激发，并有可能受到被 Ni 激发的 Fe 的二次线的再次激发，从而产生三次荧光，如图 7-2 所示。

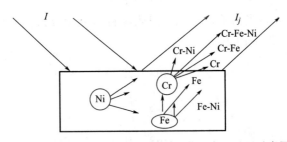

图 7-2　原级荧光、二次荧光和三次荧光产生过程示意图

（2）二次荧光强度计算式　在二次荧光强度计算式的推导过程中，几何因子的计算较为复杂，篇幅较长，故这里省略推导过程，只给出二次荧光强度计算式。

对于一无限厚试样，有：

$$S_{ij} = \frac{1}{2} qE_i c_i \int_{\lambda_0}^{\lambda_{\mathrm{abs},i}} E_i c_i \mu_{i,\lambda_i} L \frac{\mu_{i,\lambda} I_\lambda \mathrm{d}\lambda}{\mu_{\mathrm{s},\lambda} + A\mu_{\mathrm{s},\lambda_i}} \tag{7-10}$$

其中

$$L = \frac{\ln\left(1 + \dfrac{\mu_{s,\lambda}/\sin\psi_1}{\mu_{s,\lambda_j}}\right)}{\mu_{s,\lambda}/\sin\psi_1} + \frac{\ln\left(1 + \dfrac{\mu_{s,\lambda_i}/\sin\psi_2}{\mu_{s,\lambda_j}}\right)}{\mu_{s,\lambda_i}/\sin\psi_2}$$

（3）三次荧光计算式　　根据图 7-2 的原理，可推导出三次荧光计算式。这里仅给出三次荧光计算式：

$$T_{ijk,s} = \frac{1}{4}qE_ic_i\int_{\lambda_0}^{\lambda_{abs,k}} E_iE_kc_ic_k\mu_{i,\lambda_j}\mu_{i,\lambda_k}F\frac{\mu_{k,\lambda}I_\lambda\,\mathrm{d}\lambda}{\mu_{s,\lambda}+A\mu_{s,\lambda_i}} \tag{7-11}$$

式中

$$F \propto f(\mu_{s,\lambda}, \mu_{s,\lambda_i}, \mu_{s,\lambda_j}, \mu_{s,\lambda_k}, \sin\psi_1, \sin\psi_2)$$

三次荧光强度一般占总的荧光强度的 2%，在极端情况下通常也不会超过 3%～4%，故大多数情况下，可以忽略三次荧光强度。

3. 理论相对强度计算

对于样品 s，当考虑有三次荧光产生时，元素 i 的 X 射线荧光理论相对强度等于：

$$R_{i,s} = \frac{P_{i,s}+S_{i,s}+T_{i,s}}{P_{i,1}} \tag{7-12}$$

式中，$P_{i,1}$ 为纯元素 i 的 X 射线荧光强度，且：

$$S_{i,s} = \sum_j S_{ij} \tag{7-13}$$

$$T_{i,s} = \sum_j\sum_k T_{ijk} \tag{7-14}$$

二、基本参数计算

为了利用理论相对强度公式进行基本参数法计算，还需获得式（7-1）～式（7-14）中的各基本参数。获得的途径有两个，一是采用实验数据，二是利用公式计算。下面将介绍利用实验数据拟合得到的各基本参数经验计算公式。

1. 样品质量衰减系数 μ_s

样品或化合物的质量衰减系数遵循算术加权平均和定律。质量衰减系数可采用多种由实验数据拟合得来的公式计算，详见第二章中的式（2-16）～式（2-19）。

2. 激发因子 E

入射 X 射线被原子吸收后，产生的荧光谱线由所吸收的光子数与激发因子的乘积得到，它等于 3 个概率因子，即吸收跃迁因子 p、谱线相对强度份数 f 和荧光产额 ω 的乘积，对于 K 系线有：

$$E_K = p_{K,i}f_{K,i}\omega_{K,i}$$

三个概率因子可分别采用以下方法计算。

（1）吸收跃迁因子 p　　吸收跃迁因子 p 是某一能级在给定波长间隔下的光电吸收占总吸收的份数，吸收跃迁比 r 定义为在吸收跃迁（陡变）两边的质量吸收系数之比，吸收跃迁因子 p 的计算式如下：

$$p_{K,i} = \frac{r_{K,i-1}}{r_{K,i}} = a + bZ_i + cZ_i^2 + dZ_i^3$$

式中，a、b、c 和 d 均为常数；Z_i 为待测元素的原子序数。

（2）谱线相对强度份数 f　谱线相对强度比是指某一谱线占该谱系总强度的份数。对于 $K\text{-}L_{2,3}$ 谱线，谱线相对强度比为：

$$f_{K\text{-}L_{2,3}} = \frac{I_{K\text{-}L_{2,3}}}{I_{K\text{-}L_{2,3}} + I_{K\text{-}M_{2,3}}}$$

例如，可采用以下公式对原子序数在 30～60 之间的 $K\text{-}L_{2,3}$ 谱线相对强度份数进行计算：

$$f_{K\text{-}L_{2,3}} = 1.0366 - 6.82 \times 10^{-3} Z + 4.815 \times 10^{-5} Z^2 \quad (Z = 30 \sim 60)$$

3. X 射线管发射谱分布

由于在通常情况下，多采用 X 射线管激发，即多色光激发，因此，需要获得 X 射线管发射谱分布 $I(\lambda)$，以便计算理论相对强度。$I(\lambda)$ 既可利用实测 X 射线管发射谱强度分布，也可利用光管谱分布函数。X 射线管发射谱分布 $I(\lambda)$ 函数现在一般采用连续谱分布和特征谱分布分别计算，然后进行叠加。连续谱分布计算公式如下：

$$I(\lambda) = 2.72 \times 10^{-6} Z \left(\frac{\lambda}{\lambda_0} - 1 \right) \frac{1}{\lambda^2} f W_{ab}$$

式中

$$f = (1 + C\xi)^{-2}$$

$$\xi = \left(\frac{1}{\lambda_0^{1.65}} - \frac{1}{\lambda^{1.65}} \right) \mu_t \csc\psi$$

$$C = \frac{1 + (1 + 2.56 \times 10^{-3} Z^2)^{-1}}{(1 + 2.56 \times 10^3 \lambda_0 Z^{-2})(0.25\xi + 1 \times 10^4)}$$

$$W_{ab} = \exp(-0.35 \lambda^{2.86} t_{Be})$$

式中，t_{Be} 为 X 射线光管铍窗厚度；λ_0 为短波限。作为示例，由编制的 FP 程序计算所得的 Cr 靶在 45kV 激发电压下的光管连续谱分布参见图 7-3。

4. 特征谱分布

特征谱分布采用下式计算：

$$\frac{N_{chr}}{N_{con}} = \exp\left[0.5 \left(\frac{U_0 - 1}{1.17U_0 + 3.2} \right)^2 \right] \left(\frac{a}{b + Z^4} + d \right) \left(\frac{U_0 \ln U_0}{U_0 - 1} - 1 \right)$$

式中

$$U_0 = \frac{\lambda_i}{\lambda_0}$$

式中，λ_i 为阳极靶特征谱线波长。

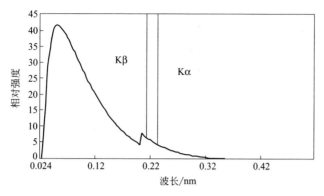

图 7-3　计算所得 Cr 靶 X 射线光管 45kV 连续谱

三、基本参数法

进行基本参数法计算，首先要将积分式转换成累加求和，然后再做迭代计算。

（1）积分用求和代替　将式(7-9)、式(7-10) 积分式用求和代替，并忽略三次荧光的影响，可得

$$P_{i,\mathrm{s}} = qE_i c_i \sum_{\lambda_0}^{\lambda_{\mathrm{abs},i}} \frac{D_{i,\lambda}\mu_{i,\lambda}I_\lambda \Delta\lambda}{\mu_{\mathrm{s},\lambda}+A\mu_{\mathrm{s},\lambda_i}} \tag{7-15}$$

$$S_{ij} = \frac{1}{2}qE_i c_i \sum_{\lambda_0}^{\lambda_{\mathrm{abs},i}} D_{j,\lambda}E_j c_j \mu_{j,\lambda_j} L \frac{\mu_{j,\lambda}I_\lambda \Delta\lambda}{\mu_{\mathrm{s},\lambda}+A\mu_{\mathrm{s},\lambda_i}} \tag{7-16}$$

式中，参数 D 在吸收限内和吸收限外时分别等于 1 和 0；$\Delta\lambda$ 为所取波长间隔，一般取 $\Delta\lambda=0.02$。

（2）迭代计算　迭代计算可采用以下步骤。

① 测定并计算实验和理论相对强度：

$$P_{i,\mathrm{s(meas)}} = \frac{I_{i,\mathrm{u}}}{I_{i,1}} = \left(\frac{I_{i,\mathrm{u}}}{I_{i,\mathrm{r}}}\right)\left(\frac{P_{i,\mathrm{s}}+S_{i,\mathrm{s}}}{P_{i,1}}\right)_{\mathrm{r}} \tag{7-17}$$

其中

$$I_{i,\mathrm{r}} = (P_{i,\mathrm{s}}+S_{i,\mathrm{s}})_{\mathrm{r}}$$

式中，r 代表标准参考样；u 代表未知样；meas 代表实验测量值。

② 将实验和理论相对强度归一化得到浓度初始值 $(c_i)_1$，并可得 $(R_i)_1$。

③ 由内插方程：

$$(c_i)_{k+1} = \frac{R_{i,\mathrm{meas}}}{(R_{i,\mathrm{calc}})_k}(c_i)_k \tag{7-18}$$

或

$$(c_i)_{k+1} = \frac{R_{i,\mathrm{meas}}(c_i)_k[1.0-(R_{i,\mathrm{calc}})_k]}{R_{i,\mathrm{meas}}\{(c_i)_k-(R_{i,\mathrm{calc}})_k+(R_{i,\mathrm{calc}})_k[1.0-(c_i)_k]\}} \tag{7-19}$$

计算浓度估计值 c_i。

④ 迭代计算浓度 $(c_i)_{k+1}$ 和理论相对强度 $(R_i)_{k+1}$，至

$$(c_i)_{k+1} - (c_i)_k < 设定值(0.1\%) \tag{7-20}$$

即迭代计算至收敛，最后所得值即为由基本参数法计算所得的未知样中的浓度。

第二节　基本影响系数和理论校正系数

在前节中，已对基本参数法，包括 X 射线荧光强度理论计算公式的推导、基本参数计算式和利用基本参数法进行基体校正等内容做了介绍。本节将对理论校正系数，即基本校正系数和理论 α 系数的计算等做进一步的介绍。

一、基本影响系数

基本影响系数代表了各元素间相互影响的作用大小和影响形式，其值可以由基本参数法公式计算得到。

1. 基本影响系数 A_{ij} 和 E_{ij} 的定义

（1）影响系数 M　影响系数 M 代表了试样中元素浓度与 X 射线荧光强度在共存元素基体效应影响下的依存关系，它的大小反映了基体效应强弱，影响形式（正负号）则显示出共存元素对分析元素的分析线是吸收还是增强。影响系数 M 可由下式计算：

$$c_i = K_i I_i \sum_j M_{ij} c_j \tag{7-21}$$

式中

$$K_i = \frac{\sum_{r=1}^{N} K_i^r}{N} \tag{7-22}$$

$$K_i^r = \frac{(P_{i,s} + S_{i,s})_r}{I_{ir} P_{i,1}} = \left(\frac{P_{i,s} + S_{i,s}}{I_i P_{i,1}} \right)_r$$

（2）基本吸收效应影响系数　考虑分析元素 i 的原级 X 射线荧光强度只受吸收的影响，则由于吸收效应导致分析元素的 X 射线荧光强度减少：

$$P_{i,s} = P_{i,1} c_i - \sum_j A_{ij} c_j \tag{7-23}$$

（3）基本增强效应影响系数　共存元素中的增强效应将导致分析元素的 X 射线荧光强度增加：

$$P_{i,s} + S_{i,s} = P_{i,s} + \sum_j E_{ij} c_j \tag{7-24}$$

（4）基本影响系数　综合考虑吸收和增强效应，即结合式（7-23）和式（7-24），则有

$$P_{i,1}c_i = P_{i,s} + S_{i,s} + \sum_j A_{ij}c_j - \sum_j E_{ij}c_j \qquad (7\text{-}25)$$

2. 基本影响系数计算模式

为校正吸收和增强效应，已有多种模型提出。本文主要介绍四种常见基本影响系数计算模式。

（1）Tertain 和 Broll-Tertian 模式　由式（7-23）可得：

$$P_{i,1}c_i = P_{i,s}\left(1 + \sum_j \frac{A_{ij}}{P_{i,s}}c_j\right) \qquad (7\text{-}26)$$

即：

$$c_i = \frac{P_{i,s}}{P_{i,1}}\left(1 + \sum_j \frac{A_{ij}}{P_{i,s}}c_j\right) = R_{ip}\left(1 + \sum_j a_{ijp}c_j\right) \qquad (7\text{-}27)$$

由式（7-24）可得：

$$P_{i,s} + S_{i,s} = P_{i,s}\left(1 + \sum_j \frac{E_{ij}}{P_{i,s}}c_j\right) \qquad (7\text{-}28)$$

上式两边同除 $P_{i,1}$，则有：

$$R_{i,s} = \frac{P_{i,s} + S_{i,s}}{P_{i,1}} = \frac{P_{i,s}}{P_{i,1}}\left(1 + \sum_j \frac{E_{ij}}{P_{i,s}}c_j\right)$$

$$= R_{ip}\left(1 + \sum_j e_{ijp}c_j\right) \qquad (7\text{-}29)$$

又由式（7-27）除以式（7-29）得：

$$\frac{c_i}{R_{i,s}} = \frac{1 + \sum\limits_j a_{ijp}c_j}{1 + \sum\limits_j e_{ijp}c_j} \qquad (7\text{-}30)$$

由上式有：

$$\frac{c_i}{R_{i,s}}\left(1 + \sum_j e_{ijp}c_j\right) = 1 + \sum_j a_{ijp}c_j$$

故

$$c_i = R_{i,s}\left[1 + \sum_j \left(a_{ijp} - e_{ijp}\frac{c_i}{R_{i,s}}\right)c_j\right]$$

$$= R_{i,s}\left[1 + \sum_j m_{ijp}c_j\right] \qquad (7\text{-}31)$$

式中

$$a_{ijp} = \frac{A_{ij}}{P_{i,s}}$$

$$e_{ijp} = \frac{E_{ij}}{P_{i,s}}$$

$$m_{ijp} = a_{ijp} - e_{ijp}\frac{c_i}{R_{i,s}} \qquad (7\text{-}32)$$

式(7-31) 即为 Broll-Tertian 模式。不过计算时，用式(7-30) 更为简便。这时该式与 Rousseau 模式相同。

(2) Rousseau 模式　Rousseau 模式有与式(7-30) 相同的形式，即：

$$\frac{c_i}{R_{i,s}}=\frac{1+\sum\limits_{j}a_{ijp}c_j}{1+\sum\limits_{j}e_{ijp}c_j} \tag{7-33}$$

尽管作者给出的各系数计算公式的表达形式与式(7-32) 不同，但其实质是相同的。经过一定的推导，可以转化为相同形式。

(3) Lachance 模式　由式(7-25) 可得：

$$\begin{aligned}c_j&=\frac{P_{i,s}+S_{i,s}}{P_{i,1}}+\sum_{j}\frac{A_{ij}}{P_{i,1}}c_j-\sum_{j}\frac{E_{ij}}{P_{i,1}}c_j\\&=\frac{P_{i,s}+S_{i,s}}{P_{i,1}}\left(1+\sum_{j}\frac{A_{ij}}{P_{i,s}+S_{i,s}}c_j-\sum_{j}\frac{E_{ij}}{P_{i,s}+S_{i,s}}c_j\right)\\&=R_{i,s}\left(1+\sum_{j}a_{ij}c_j-\sum_{j}e_{ij}c_j\right)\\&=R_{i,s}\left(1+\sum_{j}m_{ij}c_j\right)\end{aligned} \tag{7-34}$$

式中

$$a_{ij}=\frac{A_{ij}}{P_{i,s}+S_{i,s}}$$

$$e_{ij}=\frac{E_{ij}}{P_{i,s}+S_{i,s}}$$

$$m_{ij}=a_{ij}-e_{ij} \tag{7-35}$$

从式(7-31)、式(7-33) 和式(7-34) 可以看出，Broll-Tertian 模式和 Rousseau 模式主要由原级荧光强度计算基体校正系数，而 Lachance 模式则考虑了原级和二次荧光强度的计算。

(4) de Jongh 模式　当遇到待测试样中有某一元素不需测定或分析时，可采用 de Jongh 模式：

$$\begin{aligned}c_i&=\left(D_i+\frac{1+m_{in}}{I_{i,1}}I_i\right)\left(1+\sum_{\substack{j=i,j,k,\cdots\\j\neq n}}m_{ijn}c_j\right)\\&=(D_i+K_iI_i)\left(1+\sum_{\substack{j=i,j,k,\cdots\\j\neq n}}m_{ijn}c_j\right)\end{aligned} \tag{7-36}$$

式中

$$m_{in}=\frac{-m_{in}}{1+m_{in}}$$

$$m_{ijn}=\frac{m_{ij}-m_{in}}{1+m_{in}} \tag{7-37}$$

其中，n 代表被消除元素。de Jongh 模式允许选择消除任一元素（通常为主元素）。

以上四种模式如果避免不必要的近似处理，那么它们与 Criss 和 Birks 的算法均是等价的。

3. 基本影响系数的计算

从基本参数公式可以计算出以上各模式中的基本影响系数。

（1）吸收系数 A_{ij} 的计算　对于多色激发，吸收系数 A_{ij} 为：

$$A_{ij} = \sum_\lambda A_{ij\lambda} \Delta\lambda \tag{7-38}$$

其中

$$
\begin{aligned}
A_{ij\lambda} &= P_{i\lambda,s} \left(\frac{\mu_j^* - \mu_i^*}{\mu_i^*}\right)_\lambda \\
&= P_{i\lambda,s} \left[\frac{(\mu_{j\lambda}\csc\psi_{\text{in}} + \mu_{j\lambda_i}\csc\psi_{\text{off}}) - (\mu_{i\lambda}\csc\psi_{\text{in}} + \mu_{i\lambda_i}\csc\psi_{\text{off}})}{\mu_{i\lambda}\csc\psi_{\text{in}} + \mu_{i\lambda_i}\csc\psi_{\text{off}}}\right]_\lambda
\end{aligned}
\tag{7-39a}
$$

或

$$
\begin{aligned}
A_{ij\lambda} &= P_{i\lambda,s} \left[\frac{\left(\dfrac{\mu_{j\lambda}}{\sin\psi_{\text{in}}} + \dfrac{\mu_{j\lambda_i}}{\sin\psi_{\text{off}}}\right) - \left(\dfrac{\mu_{i\lambda}}{\sin\psi_{\text{in}}} + \dfrac{\mu_{i\lambda_i}}{\sin\psi_{\text{off}}}\right)}{\dfrac{\mu_{i\lambda}}{\sin\psi_{\text{in}}} + \dfrac{\mu_{i\lambda_i}}{\sin\psi_{\text{off}}}}\right]_\lambda \\
&= P_{i\lambda,s} \left[\frac{(\mu_{j\lambda} + A\mu_{j\lambda_i}) - (\mu_{i\lambda} + A\mu_{i\lambda_i})}{\mu_{i\lambda} + A\mu_{i\lambda_i}}\right]_\lambda
\end{aligned}
\tag{7-39b}
$$

其中

$$P_{i,s} = \sum_\lambda P_{i\lambda,s} \Delta\lambda \tag{7-40}$$

由式(7-39b) 可见：

$$A_{ij\lambda} = 0$$

若 $\Delta\lambda$ 已在连续谱计算时考虑，则此处不再重复计算。

（2）增强系数 E_{ij} 的计算　增强系数由下式计算：

$$E_{ij} = \sum_\lambda E_{ij\lambda} \Delta\lambda \tag{7-41}$$

且

$$E_{ij_\lambda} = P_{i\lambda,s} \left\{\left(0.5 p_{\lambda j} \mu_{i,\lambda_j} \frac{\mu_{j,\lambda}}{\mu_{i,\lambda}}\right) \left[\frac{1}{\mu_s'} \ln\left(1 + \frac{\mu_s'}{\mu_{s,\lambda_j}}\right) + \frac{1}{\mu_s''} \ln\left(1 + \frac{\mu_s''}{\mu_{s,\lambda_j}}\right)\right]\right\}_{\lambda_j} \tag{7-42}$$

式中

$$
\begin{aligned}
\mu_s' &= \mu_{s,\lambda}\csc\psi_{\text{in}} \\
\mu_s'' &= \mu_{s,\lambda_i}\csc\psi_{\text{off}}
\end{aligned}
\tag{7-43}
$$

$$E_{ij\lambda} = P_{i\lambda,s} \left\{ \left(0.5 P_{\lambda j} \mu_{i,\lambda_j} \frac{\mu_{j,\lambda}}{\mu_{i,\lambda}} \right) \left[\frac{\ln\left(1 + \dfrac{\frac{\mu_{s,\lambda}}{\sin\psi_{in}}}{\mu_{s,\lambda_j}}\right)}{\dfrac{\mu_{s,\lambda}}{\sin\psi_{in}}} + \frac{\ln\left(1 + \dfrac{\frac{\mu_{s,\lambda_i}}{\sin\psi_{off}}}{\mu_{s,\lambda_j}}\right)}{\dfrac{\mu_{s,\lambda_i}}{\sin\psi_{off}}} \right] \right\}_{\lambda_j}$$

$$= P_{i\lambda,s} \left[\left(0.5 P_{\lambda j} \mu_{i,\lambda_j} \frac{\mu_{j,\lambda}}{\mu_{i,\lambda}} \right) L \right]_{\lambda_j} \tag{7-44}$$

由于

$$S_{ij} = \frac{1}{2} q E_i c_i \sum_\lambda D_{j,\lambda} E_j c_j \mu_{i,\lambda_j} L \frac{\mu_{j,\lambda} I_\lambda \Delta\lambda}{\mu_{s,\lambda} + A\mu_{s,\lambda_i}}$$

$$= \sum_\lambda \frac{D_{j,\lambda} E_j \mu_{i,\lambda_j} \mu_{j,\lambda} L}{2\mu_{i,\lambda}} c_j \frac{q E_i c_i \mu_{i,\lambda} I_\lambda \Delta\lambda}{\mu_{s,\lambda} + A\mu_{s,\lambda_i}}$$

$$= \sum_\lambda \frac{D_{j,\lambda} E_j \mu_{j,\lambda} \mu_{i,\lambda_j} L}{2\mu_{i,\lambda}} (P_{i,s})_\lambda c_j$$

$$= \sum_\lambda (P_{i,s})_\lambda \frac{E_{j,\lambda} E_j \mu_{i,\lambda_j} \mu_{j,\lambda} L}{2\mu_{i,\lambda}} c_j$$

$$= \sum_\lambda E_{ij\lambda} c_j = E_{ij} c_j \tag{7-45}$$

从而有

$$E_{ij} = \sum_\lambda E_{ij\lambda} = \sum_\lambda \frac{D_{j,\lambda} E_j \mu_{j,\lambda} \mu_{i,\lambda_j} L}{2\mu_{i,\lambda}} (P_{i,s})_\lambda = \sum_\lambda (P_{i,s})_\lambda \frac{D_{j,\lambda} E_j \mu_{i,\lambda_j} \mu_{j,\lambda} L}{2\mu_{i,\lambda}}$$

$$\tag{7-46}$$

且

$$E_{ij,s} = \sum_j E_{ij} \tag{7-47}$$

其中

$$L = \frac{\ln\left(1 + \dfrac{\frac{\mu_{s,\lambda}}{\sin\psi_1}}{\mu_{s,\lambda_j}}\right)}{\dfrac{\mu_{s,\lambda}}{\sin\psi_1}} + \frac{\ln\left(1 + \dfrac{\frac{\mu_{s,\lambda_i}}{\sin\psi_2}}{\mu_{s,\lambda_j}}\right)}{\dfrac{\mu_{s,\lambda_i}}{\sin\psi_2}}$$

基本影响系数可以由基本参数法公式计算得到，因此在基本影响系数和基本参数法之间没有本质区别。

二、理论校正系数

严格地讲，在上一部分讲述的基本校正系数是针对已知组成的试样，利用基本参数方程计算而得，因此理论基本校正系数是样品组成的函数，它随组分的改

130

变而显著变化。不言而喻，经验校正系数受到所用标样类型的严格限定，未知样超出标样范围极易产生大的误差，甚至错误。所谓理论 α 系数，它是在直接利用基本参数方程的基础上，选取特定浓度范围的设定标样，由二元或三元体系，应用一定的模型计算理论校正系数。它具有较少依赖标样、适用范围较宽、准确度好的优点，但理论 α 系数仍然随样品组成的改变而变化，因此就有了实时计算理论 α 系数的算法和程序。这种算法特别适用于样品类型多、浓度范围宽的情况。

采用 α 系数的基体校正方程通常取以下形式：

$$c_i = K_i I_i (1 + \sum_j \alpha_{ij} c_j)$$
$$= R_i (1 + \sum_j \alpha_{ij} c_j)$$

它最初多与 Lanchance-Trail 方程相联系。当采用基本参数方程和特定模型与方法进行计算时，它就有了理论 α 系数的称谓。确切地讲，当考虑到其他算法时，将采用类似方法计算所得的系数统称为理论校正系数则更为合适。

以下介绍理论校正系数的计算流程和模型。

（1）基本二元校正系数 m_{ij} 可利用基本参数公式和二元体系，分别计算样品中各元素的基本二元校正系数 m_{ij}。即在 Lanchance-Trail 模型中：

$$\alpha_{ij} = m_{ijr}$$

（2）线性模型 用线性方程近似处理基本二元校正系数的变化，建立理论 α 系数模型。这是一种改进的 Claisse-Quintin 算法：

$$c_i = R_i [1 + \sum_j (\alpha_j + \alpha_{jj} c_M) c_j]$$
$$c_M = c_j + c_k + \cdots + c_n = 1 - c_i$$

对于二元体系 m_{ij}，取标样 1 和标样 2，有：

$$m_{ij1} = \alpha_j + c_{j1} \alpha_{jj}$$
$$m_{ij2} = \alpha_j + c_{j2} \alpha_{jj}$$

所以可得计算式：

$$\alpha_j = \frac{m_{ij1} c_{j2} - m_{ij2} c_{j1}}{c_{j2} - c_{j1}}$$

$$\alpha_{jj} = \frac{m_{ij2} - m_{ij1}}{c_{j2} - c_{j1}}$$

对于体系浓度范围 $c_i = 0.0 \sim 1.0$，使用由 $c_j = 0.2$ 和 $c_j = 0.8$ 计算所得的 m_{ij}；对于体系浓度范围 $c_i = 0.0 \sim 0.5$，使用由 $c_j = 0.1$ 和 $c_j = 0.4$ 计算所得的 m_{ij}。

（3）双曲函数模型 由于用线性方程还不能很好地处理二元校正系数随组分浓度的变化，因此一些研究人员采用双曲函数近似处理基本二元校正系数的变化，建立理论 α 系数模型。

① Lanchance 算法

$$c_i = R_i \left(1 + \sum_j \alpha_{ij,\mathrm{hyp}} c_j \right)$$

$$\alpha_{ij,\mathrm{hyp}} = \alpha_1 + \frac{\alpha_2 c_M}{1 + (1 - c_M)\alpha_3}$$

$$\cong m_{ij,\mathrm{bin}}$$

上式中的各系数均采用在特定浓度时的二元体系 m_{ij} 计算:

$$\alpha_1 = m_{ij,\mathrm{bin}}(c_i = 0.999, c_j = 0.001)$$

$$\alpha_2 = [m_{ij,\mathrm{bin}}(c_i = 0.001, c_j = 0.999)] - \alpha_1$$

$$\alpha_3 = \alpha_2 / [m_{ij,\mathrm{bin}}(c_i = 0.5) - \alpha_1] - 2$$

② Tertian 算法

$$c_i = R_i \left(1 + \sum_j \alpha_{ij,\mathrm{hyp}} c_j \right)$$

$$\alpha_{ij,\mathrm{hyp}} = \left[\gamma_1 + \frac{\gamma_2 c_i}{1 + (1 - c_i)\gamma_3} \right]_{ij}$$

其中

$$\gamma_1 = m_{ij,\mathrm{bin}}(c_i = 0.001, c_j = 0.999)$$

$$\gamma_2 = [m_{ij,\mathrm{bin}}(c_i = 0.999, c_j = 0.001)] - \alpha_1$$

$$\gamma_3 = [(\gamma_1 + \gamma_2) - 2 \times m_{ij,\mathrm{bin}}(c_i = 0.5)] / [m_{ij,\mathrm{bin}}(c_i = 0.5) - \gamma_1]$$

在这两者之间存在以下关系:

$$\gamma_1 = \alpha_1 + \alpha_2$$

$$\gamma_2 = -\alpha_2$$

$$\gamma_3 = \frac{\alpha_3}{1 + \alpha_3}$$

(4) 交叉校正系数　在一些情况下,仅应用上述公式不能完全校正基体效应,仍会存在较大误差,其原因可归于第三元素效应,但它绝不是在基本参数法中所提到的三次荧光。通常增强效应是产生第三元素效应的主要来源。因此在增强效应显著的情况下,需要引入校正第三元素效应的附加校正项——交叉校正系数。计算交叉校正系数的方法主要有两种,即 COLA 算法和 Tertian 算法。

① COLA 算法　在 COLA 算法中,认为二元体系中的系数 $m_{ij,\mathrm{bin}}$ 可以用双曲函数来近似计算,并将双曲函数与交叉校正系数相结合来补偿第三元素效应:

$$c_i = R_i \left(1 + \sum_j \alpha_{ij} c_j \right)$$

$$\alpha_{ij} = \alpha_1 + \frac{\alpha_2 c_M}{1 + (1 - c_M)\alpha_3} + \sum_k \alpha_{ij_k} c_k$$

$$= \alpha_{ij,\mathrm{hyp}} + \sum_k \alpha_{ij_k} c_k$$

在一给定分析范围内,α_1、α_2、α_3 为常数,交叉系数 α_{ij_k} 在定义范围内变化。交叉系数 α_{ij_k} 利用三元体系,由基本参数法公式计算:

$$\alpha_{ij_k} = \frac{\dfrac{c_i}{R_i} - 1 - \alpha_{ij,\mathrm{hyp}} c_j - \alpha_{ik,\mathrm{hyp}} c_k}{c_j c_k}$$

或

$$\alpha_{ij_k} = \frac{\Delta}{c_j c_k}$$

$$\Delta = \left(\frac{c_i}{R_i}\right)_r - \left(1 + \sum_j \alpha_{ij,\mathrm{hyp}} c_j\right)$$

其中

$$\left(\frac{c_i}{R_i}\right)_r = \left(\frac{P_{i,1} c_i}{P_{i,s} + S_{i,s}}\right)_r = \left(1 + \sum_j m_{ij} c_j\right)_r$$

可以用 Δ 对 $c_j c_k$ 作最小二乘拟合；或算得 α_{ij_k} 后再对其进行简单平均；或在 $R_i c_j c_k$ 为最大，即 $c_i = 0.30$，$c_j = 0.35$，$c_k = 0.35$ 时，计算交叉系数 α_{ij_k}，也是实用的。脚标 r 代表所用标准样。

为了求得交叉校正系数，可设计利用一套二元和三元体系，也可用平均浓度计算。

② Tertian 算法　在 Tertian 算法中，通过在分母中引入一个因子来校正第三元素效应：

$$c_i = \frac{R_i}{1 + \varepsilon_i}\left(1 + \sum_j \alpha_{ij,\mathrm{hyp}} c_j\right)$$

$$\alpha_{ij,\mathrm{hyp}} = \left[\gamma_1 + \frac{\gamma_2 c_i}{1 + (1 - c_i)\gamma_3}\right]_{ij}$$

$$1 + \varepsilon_i = \left(\frac{R_i}{c_M} \sum_j \frac{c_j}{R_{ij}}\right)_{\mathrm{bin}}$$

$$1 + \varepsilon_i = \frac{1 + \sum_j m_{ij,\mathrm{bin}} c_j}{1 + \sum_j m_{ij} c_j}$$

尽管引入校正第三元素效应的附加校正项——交叉校正系数可提高校正准确度，但它们仍仅在一定浓度范围内保持常数。因此遇到基体复杂、浓度范围宽的体系，应注意校正系数的可能变化，可采用样条函数、实时计算等方法进行补偿。

三、系数变换

(1) 消去溶剂项的理论 α 系数　在实际的应用中，会用到消去溶剂项的理论 α 系数，这时需要对系数做一定的变换。其过程如下：

$$y = \frac{W_o}{W_o + W_d}$$

$$1 - y = \frac{W_d}{W_o + W_d}$$

$$c'_j = y c_j$$

$$c'_f = 1 - y$$

$$R_i = \frac{I'_{i,s}}{I_{i,1}}$$

$$R'_i = \frac{I'_{i,s}}{I'_{i,1}} = \frac{R_i}{R_{i,1}}$$

$$c'_i = R_i (1 + \alpha_{i1} c'_1 + \alpha_{i2} c'_2 + \cdots + \alpha_{if} c'_f)$$

$$c_i = \frac{c'_i}{y} = \frac{R_i}{y} [1 + \alpha_{i1} y c_1 + \alpha_{i2} y c_2 + \cdots + \alpha_{if}(1-y)]$$

$$= R_i \left[\frac{1 + \alpha_{if}(1-y)}{y} + \alpha_{i1} y c_1 + \alpha_{i2} y c_2 + \cdots \right]$$

$$1 = \frac{I'_{i,1}}{I_{i,1}} \frac{1 + \alpha_{if}(1-y)}{y}$$

$$c_i = \frac{I'_{i,s}}{I'_{i,1}} \left\{ 1 + \sum \left[\frac{y}{1 + \alpha_{if}(1-y)} \alpha_{ij} c_j \right] \right\}$$

$$= R'_i (1 + \sum \alpha'_{ij} c_j)$$

$$\alpha'_{ij} = \frac{y}{1 + \alpha_{if}(1-y)} \alpha_{ij}$$

（2）消去烧失量的理论 α 系数　　在 XRF 分析中，烧失量（LOI）目前一般可采取输入和消去的办法。对于未知样分析来说，消去烧失量更方便一些，以下是其系数的转化算法：

$$c_{LOI} = (1 - \sum_k c_k)$$

$$c_i = R'_i (1 + \sum \alpha'_{ij} c_j + \alpha'_{iLOI} c_{LOI})$$

$$= R'_i [1 + \sum \alpha'_{ij} c_j + \alpha'_{iLOI} (1 - \sum_k c_k)]$$

$$= R'_i (1 + \alpha'_{iLOI} + \sum \alpha'_{ij} c_j - \alpha'_{iLOI} \sum_k c_k)$$

$$= R'_i [1 + \alpha'_{iLOI} + \sum (\alpha'_{ij} - \alpha'_{iLOI}) c_j]$$

$$= R'_i (1 + \sum \frac{\alpha'_{ij} - \alpha'_{iLOI}}{\alpha'_{iLOI}} c_j)$$

$$= R'_i (1 + \sum \alpha''_{ij} c_j)$$

即

$$\alpha''_{ij} = \frac{\alpha'_{ij} - \alpha'_{iLOI}}{\alpha'_{iLOI}}$$

式中

$$\alpha'_{i\text{LOI}} = \frac{-y}{1+(1-y)\alpha'_{if}}$$

基体校正发展到目前阶段已基本成熟，商业化仪器和软件的推出，使得用户可以有所作为的空间十分有限。这一方面给用户带来了应用上的方便，但另一方面也限制了一些高端用户的研究和开发。这也是近年来在该领域发展缓慢的主要原因之一，目前，国际上一些学术机构和科研人员正开展广泛合作，联合测定 XRF 光谱分析中所涉及的各类参数，以提高基本参数的准确度和可靠性，并为下一步的发展奠定基础。

参考文献

[1] Criss J W，Birks L S. Anal Chem，1968，40：1080.

[2] Criss J W. NRLXRF. A Fortran Program for XRFA. Washington DC：NRL，1977.

[3] Tao G Y，Pella P A，Rousseau R M. NBSGSC—A Fortran Program for Quantitative XRFA. NBS Tech Note 1213，1985.

[4] Klimasara A J. Adv X-Ray Anal，1993，36：1.

[5] Klimasara A J. Adv X-Ray Anal，1994，37：647.

[6] Janssens K，Espen P V. Systems Anal Chim Acta，1986，191：169.

[7] Mantler M. Software for XRF. Adv X-Ray Anal，1994，37：13.

[8] Zaitz M A. Adv X-Ray Anal，1994，37：219.

[9] Weber F，Mantler M，Kaufmann M. Adv X-Ray Anal，1994，37：677.

[10] Mantler M. Adv X-Ray Anal，1993，36：27.

[11] Mori S，Mantler M. Adv X-Ray Anal，1993，36：47.

[12] Lanksosz M，Pella P A. X-Ray Spectrom，1995，24（6）：320.

[13] Lanksosz M，Pella P A. X-Ray Spectrom，1995，24（6）：327.

[14] Ringdby A，Voglis P，Attaelmanan A. X-Ray Spectrom，1996，25（1）：39.

[15] Martins E，Urch D S. Adv X-Ray Anal，1992，35B：1069.

[16] Vincze L，Janssens K，Adams F，et al. Spectrochim Acta，1993，50B：127.

[17] Gunicheva T N，Kalughin A G，Afonin V P. X-Ray Spectrom，1995，24：177.

[18] Sahin Y，Budak G，Karabulut A. Chem Abs，1995，123：96545p.

[19] Vekemans B，Janssens K，Vincze L，et al. Spectrochim Acta，1995，50B：149.

[20] Smolniakov V I，Koltoun I A. Adv X-Ray Anal，1994，37：657.

[21] Rousseau R M. Adv X-Ray Anal，1994，37：639.

[22] Szaloki I，Magyar B. Adv X-Ray Anal，1994，37：689.

[23] Ebel H，Ebel M F，Pohn C，et al. Adv X-Ray Anal，1993，36：81.

[24] Stoev K N，Dlouhy J F. Adv X-Ray Anal，1994，37：697.

[25] Homma S，Nakai I，Misawa S，et al. Nucl Instrum Methods Phys Res，Sect B，1995，103：229.

[26] Khadikar P V，Joshi S. X-Ray Spectrom，1995，24：201.

[27] Ménesguen Y，Dulieu C，Lépy M-C. X-Ray Spectrometry，2019；48：330-335.

[28] Söğüt Ö，Cengiz E，Yavuz M. X-Ray Spectrom，2021，50：86-91.

第八章 分析误差和统计不确定

任何实验测量过程都会存在误差。误差是指观测值或计算值与真值之间的差。通常我们并不知道真值，但需要用实验或理论去逼近真值，以确定我们的结果逼近程度和数据的可信度。

有一类误差是首先必须排除的，即由于错误测量或错误计算得到的结果，这类误差可认为是不合理误差，易于识别，可通过重复实验排除。例如样品中主元素的 XRF 测量强度，如果测量中重复性误差大于 1%，这远远大于现代仪器的精密度，因此可判断此误差来源于不合理误差，应该找出原因消除。

还有两类误差，在分析科学中非常重要。一类是由于测量过程中的随机波动引起的不确定度，还有一类是限制结果准确度和精密度的系统误差。为了获得准确、可靠的结果，应该尽可能消除或减小系统误差，控制随机误差。评价一个结果的好坏，通常要采用一定的评价指标，同时可借助统计学方法进行计算。

第一节 分析误差和分布函数

一、分析误差

评价分析方法和测定结果的好坏通常采用准确度。准确度是指测量结果与标准物质"真值"间的一致程度。而精密度是指对同一样品进行重复测量时其结果间的一致性。精密度与结果准确与否无关，仅代表数据的可重复程度。精密度好的数据，可能准确度很差，反之亦然。理想的情况是获得准确度和精密度均好的结果。

通常采用标准偏差 s 和相对标准偏差 RSD 来度量测量值与平均值间的离散程度。s 或 RSD 越小表明观测值离散小。在一定条件下，例如当应用于与标准物质的推荐值进行比较时，也可用标准偏差和相对标准偏差的大小来判断方法或结果的好坏。

标准偏差 s 的计算式如下：

$$s = \sqrt{\frac{\sum (x_i - \bar{x})^2}{n-1}} \tag{8-1}$$

$$\bar{x} = \frac{\sum x_i}{n} \tag{8-2}$$

式中，x_i，n，$\bar{x}$ 分别为第 i 次测定值、总的测量次数和算术平均值。

相对标准偏差 RSD 为：

$$\text{RSD} = \frac{s}{x} \times 100\% \tag{8-3}$$

二、分布函数

X 射线光谱的特点是其 X 射线光子的发射和探测等均符合一定的统计学分布，例如泊松分布和正态分布。这也是 X 射线光谱分析中进行误差分析的基础。

1. 泊松分布

$$P_P(x;\mu) = \frac{\mu^x}{x!} e^{-\mu} \tag{8-4}$$

2. 正态（高斯）分布

$$P_G = \frac{1}{\sigma\sqrt{2\pi}} \exp\left[-\frac{1}{2}\left(\frac{x-\mu}{\sigma}\right)^2\right] \tag{8-5}$$

式中，σ 为正态分布的方差；μ 为来自于总体分布的平均值。

第二节　计数统计学

X 射线光谱分析的一个特点是它的计数 N 在足够大时，符合正态分布，其平均值和标准偏差易于计算。

1. 单次测量标准计数偏差和相对标准偏差

设测量的 X 射线计数为 N，则单次测量标准计数偏差 S_c 和相对标准偏差 ε 为：

$$S_c = \sqrt{N} \tag{8-6}$$

$$\varepsilon = \frac{1}{\sqrt{N}} \tag{8-7}$$

对于多次测量，其标准偏差为平均值的均方根。值得注意的是，该公式仅在背景强度可以忽略的情况下适用。

2. 谱峰净计数标准偏差和相对标准偏差

当背景不能忽略时，为了获得谱峰强度，还须扣除背景。此时将使计数标准偏差和相对标准偏差增加，如下式所示：

$$S_c = \sqrt{S_P^2 + S_B^2} = \sqrt{N_P + N_B} \tag{8-8}$$

$$\varepsilon = \frac{\sqrt{N_P + N_B}}{N_P - N_B} \tag{8-9}$$

3. 比率法计数标准偏差和相对标准偏差

当分析一未知样 x 时，为了获得准确结果，一般需要使用标准物质 s。当采用简单的比率法计算结果时，计数误差将增加：

$$\varepsilon = \sqrt{\left[\frac{N_P + N_B}{(N_P - N_B)^2}\right]_x + \left[\frac{N_P + N_B}{(N_P - N_B)^2}\right]_s} \tag{8-10}$$

4. 重复测量计数标准偏差和相对标准偏差

当计数较小时，计数误差会在整个分析误差中占据较大的份额，这时采取多次重复测量可以减小平均计数误差：

$$(S_c)_n = \frac{S_c}{n} \tag{8-11}$$

$$(\varepsilon)_n = \frac{\varepsilon}{n} \tag{8-12}$$

事实上，对于统计分析而言，重复测量均符合上述规律。因此，采用重复测量的方式是降低分析误差的途径之一。

5. 计数误差与计数时间

在 XRF 分析中，绝大多数情况下都需要获得谱峰净强度。对波长色散 XRF 而言，以计数率表示，则净强度 I_{net} 是峰强度 I_P 与背景强度 I_B 之差，可通过下式计算：

$$I_{net} = I_P - I_B \tag{8-13}$$

波长色散可以对谱峰和背景分别计数，测量时间长度可以不同。根据以上的计数统计学分析，可以选择和确定最佳计数时间。设脚标 FC、FT、FTO 分别代表定数、定时、最佳定时计数法，则它们的标准偏差大小符合下式：

$$S_{FC} > S_{FT} > S_{FTO}$$

其最佳定时计数法的相对标准偏差和时间为：

$$\varepsilon_{FTO} = \frac{1}{\sqrt{T_P + T_B}(\sqrt{I_P} - \sqrt{I_B})} \tag{8-14}$$

$$T_P = \sqrt{\frac{I_P}{I_B}} T_B \tag{8-15}$$

且

$$T = T_P + T_B \tag{8-16}$$

式中，T，T_P，T_B 分别为总计数时间、谱峰和背景计数时间。

上述公式表明，净强度测量相对误差随着谱峰和背景计数平方根之差的增加而减小。当峰背比大时，增加谱峰计数时间，减少背景计数时间，可以降低计数误差。此外，给出要求达到的误差水平，可由上述三式计算出最佳计数时间。

6. 强度计数偏差

定义谱峰强度（计数率）I_P：

$$I_P = \frac{N_P}{T_P} \tag{8-17}$$

背景强度（计数率）I_B：

$$I_B = \frac{N_B}{T_B} \tag{8-18}$$

谱峰净强度（计数率）N_{Net}：

$$N_{Net} = N_P - N_B = I_P T_P - I_B T_B \tag{8-19}$$

根据公式(8-1) 和式(8-2)，X 射线强度计数和总计数标准偏差及相对标准偏差可由下式计算：

$$s_I = \sqrt{\frac{\sum_1^n (I_i - \overline{I})^2}{n-1}} \tag{8-20}$$

$$s_N = \sqrt{\frac{\sum_1^n (N_i - \overline{N})^2}{n-1}} \tag{8-21}$$

且 X 射线强度和总计数相对标准偏差为 ε_I 和 ε_N，则

$$\varepsilon_I = \frac{S_I}{I} \tag{8-22}$$

$$\varepsilon_N = \frac{S_N}{N} = \frac{S_I T}{N} = \frac{S_I}{N/T} = \frac{S_I}{I} = \varepsilon_I \tag{8-23}$$

即 $\varepsilon_I = \varepsilon_N$，结合式(8-23)、式(8-24) 和式(8-7)，有

$$\frac{S_I}{I} = \frac{S_N}{N} \tag{8-24}$$

故

$$s_I = \frac{I S_N}{N} = I\varepsilon_N = \frac{I}{\sqrt{N}} = \sqrt{\frac{I}{T}} \tag{8-25}$$

扣除背景后的净强度标准偏差和相对标准偏差可由下式计算

$$s_{I_{Net}} = \sqrt{\frac{I_P}{T_P} + \frac{I_B}{T_B}} \tag{8-26}$$

$$\varepsilon_{I_{Net}} = \frac{\sqrt{\dfrac{I_P}{T_P} + \dfrac{I_B}{T_B}}}{I_{Net}} = \frac{\sqrt{\dfrac{I_P}{T_P} + \dfrac{I_B}{T_B}}}{I_P - I_B} \tag{8-27}$$

7. 计数偏差与计数时间选择

X 射线荧光光谱测量强度的计数偏差与元素的峰强度、背景强度和测量时间相关。根据式(8-15)

$$\sqrt{T} = \frac{1}{\varepsilon(\sqrt{I_P} - \sqrt{I_B})} \tag{8-28}$$

结合式(8-16) 和式(8-17) 可得

$$T_P = \frac{T}{(1 + \sqrt{I_B}/\sqrt{I_P})} \tag{8-29}$$

如果元素的测量强度为20000cps，背景强度为400cps，希望获得的强度相对测量误差$\varepsilon < 0.1\%$，则根据式(8-28) 和式(8-29)

$$\sqrt{T} = \frac{1}{0.1\%(\sqrt{20000} - \sqrt{400})} = 8.2358$$

于是，可得 $T = 67.8$s，$T_P = 59.4$s，$T_B = 8.4$s，因此，一般谱峰计数采用较长时间，背景计数时间较短。在该设定条件下，将测量时间取整数，则谱峰计数数据可采用60s，背景10s，此时的测量误差 $\varepsilon = 0.00098$，与设定的测量误差0.1%相差无几。对于土壤标样 GSS-4 进行测定，Al_2O_3 的谱峰和背景测量强度约为160000cps和2000cps，此时若控制相对计数误差在0.05%之下，则最佳计数时间应为28.5s和3.2s，即谱峰和背景计数时间可取30s和5s，即可达到较小的计数误差。表8-1列出了几种测量强度条件下的测定时间和测定误差数据，可供确定测量时间及强度测量误差时参考。

表8-1 XRF测量强度、测量时间及测量误差关系

I_P/cps	I_B/cps	ε/%	T_P/s	T_B/s
10000	400	0.1	130	26
20000	400	0.1	59	8
50000	400	0.1	22	2
150000	2000	0.05	31	4
4000	2500	1.0	32	25
500	100	1.0	45	20

第三节　灵敏度与检出限

一、灵敏度

根据 IUPAC 指南，在化学测量过程（chemical measurement process, CMP）中，一个分析物的质量或浓度 c，通过样品制备和仪器测量，获得测量信号 S，这一过程可由以下方程表示：

$$S = B + Ac + e \tag{8-30}$$

式中，A 为灵敏度因子，表示单位浓度下的测量信号值，在分析化学中通常定义为校正曲线的斜率；B 为测量背景值；e 为测量误差。如果校正曲线为非线性，则灵敏度因子为分析物浓度的函数。灵敏度因子是唯一性特征参数，仅依赖于化学测量过程，是一个绝对测量单位，如 mV、μg 等，而与标化因子无关。

XRF 中，灵敏度是指单位浓度下 X 射线光子计数，等于工作曲线的斜率 m，

单位可为计数/g，或 cps/10^{-6} 等。灵敏度越高，则单位浓度下测得的计数越大。

二、检出限

根据 IUPAC 和 ACS（American Chemistry Society）指南，检出限 LOD（limit of detection）定义为当分析信号（S_{LOD}）超过空白/背景（S_B）信号标准偏差（σ_B）的一定倍数 k 时所对应的浓度（x_{LOD}），其由下式给出

$$S_{LOD} = S_B + k\sigma_B \tag{8-31}$$

式中，k 通常取 3，对应于 LOD，而当 k 取 6 和 10 时，则分别表示纯度保证限（LOG）和定量测定限（LOQ）。

通常认为 $RSD = 1/k$，此时对应的绝对相对误差 RSD 为 10%，而当考虑扣除背景时，可以利用以下关系式估算 k 值所对应的相对标准偏差：

$$RSD_{NET} = 50\%, c = c_L (= 3S_B) \tag{8-32}$$

$$RSD_{NET} = 15\%, c = 3.3c_L (= 10S_B) \tag{8-33}$$

$$RSD_{NET} = 10\%, c = 5c_L (= 15S_B) \tag{8-34}$$

$$RSD_{NET} = 5\%, c = 10c_L (= 30S_B) \tag{8-35}$$

k 值大小，与识别概率和误差紧密相关。如果将两分布间的分离度取 $k = 1.645$，则错误识别信号的概率 α 为 0.05（5%），但错将空白或背景测量值识别为分析信号的概率 β 为 0.5（50%），即错识概率较大。在后验概率模式下，$\alpha = \beta$，如图 8-1 所示，此时 $k = 3.29S$，且 α 和 β 均为 0.05（5%），此概念下的检出限定义更为准确和平衡，表达为在给定测量条件下，当报出组分存在的错识概率为 5% 时，认为该分析组分不存在的误报概率也仅为 5%。IUPAC 亦推荐 α 和 β 等于 0.05。由表 8-2 可以发现，在定量限 LOQ，$k = 6$，α 和 β 概率为 0.0013 即在定量限，误报或错识概率极低，仅为 0.13%。置信度 α 和 β 与标准偏差的倍数 k 值相关性见表 8-2。

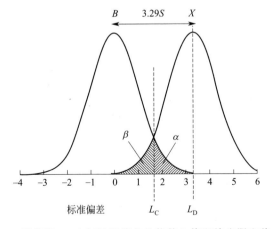

图 8-1　置信度 α、β 与标准偏差的倍数 k 值即检出限和临界值

表 8-2 标准偏差倍数 k 值对置信度 α 和 β 的影响（$\alpha = \beta$）

k	1.645	2	3	3.29	6
$\alpha = \beta$	0.206(20.6%)	0.158(15.8%)	0.067(6.7%)	0.05(5%)	0.013(1.3%)

设 XRF 检出限附近，谱峰净计数为 $N_{(P-B)}$，且谱峰计数率和总计数分别为 I_P 和 N_P，背景计数率和总计数分别为 I_B 和 N_B，谱峰和背景的计数时间分别为 T_P 和 T_B，即在检出限附近有

$$N_{(P-B)_{LOD}} = N_{P_{LOD}} - N_{B_{LOD}} \tag{8-36}$$

又设分析物的 X 射线灵敏度因子或线性方程斜率为 m（计数/浓度），即单位浓度下的谱峰净计数，例如计数 $N_p/1\%$（10^{-6}），且检出限浓度为 c_{LOD}，则检出限对应的谱峰净计数可表达为 mc_{LOD}：

$$N_{(P-B)_{LOD}} = mc_{LOD} \tag{8-37}$$

结合以上 $N_{(P-B)}$ 公式，可得

$$N_{(P-B)_{LOD}} = N_{P_{LOD}} - N_{B_{LOD}} = mc_{LOD} \tag{8-38}$$

即检出限浓度

$$c_{LOD} = \frac{N_{P_{LOD}} - N_{B_{LOD}}}{m} = \frac{N_{(P-B)_{LOD}}}{m} \tag{3-39}$$

若以计数率表示

$$c_{LOD} = \frac{I_{P_{LOD}} T_P - I_{B_{LOD}} T_B}{m} = \frac{N_{(P-B)_{LOD}}}{m} \tag{8-40}$$

在检出限附近，根据式(8-31)，并考虑 $\alpha = \beta$ 概率模式，$k = 3.29$，则 $N_{(P-B)_{LOD}}$ 符合以下方程：

$$N_{(P-B)_{LOD}} = N_{P_{LOD}} - N_{B_{LOD}} = 3.29\sigma_B \tag{8-41}$$

又根据式(8-31)，

$$\sigma_B = \sqrt{N_B}$$

于是有

$$c_{LOD} = \frac{N_{(P-B)_{LOD}}}{m} = \frac{3.29\sigma_B}{m} = \frac{3.29}{m}\sqrt{N_{B_{LOD}}} \tag{8-42}$$

若以计数率计算检出限，并用 m_{cps} 代表计数率灵敏度因子或斜率，则

$$c_{LOD} = \frac{N_{(P-B)_{LOD}}}{m_{cps} T_P} = \frac{3.29\sigma_B}{m_{cps} T_P} = \frac{3.29}{m_{cps} T_P}\sqrt{I_{B_{LOD}} T_B} \tag{8-43}$$

对于能量色散 XRF 分析，谱峰和背景计数时间相等，即 $T = T_P = T_B$，则有

$$c_{LOD} = \frac{3.29}{m_{cps} T_P}\sqrt{I_{B_{LOD}} T_B} = \frac{3.29}{m_{cps}}\sqrt{\frac{I_{B_{LOD}}}{T}} \tag{8-44}$$

通常情况下，k 值可取 3。这时式(8-44) 即成为了我们通常所见的 XRF 检

出限计算式：

$$c_{\text{LOD}} = \frac{3\sigma_{\text{B}}}{m} = \frac{3}{m}\sqrt{N_{B_{\text{LOD}}}} \tag{8-45}$$

通常取 6σ 作为 XRF 的测定限，此时，误报概率很低，仅为 0.13%，因此，在 6σ 测定限以上的报出值具有很高的可信度。

第四节　误差来源与不确定度计算

误差是指观察值或计算值与真值之间的差。误差和不确定度在所有实验和观测过程中总会存在。我们用不确定度来表达结果中的误差，而估计误差的过程称为误差分析。

准确度取决于实验中控制和补偿系统误差的方法与程度好坏。系统误差是指结果与真值间不易检测也不能用统计分析研究的误差，它必须通过对实验条件和技术的分析来评估。开始实验前首先就必须充分认识和寻找减少系统误差来源的方法。精密度可通过在实验中努力克服随机误差和观测值波动来提高。减少随机误差的方法主要是通过改进实验技术和实验方法或重复实验来进行。

实验结果的不确定度可分为两类，即来源于观测波动的不确定度和理论描述上的不确定度。

一、XRF 中的误差来源

系统偏差通常指实验结果与可接受的参照值间的恒定偏差，可以消除或减小到一定程度。而随机误差是指实验过程中的非系统性波动，无法消除，主要受实验设备和分析条件控制。

表 8-3 列出了 X 射线光谱分析中系统误差和随机误差的主要来源。

表 8-3　XRF 中系统误差和随机误差的主要来源

随机误差	系统误差
计数误差 光管稳定性 高压发生器的不稳定性 电学系统的不稳定性	样品 　元素间吸收增强效应 　样品：粒度大小、不均匀性、表面效应、微结构 　化学漂移 　谱线干扰 　标准样品退化 仪器 　仪器的长、短期漂移 　测角仪、样品定位器、仪器与样品加热装置、操作条件的重置变化 　晶体退变 　光管污染

为了消除、减小各种误差，判断分析过程中的误差来源，必须依赖相关的数学工具，例如进行 F 检验或 t 检验等，同时，还应给出分析结果的不确定度，对

数据质量进行评估。

二、测量不确定度

测量不确定度主要是指在仪器测量过程中的数值波动，这种波动有两个来源，一是由仪器设备的不完备而带来的数值变化，二是人在测量时由于观测精度不够而产生的，也可能同时来源于两者。这种不确定度可称为测量不确定度或仪器不确定度，例如质量、电压、电流等。这些不确定度常独立于要测量的实际物理量。

测量不确定度通常由考察仪器和测量过程来评估测量的可靠性。如果可能做重复测量，就可以用来计算标准偏差，此标准偏差可对应于单次测量的期望不确定度。原则上，测量不确定度的内部法应得到与考虑仪器设备和实验过程的外部方法得到的不确定度相一致。当两者不一致时，往往表明实验过程存在不能忽视的问题，应予以解决。当两者达到一致时，从数据内部计算得到的标准偏差就是不确定度的估计值。

三、统计不确定度

如果被测物理量来自于一个随机过程，例如探测器中的单位时间计数，则称为统计不确定度，因为这种不确定度并不是因为仪器测量精度误差引起的，而是由于在一定时间内收集有限计数存在的统计波动而产生的。对统计波动，我们不必用实验来测定，而可从理论分析来评估每次观测的标准偏差。如果做重复测定，观测值应该呈泊松（Poisson）分布而不是高斯（Gaussian）分布。

对于任何可根据一定判据分类成直方图或频数图的数据，每个二元事件数都遵守泊松分布，按统计不确定度规律波动。如果数据遵守泊松分布，则其标准偏差 σ 为：

$$\sigma = \sqrt{\mu}$$

相对不确定度：

$$\frac{\sigma}{\mu} = \frac{1}{\sqrt{\mu}} \tag{8-46}$$

即相对不确定度随计数率的上升而下降。式中，μ 为来自于总体分布的平均计数率，而每次的测量值 x 则是一近似样本。通常可用 $\sqrt{x}$ 来近似表示单次测量的标准偏差。

四、误差传递与不确定度

假设测量值 x 是多个变量的函数，例如 u，v，$\cdots$ 则：

$$x_i = f(u_i, v_i, \cdots)$$

我们可以将标准偏差 σ 表示为：

$$\sigma_x^2 = \lim \left[\frac{1}{N} \sum (x_i - x)^2 \right] \tag{8-47}$$

根据泰勒（Taylor）级数的一次展开式：

$$\sigma_x^2 = \lim\left[\frac{1}{N}(x_i-x)^2\right]$$

$$x_i-x \approx (u_i-u)\frac{\partial x}{\partial u} + (v_i-v)\frac{\partial x}{\partial v} + \cdots$$

$$\sigma_x^2 \approx \lim\frac{1}{N}\Sigma\left[(u_i-u)\frac{\partial x}{\partial u} + (v_i-v)\frac{\partial x}{\partial v} + \cdots\right]^2$$

可得误差传递方程为：

$$\sigma_x^2 \approx \sigma_u^2\left(\frac{\partial x}{\partial u}\right)^2 + \sigma_v^2\left(\frac{\partial x}{\partial v}\right)^2 + \cdots + 2\sigma_{uv}^2\frac{\partial x}{\partial u}\frac{\partial x}{\partial v} \tag{8-48}$$

如果变量 u 和 v 不相关，或在可以忽略二次项的情况下有：

$$\sigma_x^2 \approx \sigma_u^2\left(\frac{\partial x}{\partial u}\right)^2 + \sigma_v^2\left(\frac{\partial x}{\partial v}\right)^2 + \cdots$$

在可以忽略协变量的情况下，可使用该式评估测量不确定度对最终结果的影响。但在应用最小二乘法进行曲线拟合时，协变量对参数不确定度的影响却起着不容忽视的作用。

五、不确定度计算式

设 a 和 b 为常数，u 和 v 为变量，则可得到以下不确定度计算公式，如表8-4所示。

表8-4　不确定度计算公式

关系	计算方程	不确定度
代数和	$x = au + bv$	$\sigma_x^2 = a^2\sigma_u^2 + b^2\sigma_v^2 + 2ab\sigma_{uv}^2$
积	$x = auv$	$\dfrac{\sigma_x^2}{x^2} = \dfrac{\sigma_u^2}{u^2} + \dfrac{\sigma_v^2}{v^2} + \dfrac{2\sigma_{uv}^2}{uv}$
除	$x = \dfrac{au}{v}$	$\dfrac{\sigma_x^2}{x^2} = \dfrac{\sigma_u^2}{u^2} + \dfrac{\sigma_v^2}{v^2} - \dfrac{2\sigma_{uv}^2}{uv}$
幂	$x = au^b$	$\dfrac{\sigma_x}{x} = \dfrac{b\sigma_u}{u}$
指数	$x = ae^{bu}$	$\dfrac{\sigma_x}{x} = b\sigma_u$
	$x = a^{bu}$	$\dfrac{\sigma_x}{x} = (b\ln a)\sigma_u$
对数	$x = a\ln(bu)$	$\sigma_x = \dfrac{ab\sigma_u}{u}$
三角函数	$x = a\cos(bu)$	$\sigma_x = -\sigma_u ab\sin(bu)$
	$x = a\sin(bu)$	$\sigma_x = \sigma_u ab\cos(bu)$

例如，设 X 射线总计数为 $P = 200000$，背景计数 $B = 2500$，对于 X 射线净计数应有：

$$\text{Net} = P - B$$

根据：

$$x = au + bv$$

这里，$a = 1$，$b = -1$，且 $\sigma_x^2 = \sigma_u^2 \left(\dfrac{\partial x}{\partial u}\right)^2 + \sigma_v^2 \left(\dfrac{\partial x}{\partial v}\right)^2 + 2\sigma_{uv}^2 \dfrac{\partial x}{\partial u} \dfrac{\partial x}{\partial v}$

而 $(\partial x / \partial u) = a$，$(\partial x / \partial v) = b$，因此：

$$\sigma_x^2 = a^2 \sigma_u^2 + b^2 \sigma_v^2 + 2ab\sigma_{uv}^2$$

在忽略协变量的基础上，可有：

$$\sigma_x^2 = a^2 \sigma_u^2 + b^2 \sigma_v^2$$

于是：

$$\sigma_x^2 = \sigma_u^2 + (-\sigma_v)^2 = P + B$$

故不确定度为：

$$\sigma_x = \sqrt{P + B} = \sqrt{202500} = 450$$

所以在考虑不确定度的情况下，净计数可以表示为：

$$\text{Net} = (P - B) \pm \sigma_x = (200000 - 2500) \pm \sqrt{202500} = 197500 \pm 450$$

相对不确定度为：

$$\frac{\sigma_x}{\text{Net}} = \frac{450}{197500} = 0.22\%$$

六、平均值的不确定度计算

尽管希望测量数据既符合泊松分布，又符合高斯分布，但多数情况下很难区分，故通常假设其符合高斯分布。设平均值为 μ'：

$$\mu' = \frac{1}{N} \sum x_i$$

又设各数据点的不确定度相等，即 $\sigma_i = \sigma$，则有：

$$\sigma_\mu^2 = \frac{\sigma^2}{N}$$

σ 可从实验测量估算，即：

$$\sigma \approx s = \sqrt{\frac{1}{N-1} \sum (x_i - x')^2}$$

从而可得平均值的不确定度计算式为：

$$\sigma_\mu \approx \frac{s}{\sqrt{N}}$$

由上式可以看出，随测量次数的增加，平均值的标准偏差可以减小。但数据的标准偏差并不随重复测量而下降。

如果各数据点的不确定度并不相等，即 $\sigma_i \neq \sigma$，则有：

$$\mu' = \frac{\sum \dfrac{x_i}{\sigma_i^2}}{\sum \dfrac{1}{\sigma_i^2}}$$

则不确定度为：

$$\sigma_\mu^2 = \frac{1}{\sum \dfrac{1}{\sigma_i^2}}$$

设加权因子 w_i 已知，则加权平均值为：

$$\mu' = \frac{\sum w_i x_i}{\sum w_i} \tag{8-49}$$

不确定度为：

$$\sigma_i^2 = \frac{\sigma^2 \sum w_i}{N w_i} \tag{8-50}$$

七、统计波动

如果观测值遵循高斯分布，则标准偏差是无约束参数，需由实验测定。但如果服从泊松分布，则标准偏差等于平均值的平方根。泊松分布适合于描述计数实验中数据点的分布，计数率的波动只是由于随机过程的本征特性，与重复实验无关。这种波动称为统计波动。

如果平均值大于 10，高斯分布趋近于泊松分布的形状，故可应用相同的平均值计算公式。设遵守泊松分布的平均值为 μ_t，时间间隔 Δt，则有：

$$\mu_t = \frac{1}{N} \sum x_i \tag{8-51}$$

$$\sigma_{t\mu} = \frac{\sigma_t}{\sqrt{N}} \tag{8-52}$$

单位时间内的不确定度为：

$$\sigma_\mu = \frac{\sigma_{t\mu}}{\Delta t} = \sqrt{\frac{\mu}{N \Delta t}} \tag{8-53}$$

例如，设取样 $N = 20$ 次，每次计数 $1 \mathrm{min}$，总计数 3000，平均值 150，以标准偏差表示的不确定度为：

$$\sigma_t = \sqrt{150} = 12.2$$

$$\sigma_{t\mu} = \frac{\sigma_t}{\sqrt{N}} = 2.74$$

需要指出的是这里列出的不确定度的计算主要考虑了计算统计学的情况，而对于 X 射线荧光分析结果不确定度的计算则需要考虑多种因素。读者可参考相关文献进行计算。

参考文献

[1] Currie L A. Analytica Chimica Acta, 1999, 391 (2): 105-126.

[2] MacDougall D, Crummett W B, et al. Analytical Chemistry, 1980, 52 (14): 2242-2249.

[3] Mermet J-M. Limit of Quantitation in Atomic Spectrometry-Concepts and Definitions//In Encyclopedia of Analytical Chemistry. Meyers R A, Meyers R A, eds. 2009; https: //doi. org/10. 1002/9780470027318. a9126.

[4] Hyslop N P, White W H. Environmental Science & Technology, 2008, 42 (14): 5235-5240.

[5] Owoade O K, Olise F S, Olaniyi H B, et al. X-Ray Spectrometry, 2006, 35: 249-252.

[6] Asbjornsen O A. AIChE Journal, 1986, 32: 332-334.

[7] Graham J, Butt C R M, Vigers R B W. X-Ray Spectrometry, 1984, 13: 126-133.

[8] Staffan Malm. X-Ray Spectrometry, 1976, 5: 118-122.

[9] Yoshihiro Mori, Kenichi Uemura. X-Ray Spectrometry, 1999, 28: 421-426.

[10] Alimonti A, Forte G, Spezia S, et al. Rapid Communications in Mass Spectrometry, 2005, 19: 3131-3138.

[11] Reagan M T, Najm H N, Pébay P P, et al. International Journal of Chemical Kinetics, 2005, 37: 368-382.

[12] Sieber John R, Yu Lee L, Marlow Anthony F, et al. X-Ray Spectrometry, 2005, 34: 153-159.

[13] Wegrzynek D, Markowicz A, Chinea-Cano E, et al. X-Ray Spectrometry, 2003, 32: 317-335.

[14] Zewail Ahmed H. Chemistry at the Uncertainty Limit, Angewandte Chemie International Edition. 2001, 40: 4371-4375.

[15] Reis Marco S, Saraiva Pedro M. AIChE Journal, 2005, 51: 3007-3019.

[16] Vasquez Victor R, Whiting Wallace B. Environmental Progress, 2004, 23: 315-328.

[17] Renyou Wang, Urmila Diwekar, Catherine E, et al. Environmental Progress, 2004, 23: 141-157.

第九章　XRF 中的化学计量学方法和应用

化学计量学作为一门运用数学和统计学原理及计算机技术来揭示化学中各种数据间相关性的分支科学，在复杂问题求解，非线性和动态体系下的关系描述方面取得了巨大成功。它可应用于建立稳健模型，寻找隐含或非直接性相关函数，构建多维模型，优化试验等；具有处理含有噪声和不完全数据，自适应学习的能力。

化学计量学的研究领域非常广泛，就 XRF 光谱而言，主要包括曲线拟合、多变元校正、模式识别和图像处理等。可以运用的方法也有许多，例如神经网络、遗传算法、支持向量机、偏最小二乘回归、主元分析、聚类分析、Kalman滤波、Monte Carlo 模拟等。神经网络和遗传算法在解决实际问题方面有成功应用，而支持向量机则是一个相对较新但发展极快的一种方法，Monte Carlo 模拟尽管在应用放射学领域有着广泛应用，但在 XRF 领域却较少。针对 XRF 光谱的特点，本章重点介绍了遗传算法、神经网络、支持向量机及其在 XRF 光谱拟合、基体校正、模式识别领域中的应用。

第一节　曲线拟合与遗传算法

在 EDXRF 分析中，由于分辨率的限制，谱峰重叠的影响非常显著，常常需要对重叠谱进行分解。而且能量探测器还存在低能峰拖尾、变形，因此需要采用一定的方法对光谱进行拟合。在 WDXRF 中，主要是需要进行重叠峰的分解。

曲线拟合的主要困难在于元素谱峰数未知、基线和背景位置不确定、模型参数初始值设定准确度不够等。在分析涂层材料时涂层数也表现出相似的问题。

曲线拟合通过最小化残差的方式从实验测量数据获得没有重叠的纯粹光谱矩阵 S，通过最小化残差矩阵 E，对测量光谱矩阵实行分解，获得纯谱。用矩阵方程可表达为：

$$R = CST + E$$

式中，R 为原始测量数据矩阵；C 为浓度矩阵；S 为光谱矩阵；T 为转置矩阵。

为了实现通过最小化残差而获得光谱的构成要素，目前已有多种方法可以选用，例如主成分分析、各种因子分析方法、自构模型曲线解析等。

曲线拟合中的一项重要进展是遗传算法的采用，该算法目前已在许多研究领域获得应用。下面将对遗传算法及其在曲线拟合中的应用做些介绍。

一、遗传算法

遗传算法（GA）于 1975 年由 Holland 提出，随后由于其在解决科学问题中的实用性而得到广泛研究和应用。遗传算法基于生物学中适者生存的进化论原理，通过保存最重要的有用信息并避免体系退化，使得一个模型优化并最终得到最优解。

遗传算法中，针对某一问题的解由所谓染色体（chromosome）来代表，经过对染色体（即解）的随机最初化，通过执行选择、交叉和变异三类遗传操作后，运用拟合度来评估其解的优劣。该过程迭代进行，直接收敛。

遗传算法的操作执行过程按以下四步进行。

（1）数据初始化　首先要根据需要解决的问题，将候选解和期望输出表达为数串或数组。这些期望输出既可以是组分浓度，也可以是层厚或光谱参数。这些数串还需以二进制或实数形式进行随机初始化编码。根据专业知识将它们限定在候选解的合理范围内，有助于提高收敛速度。数串规模大小由程序设计者确定。

（2）拟合评估　为了评估算法拟合结果好坏，通常需要设计一个误差函数来计算和评估遗传算法的拟合质量，拟合度越好，解的质量越高。在光谱学领域，一般将计算和测量值之差的倒数作为拟合度。

（3）遗传操作　遗传操作算法由选择、交叉、变异三种运算方法构成，遗传操作相对简单，不同学科领域的算法彼此相似。

（4）收敛条件　整个遗传运算过程迭代进行，直到满足预先设定的收敛条件。一般收敛阈值取一定的代数或一设定的误差值。

通常数串大小取 50～500，交叉概率取 0.5～0.9，变异概率在 0.001～0.05 之间。

二、遗传算法在 XRF 中的应用

遗传算法在 XRF 光谱拟合中已得到成功应用。其显著特点是谱峰识别率优于传统算法，并具有全局搜寻能力。研究表明，应用于 EDXRF 光谱时遗传算法（GA）优于标准 Marquardt-Levenberg（ML）算法，GA 比 ML 的谱线识别率更高，限定条件较少，例如对一土壤样，GA 可拟合 20 个峰，而 ML 仅拟合了 6 个峰，5 个峰未能分辨出，但 ML 的收敛速度快得多。

结合算法往往是解决某些问题的途径之一。例如将 GA 与基于实例的推理方法相结合，可以加速 X 射线光谱处理的速度。从经验上看，拟合度的定标和最佳保留选择机制有利于获得可信解并达到快速收敛的目的。有时几个高拟合度的个体，会占据群体中的主导地位，使 GA 在开始阶段即出现过早收敛；GA 也可能由于它的最大拟合度接近群体平均拟合度而陷入随机漫步的境地，达不到最优搜寻的目的，因此需要采用拟合度定标。将遗传算法应用于 γ 射线光谱中时，在应用 GA 搜寻参数空间后，再用网格爬山法在局部寻找最优解，结果较好。

在某些情况下，通常采用的最佳化策略，如梯度算法、微积分型搜寻法等，由于可能陷入局部最小或必须知道确切的误差函数形式，使得结果有时不甚可靠。模拟退火技术可成功应用于解决多种实用性问题，但可能系统地丢失迭代计算过程中所携带的信息。而 GA 则具有更高的全局搜索能力，GA 的全局最优化性能也优于常规最小二乘算法。

X 射线溶液散射技术能给出时间尺度的结构信息，分辨率可达纳米级。然而，在缺乏其他信息时，此类信息很难转换成三维模型结构。即使傅里叶变换能用于计算已知结构的散射剖面，但相位信息在各向同性的散射剖面中丢失，溶液中的物体具有不同方位，而衍射强度则只能反映出平均值。强度剖面的傅里叶逆变换只能给出一维距离分布函数信息，而不是三维结构。相反，应用遗传算法则可以获得形貌和近似的多维信息。用传统的遗传算法和 X 射线溶液散射数据可以再构蛋白质结构，但可能出现拟合度较低的情况，某些模型由于没用惩罚函数而会出现与主结构不相干的现象。改用并行策略，逐渐、重复地搜索离散空间，借助三维限制性遗传操作，可以产生更好的模型，获得各蛋白质的形貌和近似的多维结构信息。

涂层和薄膜材料的厚度和浓度可以用已知数据和 GA 算法估算。当层厚与浓度未知，或者假定存在其他层时，则很可能错估层数及深层浓度。当 GA 直接应用于薄层 XRF 分析时，结果并不十分理想，一个可供选择的途径是运用混合算法，例如将遗传算法与神经网络或小波变换相结合等。

遗传算法与 Marquardt-Levenberg 算法相结合应用于掠入射 XRF 分析可显著改进计算结果。这是一种两步法，首先用 GA 估算每层的层厚和浓度，再用 M-L 梯度方法修正估算值。对两层薄样的计算准确度为 100%，对三层则下降为 80%，对四层为 20%。而将 GA 与掠入射 X 射线技术应用于纳米材料的密度和粗糙度估算时，粗糙度变化 2%～32% 时，采用 GA 模型拟合含 21 个参数的密度模型，其拟合偏差为 2.5%～5%。

图像处理技术目前受到普遍关注。将 GA 算法应用于投影图像重构时，即使有较多噪声，拟合得也相当好，而标准算法由于统计噪声的抑制而对此无能为力。

GA 算法亦已应用于 X 射线荧光光谱，在缺乏已知数据的情况下，其解的质量和优越性更为明显，这种算法不依赖于对输入数据的"幸运"揣测，故预测的结果更客观可靠，此外，GA 算法还广泛应用于 γ 射线光谱、波导技术、光管响应、应力梯度、核子响应等诸多领域。

三、不同拟合方法的比较

遗传算法是一种全局最优化算法，有好的准确度，但精度较差。这正好与传统算法相反。传统算法尽管搜寻精度较高，但由于会陷入局部最小，而导致准确度较差。GA算法比多元线性回归算法具有更高的预测能力。

遗传算法也存在过拟合问题，对未知样预测能力不理想，也会不同程度地出现局部最优问题，对GA分辨重叠谱的能力也有一些争论。

为了克服GA的缺点，除了改进算法外，混合模型也是一种改进途径。应用相关领域的专业知识建立模型也有助于提高算法的可信度。

Kalman滤波目前在分析化学领域研究较少，它的主要缺点是容错能力差，对含有噪声、非线性体系处理能力不足。但在其他工程研究领域，它仍有大量的改进和应用文章发表。

尽管曲线拟合技术已取得重要进展，但拟合真实样品中的复杂重叠峰的工作仍需加强。准确、可靠、精度好的拟合方法仍是人们努力的方向。

第二节　基体校正与神经网络

X射线荧光分析中基体校正模型的研究经历了经验方程、基本参数法、理论校正系数和结合法的探索研究，目前虽然还有一些改进公式或算法提出，但与分析化学中的其他分支学科相比，对化学计量学方法的研究较少。Klimasara从统计学的角度讨论了Lachance-Traill方程与多元线性回归之间的关系，为在XRF基体校正中深入开展化学计量学方法的研究奠定了基础。

统计学是一门可以应用于任何分支学科的基本数学方法。从统计学中的多元回归分析可以推导出X射线强度多元回归模型：

$$c_{ik} = A_{i0} + \sum A_j I_{jk}$$

式中，I_{jk} 为归一化X射线测量强度；c_{ik} 为浓度；A_j 为系数。当以浓度形式表示时，可得：

$$c_{ik} = A_{i0} + A_i I_{ik} \left(1 + \sum \frac{A_j}{A_i} c_{jk}\right) \quad (j \neq i)$$

当以Lachance-Traill方程的形式表示时，则可得：

$$c_i = A_{i0} + R_i (1 + \sum \alpha_{ji} c_j) \quad (j \neq i)$$

而通常所见的Lachance-Traill方程为：

$$c_i = R_i (1 + \sum \alpha_{ji} c_j) \quad (j \neq i)$$

可见，统计学多元回归模型与Lachance-Traill方程具有相同的数学形式。对Lucas-Tooth和Price模型也可作类似的数学处理，并由统计学多元回归分析方法确定其基体校正系数。

虽然推导过程中存在一些稍显勉强的成分，但其思路和结论却有着合理的理论基础和启迪作用，而关键之处在于它统一了化学计量学与基体校正方法的研究，一方面使得凭经验选择基体校正方程的过程可以由化学计量学的方法和软件自动完成；另一方面，针对以前由回归方程所得预测结果不稳的问题，现在提供了理论依据，可用化学计量学中的稳健回归方法来解决，例如采用偏最小二乘回归、神经网络等。

人工神经网络计算系统和神经工程学是研究、认识、模拟和应用智能的一门交叉学科，神经计算的原理、模型和应用已成为目前诸多学科共同关心的科技前沿领域。

人工神经网络（ANN）可处理复杂的非线性体系或无明确数学表达式的体系，模型的预测准确度好，抗干扰能力强。因此，其在物理、化学、石油、地质、钢铁、机械制造、天体物理及生物与生命科学等理论与应用学科及工业技术中都得到了广泛的应用。

人工神经网络研究可追溯至 50 多年前由 McCulloch 和 Pitts 及 Hebb 开展的工作。它经历了最初的兴起、跌入低谷和自 20 世纪 80 年代中期开始的研究高潮三个阶段。

一、神经网络的发展与学习规则

1943 年，McCulloch 和 Pitts 提出了神经元的数学模型，描述了神经元的时间总和、阈值、不应期和可塑性等特征。1949 年，Hebb 提出了突触联系强度可变的假设，认为当在特定模式中的神经元处于激活状态时，其间的相互作用所引起的突触系数变化将强化该模式，并使之趋于稳定。这一假定虽然直到约 30 年以后才得到证实，但它奠定了 ANN 学习算法的基础，在 ANN 的研究和发展历史中占有重要的地位。1957 年，Rosenblatt 模仿动物大脑和视觉系统，提出了著名的感知机（perceptron）模型。随后 Widrow 提出了多重自适应线性元件，用于连续取值的线性网络自适应系统。由于感知机第一次将理论性研究应用于可进行模式识别的机器，因此激起了人们对其理论和应用进行深入研究的热情，随后世界上有上百个实验室开展了声音识别、学习记忆、电子模型制作等的研究和理论探索，出现了 ANN 研究发展中的第一次高潮。

虽然单层感知机可以解决如逻辑与、逻辑或等一阶谓词逻辑问题，但当遇到 N 阶谓词逻辑问题，即一个由 $X = (x_1, x_2, \cdots, x_N)$ 描述的问题，需要至少给出 N 个分量才能有解时，单层感知机则无能为力，也就是说单层感知机不能解 N 阶谓词逻辑问题。1969 年，Minsky 和 Papert 对感知机提出质疑，指出尽管可以通过加入一个隐单元来扩展感知机功能，但这种多层网络的感知机模型是否可以解决实际问题仍然是值得怀疑的。他们的这种怀疑态度对人工神经网络的研究产生了极大的消极影响，加上当时人工神经网络对解决实际问题缺乏有效模型，并受到当时技术条件的制约，从而使得人工神经网络的研究跌入低谷。虽然其间仍然有一些研究人员在不懈地进行探索，但没有出现显著性进展，这种沉寂状况一直持续了约 15 年。

1982 年，美国物理学家 Hopfiled 提出了离散神经网络模型；1984 年、1985 年，Hopfiled 和 Tank 报道了连续神经网络模型，解决了数学上著名的旅行推销商问题（TSP）。同时这种模型也可以用电子线路来模拟仿真，还可以进行联想记忆和优化计算。这一研究成果为神经计算机的研制奠定了基础。此后，人工神经网络研究的新高潮随之到来。Hopfiled 神经网络的提出具有突破性，是人工神经网络研究发展史上的一座里程碑。

1984 年，采用模拟退火技术来训练 Hopfiled 网络的 Boltzman 机问世。1986 年，Rumelhart 和 McClelland 等提出了并行分布处理理论（PDP）和多层网络误差反传学习算法（BEP），使人工神经网络模型具有了解决实际问题的能力，从而使科技领域对人工神经网络模型的研究与应用得以广泛深入地开展起来。

二、神经网络模型——误差反传学习算法

人的大脑为了适应环境和认知世界，必须学习。人工神经网络为了具备某种认知和预测功能，也必须学习。学习的方式一般可分为监控式和非监控式学习方式。在监控式学习中，利用训练样本，将网络输出与期望输出进行比较，其误差信号被用来调整权值，直到迭代计算收敛到一确定值。无监控学习方式则不给定标准样本，根据权重 W 演变方程 $dW/dt = f(w, x)$，在选定初始权值后，W 随输入 x 变化，如果为平稳环境，则 W 可达到稳定状态，即训练过的网络具有时域稳定性。

学习的基本规则有多种，最常用的有 Hebb 和 Delta 学习规则。Hebb 学习规则可以表述为在特定模式中的神经元处于激活态时，其间的连接权值增加，并使该模式趋于稳定。Delta 学习规则实际上是最小均方差规则（LMS），即要求实际输出与期望输出的误差均方和最小，并利用此差值调节权重使其趋于减小。因此，该规则需要单元特性为可微函数，如 Sigmoid 函数等。经过学习和训练过的人工神经网络即可以对输入数据和信息进行处理，如函数拟合、流程控制、模式识别、图形处理、语言理解、系统辨认与分类等。

误差反传学习算法（BEP）采用监控式学习方式和 Delta 学习规则，利用梯度搜寻技术，使实际输出与期望输出的误差均方和尽快达到最小，这一过程通过将误差信号从输出端向输入端反向传播、对连接权重进行调节，并使其趋于减小来完成。BEP 网络由输入层、隐层和输出层组成，结构示意图如图 9-1 所示。输入信号为 X 射线强度，输出信号为浓度。经过训练后，即可以达到预测未知样的目的。

BEP 是目前为止人工神经网络模型中，真正具有实用价值，并得到最为广泛应用的学习算法。BEP 可应用于函数拟合、流程控制、模式识别、图形处理、语言理解、系统辨认与分类等。例如，用 BEP 网络可对输入信号进行分类，并允许输入模式中有一定的噪声和污染；也可将之用作联想存储器，即当输入信号

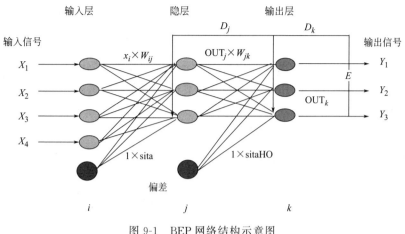

图 9-1　BEP 网络结构示意图

W_{ij}，W_{jk}—连接权重

只包含某一可能事件的部分信息时，通过联想存储器即可获得该事件的完整信息。

三、神经网络及相关化学计量学方法在 XRF 中的应用

Bos 和 Weber 对人工神经网络 BEP 在三元体系 X 射线荧光分析中的应用进行了研究，但当样品超出训练集内的样本浓度分布范围时，模型的预测能力较差。事实上，由于采用监控式学习算法的人工神经网络模型都需要依赖于训练集内的标样数据，因此外推预测能力较差将是这类监控式学习算法的共同不足之处。

在建立神经网络模型时，应遵循简洁性原则，要注意优化神经网络的结构和参数，在模型训练中尽量避免过拟合和局部最小，并选择有代表性的训练和检验样本，确保模型具有较高的预测准确度和抗干扰能力及对于离域样品的良好外推预测能力。此外，有关稳健回归模型的研究等也是解决 XRF 中一些情况下预测结果不稳的有效途径之一，例如偏最小二乘法的研究应用等。

目前，神经网络及相关化学计量学方法在 XRF 基体校正中已得到了较深入的研究和广泛的应用，它的广阔前景在于其良好的预测性能和智能化与实用性，其发展潜力巨大。一方面，人工神经网络已形成一门较为独立的分支学科，有专门的神经网络学术期刊出版发行，进行着新的模型与算法的研究和神经计算机的开发研制。另一方面，根据所面临的不同领域、不同问题，各学科开展了有针对性的研究，为解决实际遇到的困难和问题，进行着不懈的探索。近期，还出现了将神经网络应用于 XRF 图像识别与处理的应用研究。因此各学科间的进一步渗透和各种方法的结合研究必将有利于它的进一步向前发展。

第三节　模式识别

模式识别是借助计算机技术和算法将研究对象根据其特征进行识别和分类的一种化学计量学方法。利用模式识别方法对样本分类，结果更为可靠。目前面临的主要困难是多维空间非线性可分问题、变量多于研究对象和变量相关问题等。模式识别方法已在分析化学中获得了广泛的应用。

一、模式识别方法与特性

模式识别既可根据类间的差异大小，也可以依据同类的相似性程度来对目标进行分类。分类的方法有参数法和非参数法，可以采用线性和非线性模型。

学习规则有两类，即监控式学习与非监控式学习。非监控式模式识别方法无需研究目标类别的先验信息，主要的方法有聚类分析、主元分析、相似分析、神经网络、特征向量分析等。例如聚类分析能成对区分目标，特征向量法可将 m 维数据压缩至二维或三维，分离信号与噪声，找到变量间的相关性。聚类分析是应用最为广泛的非监控式模式识别方法。监控式模式识别需要学习样本，主要方法包括最邻近距离法、线性学习机、线性甄别分析、软独立模型分类以及神经网络等。

不同的模式识别方法在解决不同的实际问题时，会表现出性能上的差异。例如，有研究者报道一方面 k-最近邻（k-nearest neighbor，kNN）算法在预测时可能优于遗传算法与 kNN 混合模型，但另一方面 kNN 需要定义测量距离，而这在大多数应用中都未必能够获得清楚定义，kNN 也不适合于处理高维空间中的分类问题。它的突出优点是可提供对分类结果的解释，这与暗箱模型是不同的。在这点上，决策树和逻辑回归拥有相同特点。

遗传算法和神经网络亦可应用于模式识别。当遗传算法应用于动态模型识别时，可以较好地解决模型性能和复杂度间的平衡关系。用血清中元素含量可以对癌症病人进行分类，采用双向关联记忆网络的分类准确度优于多层前向神经网络。

将不同方式应用于解决同一个问题时，有可能得出相互矛盾的结论。例如，当线性甄别分析（LDA）、kNN、SIMICA（soft independent modeling of class anology）等应用于甜菜分类时，SIMICA 给出了最准确的结果，kNN 较差，LDA 由于变量不能多于目标的限制而无法采用；采用抗病性、地域来源和收获产量三个指标对甜菜分类，SIMICA 和甄别 PLS 给出了较准确的分类结果。与之相反，也有其他研究得出了不同的结论。将 PNN、LVQ、BP 神经网络应用于阵列化学传感器，分类准确率较高，而 SIMICA、LDA、kNN 等较差。在对牛奶中微生物和细菌问题进行分类时，BP-ANN 的分类准确度优于 PLS

和 PCR。

在选择和应用模式识别方法时，需要仔细考虑方法特性、研究对象特征及各种条件与假设限制。一些相互矛盾的比较结果也说明模式识别方法还需进一步完善，并具有较大的改进空间。一种相对较新的模式识别方法获得了较多的关注，这就是支持向量机。

二、支持向量机

支持向量机（SVM）是一种采用核函数，并可应用于超平面中的线性分类器。它通过含有压缩特征信息的支持向量，导出类的决策。将位于两类间边界的样本作为训练原型，获得离原型尽可能远的决策边界，从而避免错误分类。支持向量机假定要预测的未知样本独立于同类分布，且能在所选原型的邻域找到，这就使得支持向量机预测域外样本的能力较强。尽管 SVM 是线性分类器，但通过对原变量的简单转换，即可用于非线性决策边界。

作为最优化算法，支持向量机通过最大化至训练点的距离来解决最优化问题，没有局部最小，总体性能好，其突出优点表现在三个方面。首先，边界的最大化能补偿诸如过拟合等问题，但可能以牺牲一些准确度为代价；其次，SVM 能适用于变量数多于向量而不会导致计算过度；此外，SVM 仅要求特征向量空间是线性的，而对输入空间无此限制。

在一定程度上，支持向量机被认为是一种广义的神经网络，但 SVM 能通过核函数引入领域知识，而神经网络只能间接应用背景知识。将支持向量机、神经网络、遗传算法结合互补，利用各自的优点，是目前的一种研究趋势。

支持向量机主要用于优化和分类，在回归分析方面也有应用报道。但总体而言，SVM 的应用领域还很窄，在光谱学领域更少。SVM 也有一些局限，例如，它是一种纯粹的叉状分类器，在多类模式识别情况下较为复杂，当不符合高斯误差分布或存在域外样本时，SVM 的稳健性会较差。针对这些问题，也有一些改进算法提出。

总体而言，SVM 的主要优点是可应用于非线性体系下的高维输入空间，并能获得全局最优解，特别适用于复杂体系下的模式识别，由于算法允许较少的训练样本而使其具有实用意义。

三、模式识别方法在 XRF 中的应用

在 XRF 中，模式识别主要用于对各种材料和样品来源的识别与分类，研究领域包括环境、地质、材料、地球化学、考古、刑侦、军事、医学、农业、太空探索等，应用范围十分广泛。

XRF 技术与模式识别方法相结合已成功应用于大气飘尘、土壤和沉积物分类，以识别污染来源及重金属分布。例如，在应用 XRF 技术与化学计量学方法揭示水系重金属污染来源的研究中，样品中的所有粒子首先采用非分级聚类分析

算法分类，再运用主元分析识别沉积物的来源，该研究表明，尾矿是河流沉积物中的污染来源。

将 XRF 和模式识别应用于刑侦和军事目的是一个值得关注的领域。犯罪嫌疑人衣物上的玻璃碎片用 μEDXRF 分析后，对 129 个不能用常规方法鉴别的样品进行分类，采用神经网络和线性甄别分析，可成功识别其中的 112 个。结合 γ 射线、中子活化和同步辐射技术，将模式识别技术应用于 C4 爆炸物识别及军用直升机螺旋桨叶结构与缺陷的探测，取得较好结果，具有较大的应用价值。

人类健康、食品、农作物等是许多 XRF 专家感兴趣的领域。有研究者采用全反射 XRF 技术测定血清中 Fe、Cu、Zn 和 Se，再利用 BP-NN 对癌症进行识别，其识别率可达 94％～98％。此外这些方法亦已应用于虫害侵袭的作物、油料、有机质的分类等。

科学技术发展到今天，对获得多维信息的需求愈加迫切，这应是今后的一个发展方向，如何选用合适的模式识别方法解决实际问题，则需要多学科的相互渗透和科学家们的密切合作。正确、合理地应用领域知识是建立好的模式识别模型的基础。

化学计量学方法的优点在于它可以描述复杂体系中的非线性关系，在处理含噪声和不完全数据时具有容错能力，其关注焦点在于如何评价和获取稳健模型，最重要的目的是找到与分析结果相关的成因和来源鉴别。

化学计量学在 XRF 中的最大应用潜力在于 EDXRF 中的曲线拟合、预测与模式识别，最具前景的途径可能在于遗传算法与神经网络结合算法，因为神经网络有助于生成最佳模型，而遗传算法适于选择正确参数。总之，曲线拟合、多元校正和模式识别的有机结合将可能促进无标样 XRF 分析的突破性进展。

参考文献

[1] Luo Liqiang. X-Ray Spectrometry, 2006，35：215-225.

[2] Malinowski E R. Factor Analysis in Chemistry. 3rd ed. New York：John Wiley & Sons Inc，2002.

[3] de Juan，Tauler A R. Anal Chim Acta，2003，500：195-210.

[4] Ronald C Henry. Chemometr Intell Lab Syst，2002，60：43-48.

[5] Goldberg D E. Genetic Algorithms in Search，Optimization，and Machine Learning. New York：Addison-Wesley，1989.

[6] Timo Mantere，Alander Jarmo T. Applied Soft Computing，2005，5：315-331.

[7] Riccardo Leardi. J Chemometrics，2001，15：559-569.

[8] Ron Wehrens，Buydens Lutgarde M C. TrAC Trends in Analytical Chemistry，1998，17：193-203.

[9] Antonio Brunetti，Bruno Golosio. X-Ray Spectrom，2001，30：32-36.

[10] Golovkin I E，Mancini R C，Louis S J，et al. J Quant Spectros Radiat Transfer，2002，75：625-636.

[11] Dane A D，Patrick A M T，Hans A S，et al. Anal Chem，1996，68：2419-2425.

[12] Dane A D，Veldhuis A，de Boer D K G，et al. Physica B，1998，253：254-268.

[13] Dane A D，Hans A S，Lutfarde M C B. Anal Chem，1999，71：4580-4586.

[14] Paul Geladi. Spectrochimica Acta Part B：Atomic Spectroscopy，2003，58：767-782.

[15] Zeaiter M, Roger J M, Bellon-Maurel V, et al. Trends in Anal Chem, 2004, 23: 157-170.

[16] Stefan P. J Molecular Structure (Theochem), 2003, 622: 71-83.

[17] Dowla F F, Rogers L L. Solving Problems in Environmental Engineering and Geosciences With Artificial Neural Networks. Cambridge, MA: MIT Press, 1995.

[18] Luo L Q, Ma G Z, Guo C L, et al. X-Ray Spectrom, 1998, 27: 17-22.

[19] Luo L Q. J Trace and Microprobe Techniques, 2000, 18: 349-360.

[20] Fernando Schimidt, Lorena Cornejo-Ponce, Maria Izabel M S Bueno, et al. X-Ray Spectrometry, 2003, 32: 423-427.

[21] Luo L Q. X-Ray Spectrometry, 2002, 31: 332-338.

[22] Noemi Nagata, Patricio G Peralta-Zamora, Ronei J Poppi, et al. X-Ray Spectrometry, 2006, 35: 79.

[23] Facchin I, Mello C, Bueno M I M S, et al. X-Ray Spectrometry, 1999, 28: 173.

[24] Wegrzynek D, Markowicz A, Chinea-Cano E, et al. X-Ray Spectrometry, 2003, 32: 317.

[25] Luciano Nieddu, Giacomo Patrizi. European Journal of Operational Research, 2000, 120: 459-495.

[26] Mariey L, Signolle J P, Amiel C, et al. Vibrational Spectroscopy, 2001, 26: 151-159.

[27] Philip K Hopke. Anal Chim Acta, 2003, 500: 357-377.

[28] Hicks T, Monard Sermier F, Goldmann T, et al. Forensic Science International, 2003, 137: 107-118.

[29] Benninghoff L, von Czarnowski D, Denkhaus E, et al. Spectrochimica Acta Part B, 1997, 52: 1039-1046.

[30] Magallanes J F, Vazquez C. J Chem Inf Comput Sci, 1998, 38: 605-609.

[31] Wang Y, Chen Z. X-Ray Spectrometry, 1987, 16: 131.

[32] Klimasara A J. Adv X-Ray Anal, 1993, 36: 1.

[33] Kogou S, Lee L, Shahtahmassebi G, et al. X-Ray Spectrom, 2021, 50: 310-319.

第十章 样品制备

X射线荧光法的最大特点是可以直接（非破坏性）分析固体、液体、粉末等各种各样的物料。突出的例子是可以将采集的沙土样品直接放入样品杯中进行测量。X射线荧光法的另一个重要特点是其近表面分析特性。对于低原子序数元素，穿透深度可能只有几微米。当试样在穿透深度尺度上不均匀时，一方面光谱仪实际分析的部分可能就不代表整个试样。另一方面，重元素特征X射线波长很短，穿透深度较大，当样品厚度不同时，所得到的X射线荧光强度会发生变化。

因此，试样制备要解决的问题就是保证实际被分析的较薄的表层真正代表整个样品，也就是消除试样不均匀性、颗粒分布不均匀性或粒度不均匀性，使被测样品转变为适合于XRF测定的形式（形态、形状、分析表面、尺寸），并使测定精密度和准确度达到要求。同时，对于重元素分析，还应保证样品具有足够的厚度。

试样制备是所有X射线测定最终准确度的最重要影响因素。采用WDXRF光谱仪进行样品分析时，误差的半数以上是因样品制备造成的。由于XRF分析是非破坏性分析，不同类型的样品有多种制备方法。制备方法的优劣是决定分析精度好坏的重要因素，X射线荧光分析工作者应对此有正确的认识。实际工作中，应根据所接收样品的状态及分析要求（分析元素、精密度、准确度等）确定制样方法。

从本质上说，X射线分析是一种比较分析方法。至关重要的是，所有的标准样品和未知样品能以等同及可重复的方式放入光谱仪进行分析。任何试样制备方法都必须保证制样的可重复性，并在一定的校准范围内，保证所制备出的样品具有相似的物理性质，包括质量吸收系数、密度、粒度、颗粒的均匀性等。试样制备方法要简洁经济、不产生明显的系统误差（比如因稀释剂造成的痕量元素污染）。

X射线荧光法可分析的样品类型多种多样，样品制备方法各异。将所有这些样品的制备方法全部罗列是很困难的。本章主要介绍样品制备的基本思路，并将几种代表性的制备方法加以归纳，最后介绍比较重要领域中的几种应用实例，供参考。

第一节 制样技术分类

适于 XRF 分析的样品形态有多种，一般来说，接收样品时的形态以及分析所要求的准确度和精密度将决定样品的前处理方法。当然，某些材料可直接进行分析，但多数情况下，要对样品进行某种前处理，使之转化为试样。这一步骤称为样品制备。样品一般可分为三类。

① 经简单前处理，如粉碎、抛光，即可直接分析的样品。均匀的粉末样品、金属块、液体即属于此类样品。

② 需复杂前处理的样品。如不均匀的样品，需基体稀释克服元素间效应的样品，存在粒度效应的样品。

③ 需特殊处理的样品。如限量样品，需预富集或分离样品，放射性样品。

对于一种样品，可能有多种制备方法可供选择。分析者一般喜欢直接分析样品，这样可以避免前处理过程中可能出现的样品污染问题。玻璃、陶瓷或塑料的成品可用金刚石刀具或冲孔器切割出适当尺寸的样品；片状的纤维或布匹通常可夹在由两片聚酯薄膜固定的样品池中，或者与掺有树脂的聚合物混合浇铸成块状。可实际上，对于多数分析样品来说，有三个主要的制约因素限制了这种理想过程的实现：样品尺寸、样品粒度、样品组成的不均匀性。既要样品制备简单又要分析精度高是很困难的，在选择最合适的样品制备方法时，须在制样手续与分析精度之间进行平衡。另外，要选择最适合的样品制备方法，必须对所使用的仪器的性能以及样品的性质有充分的了解。X 射线荧光分析制样的理想效果是被分析的试样的体积能够代表整个试样，就是说，被分析的体积本身能够代表送交分析的样品。而且该理想试样在分析之前及分析过程中应保持稳定。

样品制备基本要点主要包括：均匀化处理；标准样品与被测样品要采用相同的制备方法；注意控制污染。在较高精度分析中，还必须注意样品表面状态、样品厚度、样品制备过程等造成的 X 射线强度的变化（分析误差）等。表 10-1 是各类样品分析中因样品本身而引起的主要误差来源，制样时需加以注意。

表 10-1　试样的状态及主要误差来源

样品状态	块状固体样品	粉末样品	液体样品
主要误差原因	样品的不均匀性（偏析等） 结构差别 样品表面污染及表面粗糙 样品表面变质（氧化等）	粒度效应 矿物效应 偏析 样品变化（吸湿、氧化等）	沉淀等造成浓度变化 酸度变化 产生气泡

第二节　分析制样中的一般问题

一、样品的表面状态

X射线荧光分析中，多数样品的分析深度只有几到几十微米。因此，样品表面状态是造成分析误差的主要原因之一。当表面粗糙时，来自X射线管的一次X射线不能均匀地照射在样品表面上，造成样品产生的X射线强度随位置而变化。此外，因表面形状不同而造成的散射也可能会有差别。所以，在不配备样品旋转结构的设备中，因样品放置的方式不同也可能造成很大的强度差别。

对于金属样品，一般采用研磨方法除去表面附着物，使表面平整，然后进行测量。研磨面粗糙度的差别会造成X射线强度变化。实验表明，表面越平整，X射线强度越高。也即对同一个样品，表面研磨程度不同，分析值也会不同。因此，在进行研磨时，样品之间的表面粗糙度的一致是很重要的。研磨的程度不必像镜面一样，但经验表明，表面粗糙度越小，校准曲线的准确度越高，重复精度也越高。实际工作中，应根据操作的烦琐程度与分析要求精度两方面的平衡来决定。

二、不均匀性效应

粉末样品分析中，除粒度效应外，还包含矿物效应、偏析等不均匀性效应，这些因素对分析结果的影响很大。岩石、土壤等由不同矿物（颗粒）的混合物组成的粉末样品，由于矿物种类或矿物组合的不均匀性，造成X射线吸收系数的差别，称为矿物效应。矿物效应被细分为矿物间效应和矿物学效应。矿物间效应中，分析元素只存在于某一相之中，但两相或多相对于分析线的吸收系数相差很大；此时分析线强度不仅取决于粒度，也取决于两相的吸收系数。矿物学效应中，两相都含有待分析元素，但对分析线的吸收不同。由于矿物效应的影响，不同产地的水泥、铁矿石等样品的校准曲线可能是不同的。例如，即使成分A和B比率相同，即总组成相同。可是成分B的X射线荧光强度因其颗粒的分布或共存元素的不同，造成吸收系数的差别，从而使测量强度发生变化，这是典型的矿物效应。偏析是元素分布的不均匀性，在分析金属等样品时须注意，在粉末样品中，颗粒分布的不均匀性也是存在的。表面涂层的球状颗粒即是一例。在基本参数（FP）法中，样品均匀是分析的前提。特别是在无标样基本参数法分析表面涂层的颗粒时，很容易产生基体校正误差。在这种情况下，应准备与被测试样性状相同的标准样品，用FP法或标准曲线法进行分析。从试样表面至深度方向存在浓度梯度的情况，也要注意。为减小或消除不均匀性效应的影响，一般采用微粉碎或玻璃熔片法。

三、样品粒度与制样压力

粉末样品一般采用微粉碎、压片法制备。因粉碎条件或压片时压力不同，会造成 X 射线荧光强度变化。图 10-1 和图 10-2 是用碳化钨振动磨研磨碳酸岩样品得到的结果。在使用粉碎机对样品进行粉碎时，因粉碎时间的不同，从粉碎机容器带来的污染也不同，所以，粉碎条件和加压成型条件的统一也很重要。

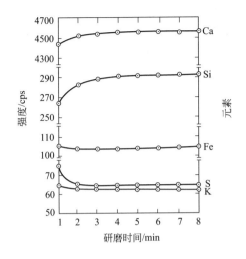

图 10-1　X 射线强度随研磨时间变化　　图 10-2　成型压力与 X 射线强度
$(1 tf/in^2 = 1.55\ MPa)$

　　样品制备时的粒度越细，所得到的标准曲线准确度的结果越好。通常，粉末的粒度最好在 300～400 目。判断粒度是否达到要求的简单的方法是用手指搓样品粉末时，没有"沙拉沙拉"的感觉，粉末进入到指纹内。实验表明，不同矿物组成的粉末样品受制样压力的影响是有差别的。因此，应针对分析样品进行研磨和压力实验，确定具体的制样条件。不仅仅是粉末样品和金属样品，一般来说，元素越轻，越易受样品表面的影响。制备试样时，要考虑被测元素和所需的精度。

四、X 射线分析深度与样品厚度

　　X 射线在物质中的穿透深度与波长有关。波长越短，穿透深度越深。波长相同时，物质的平均原子序数越小（轻元素含量高），穿透深度越大。换句话说，样品所发射的荧光 X 射线的波长越短，样品中的轻元素含量越高，则获得的试样深部的信息就越多。也就意味着，荧光 X 射线的波长越长，所得到的样品表面附近的信息就越多，或仅包含表面附近的信息。也因此，元素越轻越易受到样品表面的影响。

　　测定短波长 X 射线时，或者分析主成分为轻元素的样品时，如果样品的厚度不够，即使测定组成相同的样品，X 射线强度也会因样品厚度不同而变化。在组成不变的情况下，X 射线强度不再随样品厚度增加而变化时的厚度称为无限厚。除了薄膜分析之外，易受样品厚度影响的典型分析实例是树脂中重金属元素的分析。

　　在分析树脂中 Cd 时，X 射线强度随样品厚度而变化。将粒状树脂标准样品经热压后制成 2mm 厚的圆片，作为 Cd 分析的标准样品。使用相同的样品，通过改变样品厚度或样品加入量，测定 Cd 的 X 射线强度。结果表明，即使是同一样品，因厚度或加入量的不同，测定强度也会发生很大变化。表 10-2 是以 2mm 厚的圆片标准，得到的不同厚度样品的定量结果。因此，在某些类型的样品分析中，因样品厚度不同所造成的分析误差是相当大的。

表 10-2 样品厚度所造成的分析 (相对强度) 误差

样品厚度或加入量(状态)	Cd 标准值	分析值(未校正)	分析值(校正后)
1mm(片状)	140	64	147
4mm(片状)	140	253	144
少量(粒状)	140	161	143
大量(粒状)	140	274	139

要判断被测样品和元素 (谱线) 是否受样品厚度的影响，可事先进行检查。如果有 FP 法计算理论强度的模拟功能，则可以方便地对分析所必需的样品厚度进行计算。或者，也可以通过计算半衰减层厚度作为解决这一问题的方法。半衰减层厚度 ($t_{1/2}$) 是指 X 射线穿过某物质后，其强度衰减至入射时的一半时所对应的物质的厚度。根据朗伯-比尔定律，半衰减层厚度 (cm) 可用式(10-1) 表示：

$$t_{1/2} = \frac{\ln 2}{\left(\frac{\mu}{\rho}\right)_\lambda \rho} = \frac{0.698}{\left(\frac{\mu}{\rho}\right)_\lambda \rho} \tag{10-1}$$

式中，$(\mu/\rho)_\lambda$ 表示物质对波长 λ 的总质量吸收系数；ρ 为物质的密度，g/cm^3。

利用式(10-1)，可根据物质对所测定波长的 X 射线的质量吸收系数及物质的密度计算出半衰减层厚度。样品的厚度可以确定为此半衰减层厚度的 3～4 倍。但是，实际工作中，常常不能得到物质的密度等所需参数。此时，可以做成表 10-3 这样的表格，将代表性的物质的半衰减层厚度列于其中，这样就方便多了。使分析不受厚度效应影响的样品厚度值因仪器和测定条件而有所不同，所以最好取表中数值的 3～4 倍。液体样品以 5～10mm 为宜。从表 10-3 可知，对于很多类样品，样品厚度达到几毫米就足够了。

表 10-3 不同物质的半衰减层厚度 ($t_{1/2}$)   单位：mm

波长/10^{-10}m	H_2O	C	Al	Cu	Ag	Pb
0.5(Sn Kα)	11	8	1.1	0.04	0.06	0.01
1.0(Pb Lα)	2	2	0.2	0.03	0.009	
1.5	0.6	0.6	0.06	0.02	0.003	
2.0(Fe Kα)	0.3	0.2	0.03	0.007	0.002	
2.5	0.1	0.1	0.01	0.004		
3.0	0.08	0.08	0.008	0.003		
4.0	0.04	0.03	0.003	0.001		
5.0	0.02	0.02	0.002	0.0007		
6.0	0.01	0.01	0.001			

波长/10^{-10} m	H$_2$O	C	Al	Cu	Ag	Pb
7.0	0.008	0.007	0.0009			
8.0	0.006	0.005	0.0007			
9.0	0.004	0.004	0.0006			
10.0(Mg Kα)	0.003	0.003	0.0005			
样品实例	溶液	树脂	Al 合金 Mg 合金 岩石 窑业原料	铜合金 不锈钢 铁氧体	焊料 贵金属	
	玻璃熔片					

在树脂中重金属元素的分析中，因元素不同，可能需要几厘米的样品厚度。可是，如此厚的样品的制备是不现实的。如果元素含量高，可考虑使用 L 线代替 K 线，或使用 M 线代替 L 线，使用这些长波长谱线可以消除厚度效应。但是，对于 μg/g 级含量的微量元素分析而言，因灵敏度的原因，必须使用短波长的谱线。此时，在制备样品时，就必须使样品的厚度一致。

此外，在树脂分析中，通过校正样品厚度引起的误差进行定量分析的方法已进行了多方面的研究。可是，实际分析中常常必须校正共存元素的影响。因数学校正也是有误差的，在制备样品时应尽量避免厚度校正，这有利于减小误差。

五、样品的光化学分解

X 射线束照射会对试样产生影响。例如，在四乙基铅（TEL）中，铅原子与 C$_2$H$_5$ 基团配合作用非常弱。用 XRF 分析汽油样品中的 TEL 时，由于光电离作用，弱的配合键断裂，TEL 也就随之分解。用 XRF 分析尼龙中的痕量金属元素时，X 射线束引起的光电离会导致尼龙中大量化学键断裂，并伴随电离所生基团的再结合；随着辐照量增加，尼龙分子量显著增加，延展性等物理性质也随之改变。此外，用 X 射线照射潮湿的样品会产生臭氧（可闻到臭氧味），而臭氧会对试样起氧化作用。

六、其他问题

当样品随时间而产生明显变化时，即便采用相同的样品制备方法，如果从样品制备到测量所经历的时间不同，X 射线强度也会不同，从而造成大的分析误差。比如，生石灰是吸水性很强的物质，如果从粉碎及压片到测定的时间不能保持一致，就会造成大的分析误差。锌锭中 Al 和 Mg 的强度在研磨后马上随时间而单调增加（再次研磨后，强度回到原值），从样品制备到测定（样品制备→样品放入光谱仪→进入样品室→抽真空→开始测定）的时间控制是影响分析精度的十分重要的因素。

粉末样品粒度变小后，比表面积增大，易受吸收水分的影响。样品不同，吸湿程度也不同，称量时的误差增大，不可避免地造成分析误差。而且，测定吸湿后的样品时，仪器的真空度受到影响，也可能使 X 射线强度变得不稳定。为此，最好将粉末样品充分干燥后，再进行样品的制备和测定。通常是在干燥箱中，于105～110℃下干燥2h。多孔性样品在干燥箱中难以充分干燥，从而在测定时影响仪器的真空度。这种情况下，在真空干燥器中进行干燥效果更好。

干燥后的样品应尽快制备，或保存在干燥器中。如果在制备过程中存在吸湿现象，最好对样品制备室的湿度进行控制。如果是在大气条件下测定，可以在干燥的手套箱中用高分子膜封存在容器中，密闭保存。

样品表面附着有污物时，测定会受影响。特别是测定轻元素时要注意，必须对表面进行擦拭时，通常用乙醇。只是乙醇中含有水，会残留在样品表面。在分析B～O元素时，或者是对水敏感的样品时，使用异丙醇。

考古学样品、大型样品、纸张上的覆盖膜、铜板上的表面处理膜等不能进行样品制备的样品，或只能采集一部分进行测定的场合，要注意被测样品或测定部位是否代表总体、表面状态是否会引起结果的差异等问题。如果可以采集样品，可以从一个样品采集多个点；不能采集样品时，测定多个点。此时要注意分析结果是否存在人为的差异。

分析硅片上的薄膜样品时，要注意薄膜的成膜经历。不同的成膜方法会得到不同的X射线强度。此外，样品经过淬火与否也会引起X射线强度变化。硅片样品因尺寸不同，厚度也不相同，引起背景强度变化。再者，有时硅片的结晶质基板会产生X射线衍射现象，成为被测元素的干扰线，不同样品基板的晶面方位不同时，衍射线的分布也不同，会使某些元素难以定量分析。

将所制备的试样正确地放置在试样盒，将盛放了试样的试样盒正确地放置到光谱仪中是很重要的。由于辐射在试样中有一定的穿透能力，准直器不能接收到被X射线光管辐照的所有体积。因此，如果将试样表面逐渐远离X射线管窗口，所观测到的X射线强度会越来越小。类似地，当试样表面过于接近X射线管窗口时，也会产生X射线强度减小的现象。

当试样从过近的位置移至理想位置时，强度增加；当试样从理想位置移至过远位置时，强度会再度减小。试样的位置误差会导致强度误差。试样杯质量差、X射线管轴向位置不正确或者试样未正确放入试样杯，均会造成位置误差，后者最为常见。先前分析的试样脱落的颗粒积存在试样杯内沿、试样杯表面凹陷或有深划痕，均是造成后一种误差的原因。

X射线荧光分析制样过程就是将接收的样品通过适当的方法转化为适合于上机测定的试样的过程。不同的样品及分析要求决定了不同的制样过程。比如岩石样品须经过粗碎、细碎、压片或熔融等步骤，要使用研磨装置、模具或熔剂，也可能会加入黏结剂等。样品制备过程中比较重要的污染来源包括：①粉碎、研磨装置构成材料的污染；②之前粉碎、研磨的样品的污染；③样品溶解、熔融时所用容器的污染；④样品溶解、熔融时分析元素的挥发；⑤分析室气氛造成的污染；⑥试剂带来的污染；⑦手触摸样品表面造成的污染；⑧样品室中污物；⑨样品盒不干净；⑩与其他样品接触造成的污染；⑪压样机（模具）不干净。

研磨金属时，要使用砂轮、皮带抛光机等。这些过程可能会引入污染，造成分析误差，甚至给出错误分析结果。表 10-4 是研磨纯铁后，测定研磨材料中各成分净强度，其中 S 和 P 是黏结剂成分，可见研磨材质会对样品表面造成污染。在选择研磨带时，要根据测定元素选择最适合的材质，特别是分析微量元素时更要注意。

表 10-4　研磨材质造成的表面污染　　　　　　单位：kcps

研磨材料	Zr Kα	Al Kα	Si Kα	S Kα	P Kα
Al-Zr	0.8	0.31	0.3	0.13	0.06
ZrO_2	0.5	0.18	0.3	0.16	0.05
Al_2O_3	0	0.13	0.3	0.17	0.03
SiC	0	0	0.9	0.15	0.06

X 射线照射时，如果样品成分产生挥发，会使仪器内部被污染，不仅会影响测定，还会使仪器的性能下降。所以，要尽可能避免分析强酸、强碱及低温下易升华的样品。另外，含 Cl、P、S 高的粉末、橡胶等样品，经长时间测定后，因样品发热会造成飞散现象（因化合物的种类不同，差异很大。比如 NaCl 经长时间测定也不会变化，而测定氯乙烯中的氯时，强度会降低，说明有氯挥发掉），特别是在使用高功率 X 射线管仪器时，要注意：①避免长时间测定；②降低管电流；③用高分子膜将样品表面保护起来。对波长色散型 X 荧光光谱仪的分光晶体产生影响的物质见表 10-5。

表 10-5　对波长色散型 X 荧光光谱仪的分光晶体产生影响的物质

项目	物质名称	分子式	项目	物质名称	分子式
对晶体表面有侵蚀作用的物质	硬脂酸	$CH_3(CH_2)_{16}COOH$	对晶体表面影响不明显的物质	丁二酸	$HOOCC_2H_4COOH$
	水杨酸	HOC_6H_4COOH		氢醌	$C_6H_6O_2$
	尿素	H_2NCONH_2		间苯二酚	$C_6H_4(OH)_2$
	磷酸氢钾	K_2HPO_4		柠檬酸	$C(OH)(COOH)(CH_2COOH)_2$
	三水磷酸氢钾	$K_2HPO_4 \cdot 3H_2O$		乙酰苯胺	$C_6H_5NHCOCH_3$
	磷酸钾	K_3PO_4		邻苯二甲酸酐	$C_6H_4(CO)_2O$
	三水磷酸钾	$K_3PO_4 \cdot 3H_2O$		过硫酸钾	$K_2S_2O_8$
	苯甲酸	C_6H_5COOH		焦硫酸钾	$K_2S_2O_7$
	己二酸	$(CH_2)_4(COOH)_2$		焦亚硫酸钾	$K_2S_2O_5$
	乙二酸	$HOOCCOOH$		二水亚硫酸钾	$K_2SO_3 \cdot 2H_2O$
				聚偏磷酸钾	$(KPO_3)_n$
				磷酸二氢钾	KH_2PO_4
				焦磷酸钾	$K_4P_2O_7$
				四水四硼酸钾	$K_2B_4O_7 \cdot 4H_2O$
				硝酸钾	KNO_3
				亚硝酸钾	KNO_2
				对苯二甲酸	$C_6H_4(COOH)_2$
				酒石酸	$[COOHCH(OH)]_2$

第三节 金属样品的制备

一、取样

与其他材料的分析类似，在金属分析中，每位分析人员的直接分析责任始于取样。在取样阶段，必须注意许多问题，比如，整个取样方法是否准确？取样深度应该是多少？在诸多取样模型中，应该选择哪一个？为什么？样品的形状、尺寸和厚度正确与否？在何种情况下试样及其表面可以被接受或者反之？为加快速度，样品表面制备的质量可以做多大的让步？样品是否具有代表性？参与分析的少量试样能否代表成吨的金属？对于炉前分析，金属的采样方法是用长柄勺舀取，倒入模具中固化（浇铸）。尽管有时也采用将模具直接浸没在熔融金属中的方法制备样品，但浇铸法是最广为使用的分析样品制备手续。浇铸的结果是，固体试样随模具类型或浇铸过程的不同而具有特定的形状及微观和宏观结构。当合金固化时，所形成的固体的组成通常与用来浇铸的液体不同，此外，所形成的固体带有某种结构。

二、金属样品的制备方法

块状、板状的金属样品一般采用研磨、抛光的方法进行制备。研磨钢铁等硬质金属时，采用研磨带（皮带抛光机，60～240 号）、砂轮机（36～80 号）。在使用研磨带或砂轮的场合，连续研磨多个样品后，研磨粒子的粒度发生变化，使不同样品的研磨效果不同。因此，在研磨一定数目的样品后，要更换研磨带，或对其进行修理。此外，在研磨不同品种的样品时，要注意样品之间的污染。还要注意研磨剂颗粒、研磨带黏结剂（含碳）造成的污染。对于铝合金、铜合金等软质金属，如果使用研磨带，会使杂质进入到样品中或引起表面钝化，所以应使用车床。也可以使用砂纸，但与使用研磨带或砂轮的情况类似，要注意不同样品研磨效果的差异，以及砂纸带来的污染。贵金属、焊料等可以用加压成型的方法制备测量面。金属片、金属屑等样品可以采用重熔后离心铸造的方法，经研磨后，可与块状样品同样的方式进行测定。代表性的金属样品的表面处理方法见表 10-6。

表 10-6 金属样品的表面处理方法

样品种类	条件	研磨方法	研磨-分析中的注意事项	备注
钢铁	普通碳分析	用皮带抛光机（60～240 号）研磨，一般使用 80 号氧化铝，表面用乙醇擦拭 使用 36～80 号砂轮（白刚玉类磨料）	对新品砂带要进行训练，确认研磨个数（粗糙度变化）。为防砂带污染，分析铝用碳化硅（金刚砂）磨料，分析硅用刚玉类磨料。对磷、硫的污染也应注意 要修整磨石表面使其表面露出。试样表面不能过烧，勿用溶剂擦拭分析面，勿用手触摸分析面	砂带抛光机使用简便，应用很广 白口化铸铁样品用砂轮机最合适

样品种类	条件	研磨方法	研磨-分析中的注意事项	备注
铜合金	普通	用车床对表面进行精加工(10μm以下)	为使加工良好、防止油污,可往车刀刀头边加甲苯边车,并注意不在中心部位留下突头	适于磨光锌合金、铝合金等硬度低、带黏性的样品
铝合金	普通 Si 含量 4% 以上	用车床对表面进行精加工(10μm以下) 用锉刀或砂轮将表面稍稍打粗一些	注意事项同上。对含铜、锌 2% 左右的样品要注意与其他样品表面加工的差异 硅呈粒状和岛状,研磨时要特别注意别让硅粒脱落	
贵金属	金等	有时也要抛光,但多半将切断面或成品加压成型制成平面,表面用溶剂洗净	薄样品用手一按,表面往往变得凹凸不平	可应用于软样,硬样用车床车光

第四节　粉末样品的制备

对于粒度大、存在矿物效应（不均匀性效应）影响的粉末样品，首先要进行粉碎。粉碎时应注意：

① 在粉碎之前，应将样品充分干燥。

② 为保证各试样具有所需和均匀粒度，应选用合适的研磨装置。例如用自动碎样机（振动磨或自动玛瑙研钵）进行粉碎。还有一种常用的研磨装置是盘磨（disk mill），该装置由一系列同心环加内部固体盘组成，研磨时固体盘会前后剧烈振动，所制成的样品颗粒小而均匀。

③ 选用合适的样品容器，避免污染。样品容器可以是氧化铝、硬质钢、玛瑙或碳化钨制成，选材时可根据粉碎时间或样品的硬度而定。这些装置的效率很高，比如用盘磨可在几分钟内将试样颗粒磨至 325 目以下。不足的是，容器的材质会造成一定的污染，在测定微量元素时，应避免使用含有被测元素的容器。在用钢制颚式破碎机对样品粗碎时，也可能会引入污染。比如，粉碎石英岩鹅卵石（95% SiO_2，5% Al_2O_3）时，会出现来自破碎机的铁、锰、钴和铬的污染。

④ 研磨时间。用振动磨粉碎时的时间因样品而异，为减少样品发热（比如样品中含有金属时）或污染，最好控制在 0.5～5min。

⑤ 注意避免样品间相互污染。为此，应从浓度低的样品开始制备。样品在粉碎容器上黏附很牢，或前后粉碎的样品品种不同时，为避免相互污染，可以先取一部分样品，粉碎后弃去，清洗粉碎容器后再行粉碎。易黏附于容器的或易受热影响的样品，可以加入研磨助剂，加入量以浸湿样品为宜。这种湿法粉碎增加了样品在磨器中的流动性，抑制了发热现象，从而使粉碎效果改善，同时也抑制

了发热对样品的影响。粉碎后，要对样品进行充分干燥。

经充分粉碎后的粉末样品的代表性的制样方法是粉末压片法、玻璃熔片法和松散粉末法。

一、粉末压片法

粒度效应可忽略时，粉末试样的最简单快捷的制备方法是直接压制成一定密度的样片，压制时可视情况添加或不添加黏结剂，制样操作简单、快速。但自动化程度低，一般是采用手动压片机，在平板式压模（压环法）或圆柱式压模中压制样片。

实践中，有些材料很软并且均匀，可以不经粉碎直接压片分析。许多医药产品即可用此技术直接分析，但有时需加入少量纤维素作为黏结剂。一般而言，样品都太硬且不够均匀，需想办法减小样品粒度至可接受的尺度，并仔细混匀后压制。

1. 压环法

在压环法中，一般采用铝环或 PVC（聚氯乙烯）环盛放样品，其中 PVC 环使用比较广泛，适合于多种类型的样品。但对有些样品，在压制后压环会反弹（样品表面与压环表面出现高差）。这种高差会造成 X 射线强度的变化，在定性分析中虽然不会带来问题；但在定量分析中，因对分析精度要求高，最好使用铝环。PVC 环本身几乎不会带来污染，测定后的样品可以回收再利用。铝环会带来铝的污染，对需回收的样品使用时要加以注意。

在压环法中，如果压片直径为 30mm，则样品用量在 3～5g。如果压片直径不同，则应根据直径大小称取相应量的样品。如果压制后，出现样品从压环中脱落的现象，可以改用铝环或铁环。如果颗粒过细，成型后的表面易出现高差，不能使用。在炉渣和烧结物分析中应用很好的一种制备方法是将样品放在铅环或 O 形橡胶圈中，用平板式压模机压制。

2. 直接压制法

自成型性能好的粉末样品，可直接放入圆柱式压模机中压制，其优点是易于固定样品的使用量，可以克服样品厚度的影响。不使用压环、衬里、黏结剂等，无消耗、无试剂或衬里材料的沾污。注意不要使其边缘受损。考虑到压片后模具清洗问题，在制备大量样品时，压环法的可操作性更好。

压片时，如果直接将压力升高到目标值，在退模后常常出现样片破裂现象。这是因为粉末中残存的空气减压膨胀造成的。避免这种现象出现的方法是采用逐步施压、反复放压，使空气释放后，再增压到目标值。另外，压片中的颗粒是靠相互的摩擦保持为一个整体。球粒状的颗粒（SiO_2 粉末、灼烧残留物等）常常出现成型困难的情况。这种情况在镶边法和样品杯法中也可能出现。

直接压制法的一个问题是对模具的加工质量要求高。样品粉末易进入到模具的缝隙中，造成退模困难。特别是压制粒度很细的样品时，常常会因退模问题使制样操作失败。另一个问题是压制过程中的模具清洗比较费时。

3. 镶边（衬里）法和样品杯法

在地质样品分析方面，国内普遍采用的是低压聚乙烯或硼酸镶边-衬底技术。即在压制样品时，在圆柱式压模内嵌入一个带三个定位楞的圆筒，筒内装入样品，整平后，在其上方及压模与圆筒之间的缝隙加镶边物料，取出定位圆筒后压制。相对于直接在压模中装入样品的压制方法，镶边法的优点是压模的清洗简单、样片牢固、对模具的加工精度要求也较低。但对于穿透深度大的短波 X 射线，要注意镶边物料的杂质干扰。另一种类似的方法是将加工好的铝环放入到圆柱形模具中，在铝环内加入样品压制，这样制备出的样片也很坚固。

使用模具或直接在样品环中压制时，如果压力高，当模具退去压力时，样片常常会产生裂痕。裂痕产生的原因是在高压下模具有轻微的变形。如果将粉末放入在高压下产生不可逆形变的模型中压制，就可避免裂痕。

4. 加入黏结剂压制

在无法制成成型好的样片时，可定量加入 10％～20％的黏结剂（如甲基纤维素、乙基纤维素、聚乙烯、硬脂酸、硼酸、聚苯乙烯等树脂类粉末、淀粉，乙醇、尿素或聚乙烯醇水溶液等），混合后加压成型。在进行混合时，要注意样品与黏结剂粒度的差别，最好用粉样机边粉碎边混合。用黏结剂后，样片结实、稳定、易保存，但也可能使分析误差加大，在称量、混合时要按规程正确进行。另外，黏结剂中的杂质可能会影响微量元素的分析。应事先对所使用的黏结剂中的杂质元素及含量水平进行检查。此外，在与黏结剂进行混合时，混合比不要超过 1∶10（比如 1∶20），混合比超过 1∶10 后，不易混合均匀，造成不均匀效应影响。用试剂配制低浓度标准样品时，应采取与溶液稀释类似的方式，逐级稀释。在配制微量元素样品时，宜采用原子吸收标准溶液。方法：向准确称取的粉末样品中，定量加入含量已知的标准溶液，再向其中加入蒸馏水，使全部粉末均被溶液浸湿，搅拌均匀后干燥。在压制前，尽可能进行粉碎处理。

在选择黏结剂时需加倍小心。黏结剂除了要有良好的自成型特性外，还应该不含污染元素和干扰元素，且质量吸收系数必须低（除非需要人为增加基体的质量吸收系数）。黏结剂在真空和辐照条件下还必须稳定。黏结剂的加入必然会降低总基体吸收，因此用一定量的黏结剂稀释样品并不一定会使某种元素的灵敏度按被稀释的倍数降低。常常是按试样体积添加 1～2 份精心选择的黏结剂对中等平均原子序数的基体的吸收影响很小或没有影响，但却会明显降低样品的平均原子序数，使样品的散射能力增加，从而增加背景辐射。对于波长小于 0.1nm 而含量低的元素，背景增加造成的影响是很严重的，因为在波长小于 0.1nm 的波段，背景扣除很困难。为此，最好用尽可能少的黏结剂与试样混合，用适当量的黏结剂作为样品的衬底，以增加样片的强度。当样品量很少，不能压制出具有足够机械强度的样片时，也可采用衬底技术。必要时，在样片压制好后，用 1% Formvar（聚乙烯醇缩甲醛和氯醋树脂、聚乙烯醇三元共聚物的一系列产品）的三氯甲烷溶液喷洒在样片上，可以进一步增加样片的稳定性。

一般来说，如果粉末颗粒的直径小于 $50\mu m$（300 目），样品通常应在 $23.25\sim31MPa$ 的压力下压制。自成型特性好的粉末或许在 $3.1\sim7.75MPa$ 的压力下压制即可，而自成型特性很差的粉末则需要使用黏结剂。

在压片时，样品之间可能会造成相互污染。为此，最好先制备浓度低的样品。当样品易黏附在模具上时，如果采用的是压环法，可在压模与样品之间放一层高分子膜，即可解决这一问题。

二、玻璃熔片法

1. 玻璃熔片法及其优点

不均匀性和粒度效应可以通过研磨和高压制饼（样片）降低。但由于一些较硬化合物不能被破坏，且还存在矿物效应。在以硅酸化合物为主的炉渣、烧结物和某些矿物等特定类型材料分析中，这些效应会导致系统误差。

玻璃熔片法是将样品与熔剂、脱模剂、氧化剂一起放在适当的坩埚中，在 $1000\sim1250℃$ 温度下熔融、混匀，快速冷却后，制成玻璃片。也就是说玻璃熔片法是以高温下的化学分解反应为基础的，而为了得到均匀的固态玻璃体，则需控制熔融物冷却过程中的相变过程。以硼酸盐为例，熔融状态下的化学反应将样品中的各相转化为玻璃态的硼酸盐（有关硼砂熔融法的详细原理，请参见有关文献）。比如，用四硼酸钠（或四硼酸锂）熔剂可以得到样品元素的玻璃态硼酸盐，但所经过的化学反应的步骤可能相当多。例如，二价金属氧化物（MO）可能会生成多种反应产物。最终反应产物的分布在很大程度上取决于反应温度以及初始样品与硼砂的质量比。应避免该反应系统玻璃区以外的产物形成，只要参照适当的相图，就基本可避免这一问题。

$$Na_2B_4O_7 \longrightarrow 2NaBO_2（偏硼酸盐）+B_2O_3$$
$$NaBO_2+MO \longrightarrow NaMBO_3（硼酸盐）$$
$$B_2O_3+MO \longrightarrow M(BO_2)_2（金属偏硼酸盐）$$
$$M(BO_2)_2+2NaBO_2 \longrightarrow Na_2M(BO_2)_4（复合硼酸盐）$$

熔融的目的有两个，一是使样品中的化合物与混合熔剂完全反应形成真溶液；二是使熔体冷却形成固态玻璃体（即完全非晶质），得到均匀、可控制尺寸的玻璃片，可直接放入光谱仪进行测量。玻璃熔片法具有以下优点：①消除了矿物效应、粒度效应等造成的不均匀性；②因熔剂稀释作用，共存元素效应减小；③可使用试剂配制标准样品；④分析主成分元素时的样品用量小（1g 以下）；⑤使高精度分析成为可能。这种方法多用于氧化物粉末，主要用于波长色散 X 射线荧光光谱定量分析中。

2. 熔剂的选择

（1）硼酸盐类熔剂　制备均匀粉末样品的最有效方法应是硼酸盐熔融法。该方法由 Claisse 于 1957 年首先提出。该法是将样品与过量的钠或锂的四硼酸盐熔融后，浇铸成固体玻璃片。Claisse 最早提出的四硼酸钠与样品的比例为 100∶1。后来有许多对其原始方法的改良，其中最重要的是采用四硼酸锂取代原来的钠盐。1962 年 Rose 等建议采用 4 份四硼酸锂和 1 份样品（4∶1），还建议采用氧化镧作为重吸收剂。几年后，Norrish 和 Hutton 指出，全岩样品分析的理想比例为 5.4∶1，同时加入碳酸锂降低熔融温度。四硼酸锂的优点是其平均原子序数低于相应的钠盐，并且如果与碳酸锂一起使用，会形成一种共熔混合物，在 6∶1 的比例时，其熔点低于硼砂。碳酸锂有些吸潮，预熔后的四硼酸锂-碳酸锂混合物应保存在密闭的瓶中。由于吸潮是一个很快的过程，在分析经熔融、研磨后压成的样片时，也要注意吸潮问题。对放置在潮湿实验室中仅 24h 的样片的 XRD 分析表明，其表面存在 $Li_2CO_3 \cdot H_2O$。Bower 和 Valentine 发表了关于全岩分析各种制样技术的评论文章，并将所得到的结果与压片法进行了比较。需指出的是，熔融法稀释了样品，使痕量元素的分析变得困难。

由于 $Li_2B_4O_7$ 和 $Na_2B_4O_7$ 在高温时（1100～1200℃）几乎是万能的熔剂，因此在比较这两种熔剂时，很难得到一般性的规律。但 $Na_2B_4O_7$ 熔剂的黏度高，易"润湿"坩埚，黏附在坩埚上，必须经常清洗坩埚。另外，用 $Na_2B_4O_7$ 制备的样片吸水性很强，不易保存。特别是对于标准样片而言，因长期保存困难，显然不如用 $Li_2B_4O_7$ 熔剂好。另外，锂的硼酸盐熔体的流动性比钠的硼酸盐要好，有利于混匀。从分析的角度考虑，在分析轻元素时，肯定是采用 $Li_2B_4O_7$ 比 $Na_2B_4O_7$ 为好。熔剂中加入 Li_2CO_3 或 LiF 可分别增加熔剂的碱性或酸性，降低熔点，加快反应速率，加大熔体的流动性。对于用纯 $Li_2B_4O_7$ 难以熔解的化合物，如锡石（SnO_2）、硅锌矿（Zn_2SiO_4），可以用 $Na_2B_4O_7$ 和 $NaNO_3$ 的混合物作为熔剂。

针对不同样品类型，采用不同混合比的偏硼酸锂与四硼酸锂混合熔剂十分受欢迎。除了熔点方面的考虑之外，主要是这两种熔剂的酸碱性不同，从而使不同样品在高温熔融状态下的溶解度产生明显差异。混合熔剂的应用实例见表 10-7。

① $LiBO_2$ 可看作是 $Li_2O-B_2O_3$，在酸性氧化物（SiO_2）存在时，这种熔剂能像 Li_2O 一样发生反应，而多余的 B_2O_3 能有效地形成 $Li_2O-B_2O_3$。$LiBO_2$ 的另一个优点是所形成的熔融玻璃体的流动性好。

② $Li_2B_4O_7$ 可看作是硼的氧化物的主要来源，能与碱性氧化物（如 K_2O、CaO）反应，形成偏硼酸盐和 Li_2O。Al_2O_3 之类的氧化物与 B_2O_3 的反应比与 Li_2O 更容易。因为，虽然它们是两性氧化物，但作为碱性氧化物时比作为酸性氧化物时反应活性更强。对于含有大量碱性氧化物的样品，如碳酸岩样品则推荐

使用 $Li_2B_4O_7$。

③ 以 SiO_2 和 Al_2O_3 为主成分的试样，建议用 4 份 $LiBO_2$ 和 1 份 $Li_2B_4O_7$ 作为通用的熔剂与 1 份试样混合。

④ 对难熔含铬耐火材料，建议用 1 份样品＋10 份偏硼酸盐＋12.5 份四硼酸盐。

尽管硼酸盐类熔剂广泛使用，但其铸模需缓慢冷却，以避免因残余热弹性张力使样片破裂。因此所制成的样片有时不是真正的玻璃体，而有可能是大量直径为 1～3mm 的玻璃珠混合体，测量时因玻璃珠表面散射 X 射线而引入误差。可采用熔片粉末 XRD 检查熔片均匀性，如果观测不到衍射线，即表明熔片均匀。在熔片制备中遇到的许多问题，都是因为对熔融过程中发生的化学反应不了解所造成的。

表 10-7　混合熔剂的应用实例

样品	熔剂（比例）	样品/熔剂	熔融时间/min	脱模剂
汽车催化剂	LiT/LiM(50/50)	1：6	8	＋
沸石	LiT/LiM(50/50)	1：6	8	＋
FeSi 合金	LiT	1：15	15	＋
AlF_3	LiT/LiM(35/65)	1：3	5	＋
水泥	LiT/LiM(67/33)	1：6	8	＋
陶瓷	LiT/LiM(50/50)	1：6	8	＋
玻璃	LiT/LiM(50/50)	1：6	8	＋
土壤	LiT/LiM(33/67)	1：3	5	＋
铝土矿	LiT/LiM(50/50)	1：6	8	＋
金属铝	LiT/LiM(50/50)	1：10	15	＋
铁、钢	LiT/LiM(50/50)	1：10	15	＋
铜	LiT/LiM(67/33)	1：20	15	＋
闪锌矿	LiT/LiM(50/50)	1：12	15	＋

注：LiT 表示四硼酸锂；LiM 表示偏硼酸锂。摘自 http://www.claisse.com/en/fusion/preparation-xrf.asp。

(2) 磷酸盐类熔剂　磷酸盐类熔剂，比如 $LiPO_3$＋各种添加剂，$NaPO_3$ 和焦磷酸钠等使用较少。但这类熔剂中的磷与试样中的过渡金属形成络合物，反应活性强。实验表明，由 $LiPO_3$ 熔剂熔解氧化物样品得到的玻璃片均匀、无须长时间退火或机械加工。而且样片可长时间使用（将样品保存在有氧化磷的干燥器中，可使用 18 个月以上）。对于含铬矿石和铬镁耐火材料等极难熔解的样品，用六偏磷酸钠 $[(NaPO_3)_6]$ 熔解毫无问题，而且熔融温度较低。$LiPO_3$ 熔剂的应用实例见表 10-8。

表 10-8　LiPO₃ 熔剂的应用实例

样　品	熔　剂	样品/熔剂	温度/℃
$YBa_2Cu_3O_x$	$LiPO_3$	1:2	780
$Bi_{0.7}Pb_{0.3}SrCaCu_2O_x$	90% $LiPO_3$+10% Li_2CO_3	1:2	850
$LiNbO_3$	$LiPO_3$	1:3	800
$CdWO_4$	$LiPO_3$	1:10	850
α-Al_2O_3	90% $LiPO_3$+10% Li_2CO_3	1:10	900
γ-Al_2O_3	$LiPO_3$	1:20	850
$SrTiO_3$	90% $LiPO_3$+10% Li_2CO_3	1:10	900
$La_3Ga_5SiO_{14}$	80% $LiPO_3$+20% Li_2CO_3	1:20	950
La_2O_3	90% $LiPO_3$+10% Li_2CO_3	1:25	950
Gd_2SiO_5	90% $LiPO_3$+10% Li_2CO_3	1:30	950
SiO_2	70% $LiPO_3$+30% Li_2CO_3	1:30	900
Ta_2O_3	70% $LiPO_3$+30% Li_2CO_3	1:40	900
$SrTiO_3$	80% $LiPO_3$+20% Li_2CO_3	1:10	900
ZrO_2	80% $LiPO_3$+20% Li_2CO_3	1:10	900

（3）其他熔剂　碳酸钠、硫酸氢钠和硫酸氢钾（加或不加氟化钠）、偏磷酸铵亦可作为熔剂，熔融后粉碎压片或溶于水中进行分析。表 10-9 是不同熔剂的比较。

表 10-9　不同熔剂的比较

熔剂类型	熔剂组成	特性	应用
偏硼酸锂	$LiBO_2$ 或 $LiBO_2$+$Li_2B_4O_7$(4:1)	力学性能好，对 X 射线的吸收弱	酸性氧化物(SiO_2，TiO_2)、硅铝质耐火材料
四硼酸锂	$Li_2B_4O_7$	熔片易破裂，对 X 射线的吸收弱	碱性氧化物(Al_2O_3)；金属氧化物；碱金属、碱土金属氧化物；碳酸岩；水泥
碳酸钠、碳酸钾及其混合物	Na_2CO_3、K_2CO_3	不适合制备玻璃片	硅酸盐
硫酸氢钠、焦硫酸钠	$NaHSO_4$、$Na_2S_2O_7$		非硅酸盐矿物(铬铁矿、钛铁矿)
四硼酸钠	$Na_2B_4O_7$	熔体黏度大，熔片易吸湿	金属氧化物；岩石；耐火材料；铝土矿
偏磷酸钠	$NaPO_3$		各种氧化物(MgO，Cr_2O_3)

3. 熔样坩埚的选择及使用

熔融混合物的实际熔融反应在 800～1000℃ 的坩埚（如铂、镍或石英坩埚）

中进行，这些坩埚材料均有各自的优点，但都存在熔体润湿坩埚壁的缺点，不能将熔融化合物完全回收。石墨坩埚可在一定程度上克服此问题。避免此问题的最好方式可能是采用95％铂＋5％金制成的坩埚。该合金几乎完全不被硼酸盐的熔融化合物润湿，避免了化合物的损失，而且坩埚的清洗容易得多。

Pt 95％-Au 5％坩埚长期连续使用时，其内表面会变粗糙，这不仅会使熔片的表面变粗糙，而且使熔融时形成的气泡不易赶尽，还会使熔片不易脱模。因此，坩埚要定期抛光，必要时重新加工。金属、有机碳、硫化物等含量高的样品会与坩埚反应，损伤坩埚；在含量不是很高时，可在熔融时加入氧化剂（硝酸锂、硝酸铵等）进行熔融制片。如果熔融时不加入氧化剂，金属总成分按质量分数计应在0.1％以下，S应在0.5％以下，C应在0.1％以下。如果可能，应事先灼烧处理。

在使用Pt 95％-Au 5％坩埚时，应严格遵守铂器皿的实验室使用规定。

4. 熔融辅助试剂

有些样品含有还原性物质，有的易挥发损失，有的会对熔样坩埚造成腐蚀，需加入氧化剂。加入的氧化剂可以是 BaO_2、CeO_2、KNO_3、$LiNO_3$、NH_4NO_3、$NaNO_3$ 等，可根据分析样品和分析元素种类进行选择。但是，石墨坩埚总是给出还原性条件，不适合于需添加氧化剂的材料熔融。有些元素，如碱土金属，会使玻璃体稳定性降低、变脆，甚至破裂。加入玻璃化试剂（SiO_2，Al_2O_3，GeO_2 等）可以解决这一问题。加入氟化物（KF，NaF，LiF）可明显提高玻璃体透明度，增加熔体流动性。

当玻璃体不易脱模时，可加入脱模剂（非浸润试剂）。脱模剂一般使用碱金属的卤化物（KI、NaBr、LiF、CsI、LiI等），最常用的是LiI或LiBr。由于脱模剂会促进玻璃体产生结晶或使玻璃体在浇铸时形成球状，而难以展开或充满铸模，所以其用量不能太多。可以直接加入粉末，但由于这类试剂的吸湿性高，事先配制成一定浓度的水溶液比较方便。平时避光保存，使用时用微量移液器定量加入。LiBr的脱模效果好。但不论使用何种脱模剂，加入量太大时，都会使制成的玻璃片变形，有时会成为月牙形。另外，脱模剂中的I和Br会有一部分残留在熔片中。I $L\beta_2$ 线与 Ti $K\alpha$ 线、Br $L\alpha$ 线与 Al $K\alpha$ 线的波长接近，存在谱线重叠干扰，须注意脱模剂的添加量。玻璃片不易从坩埚中剥离时，加入的脱模量就要大些，必然会造成谱线重叠干扰，测定时须进行重叠校正。

5. 玻璃熔片法的误差控制

玻璃熔片法制样的目的是进行高准确度分析，样品与熔剂的称量误差应控制在0.1mg，标准样品和未知样品要按固定的稀释率（样品与熔剂比例）制备。样品、熔剂的总量应为5g左右，应根据坩埚的大小确定。样品和熔剂的总量太少时，熔片易形成月牙形而不是圆形；或者因熔片太薄，使重元素（波长短的元素）受厚度效应影响。因为熔片的厚度并不是必须一致，在熔片薄时可选择波长长的分析线。熔剂的批次不同时，吸湿量及纯度也不相同，玻璃熔片法采用无水熔剂为好。标准样品和未知样品最好采用同一批次的熔剂制备。可能的话，熔剂在使用前进行灼烧处理，比如四硼酸锂在 $650\sim700℃$ 条件下灼烧 4h，在干燥器中冷却后再使用。

样品制备的基本要求是条件一致，因此在制备熔片时，必须对熔融温度和时间进行控制。虽然用喷灯也可以，但还是用熔片机更好，这样可以预设熔样温度、熔融时间，使熔片在固定条件下制备。熔片易被湿气侵蚀，要保存在干燥器中。操作中还要注意不要被熔片的边缘划伤手指。

有些特殊样品，比如明矾石 [分子式为 $KAl_3(SO_4)_2(OH)_6$]，即使在 $1000℃$ 下短暂熔融也会挥发。全岩分析中，为避免碱金属和硫酸盐挥发，温度要控制在 $(1000\pm25)℃$。Baker 指出，用含 1 份偏硼酸锂加 2 份四硼酸锂的混合熔剂，在 $10:1$ 稀释比下可以很好地将硫酸盐保留在熔体中。对于硫化物，用 19.6% 的硝酸锂加 80.4% 的四硼酸锂混合熔剂（稀释比为 $10:1$），可以定量地将硫化物形态的硫保留在熔体中。

铁含量高的样品黏度高，需多加脱模剂才能倾倒出来。可以用光纤显微镜照明灯等高强度灯检查色深、富铁的固体玻璃片均匀性。有时会看到未完全熔解、混合得不好的样品颗粒斑点。这时应采用更长时间和更高温度来完全熔解样品。

与溶液法类似，所有的熔片技术都有高倍稀释和增加散射背景的缺点。用少量熔剂、配合使用高吸收氧化物（如氧化镧），可以减小稀释率，并达到克服基体效应的效果，从而使标准和样品的基体吸收趋于稳定，而不会使基体散射明显增加。较之液体溶液法，固体溶液法的最大优点是不需要样品盒覆盖膜，且可在真空下测量。针对因稀释作用造成的灵敏度下降问题，近年来也有人采用样品与熔剂 $1:2$ 的低稀释率玻璃熔片法，以提高微量元素的分析精度。

6. 熔样设备的选择

用于制备玻璃熔片的设备主要有电热型、燃气型和高频感应型三种。

（1）电热型　采用马弗炉的温控原理，温控精度高，可以保证长时间的熔样条件的一致性。一般可同时熔融 $4\sim6$ 个样品，速度快、熔样效果好；缺点是在取放样品时，对操作者有一些热辐射。

（2）燃气型　一般采用丙烷气体火焰加热样品，可同时熔融 $4\sim6$ 个样品，速度较快。也可在不同的燃烧头上控制不同的温度，通过人为方式移动样品，实现逐级加热，对须预氧化的样品很有利。其缺陷是温度控制稍差，也不能直观地得到熔样温度。另外，因需要特殊的燃气，存在供应及安全问题。

（3）高频感应型　操作比较简单，具有"按键开始"的特点。热源比较集中，对操作者的热辐射小。可通过程序对样品逐级升温，实现预氧化处理。温度控制采用间接方式，坩埚温度受其在感应圈中的相对位置影响大。由于是靠坩埚底部加热样品，熔体的温度很不均匀。高频辐射对操作者健康有一定的负面影响。此外，需配套使用水冷装置。

三、松散粉末法

松散粉末法是将样品放在适当的容器内直接测定的方法。在压片不易成型或希望回收样品时，可以采用这种方法。与压片法和玻璃熔片法相比，其制样重复性往往较差。用于定量分析时，应用同一个样品制备多个重份试样，确定样品制备的精密度。此外，松散粉末法都是用高分子膜作为分析窗口，高分子膜对轻元素 X 射线吸收很大，造成 X 射线强度大幅衰减。选用时要根据所用仪器和分析元素而定。比 Cu Kα 线波长短的 X 射线基本上不受膜吸收影响。在需要做高精度的定量分析或轻元素分析时，还是应该首先考虑使用压片法或玻璃熔片法。

粉末样品直接分析的最主要问题是其局部的不均匀性和制样的重复性问题。如前所述，X 射线在试样中的实际穿透深度一般都非常小，轻元素的实际采样深度常常在几微米的范围。当试样在穿透深度尺度上为不均匀时，光谱仪实际分析的部分可能就不代表整个试样。

在直接用粉末法不能压制成样片时，是选择添加黏结剂压制样片的方法，还是选择松散粉末法？图 10-3 比较了添加黏结剂压片法和松散粉末法的轻元素的灵敏度。从轻元素的灵敏度及制备后的样品的管理、处理等方面考虑，还是应首先尝试添加黏结剂压片法，其次才是选择松散粉末法。

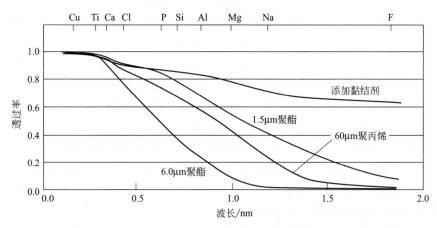

图 10-3　添加黏结剂压片法和松散粉末法轻元素灵敏度的比较

（图中元素位置对应于其 Kα 线的波长）

松散粉末法的优点是制样简单，对不产生辐照分解的样品（比如大多数地质样品），完全没有样品损失和破坏。用该法分析过的样品还可以用其他方法进行分析。对于可以使用 X 射线光管靶线作内标的重金属元素，其分析的准确度和精确度受样品量的影响是比较小的，基本可以提供定量分析数据。另外，对于样品量有限、组成完全未知的样品，或在用熔融法制备样品之前希望知道重金属元素大致组成的样品，采用松散粉末 XRF 法进行半定量或定性分析是十分方便的，如果实验室配备有能量色散型 XRF 光谱仪，就尤为方便、快捷。

第五节　液体样品的制备

液体样品有两类。一类是样品本身是液体状态，比如污水、海水、河水、油品等；另一类是由固体样品溶解后形成的液体。液体样品分析时，可以直接分析液体，也可以将液体点滴到滤纸上，干燥后测定。当液体样品中某元素的浓度太低，前述方法不能分析时，必须采用富集技术，使浓度达到光谱仪可测量的范围。分析微量金属元素时，可以在溶液中加入沉淀剂，将沉淀过滤到滤纸上，经富集后测定。

富集技术的效率在很大程度上取决于操作者使用的方法。低浓度溶液可以用离子交换树脂富集，洗脱并转移到滤纸片上。或者，离子交换树脂本身即可作为样品载体，即将交换树脂压片或采用离子交换滤纸。这种方法对于极稀溶液中的金属的测定非常有用，因为可以选择特效交换树脂。加入已知量的树脂到溶液中，摇动几分钟，即可达到富集目的，然后过滤、干燥、压片。用此法，在 15min 以内的总制样时间，即可测定溶液中 $0.1\mu g/mL$ 的金。

一、液体法

在直接分析液体时，仪器光路中一般是充入 He 气。如果分析元素是波长短的重金属，也可以在大气气氛中测定。由于空气中的氧气在 X 射线照射时会形成臭氧，可能对仪器内部的元器件造成破坏，在使用高功率 X 射线光管的情况下，应尽量避免液体的测定。不管是上照射型还是下照射型的仪器，都是用前述松散粉末法中的高分子膜（聚丙烯、聚酯等）作为分析窗口，将样品装在塑料容器中测定。采用上照射型仪器时，加入样品时易混入气泡。一种用于上照射型仪器的液体样品容器，可以将容器内的气泡捕获，使气泡不能在加入试样时跑到分析面上。

F、Na、Mg 等轻元素受 He 气氛或高分子膜吸收的影响，灵敏度显著降低。因此，容器窗口的膜厚度越薄越好。但同时须考虑薄膜对 X 射线照射的耐久性。在使用高功率 X 射线管的情况下，要使用比较厚的膜（一般是 $5\sim6\mu m$ 的聚丙烯膜或聚酯膜），测定时间要短，并降低 X 射线管输出功率。此外，关于高分子膜的耐药性请参见表 10-10。

在直接分析液体时，测定过程中可能会产生气泡、沉淀、析出等现象（见表 10-11），引起测定结果的变化，须引起注意。为保持测定过程中液面平整，最好不要使用样品旋转机构。此外，如果样品容器不是密闭的，样品中挥发出来的成分可能会污染或腐蚀仪器，要避免分析易挥发的液体或酸度高的液体。

表 10-10　高分子膜的耐药性

试剂	聚酯(Mylar)	聚碳酸酯	聚丙烯	聚酰亚胺(Kapton)	聚丙烯纤维	超聚酯
稀酸、弱酸	G	G	E	Y	G	G
浓酸	N	E	Y	Y	E	N
浓碱	N	N	E	N	E	N
醇类	E	G	E	G	E	E
氧化剂	Y	N	Y	N	Y	Y
醛	U	Y	E	E	E	U
酯类	N	N	G	G	G	N
醚	Y	N	N	U	N	Y
脂肪烃	G	N	G	G	G	G
芳香烃	Y	N	Y	Y	Y	Y
卤代烃	Y	N	N	Y	N	Y
酮类	E	N	G	G	G	E

注：表中 E 代表出色；G 代表好；Y 代表可用；N 代表不可用；U 代表不明。

表 10-11　液体分析中易出现的问题

现象	原因	对策	备注
气泡	X 射线照射时，液体温度上升，其中的挥发分或溶解空气形成气泡，或液体体积膨胀	事先除去空气，缩短分析时间	采用内标法，可消除误差，下照射时影响小
沉淀	溶液中混有游离颗粒，分析过程中沉淀出来，造成强度变化	过滤除去，分析滤液	
析出	与采样时相比，温度变化(降低)，析出沉淀。或因浓度低，金属元素在容器内壁析出	降低浓度，防止沉淀析出，酸化溶液	微量组分遇此问题时，酸化比较有效；只有在高浓度时，才会析出沉淀
硫酸根氯根	介质变化引起 X 射线分析灵敏度变化。特别是在 H_2SO_4 和 HCl 介质中，S 和 Cl 浓度的变化会引起吸收效应的变化	选择吸收弱的 HNO_3，固定酸度	采用内标法稀释，减小酸度影响

二、点滴法

点滴法是将一定量的液体样品（一般是几十至几百微升）滴在过滤片（滤纸、离子交换膜）或其他薄膜上，干燥后进行测定的方法。由于可以在真空中测定，不受分析容器窗口或分析气氛吸收的影响，轻元素的灵敏度可以提高。为了使点滴的液体集中在一定的面积内，要将过滤片中滴加液体的部分与外部隔开。最近，市场上出现了高灵敏度型的过滤片，有些元素的检出下限可以达到

$10^{-9}\mu g/mL$ 级。

因点滴法中采用过滤片，避免了直接分析液体时的溶剂散射，使背景降低。一方面，尽管比直接液体法中几毫升的样品用量要少得多，仍可得到比较高的信噪比（S/N）；另一方面，因过滤片很薄，测定时样品盒、仪器部件等产生的散射 X 射线易于透过样品进入探测系统。所以，要使用能够避免样品背后散射的中空样品杯（铝合金或塑料制）等。如果使用板状物贴在样品背后来屏蔽散射线，板中的成分即会被探测到，而且也会使背景升高，不如中空杯好。

点滴法还有一个优点：如果因溶液中元素浓度太低，得不到足够强度的 X 射线，可以进行多次点滴操作，达到浓缩作用。须注意的问题是过滤片中杂质的种类及浓度，并应该用空白过滤片进行检查。因杂质随不同批次的过滤片可能会有所变化，测定时要使用同一批次的过滤片。另外，要注意干燥过程中挥发性元素的变化。在进行多次点滴时，为控制因点滴本身所造成的误差，点滴次数不要超过 10 次。在用点滴法进行定量分析时，要用同一样品，点滴到多个过滤片上，对制样的重复性进行测试。如果点滴的重复性不好，可以多点滴几片，以其平均值作为分析结果。

三、富集法

液体样品是直接分析的理想样品。但绝大多数情况下，分析元素的浓度都太低（比如分析污水中的微量金属元素时），不能得到足够的信号强度，必须采用富集技术提高分析物的浓度。从原理上讲，可以通过简单的蒸发浓缩达到富集的目的。为达到 $10^{-9}\mu g/mL$ 级的检出限，需蒸发 100mL 的水。尽管将液体蒸干可以得到更易分析的试样，灵敏度也更高，但不幸的是，蒸干时会出现结晶分馏现象，近干时会产生飞溅。所以，蒸干预富集技术的应用并不多。蒸发浓缩技术与能够降低经典 XRF 法非相干散射背景的特殊技术结合使用，的确具有一定的价值。比如，TXRF（全反射 X 射线荧光）法利用高度抛光的表面上 X 射线的全反射降低背景。Aiginger 等将少量水样（5μL）蒸发到非常平整的石英玻璃板上，得到的检出限达 $10^{-9}\mu g/mL$ 级。实验中，在光学平面上涂上一薄层胰岛素，使被蒸发的样品均匀分布；用能量色散光谱仪测定经特殊处理的聚亚氨酯泡沫体。

富集法分为化学富集法和物理富集法两种。前述的点滴法就是典型的物理富集法。化学富集法有沉淀法、离子交换法和溶剂萃取法。沉淀法是向溶液中加入沉淀剂（DDTC、DBDTC 等），使待测物沉淀，然后过滤到过滤片上，干燥后测定。

到目前为止，研究最多、应用最广泛的富集方法是离子交换技术。大多数离子交换技术的主要优点是官能团被固定在固体基底上，从而可以从溶液中大量提取离子。分析试样本身既可以是经交换后的树脂，也可以是经洗脱后的含有被分析元素的物质。富集是否成功在很大程度上取决于树脂的回收率，回收率又取决于离子交换材料对分析元素的亲和力以及溶液中络合物的稳定性。用约 100mg 的离子交换树脂可以得到 4×10^4 的富集系数。

四、固化法

在油料分析中，还可以用固化剂将油品固化。油品经固化后，可以在真空中测定，对 Na、Mg 等轻元素的分析很有利。此外，在分析润滑油中的磨损金属粉时，因测定过程中金属粉可能会沉淀出来，引起 X 射线强度变化，采用固化法可以克服这一问题。这种方法适合于润滑油、机油、重油和轻油的分析，但因测定时可能会产生挥发问题，在分析前要选择合适的制样方法和测定条件。煤油、汽油及含水分高的油品不能采用此法。

第六节　其他类型样品的制备

一、塑料样品的制备方法

塑料广泛应用于生产、生活及各种公共场所，在各种工业、办公及家电废弃物中也包含大量塑料。由于欧盟颁布的 RoHS 指令已开始实施，塑料的分析变得越来越重要，所涉及的部门也不再限于相关制造工厂的质检机构。由于塑料制品的种类及形状的多样性，目前限制 XRF 法分析应用的主要问题是标准样品的可获得性及塑料样品形状的不确定性。在欧美国家的 RoHS 相关样品的分析中，XRF 法还主要用于筛分分析。以电线外皮作为塑料制品样品制备方法为例。因电线芯中是金属材料，在分析其包皮塑料中的元素时，会干扰测量。测量前要将金属芯拔掉，仅处理和分析表皮。拔掉金属芯后的电线表皮是中空的棒状，在分析时要注意其表面的平整度及均匀性对分析精密度的影响。在必须进行快速分析时，可以直接并排摆放并测定。要进行高灵敏度、高精密度的分析，就要进行冷冻粉碎等均匀化处理，并经热压成型。如果所分析的塑料样品是热塑性的，可以采用热压法。遇热变硬的塑料可经冷冻粉碎后，放在容器中测定，或者加压成型。在制成片状时，保持标准样品、未知样品的厚度一致是很重要的。

二、放射性样品

除了上述讨论过的问题外，放射性样品的操作和预处理还存在两个附加问题。首先，由于对健康的危害很严重，其封装至关重要，必须严格按通常放射性材料处理的所有要求进行操作。其次，除了由样品激发产生的 X 射线外，必须尽量减少进入探测器的样品自身的辐射。为了与其他分析方法竞争，基于 X 射线荧光分析的方法必须快速。但由于要在合适的容器制备样品，样品盒覆盖膜也要比常规分析厚，造成对长波辐射的比较高的吸收，从而限制了其应用。放射性材料的安全封装需使用双层器皿，如盖在样品上的一个一级 PVC 盖，附加一个能放在样品盒中的二级容器。热封 PVC 袋也可用作为硼砂熔片或粉末压片的一级封装袋。辐射 γ 射线的材料的摄取危害通常不是很严重，其处理问题也就较少。这种情况，常常单层封装就足够了。屏蔽杂散辐射进入探测器的方法，在很大程度上取决于样品放射性的类型和活性。光谱仪几何结构所允许的范围以外的杂散辐射，用铅片基本可以完全屏蔽掉。真正的问题是如何减小与 X 射线相同路径进入探测器的散射辐射，这种干扰的主要来源是样品自身的辐射穿过初级准直器后被分光晶体散射。如果这种辐射是 γ 射线，由于其能量通常比所测量的 X 射线高一个量级，通过仔细选择脉冲高度，其影响基本上可以完全消除。

第七节　微少量、微小样品的制备

大多数实验室型光谱仪对被分析试样的尺寸和形状都有限定。通常，安放样品的空间为圆柱形，典型直径为 25～48mm，高度为 10～30mm。尽管放入光谱仪的样品可能很大，但由于特征 X 射线光子的穿透深度有限，实际被分析的试样量很小。样品用圆柱形表示，T 为厚度；ρ 为密度，g/cm^3；$2r$ 为直径，并设荧光 X 射线在样品中的穿透深度为 d，cm（此处为荧光 X 射线从样品中的透过率为 1% 时所对应的深度）；则实际被分析的样品量 m_d 为：

$$m_d = \pi r^2 d\rho \tag{10-2}$$

根据朗伯-比尔定律，在透过率为 1% 时，存在以下关系：

$$d\rho = \frac{4.6 \times \sin\theta_2}{\mu_\lambda} \tag{10-3}$$

式中，μ_λ 为样品对波长为 λ 的荧光 X 射线的质量吸收系数，cm^2/g。如果 θ_2 取值为 32°，r 取值为 1.5cm，则 m_d（g）的近似值为：

$$m_d = \frac{17.5}{\mu_\lambda} \tag{10-4}$$

因此，对于不同波长的荧光 X 射线，在其穿透深度尺度上被分析的样品量是不同的。以 SiO_2 基体为例，C、Na、Al、Fe 和 Sr 的实际对荧光强度有贡献的样品量分别为 0.9mg、6.1mg、15.5mg、287mg 和 2745mg。这些数据说明，即便将 20g 样品放入光谱仪分析，实际被分析的量也很有限。从分析灵敏度的角度出发，为得到可测量信号所需的最小样品量比这一数值至少要低 2～3 个量级。但对制样技术提出了更大的挑战。如果不能将样品均匀散布在初级 X 射线的辐照范围，最小可分析样品量会增加，增加的倍数大致等于样品的总面积（约 7cm²）与样品被初级 X 射线束实际辐照的面积的比值。

当只有有限的样品可供分析时，对分析者就会提出更高的要求：将适宜的试样可重复性地放入光谱仪，并保证所分析的元素给出最大的 X 射线强度。小量样品定量分析的一个大问题，是准确称取总量只有几毫克的样品十分困难。如果样品称量的准确度可以保证，就有可能采用熔融技术。对于含量适中，而灵敏度较高的分析元素（比如原子序数较高的元素），熔融制样是可以采用的技术。此时须注意的问题是要保证熔体混合均匀。

对于可以准确称量的少量样品，更为简单的方法是将其溶解到合适的溶剂中，然后转移到滤纸片上，制作成薄膜样片。需注意的是，滤纸被润湿的面积必须始终保持一致。在滤纸上制作相同直径的蜡环，并固定移取溶液的体积可以做到这一点。同时，还可以用微量移液器将已知量的稀标准溶液精确地滴加到滤纸片上，作为内标使用，提高分析准确度。事实上，将样品制成薄膜后，可以克服因荧光 X 射线产生的相对效率随样品深度的增加而迅速降低带来的分析灵敏度问题。

比如，如果将一个约 10mg 的硫酸铅晶体直接放在样品杯中辐照，就会发现，只有极少部分的样品可以有效地产生 S 的 Kα 辐射，而整个样品都会产生 Pb 的 Lα 辐射。这种差别是由于 S Kα 和 Pb Lα 辐射的光程差所致。样品对 Pb Lα 的质量吸收系数约为 $100 cm^2/g$，光程大约为 $70\mu m$；由于样品对初级激发辐射的吸收明显，而且大多数光谱仪的出射角为 35°左右，实际上只有约 $20\mu m$ 的厚度对离开样品的 Pb Lα 有贡献。样品对 S Kα 的质量吸收系数约为 $1000 cm^2/g$，光程大约只有 $6\mu m$；因此，只有样品近表面的几微米所产生的 S Kα 可以离开样品。如果将样品散布得很薄，则在 $6cm^2$ 面积上得到的样品平均厚度约为 $2\mu m$，所有的样品都会对 S Kα 和 Pb Lα 辐射的产生做出贡献。

将有限量的样品制成薄膜后，测量时应使样品旋转。这是因为，无论从荧光强度还是从测角仪安置的角度出发，样品杯中每个样品颗粒的实际位置都是很重要的。首先，样品杯被辐照的面积上的 X 射线分布是很不均匀的。图 10-4 说明了 X 射线强度变化的原因。由于 a 与 c 间的距离明显小于 b 与 d 间的距离，从 c 到 d，强度分布呈下降趋势；而且，从 e 和 f 发出的辐射的大多数分别到达 g 和 h。当样品明显小于样品杯边缘内由 X 射线管窗口面罩所定义的面积时，这种差别会导致谱峰漂移效应。由于来自样品不同部分的辐射是由分光晶体的不同部位所衍射，这种效应会变得更为复杂。分析过程中旋转样品，可以完全消除这种影响。

在粉末样品量很少时，还可以用甲基纤维素和硼酸作为基材预先压制成片，然后将样品放在其上方或中央部位，再次加压成型。如果控制标准样品及各未知样品的样品量和样品直径相同，也可以进行定量分析。还有一种方法是将称量后的粉末样品直接放入环状的微量样品容器中，底面以滤纸支撑，上面覆盖高分子膜。如果只有几毫克的样品，也可以夹在高分子膜中进行测定。但这种情况下用标准曲线法进行定量分析困难，应采用基本参数法（FP 法）。

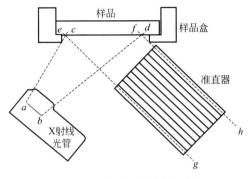

图 10-4　样品放置几何效果

第八节　低原子序数元素分析的特殊问题

XRF 分析中，低原子序数（$Z < 22$）元素的分析是比较困难的。在固体样品的粉末压片法中，即使这些元素的含量较高，分析精密度和准确度也比较差。这主要是由两个原因造成的：元素的荧光 X 射线波长较长，受矿物效应、粒度效应、表面效应的影响比较大；元素间的吸收、增强效应的校正比较困难。采用熔融制样的方法可以有效消除这些因素的影响，因此，对于原子序数大于 Na 的元素，均可以得到很好的精密度和准确度。但对于超低原子序数（$Z < 11$）元素，除受上述因素影响更明显外，分析灵敏度、取样代表性问题则非常突出，因此其准确定量非常困难。尽管现代波长色散 X 射线荧光光谱仪在激发条件（大电流 X 射线管、薄窗膜、低原子序数靶材）、分光晶体（高衍射强度多层膜晶体）和探测器（超薄窗膜）方面做了相当大的改进，但文献报道的地质样品中的 C 元素的检出限也达 $1000\mu g/g$，对于低含量样品的分析仍较为困难。更为重要的是，由于对荧光信号有贡献的样品量太低，比如 SiO_2 基体中，实际对 B 和 C 的荧光信号有贡献的样品量只有 0.4mg 和 0.9mg，分析结果的代表性是值得认真考虑的。尽管已有一些文献对地质样品或钢铁类样品中的 C 含量测定作了报道，而且结果也相当令人鼓舞，但在采用 X 射线荧光法分析时，仍需要更多的探索。由于多数超轻元素在熔融制样时是挥发性的，因此采用玻璃熔片的制备方法也常常是不可取的。

解决非均质固体样品中超轻元素分析中粒度效应、表面效应和取样代表性问题的比较好的途径是超细粉碎，即利用一些现代粉碎技术将样品粉碎至亚微米量级，然后再压制成片。而这种方法存在的问题是成本高，而且会带来附加污染问题，包括混入样品内部的污染及样品表面吸附造成的污染，特别是 C、N 等元素。

$$L|\mu_{av} - \mu| \ll 1 \qquad (10\text{-}5)$$

通常，对于粉末样品，如果式（10-5）成立，即可认为是均匀的。式中，L

为平均粒度；μ_{av} 为试样的平均质量吸收系数；μ 为分析元素的质量吸收系数。在低原子序数元素分析的试样制备中，必须保证极限厚度大于平均粒度。这样，二次辐射的强度就不会受矿物效应和粒度效应的明显影响。为增加表面的代表性，粗颗粒的样品或抛光较差的样品在分析时必须旋转。在合金样品的表面制备中，要特别注意保持分析表面的完整性。比如，如果表面中某些低原子序数元素丢失（相对于样品整体），其测量强度的降低是无法预测的。为减小低原子序数元素强度的降低，分析表面必须平整、光滑。在分析之前，用酒精纸巾（不含任何分析元素）清洗分析表面。

液体样品是均质样品，但其中低原子序数元素的分析局限性仍很大，主要是灵敏度不够。轻元素灵敏度低是由多种因素造成的，比如：①荧光产额低，B 和 C 的 Kα 线的荧光产额分别为 0.0125％和 0.038％；②样品盒中样品支撑膜的吸收，使用 3511 型 Kapton 膜时，Mg K 线的透过率仅为 20％；③探测器窗膜的吸收，波长 1nm 的辐射在 $6\mu m$ Mylar 膜和 $25\mu m$ Be 窗中的透过率分别只有 26.3％和 19.9％；④流气式正比计数器对长波 X 射线的量子计数效率下降；⑤分析液体样品时须在大气光路或充氦气的光路中进行，光路中的气体对荧光 X 射线的吸收很明显。

此外，在分析轻元素时，因荧光 X 射线波长受分析元素化学态的影响增加，化学效应变得比较重要，特别是超轻元素。因分析谱线的宽度大，谱线重叠也须引起注意。表 10-12 是一些常见的谱线重叠干扰。

表 10-12　低及极低原子序数元素的谱线重叠干扰

测定元素		干扰元素		对策	注释
谱线	波长/10^{-10} m	谱线	波长/10^{-10} m		
B Kα	67.0	O Kα(3)	70.9	光谱校正	1
C Kα	44.0	Fe Lα(2)	40.8	光谱校正	1
O Kα	23.7	Na Kα(2)	23.8	光谱校正	1
F Kα	18.3	Rh Lα(4)	18.4	光谱校正	2
		Fe Lα,Lβ	17.6,17.3	光谱校正	1
Na Kα	11.91	Zn Lβ	11.98	光谱校正	
Mg Kα	9.89	Ca Kα(3)	10.08	光谱校正	1
				或 TLAP＋细准直器	
		Sn Lβ(3)	9.92	光谱校正	1
Al Kα	8.34	Sc Kβ(3)	8.34	光谱校正	3
		Br Lα	8.38	光谱校正	4
P Kα	6.155	Cu Kα(4)	6.167	光谱校正	1
K Kα	3.774	Cd Lβ	3.738	光谱校正	1

注：表中注释 1 代表如果干扰是主量或次量元素；2 代表如果使用 Rh 靶管；3 代表如果使用 Sc 靶管；4 代表如果使用 LiBr 作为脱模剂。

第九节 样品制备实例

本节介绍的样品制备方法主要参照欧美地区常用的方法。这些方法与国内常用的方法或许稍有出入，主要供参照、比较。由于在制样设备上的差异，很多单位可能还难以按本节的方法制样。

一、全岩分析

1. 概述

全岩分析对分析者提出了许多挑战。首先必须采集天然的、不均匀的地质材料，经过处理，使放入光谱仪分析的试样分析面的临界厚度内的几毫克的物质，能够代表许多吨重的天然物质。野外采集的样品可能是砂粒、粗碎后的石块或者整块的岩心，也可能是块体、干燥松散粉末或者是稀湿的淤泥。全岩分析中，分析者必须面对制备各种试样的挑战。除了规范的操作外，在粉碎、混匀和子样采集中，还常常要根据需分析的特定样品的性质附加一些要求。

几十年来，XRF分析者一直是使用与未知样类型一致的标准试样对付粒度效应和矿物效应。熔融制样法可以消除这些效应，而研磨后压片的方法只能减小这些效应。采用熔融制样法，一条浓度范围很宽的标准曲线可以分析广泛的岩石、矿物样品，准确度可以达到要求；而对于相同的试样，即使研磨得很细后再压片制样，准确度也达不到相同的程度。而另外，粉末压片法制样却可以使挥发性的元素或物相保留在试样中，并且使分析元素的浓度保持在最高限度。

2. 试样制备手续

将整块岩心和大块岩石用锤打碎，或用气动或液动破碎机破碎至粒度为几厘米的小块。再用颚式或双辊破碎机将这些小块进一步破碎。仔细调整破碎设备，使最小出口大约为1mm，则破碎后的物料大多能通过2.4mm筛（8号美国标准筛），破碎机出口将决定破碎后颗粒的第二级最大尺寸。岩石经此破碎后，即可以用直槽（琼斯）式缩分器、旋转缩分器或锥形四分技术进行缩分。不可将未通过缩分器的物料丢弃——这样做可能会使相同的组分被选择性地除去。

将适当量的经破碎后的物料摊开在盘子中干燥——盘子的构成材料中应不含有被分析元素。平滑的薄壁铝质或聚丙烯盘对多种类型的岩石都是适用的。样品摊开得越薄越好，并在适当的温度下干燥，以便在细碎之前去除游离水分。比如，石灰岩或硅酸岩岩石可以放在浅铝盘中，在强制通风的烘箱中于105℃干燥2h。而含大量黏土质的岩石则可能需要干燥过夜才能至恒重。含化合水的样品的干燥温度则必须保证能够得到已知化学计量的恒重的产物。比如，破碎后的石膏样品应在40~50℃干燥尽可能短的时间，以避免石膏脱水变为半水化合物。

破碎后的岩石经干燥后，在盘磨中研磨至所有颗粒都通过150μm筛。进料速度要慢而稳，以防阻塞磨盘。注意不要将金属碎片投入盘磨中，那样会立刻毁掉磨盘。可在不同样品粉碎间隙，用适量经烘干的粗粒硅砂清洗盘磨。用带硬毛刷的吸尘器可有效地去除盘磨中样品残留的粉尘。氧化铝质的磨盘，也可用抹布蘸10％的盐酸擦拭，以除去牢固地附着在磨盘上的可以被酸溶解的物质。用酸擦拭后，用湿布擦去磨盘上残留的酸，待干燥除去湿气后方可再次使用。

样品应保存在贴有标签的干净、干燥容器内，用于制备粉末压片或玻璃熔片。

3. 粉末压片的制备

在适当温度下将不同类型样品烘干，再次彻底混匀。称（5.000～7.000±0.001）g样品于称量盘中，称量时要用称样刀或称样勺分次加样，每次1g左右，以取得有代表性的物料。将所称取的样品放入振动磨进一步磨细。振动磨的制作材料有硬质钢、碳化钨、氧化铝、氧化锆等。选购时要考虑价格以及在粉碎过程中磨壁对试样的污染。比如，碳化钨磨是用钴作为黏结剂制作的，用4min时间研磨7g硅砂会引入5mg/kg的Co污染，甚至达到Co 35mg/kg、W 422mg/kg。

样品放入振动磨后，在样品上加两小滴丙二醇作为研磨助剂。盖上振动磨，在1000r/min转速下研磨4min。如果振动磨的转速不同，可以调整时间，使总转数达到4000r。这样研磨后，90％～95％的粒度小于10μm，平均粒度约3μm。用钢磨或碳化钨磨，研磨4min后，很多种矿物都可达到上述粒度分布。可是，如果用氧化锆或氧化铝磨，由于研磨介质的质量轻，所需的研磨时间会长些。

研磨后，卸下研磨罐的盖子，加入0.5g黏结剂，比如市售XRF试样制备试剂。重新盖上研磨罐的盖子，再研磨30s，使黏结剂与试样混匀。这种两步研磨过程制备出的试样十分均匀、结实。如果黏结剂在研磨之初即被加入，会产生结块——这从压好的样片表面上可以看到。

蜡、甲基纤维素类黏结剂可使试样颗粒在压片后牢固黏结在一起，使分析面光洁牢固，从而延长压片的使用寿命，减少对仪器的污染。任何通过机械方式将试样颗粒粘在一起的黏结剂都会阻碍试样颗粒的混匀和磨细。先用助磨剂，再加入黏结剂的方法，可以保证振动磨所能达到的最佳的磨细效果。可是，即便研磨时间比4min（钢磨或碳化钨磨）长，也只能增加最细颗粒的比例，而不能降低最大粒度，并使助磨剂耗尽，从而导致结块，形成饼状结块或粘在研磨介质（环、球、磨体）的壁上。黏结剂过多也会造成结块或黏附，必须从磨中刮除。研磨助剂的正确量是研磨后形成能够自由流动的、易用毛刷扫出磨具而无残留物的粉末。黏结剂的正确量一般是样品量的5％～10％，这样不会在磨中结块，压出的样片表面非常坚固。

将磨细后的样品转移至适当直径的模具（也可配合使用一定直径的铝杯，比

如 $\phi32mm$ 的铝杯），在 $15\sim25kN$ 压力下压制，保压 $1min$，减压过程 $1min$。退出样品，检查样品表面是否干净、均匀，分析前要密闭保存。压力的大小需根据压片直径及样品类型确定，但被测样品和标准样品的制样压力要一致。

如果样品中的矿物不与大气中的湿气、氧气或二氧化碳反应，所压制的样片可以使用很多个月。样片应保存在密闭的容器内，要保护好分析表面不被触碰。在分析之前，可以用毛刷轻轻清扫分析表面，或用经过滤的压缩空气或吸耳球吹扫。助磨剂和黏结剂使样品稀释，所以标准样品和未知样品要按相同的方法制备。

4. 熔片的制备

对于很多地质样品，采用四硼酸锂作为熔剂，熔剂与样品的比例按 $5:1$ 均可制成稳定、均匀的玻璃片。为避免碱金属和硫酸盐的挥发，温度要控制在 (1000 ± 25)℃。根据样品中矿物在炽热的熔剂中的溶解度不同，熔融时间一般为 $3\sim10min$。样品和熔剂以干燥后的物料为基础按固定比例称取。在熔融前将干燥后的样品与熔剂混合。在与熔剂反应之前，先在空气中加热样品使还原性元素氧化，并使不能被熔融态四硼酸锂熔解的含碳物质烧掉。

烘干后的样品可以在 1000℃下测量烧失量后称量，然后与熔剂混合；也可将烘干后的样品与熔剂直接混合，而不经灼烧，这两种方法都是可行的。前一种方法中，有些硅酸岩样品在加热过程中会被烧结，在与熔剂混合之前，需在玛瑙钵中手工轻研至通过 100 号美国标准筛。如果灼烧后的样品中含有粒度大于 $150\mu m$ 的颗粒，这些颗粒在熔融时可能不会完全分解，在熔片中形成包裹体，成为局部应力中心，导致熔片开裂或破碎。后一种方法则在国内已使用很长时间，也很成功。但有时未经灼烧的碳酸盐矿物在熔融混合物中迅速分解，释放 CO_2 并形成微小的火山口状结构，必须加以清除或重新制备。相比之下，样品的完全灼烧及灼烧后样品的研磨可以保障快速、成功的熔片的制备，但吸水性强的样品需严格控制水分的混入。

根据所用熔片模具的大小，一般熔片的总质量为 $5\sim7g$。将熔剂和样品称量至一个适当容积的容器（比如光滑的瓷坩埚）内。先称量熔剂，再称量样品。熔融前，用玻璃棒搅拌均匀（不要在铂坩埚中混合，以免划伤坩埚的内表面）。混匀后的混合物应颜色均匀，样品颗粒均匀分布于熔剂中。易结块的、极细的样品可以在玛瑙钵中与熔剂混合，用宽的称样刀将混合物涂抹在一张干净的纸上，检查其是否均匀。

将熔剂和样品混合物转入干净的 $95\%Pt\text{-}5\%Au$ 坩埚中。如果样品未经灼烧处理或含有还原性物质，应加入适量氧化剂（比如 $0.1g$ $LiNO_3$），加两滴 $500g/L$ $LiBr$ 水溶液作脱模剂。将坩埚放到熔样设备中。最好先低温加热几分钟，除去潮气，赶走颗粒中的空气，然后提高加热温度至 (1000 ± 25)℃。保持此温度直至混合物完全熔化，并在此温度下搅拌 $5min$ 左右。熔体混合均匀后，将熔体浇铸到事先加热至 800℃ 左右的 95％Pt-5％Au 模具中，然后快速冷却至完全脱模。如果是直接成型坩埚，应将坩埚取出后，快速冷却至完全脱模。为减少钾和硫元素挥发和减少脱模剂挥发，熔融时间越短越好。在加热过程中，某些矿物会分解而造成某些元素的损失；如果有可挥发相存在，熔片的分析结果可能就不能代表原始样品的组成。

如果熔片的表面平整，即可直接分析而不必进行任何表面处理。老的玻璃熔片可以通过在涂有 $30\mu m$ 金刚砂的金属研磨轮上轻轻抛光，使其恢复平整、光洁的表面。在几秒的研磨时间内，水溶性的离子不会被用来作润滑剂的水溶出。

5. 一些特殊问题和解决办法

在 5∶1 的稀释比时，有些样品难以形成稳定的玻璃体。比如，硫酸钙常常会结晶，需要用四硼酸钠作为熔剂，或在四硼酸锂中加入玻璃化元素。明矾石[分子式为 $KAl_3(SO_4)_2(OH)_6$] 即使在 1000℃ 下短暂熔融也会挥发。四硼酸钠中含有水分时，熔片过程中会随着物料温度的升高而迅速膨胀，甚至高出坩埚表面，导致物料溢出、损失，熔制精度降低。因此，使用前需进行灼烧处理，使其中的水分完全挥发、去除，再次粉碎后保存在干燥器中备用。硫化物矿石可能要用特殊的混合熔剂使硫保留在熔片中。用含一份偏硼酸锂加两份四硼酸锂的混合熔剂，在 10∶1 稀释比下可以很好地将硫酸盐保留在熔体中。对于硫化物，用 19.6％ 的硝酸锂加 80.4％ 的四硼酸锂的混合熔剂（稀释比为 10∶1），可以定量地将硫化物形态的硫保留在熔体中，但在高品位的油页岩分析中则需要较高比例的四硼酸盐。

用碳化钨振动磨研磨的样品，有时会得到亮蓝色的玻璃片（用氧化铝磨粉碎不存在这种问题），这表明碳化钨研磨介质中作为黏结剂的钴进入到样品中。这种被污染的样品应该被弃去，而用原始样品重新处理。应该检查振动磨是否有裂痕、碎片，必要时进行修理和更换。氧化铝质粉样机的磨盘，特别是其边缘，可能会掉渣或掉片，引起氧化铝沾污。解决此问题的方法是用安装在转动电动机上的圆柱形金刚石研磨头沿斜面切削磨盘的边缘。

二氧化硅含量高的样品会产生几个问题。在熔片内，可能会形成硅酸盐-硼酸盐熔体不相混溶的区域，使试样不均匀。有时候，小的残留硅酸盐颗粒保留在这些区域的中心，这可以用立体显微镜观察到。解决这一问题的方法是确保样品颗粒足够细，并均匀分布于熔剂中；熔融时间加长，使熔解完全、熔体混合均匀。

碳酸盐岩粉末在经烧失量测定并冷却后，必须马上称量和熔解。样品加热后形成的游离石灰极易吸水，在干燥器中保存时，即使以高氯酸镁为干燥剂，也难以防止样品在几小时内吸收百分之几的水分。如果这样的样品保存时间超过几个小时，就应该在 1000℃ 下再次灼烧，冷却后立即称量、熔融。

二、石灰、白云石灰和铁石灰

1. 总论

石灰分析通常包含 12 个项目，即 CaO、MgO、Fe_2O_3、MnO、Cr_2O_3、SiO_2、Al_2O_3、K_2O、SO_3、P_2O_5、SrO 和 Na_2O 含量，用质量分数表示。校准标准由多个经煅烧的石灰石、白云石及其混合物所组成。必要时，可以通过在标准样品中加入纯元素氧化物的方式（仅适用于熔融法）扩展铁和二氧化硅的校准范围。

2. 试样制备——玻璃熔片

（1）设备 干燥箱，不会污染样品的研磨设备（比如振动磨或球磨机，磨具内衬氧化铝），1000℃马弗炉，自动熔片机或类似设备，95%Pt-5%Au 合金坩埚及模具，测量烧失量用的高铝或铂坩埚，保存试样用的密闭广口瓶。

（2）干燥及研磨 根据样品水分含量的多少，在105℃下预干燥 2～6h。石灰和铁石灰样品的干燥时间需较长些，而石灰石、白云石这样的碳酸盐含水分则很少。将干燥后的样品研磨至 75μm（200 目）以下。研磨时，采用刚玉或硬质钢衬里的振动磨或球磨机，以防污染。研磨石灰石、白云石或菱镁矿时，从采矿场采集的大块岩石在室温下干燥后，用颚式破碎机粗碎至 25mm 左右的小块，再用盘磨（disk mill）磨至约 150μm（100 目）。一般来说，对于小块的岩石样品，可以用锤子砸碎，再用振动磨或球磨机研磨，之后即可煅烧和熔融。

（3）样品煅烧（灰化） 取 4～6g 经干燥和粉碎后的样品于刚玉坩埚或铂金坩埚中，在 1000℃的马弗炉中灰化 1h。在干燥器中冷却，根据灰化前后的质量差，计算烧失量（LOI）。含有 1% 以上钠的副产品或回收石灰样品可能会黏附在普通陶瓷坩埚的釉面上，或与釉面反应。这种情况下，建议用铂金坩埚进行灰化。LOI 是在高温下因残留水分、可燃碳或硫（非硫酸盐）、熟石灰中的化合水、碳酸盐分解产生的二氧化碳的挥发造成的质量损失的总和。各挥发分的损失温度不同，可以单独取样，用热分析法（DTA-TGA）定量记录和测定。氧化反应通常会使烧失量降低。

（4）熔片制备

① 称取 1.0000g 新灼烧过的样品于熔样坩埚（由 95%Pt-5%Au 合金制成）中。

② 加 5.000g 经 400℃ 干燥后的四硼酸锂、0.300g 氟化锂。

③ 加 10～20mg 溴化锂作为脱模剂（LiBr 在熔融过程中会挥发掉，不影响结果）。

④ 用小的称样刀混匀，注意不要将样品溅出坩埚，并避免划伤坩埚。

⑤ 在熔样机中熔融 4min 以上，浇铸前模具预热 1min。含石英高于 2% 的样品可能需要更长的熔融时间，因为石英在该熔剂中的分解速度慢。

⑥ 从模具中倒出样片，用圆形标签标记好，在分析前放在小纸袋或塑料袋

中保存。为了较长时间保存校准用的样片，必须在干燥盒或干燥器中保存。空气中的湿气会使样片光亮的表面变浊，使其无法在以后使用。

注意：熔融时必须使用新灼烧过的样品。如果样品在干燥器或开放的空气中存放过夜或者数小时，就必须在1000℃的马弗炉中重新灼烧30min，之后再称量、熔融。石灰样品与空气接触时，易于快速地再水合或再碳酸盐化。

3. 讨论

上述试样制备方法适合于多种工业生产的石灰和铁石灰样品的分析。石灰在四硼酸锂中的熔融极好，制出的样片完美、透明，不必抛光即可用来进行多元素XRF分析。为了避免钠含量高（>1% Na_2O）的样品在模具上的黏附，建议使用脱模剂（LiBr）。样品中痕量的铜（>10μg/g Cu）也会引起黏附。

三、石灰石、白云石和菱镁矿

1. 总论

粉末压片和四硼酸锂熔融制片两种技术均适用于石灰石和白云石岩石XRF分析。在工业上，粉末压片法更为流行，主要是这种方法快速且可以精确分析硫（在样品加热超过600℃时，几乎全部损失掉）和多种痕量元素。出于水泥和石灰生产中二氧化硫排放的过程和环境控制的原因，石灰石和白云石中硫的测定非常重要。粉末压片法的另一个优点是对于能量色散和波长色散XRF光谱仪两种仪器都较熔片法更为适合。熔片法制样时主元素钙和镁的分析精度稍高些，但由于熔剂的稀释效应，痕量元素的分析灵敏度达不到要求，因此不太适合于能量色散分析系统。

2. 粉末压片法

（1）概述　经磨细至约325目（45μm）的样品，干燥后加入聚甲基丙烯酸盐的丙酮溶液使其成泥状，在红外灯下加热干燥，干燥后的泥饼用玛瑙钵研细后压片并进行XRF分析。测定CO_2的浓度要单独取样、测定。

（2）分析元素　所有分析元素均以其对应的氧化物的质量分数表示。

（3）样品研磨　方解石或白云石用颚式破碎机粗碎，经盘磨（刚玉或碳化钨盘磨）预磨至约100目（150μm）。取有代表性的样品（约25g），在105℃干燥3~6h，然后用球磨机或振动磨（带圆盘的磨）研磨至约325目（45μm）。样品不必过筛，研磨时间由一个典型样品中Ca和Mg等主元素谱峰强度随研磨时间的变化，通过经验法确定。当Ca和Mg的强度恒定（强度不随研磨时间的延长而变化）时，样品的研磨即告完成，并认为不存在粒度效应。经盘磨预研磨后的约25g方解石或白云石样品，用带圆盘的振动磨研磨5min，或用碳化钨球磨机研磨10min。

（4）黏结剂溶液（10%聚甲基丙烯酸盐）　缓慢溶解100g聚甲基丙烯酸盐于900mL丙酮中，用电磁搅拌器搅拌均匀，保存在密封的聚乙烯瓶中，备用。

（5）样片制备　制备32mm直径样片的过程如下：

① 称取8.00g制备好的样品于一个直径为60mm的干净的一次性铝盘中。

② 用一次性注射器准确加入5mL 10％聚甲基丙烯酸盐丙酮溶液。用不锈钢称样刀混匀。

③ 在红外灯下烘烤。不断搅拌下，泥状样品会在3～5min内完全干燥。

④ 如果5mL的黏结剂不足以得到均匀的混合物，可向样品中加入几毫升丙酮。

⑤ 将烘干后的泥饼弄碎，在大玛瑙钵中手工快速研磨至约100目（150μm），在液压机上以25kN的压力，压制成铝杯衬底的32mm直径的圆片。

注意：校准标样和未知样品制备时，试样量与黏结剂体积的比率一定要一致。如果不按比率制备，会影响分析结果的准确性。因此，必要时，可以多加一些丙酮（而不是黏结剂溶液），以改善润湿效果和均匀性。多加入的丙酮会在干燥过程中挥发掉，不会影响分析结果。

（6）样片表面的质量　所制备出的样片的表面必须平整、光滑，没有可见的划痕或缺损。样片表面呈连续的白色或灰色表明样片均匀。如果表面上的某些点或区域的颜色有所不同，则表明样品与黏结剂的混合不均匀。样片的厚度应该大于3mm，以保证其尺寸稳定及高原子序数元素（Fe、Sr等）的准确测定。

四、天然石膏及石膏副产品

1. 总论

本方法适合于石膏、半水石膏、无水石膏及与石膏有关的副产品的多元素分析（最多14个）。石膏样品在1000℃下灼烧，灼烧后的无水石膏（$CaSO_4$）用四硼酸钠熔融成玻璃片。由于在常规熔融温度（800～1000℃）下，无水石膏在锂基熔剂中会快速分解为CaO和SO_3，所以，选择四硼酸钠熔剂十分关键。此外，还叙述了采用石膏或无水石膏压片技术的另一种试样制备方法。后者更适合于能量色散X射线分析系统，和对分析速度要求高的过程或质量控制分析。

石膏、半水石膏、无水石膏或石膏副产品中的主量和次量元素（按氧化物的质量分数表示）通常包括CaO、SO_3、MgO、Al_2O_3、SiO_2、Fe_2O_3、K_2O、P_2O_5、SrO和TiO_2。加上水和二氧化碳（这两个组分都采用其他分析方法分析），这些组分涵盖了存留于石膏中的大部分杂质，如方解石、白云石、石英、硅酸盐、各种黏土、金属氧化物和氢氧化物等。在钛石膏或磷石膏样品分析中，铬、钒和氟通常作为附加元素被测定。

石膏脱水为半水石膏和无水石膏的过程可以用以下方程式表述：

$$CaSO_4 \cdot 2H_2O \Longrightarrow CaSO_4 \cdot 0.5H_2O + 1.5H_2O \qquad (10\text{-}6)$$

$$2CaSO_4 \cdot 0.5H_2O \longrightarrow 2CaSO_4 + H_2O \qquad (10\text{-}7)$$

式(10-6)是完全可逆反应，表示石膏脱水成半水石膏（巴黎胶泥）或反之；式

（10-7）在 360℃ 以上是不可逆的。因此，如果含石膏的试样被加热到 900～1000℃ 并形成无水石膏，则冷却到室温并暴露于空气中的湿气时，就不会再水合为半水石膏或石膏。

2. 石膏的干燥

石膏开始脱水为半水石膏的温度为 60～70℃，所以所有石膏样品必须在最高温度（45±5）℃ 条件下干燥。无论如何，温度不能超过 50℃。10～12h（过夜）可以达到充分干燥。过分干燥或在 105℃ 常规实验室干燥温度下干燥会导致石膏部分脱水，给出错误的分析结果。

3. 研磨

除了石英杂质含量高（3%～10% SiO_2）的样品外，大多数天然石膏和石膏副产品都易于研磨至 100～200 目（150～75μm）。任何类型的熔融氧化铝或碳化钨制的振动磨都适用。为防止石膏过热，建议做 2～3min 的短时间研磨。因为研磨时间长、黏附和发热等原因，球磨机不是很适合。含石英杂质高的样品可能需要重复进行短期研磨，以避免样品过热。

4. 熔融制样

（1）熔融技术 对于硅酸盐、矿物、水泥、耐火材料和某些矿石的精确分析，其灰化后的样品用四硼酸锂或偏硼酸锂熔融是成功的。对于石膏样品，对锂基熔剂的使用有一些限制。有人曾报道了无水石膏在锂基熔剂中的部分分解。这种分解导致熔片上存在气泡、孔隙和破裂。熔片在 95%Pt-5%Au 合金坩埚上的黏附也更强烈。熔体的热稳定性调查发现，在锂基熔剂，如四硼酸锂和氟化锂中，无水石膏发生严重的分解，原因很可能是形成了沸点（845℃）比较低的硫酸锂。在 900℃ 以上，无水石膏在锂基熔剂中的分解随温度的增加急剧增加（显著的熔体质量损失）。分解作用严重影响样品-熔剂比例，导致不正确的分析结果。鉴于此，对于石膏分析，不推荐使用锂基熔剂。

无水石膏（$CaSO_4$）在熔融态的四硼酸钠中非常稳定，即使在高温和长时间熔融时也如此。用 0.5g 灰化后的石膏（无水石膏）和 6g 四硼酸钠熔融制成的玻璃片均匀、透明，表面完美，无可见分解现象。由于无水石膏在熔融态硼砂中的溶解度低，所以采用了高稀释比（1∶12）。由于采用了钠基熔剂，所以不能测定样品中的钠元素（天然石膏中含量一般低于 200μg/g）。如果有必要，可以采用原子吸收分光光度法测定石膏中的钠。采用四硼酸钠熔剂所带来的好处要超过不能测定 Na 造成的损失。完全不必使用脱模剂，如溴化锂。由四硼酸钠熔融制成的玻璃片易于脱模、不黏附、不破裂、不结晶；但含水四硼酸钠在使用时膨胀问题需重视。

（2）操作步骤

① 用经 45℃ 干燥的粉末样品（约 150 目）在 1000℃ 的马弗炉中灼烧 1h，测定烧失量。在温度低于 1200℃ 时，灼烧产物 $CaSO_4$ 稳定，不出现硫的损失。

② 称取 0.5000g 新灼烧过的样品于 95％Pt-5％Au 合金制成的坩埚中。

③ 加 6.000g 高密度四硼酸钠熔剂（硼砂，$Na_2B_4O_7$）。硼砂熔剂要在使用前于 350℃ 干燥几小时，并存放在密闭的容器中。

④ 用微型不锈钢称样刀将样品与熔剂搅拌均匀。

⑤ 在熔样机上熔融 1min，使混合物熔化，然后在搅拌条件下加热 5min。

⑥ 将熔体倒入直径为 32mm 的模具中（如果是直接成型坩埚，则取出坩埚）。

⑦ 模具（或坩埚）静置冷却 2～3min，然后用空气吹模具底部进一步冷却。

用四硼酸钠熔剂比用四硼酸锂熔剂制成的玻璃片更易吸潮。吸湿反应在夏季尤其明显，因为即使在有空调的房间相对湿度也很高（约 50％）。样片用圆形不干胶标签标记，保存在干燥器或干燥盒中备用。用于校准的样片要特别小心取放，这些样片每 2～3 年要用于 XRF 光谱仪再次校准。这些校准样片的制备要花很多工夫，如果正确保存，可以使用 10～15 年，而其表面粗糙度不变。

当在高温下熔融含硫矿物时，会出现硫损失和热稳定性问题。在温度高于 1225℃ 时，$CaSO_4$ 分解为 CaO 和 SO_3。有证据表明，无水石膏在 1200℃ 以下是稳定的。硫的其他损失可能源于黄铁矿（FeS_2），而其在天然石膏中是很稀少的。在石膏的湿法化学分析中，当用盐酸溶解样品时，黄铁矿形式存在的硫也会损失。

5. 粉末压片的制备

石膏很软，易于粉碎至 200 目（75μm）以下，可以直接由 45℃ 干燥后的样品压制样片（无须黏结剂）。32mm 直径的样片的制备方法如下：

① 称取约 6g 干燥后的石膏粉末（75μm，200 目）于一次性的塑料或铝制盘中；

② 将样品转移到带铝杯的压模中；

③ 在 25kN 压力下压制 30s；

④ 缓慢卸压，取出样片。

这样压制出的样片质量很高，表面极光洁。可是，即使在 XRF 光谱仪的低真空下，样片也可能会变化。而原子序数低于 20 的元素需要在真空条件下测定。石膏中以氢键结合的水会部分地从样片的表面被去除，引起分析表面化学组成缓慢而持久地改变。这种在真空下的分解作用会影响元素（主要是主元素硫和钙）谱峰强度。可是，如果能量色散或波长色散光谱仪配有充氦系统，样片的表面层也不会因吸收初级 X 射线束而过热的话，粉末压片法就可以在主量和痕量元素的快速定量评价中取得巨大成功，满足工厂或质量控制等的要求。当氦气作为光谱仪分析室的介质时，可用压片法高精度地分析石膏。当直接用压片分析痕量元素时也要使用氦气。总之，采用四硼酸钠（硼砂）对灰化后的样品进行熔融可以得到最好的分析精度。

五、玻璃砂

1. 总论

所述方法适合于 SiO_2 含量超过 95％ 的石英砂和玻璃砂。这些方法通常用于玻璃瓶制造业和玻璃厂。砂中的杂质元素有 6 种，以氧化物表示为 Al_2O_3、K_2O、CaO、TiO_2、Fe_2O_3 和 Cr_2O_3。这 6 种元素的总和通常从 0.2％到最高 5％。砂中的其他部分为纯石英和 α-SiO_2。铁和铬是玻璃砂中最重要的杂质，因为它们的存在会强烈影响最终产品的颜色，即使含量仅为 mg/kg 级，玻璃也会带绿色和棕色。在超纯玻璃砂中，铬和铁的含量通常都很低（0.2～20mg/kg）。这些元素的检出限（LLD）取决于 X 射线管的靶材（通常为 Rh 或 Mo）以及所使用的光谱仪的类型。一般来说，在 32mm 直径的熔融玻璃片中，铁和铬的检出限为 2～3mg/kg。用端窗 X 射线管和压片法可以达到 1mg/kg 以下的检出限。

干燥和研磨：在 105℃±5℃下，按水分的多少干燥 2～4h。将代表性样品中的 10～20g 研磨至 45μm（325 目），样品不要过筛以免造成污染。应事先从整体样品中取试验样或用其他类似的砂样，在所用的研磨设备（盘磨或球磨机）上确定正确的研磨时间和样品粒度。

2. 试样制备——熔融玻璃片

（1）操作步骤

① 准确称取 1.000g 于 1000℃下灼烧 1h 后的样品、5.000g 四硼酸锂、0.3g 氟化锂。各种物料称量后均直接转入到用于熔样的 95％Pt-5％Au 坩埚中。

注意：请使用超纯四硼酸锂和氟化锂熔剂，这些试剂应经过分析，并在试剂瓶和熔剂证书上有杂质列表。

② 用微型称样刀加 20mg 固体 LiBr 脱模剂于熔剂中。在炽热的熔剂中溴化锂会分解，因此在熔样机附近要有良好的通风。

③ 在 1000℃搅拌加热至少 6min，使砂粒完全熔解于熔剂中。

④ 将熔体倒入直径 32mm 模具中（对直接成型坩埚，则取出坩埚），冷却至室温。

⑤ 将玻璃片从模具中倒在干净的纸上或无绒布上，加贴圆形标签，保存在小的纸袋或塑料袋中。

（2）样片保存　熔融四硼酸锂玻璃片应保存在干燥器或干燥室中，备用。空气中的湿气，特别是在夏季，会使玻璃片的表面变浑浊。粉末样品可在空气中放置几个月，但如果希望长期保存，还是应放在干燥的环境中。

（3）问题

① 玻璃片破裂：在大多数情况下，冷却过程中熔片破裂都是由于样品研磨不足造成的。比较大的砂粒（主要是石英）在熔剂中未完全熔解，形成结晶中心，导致破裂，呈现星形破裂模式。

措施：延长研磨时间。延长研磨时间可以降低样品粒度。使用自动熔样机时，延长熔融时间。如果是熔融和混合时间太短，可以用破裂的玻璃片重熔，再次浇铸。

② 玻璃片粘模具、不脱模：对含 μg/g 量级铜的硅酸盐样品，此问题很常

见。由于玻璃砂样品含铜量很低（小于 $1\mu g/g$），粘模不应该是问题。在熔剂中加入几毫克 LiBr（如前述），粘模问题可以解决，玻璃片将易于脱模。

3. 试样制备——粉末压片法

当砂中的铁和铬的含量低于 $10\mu g/g$ 时，可以用另一种方法制备样品。该方法用少量黏结剂与砂粉混合，在高压（15～20kN）下压制成片。

（1）设备　最大压力为 25kN 的液压机、机械混合设备、一次性铝质盘、塑料瓶。

（2）操作步骤

① 欲制备直径 32mm 的压片，准确称取 6.000g 粉碎后的玻璃砂于 50mL 塑料瓶中，加 1.000g 石蜡（Hoechst Wax）黏结剂，盖上瓶盖。

② 在机械振荡器或类似设备上混合均匀。

③ 称取约 6.00g 制备好的混合物于压模中。用铝杯衬里，以保证压片尺寸的稳定性。在 20kN 下压制，保压至少 10s，缓慢释压。所有样品和标准均要采用相同的压力、时间和释压速率。

④ 压制出的压片表面必须平整、光滑。

⑤ 用圆形标签标记压片，保存于小纸袋或塑料袋中，备用。

⑥ 将压片放入光谱仪中分析。

4. 讨论

所述的两种制样方法均适合于砂和玻璃砂的分析。四硼酸锂熔融法中，由于熔剂稀释作用及表面矿物效应的消除，砂中的次量元素的测定具有更高的准确度。当要求低检出限时（特别是铁和铬），采用粉末压片法。大多数光谱仪样品杯的直径为 30mm。采用 40mm 直径的铸模时，要求更多的样品和熔剂量。

六、水泥

1. 水泥的组成

水泥由无机物组成，与水发生化学反应生成氢氧化物而凝结并具有高强度，且在水中也具有这种能力。波特兰水泥是一种特殊类别的水泥的总称，是将波特兰水泥炼渣与硫酸钙一起粉碎后制成的。炼渣是由大型旋转炉窑中在高温下烧制、研细的原料（传统使用的为石灰石、黏土和砂）制成的。原料、炼渣和成品波特兰水泥的分析采用 XRF 法。为进行生产过程控制和产品规格检查，例行分析的元素如表 10-13 所示，含量均以氧化物计算。表 10-13 所给出的浓度范围是典型的普通波特兰水泥的组成范围。

水泥样品粒度分布的典型范围为 $0.5\sim100\mu m$，直径的中位值约为 $15\mu m$。由于水泥中大部分矿物的莫氏（Mohs）硬度为 4～5，且主要粒径在 $1\sim40\mu m$（或 $<1\mu m$）之间，易于研磨得很细，可压制成片。硅酸钙质水泥矿物的化学组成适合于用四硼酸锂在 1000℃ 以下快速熔融。

表 10-13　典型波特兰水泥的组成范围

分析元素	质量分数/%	分析元素	质量分数/%
SiO_2	20~23	K_2O	0.1~1.3
Al_2O_3	3~6	TiO_2	0.2~0.3
Fe_2O_3	2~4	P_2O_5	0.1~0.25
CaO	61~67	SrO	0.05~0.3
MgO	0.5~4	Mn_2O_3	0.05~0.3
SO_3	2~4.5	LOI	1~2
Na_2O	0.1~0.5		

2. 粉末压片制样

称取 (5.000~7.000) g±0.001g 样品，称量时要用称样刀或称样勺分次加量，每次 1g 左右，以取得有代表性的物料。将所称取的样品放入振动磨进一步磨细。

水泥的粉末压片应在制备后几小时内分析。因为水泥压片的表面会与空气中的水分和二氧化碳反应，使分析面在几天之内被破坏。助磨剂和黏结剂使样品稀释，所以校准标准和未知样品要按相同的方法制备。

3. 熔片制备

用四硼酸锂熔剂，在熔剂与样品的比例为 2∶1 时，即可对波特兰水泥和炼渣进行快速而容易的熔融，制成稳定、均匀的玻璃片。通过这种低稀释比制样，使常规水泥分析中原子序数最低的钠元素得以准确分析。为避免钾和硫元素的挥发，要仔细控制温度在 (1000±25)℃。在此温度下，典型的熔融时间为 10min，实际上在 5min 之内即可完成熔融。在校正了 LOI 之后，所称量的样品和熔剂的质量比保持为恒定值。与地质物料的分析不同，水泥或炼渣中的所有元素均以其常见的最高氧化态存在，因此在熔融之前，无须在空气中加热。

欲制备 7g 的玻璃片，称取校正烧失量后的熔剂 (4.667±0.001) g、校正烧失量后的样品 (2.333±0.001) g，用未沾污的搅拌棒在小型容器内混合均匀。均匀的混合物为均一的灰色，样品颗粒完全分布于熔剂中。

将熔剂和样品置于 95%Pt-5%Au 坩埚中，加 2 滴 50%LiBr 溶液作脱模剂，放入熔样设备中，先缓慢加热除去湿气和颗粒中空气。然后升温至 (1000±25)℃，保持此温度，直至混合物熔化；搅动 5min，然后浇铸到 95%Pt-5%Au 模具中。

七、氧化铝

1. 概述

将破碎后的铝土矿用氢氧化钠溶液溶解，溶解产物之一是氢氧化铝，经煅烧后生成氧化铝。煅烧的程度将决定最终产品为冶金级氧化铝还是陶瓷级氧化铝。

这两种产品的区别在于 α-氧化铝的含量、可研磨性、颗粒形状和尺寸、杂质含量等。XRF 分析氧化铝的样品制备方法包括粉末压片法和熔融制片法两种基本方法。

2. 粉末压片法

该法是将 20.0g 样品与 5.0g 有机黏结剂放在旋转盘磨中研磨 1min 后，压制成片。黏结剂可以是由 9 份（质量）苯乙烯共聚物和 1 份蜡组成的混合物（称为 SX）。这两种物质都有粒度 $10\mu m$ 的粉末供应，使用前要充分混匀。

对于冶金级的氧化铝，压片法可以得到非常可靠的结果。但陶瓷级的氧化铝则需要更长时间的研磨，而且要单独建立分析方法。另外，由于粒度已经很细（$1\sim10\mu m$ 范围），更长时间的研磨已无效果，且像陶瓷级氧化铝这样的硬质材料在长时间研磨时不可避免地会带来污染。特别是用粉末压片法分析钠元素时，冶金级氧化铝的分析结果明显好于陶瓷级氧化铝。钠在氧化铝中大多数以 $NaAl_{11}O_{17}$ 的形式存在，且主要分布于颗粒内部，因此颗粒的形态将影响分析结果。为消除这些不利因素的影响，以及因缺乏校准标准带来的问题，应采用熔融制片技术。

3. 熔融制片

称取 4.000g 氧化铝样品和 9.000g 熔剂于带盖的 50mL 塑料瓶中。混合均匀后，转移至 95％Pt-5％Au 坩埚，加脱模剂后，用自动熔片机熔融，然后浇铸于直径 40mm 的模具内。称取 4.000g 样品是为了确保痕量元素的取样代表性。熔剂由 90％的四硼酸锂和 10％的氟化锂组成。加入氟化锂的目的是缩短熔融时间，降低熔融温度。

4. 特殊问题

样品须于 110℃ 干燥 3h。氧化铝水合物须首先在 500℃ 煅烧，然后在 1000℃ 煅烧 1h。黏结剂起三个主要作用：在研磨时起润滑剂作用，减少沾污，便于清洗研磨机；使很细的样品颗粒与大的颗粒隔离开，使研磨更有效；在压片时起黏结剂作用。熔融法适合于所有类型的氧化铝样品，可以消除颗粒大小、形状和硬度等因素影响。与压片法相比，熔融法一般具有以下优点：校准范围宽；可以使用少数几个合成标准样品进行"绝对"校准；通过用合成标准样品校准，分析若干个附加元素；除了硫以外的元素的分析准确度更高。可是，在熔融过程中，硫的挥发量是无法控制的。为了使硫保留在固体溶液中，要调整熔剂的组成，即加入强氧化剂（如硝酸锂）。

八、电解液

1. 概述

金属铝是通过纯氧化铝电解生产的。为了使熔点降低到 1000℃ 以下，要将氧化铝溶解于熔融的冰晶石中。为进一步降低熔点以减小能耗和电解过程中氟化物的挥发，电解池中通常要加入 5%～8% 的氟化钙。最近，在一些熔融炉中，也使用了镁和锂盐。工业上，分析电解池中的熔融电解质通常有两种不同的样品制备方法，一种用于 XRD 分析，另一种用于 XRF 分析。

2. 电解液样品的试样制备方法

使用电解液取样钳，采取总量约 50g 的锥形、圆柱形或球形的固体样品。用锤子破碎或用耐磨硬质钢颚式破碎机，粗碎至约 5 目，然后再进行研磨。样品用 XRF 分析时，可选择压片法，也可选择熔融制片法。

粉末压片制样可采用如下方法：13.00g 破碎后的样品和 3.000g 黏结剂（由 9 份苯乙烯共聚物和 1 份蜡组成）一起在旋转磨中（盘式或环式）研磨 3min，然后将研细后的粉末在 35kN 压力下，压制成质量为 7.0g 的一片或两片直径 40mm 的圆片，压制时保压 5s。

熔融制样用于测定主、次成分的含量。熔融制样的独有特性是可以用合成标准进行校准。这样，就可以进行一种不依赖于天然标准的"绝对"校准。而且，天然电解液标准中不包括的元素也可以被分析。电解液样品的熔融制样方法如下：1.0000g 干燥后的样品与 0.5000g $LiNO_3$ 和 5.5000g 含 $LiBO_2$ 与 $Li_2B_4O_7$ 各 50% 的混合物混合，转移至 95% Pt-5% Au 坩埚中，熔融前加 3 滴 25% LiBr 溶液。

3. 特殊问题

在粉末压片制备技术中，必须加入黏结剂。电解液样品不具备自成型特性，研磨后的粉末无法压制成牢固的样片，即便使用铝杯压制也不行。为了测定氧，大约需要 3min 的研磨时间。所谓的自由氧化铝的 XRF 测定是基于氧的测定。如果不必测定氧，研磨 1min 就可以了。在电解液的熔融制样中，在熔剂中加入 $LiNO_3$ 是为了氧化基体中存在的碳，防止玻璃片在固化时破裂。

九、煤衍生物——沥青

1. 概述

由煤或焦油蒸馏制备的硬沥青在很多产品中被用作黏结剂。比如，制铝工业在制作大规模阳极和阴极时要使用沥青，因此沥青市场需求量比较大。硬沥青中含硫高时会排放 SO_2，对环境造成破坏，金属氧化物会影响最终金属产品质量。普通分析技术难以精确分析硬沥青中的主、次量元素。低温灰化后，用酸消解灰分或用硼酸盐熔融灰分，用分光法测定时，只有某些元素可以得到好的结果。简单煅烧会导致硫以 SO_2 的形式损失掉，铅和锌也会挥发损失。中子活化分析可以准确分析大多数痕量元素，但在不同元素测定之间需要等待很长的冷却时间，分析成本也比较高。因此，硬沥青及含沥青的物质的快速、可靠的 XRF 分析相当引人关注。

2. 代表性沥青样品的选择

在生产厂，大多数硬沥青和石油沥青都以加热的形式贮存，比如贮存在

150℃以上的沥青罐中。只要在罐上安装一个阀门，就可以将样品直接采集到一次性铝碟或铝盘中。固体硬沥青一般是袋装的片、棒（铅笔沥青）或大块。石油沥青有液体形式，也有固体形式，用钢制圆桶或提桶盛放。

热沥青的取样：将一个大铝盘（约20cm×30cm）放在厚的多合板上，打开罐阀，使沥青充满铝盘。用铝箔或薄不锈钢板覆盖，以防灰尘污染，冷却至室温。将固化后的沥青带回实验室，倒在铝箔上。用另一块铝箔小心地包好，用塑料锤敲成小块（约3cm），将约200g破碎后的样品保存在干净的玻璃或钢罐中备用。

注意：热沥青能引起二度或三度烧伤。操作热的沥青时，请使用适当的方法和安全的设备。支撑采样盘的板凳和桌子须稳固。操作熔化的沥青时要极小心。

固体样品取样：采集袋装的片、棒（铅笔沥青）或小块沥青样品时，要分别从顶部、中部和底部采集，使采集的样品能代表整体。样品采集量至少为200g，并保存在容器内。

3. 沥青的压片

硬沥青一般是以大固体块的形式送交XRF分析，须用锤子将其破碎至能够装入颚式破碎机中的小块。将其中的100g用颚式破碎机破碎至约5目。用条板式缩分器缩分出14g子样。硬沥青与焦炭是不同的材料，可以像焦炭一样被研细并压饼，也可以将粗粒的样品熔化后浇铸到一个杯子中，进行XRF分析。在压片制样方法中，将14.00g样品与7.00g有机黏结剂一起放入研磨机中研磨120s，用压片机压制成1片或2片9g的样片。硬沥青样片的平均厚度为6.2mm，直径为40mm。

4. 沥青的热浇铸

（1）设备 带温度控制的25cm×25cm的电热板，直径60～80mm的一次性铝盘，预切割好的厚6μm的Mylar膜，XRF分析液体用的直径40mm的塑料杯、10mm厚有机玻璃板，操作坩埚用的铝钳，几个直径2mm、长10cm的棒（可以从干净的铝线或钢线切割出）、通风良好的实验室通风橱。

（2）热浇铸（在通风橱中进行）

① 称取15～20g沥青样品于一次性铝盘中，在装入样品之前，先在盘子的边缘做一个喙，以便能将熔化后的热沥青倒出。

② 将铝盘放在加热至140～160℃的电热板上。用铝箔盖上盘子以防样品溅出。加热10～15min，使样品熔化。

③ 在等待样品熔化期间，可以准备油品或液体XRF分析专用的直径40mm的样品杯。方法是用6μm厚的Mylar膜覆盖在样品杯上，用压环固定。薄膜表面要平整。将样品杯放在干净的有机玻璃板上，带膜的一端向下。

④ 加热过程中，用铝棒或钢棒不时搅动。

⑤ 从电热板上取下熔化后的样品，小心摇动做最后的混匀。继续边摇动边

冷却，直至呈蜂蜜或浓糖浆状。

⑥ 将热样品倾倒至准备好的样品杯中。

装入样品杯中的样品量应为样品杯体积的 3/4。样品厚度应为 20～25mm。这一点对于铅等重金属的准确测量是十分重要的。在倒入样品杯时，沥青温度不能太高，以免烧穿 Mylar 膜。有机玻璃可以散热，保持 Mylar 膜冷却。热浇铸只能用有机玻璃板，不能用铝等金属板。当处理软化点高的沥青时，要使用 6μm 的 Kapton 膜做样品杯窗口。Kapton 膜可耐受 200℃ 的温度，不会被烧穿，但价格比 Mylar 膜贵。

⑦ 等待至少 15min，使样品冷却至室温。

⑧ 冷却后，慢慢地取下固定 Mylar 膜的压环。小心地将 Mylar 膜从样品表面撕下。如果仍有少量 Mylar 材料黏附在样品上，用刮刀刮掉。必要时，用放大镜检查样品表面上残存的 Mylar 膜。

⑨ 沥青样品的表面须平整、光滑如镜面，不存在缺陷或气泡。如果掌握了上述方法，则 95% 的样品都可以得到适合于 XRF 测定的理想表面。

⑩ 将压环重新扣回到样品杯上，样品表面向下放在软纸、餐巾纸等无绒纸上，或类似的干净纸上（建议用镜头纸）。

注意：在室温下呈流体的软沥青可以在低温板上"热浇铸"。浇铸后可以在 －20～－40℃ 下冷冻。样品杯窗膜在即将分析前、样品仍处于冷冻态时剥去。在沥青表面上聚集的少量冷凝气，在几秒钟内就会被光谱仪真空泵抽出，不会引起任何干扰。样品要趁冷分析，在其变软之前快速从光谱仪中取出。建议每次只放入光谱仪中一个样品，以免损坏或污染 X 射线光管窗口。测量时从高原子序数元素（短波长）开始，以避免光谱仪真空度变化对计数的影响。

5. 注意事项

（1）沥青样品的热稳定性（挥发损失） 大多数的硬沥青和石油沥青样品只有在加热到 200～220℃ 时，才会损失挥发分。在 200℃ 时，挥发分损失 2%～3%。在 250℃ 以上温度时，样品会出现氧化现象。在 120～130℃ 下熔化沥青样品时，挥发分的损失可以忽略，不会影响分析结果。硬沥青加热时，如果在样品表面形成浅黄色烟雾，说明温度过高。如果烟雾的颜色变为黄色且变浓，部分硫会损失。

（2）样品制备过程中的操作 在制备和处理熔化后的热沥青时，必须严格遵守安全条例和警示，烧伤常常是因处理热样品时精力不集中造成的。沥青尘会造成眼痛。所有样品都须在通风良好的通风橱中制备。工作环境应该是"洁净"、无尘的，工厂和实验室尘埃中含有大量的 Si、Al、Fe 等元素。由于要测定的金属元素和 Si 都是痕量的，最低为 μg/g 量级，因此，还要避免纤维或其他小颗粒的污染。在处理沥青的工作台上或通风橱内的操作台上覆盖一层铝箔或带涂层的纸板，并定期更换，以保持工作环境的洁净。

十、树叶和植物

1. 概述

传统的树叶和植物样品分析是将样品用酸溶解（消化）之后，用光谱法（原子吸收或等离子体光谱）测定。与电感耦合等离子体光谱法相比，XRF的重复性要好得多。

用XRF法分析宏营养元素（Ca、Mg、K、P、S）、微营养元素（Fe、Mn、Cu、Zn）和其他重要元素（如Na、Al、Si、Cl和Pb）时，采用压片制样法，制样方法简便、快速。树叶和植物叶样品的制样过程包括采集、干燥、粉碎、压片等，不会造成污染。通常在几分钟内可以定量测定10~20种元素。此方法适合于各种类型的现代波长色散或能量色散型XRF光谱仪。

2. 代表性树叶和植物样品采集

阔叶树：橡树、白杨树和枫树的树叶在8月中旬采集最佳，此时，树叶完全成熟，尚未开始脱落。针叶树：云杉和松树针叶在10月和11月采集。蔬菜、草：必要时采集，最好是叶子成熟后采集。

3. 树叶的采集

将树冠平行地分为3等份。顶层比底层的营养元素要少。分别从顶部、中部和底部剪下小的枝杈。如果每年都要分析，须标记好采集地块，每年都在相同的树上采集。用这种方法，可以研究各种肥料对树和植物健康的影响。如果树叶上有尘土、脏物等，用盛有蒸馏水的大盆漂洗。

处理树叶和植物样品时须戴薄橡胶手套。戴上手套后，立即用流水洗干净，再用去离子水或蒸馏水漂洗。大多数的薄手套表面都涂有滑石粉（硅酸镁），在处理样品之前，必须洗掉。当采集大量的样品时，在保存或处理样品的地面、可携带工作台、板凳或架子上，铺一张聚乙烯膜（或类似的膜），以防样品被污染。

4. 样品制备

（1）设备　带硬质钢刀片的搅拌器，容积为1L的容器，防尘用铝箔，剪刀，烘箱，用于盛放粉碎后的样品的50mL的聚丙烯酸或玻璃制的带盖瓶，32mm直径的铝衬底杯，压片机，一个工业型吸尘器，无绒纸巾。

（2）干燥　大多数的阔叶、针叶和植物样品都装在纸袋中于85℃的电热干燥箱中烘干。在干燥针叶时，要严格保持85℃的温度，否则，某些香精油会损失掉。一些树叶（比如枫叶）可以在较高的温度下干燥。根据叶子中水分的多少，干燥时间可以是24~72h不等。不推荐进行真空干燥。

（3）样品的粉碎

① 将叶柄从叶子上剪下（此工作应在叶子为绿色、装入袋子时完成）。将针叶从树枝上摘下（干燥后，针叶很容易从树枝上脱落）。

② 称取约5g样品，在实验室型搅拌机中高速粉碎3min。粉碎时不能加水

或其他液体，要干态粉碎。

③ 将粉碎后的粒度小于 100 目（150μm）的粉末保存在密封的小瓶中，备用。

④ 用强力吸尘器清扫搅拌机的容器。用吸尘器将各刀片周围的残余样品全部抽干净。用纸巾擦拭容器内壁上的残余样品粉末。在各样品之间，不必用水或溶剂清洗。样品全部处理完后，用水将各部件彻底清洗干净，再用蒸馏水洗净，干燥。

（4）压片　用台秤称取（4.0±0.2）g 粉碎后的样品于塑料盘中（XRF 分析时不必准确称取），倒入已放在直径 32mm 压模中的铝杯内。不要在样品中加入硼酸、黏结剂、稀释剂或其他助剂。在 25kN 压力下压制，保压约 20s。用 10～20s 时间缓慢释压。压制后的样片应至少 4mm 厚，表面平整、光滑，用合适的标签标记好样品，放入 XRF 光谱仪测量，或保存在封口的塑料袋或瓶中备用。在潮湿的空气中放置太久后，样片的表面会变差。

参考文献

［1］ White E W. X-ray emission and absorption wavelengths and two-theta tables. Philadelphia：American Society for Testing and Materials，1970.

［2］ Bertin Eugene P. Introduction to X-ray spectrometric analysis. New York：Plenum Press，1978.

［3］ Jenkins R，Gould R W，Gedcke D. Quantitative X-ray spectrometry. New York：M Dekker，1981.

［4］ Tertian R，Claisse F. Principles of quantitative X-ray fluorescence analysis. London：Heyden，1982.

［5］ Bennett H，Oliver G J. XRF Analysis of Ceramics，Minerals and Allied Materials. Chichester：John Wiley & Sons，1992.

［6］ Grieken R V，Markowicz A A. Handbook of X-Ray Spectrometry—Methods and Techniques. New York：Marcel Dekker Inc，1993.

［7］ Lachance G R，Fernand Claisse. Quantitative X-Ray Fluorescence Analysis—Theory and Application. Chichester：John Wiley & Sons，1995.

［8］ Buhrke V E，Jenkins R，Smith D K. A Practical guide for the preparation of specimens for X-ray fluorescence and X-ray diffraction analysis. New York：Wiley-VCH，1998.

［9］ 阿福宁 ВП，古尼切娃 ТН. 岩石、矿物的 X 射线荧光光谱分析. 宋吉人，周国清译. 北京：地质出版社，1980.

［10］ 谢忠信，赵宗玲，张玉斌，等. X 射线光谱分析. 北京：科学出版社，1982.

［11］ 吉昂，卓尚军，李国会. 能量色散 X 射线荧光光谱. 北京：科学出版社，2011.

［12］ 刘彬，黄衍初，贺小华. 环境样品 X 射线荧光光谱分析. 乌鲁木齐：新疆大学出版社，1996.

［13］ 吉昂，陶光仪，卓尚军，等. X 射线荧光光谱分析. 北京：科学出版社，2003.

［14］ 中井泉，日本分析化学会. 蛍光 X 線分析の実際. 東京：朝倉書店，2005.

［15］ Claisse F，Samson C. Adv X-Ray Anal，1962，5：335-354.

［16］ Bonetto R D，Riveros J A. X-Ray Spectrom，1985，14：2-7.

［17］ Ingamells C O. Geochim Cosmochim Acta，1974，38（8）：1225-1237.

［18］ Gy Pierre M. Anal Chim Acta，1986，190：13-23.

［19］ Gy Pierre M. Analysis，1986，18（5）：303-309.

［20］ Tuff Mark A. Adv X-Ray Anal，1986，29：565-571.

[21] Hickson C J, Juras S J. Can Mineral, 1986, 24 (3): 585-589.

[22] Torok S, Braun T, Van Dyke P, et al. X-Ray Spectrom, 1986, 15: 7-11.

[23] Wheeler B D. Spectroscopy, 1987, 3: 24-33.

[24] Feret F, Sokolowski J. Spectrosc International, 1990, 2 (1): 34-39.

[25] Baker J. Adv X-Ray Anal, 1982, 25: 91-94.

[26] Ochi H, Okashita H. Shimadzu Hyoron, 1987, 44 (2): 157-163; CA 107 (18): 160056d.

[27] Metz J G H, Davey D E. Adv X-Ray Anal, 1992, 35B: 1189-1196.

[28] Dow R H. Adv X-Ray Anal, 1982, 25: 117-120.

[29] Leoni L, Saitta M. X-Ray Spectrom, 1974, 3: 74-77.

[30] Rose W I, Bornhorst T J, Sivonen S J. X-Ray Spectrom, 1986, 15: 55-60.

[31] van Zyl C. X-Ray Spectrom, 1982, 11: 29-31.

[32] Robberecht H J, Van Grieken R B. Anal Chem, 1980, 52: 449-453.

[33] Vanderborght B M, Van Grieken R B. Anal Chem, 1977, 49: 311-316.

[34] Smits J, Nelissen J, Van Grieken R B. Anal Chim Acta, 1979, 111 (1): 215-226.

[35] Kocman V, Foley L, Woodger S C. Adv X-Ray Anal, 1985, 28: 195-202.

[36] Istone W K, Collier J M, Kaplan J A. Adv X-Ray Anal, 1991, 34: 313-318.

[37] Kocman V. Analysis of limestone and dolomite rocks//X-ray fluorescence analysis in the geological sciences. Ahmedali S T Ed. Montreal Quebec: Geological Assn of Canada, 1989: 272-276.

[38] King Bi-Shia, Davidson V. X-Ray Spectrom, 1988, 17: 85-87.

[39] Kocman V. Rapid multielement analysis of gypsum and gypsum products by X-ray fluorescence spectrometry, in The Chemistry and Technology of Gypsum. ASTM STP 861, R A Kuntzeed. Philadelphia: American Society for Testing and Materials, 1984: 72-83.

[40] Kocman V, Foley L M. Geostandards Newsletter, 1987, 11 (1): 87-102.

[41] Adamson A N. The Chemical Engineer, 1970 (1): 156-171.

[42] Feret F. Adv X-Ray Anal, 1990, 33: 685-690.

[43] Feret F. Light Metals, 1988: 697-702.

[44] Feret F. X-Ray Spectrom, 1994, 23: 130-136.

[45] Kocman V, Foley L, Landsberger S. X-ray fluorescence spectrometry and atomic absorption spectroscopy, 1989, 27: 185-190.

[46] Norrish K, Hutton J T. X-Ray Spectrom, 1977, 6: 6-11.

[47] Kocman V, Peel T E, Tomlinson G H. Communications in Soil Science and Plant Aanlysis, 1991, 22 (19, 20): 2063-2075.

第十一章　X 射线荧光光谱仪特性与参数选择

X 射线荧光光谱仪一般分为波长色散型荧光光谱仪（WDXRF）和能量色散型荧光光谱仪（EDXRF）两种类型。WDXRF 又可分为对各种元素进行顺序角度扫描测定的扫描式光谱仪；配备固定测角器的多道 XRF 光谱仪，该型仪器可同时分析多种元素；即将两者结合在一起，既有顺序角度扫描又有各种元素的固定测角仪，兼备各自的特长，以满足特殊分析的要求。本章重点介绍色散型 X 射线荧光光谱仪的结构及性能。

第一节　波长色散型 X 射线荧光光谱仪特性

由 X 射线管产生原级 X 射线照射样品上，样品中元素受激发产生荧光 X 射线，并与原级 X 射线散射线一起，通过初级准直器以平行方式入射晶体表面，按布拉格方程发生衍射，衍射 X 射线与晶体散射线一起，通过次级准直器进入探测器，光子转换成可以测量的电信号脉冲。探测器的输出脉冲经放大器放大和脉冲高度分析器的幅度甄别后，即可通过定标器进行测量，由计算机进行数据处理，输出结果。

XRF 光谱仪已实现了高度自动化和智能化，主要包括：

① 无齿轮磨损测角仪、第 4 代莫尔条纹测角仪、探测器和晶体系统独立旋转，通过电子-光学读出器，计算两个光系统干涉所产生的莫尔条纹来准确定位。激光定位光学传感器驱动测角仪（DOPS）直接光学定位系统，采用无磨损设计，精度高达 $\pm 0.0001°$。

② 双多道分析器（DMCA）取代先前脉冲高度分析器，使仪器死时间减少到最小。

③ 具有 $250\mu m$ 微区图像分析功能的 WDXRF 光谱仪，可对样品表面的某一微小区域进行精确的定性定量分析，同时能针对每种元素作出图像分析。

④ $\gamma\text{-}\theta$ 样品台，一定程度上解决了 X 射线照射不均匀以及分光晶体的反射强度不均匀的问题，使样品在 X 射线最强和最佳条件下测量。

⑤ 4kW 和 4.2kW 高功率和高稳定性 X 射线发生器，其稳定性达到百分之几，保证了光谱仪长期工作的稳定性。

⑥ 大电流（160mA）$30\mu m$ 超薄窗、超尖锐、长寿命端窗铑靶 X 射线管，适合于超轻元素分析。

⑦加装衍射通道，将 XRD 与 XRF 集合在一台仪器中，衍射系统能进行定性扫描和定量分析。

⑧ 为适应现场或驻地分析的要求，推出了小型 EDXRF 和 WDXRF 光谱仪。

第二节　X 射线高压发生器

X 射线高压发生器不仅要提供 X 射线管所需要的稳定的高压电源，还应保证 X 射线管的稳定电流。X 射线高压发生器现在应用的主要有如下两大类。

第一类为高压发生器，采用双向可控硅脉冲触发电路、高压变压器升压、高压整流电路，这类发生器用脉冲触发控制双向可控硅输出交流电压，实现高压控制。它的特点是整机体积小、质量轻、稳定性好。

第二类为高频固态发生器，它的高压控制采用 300Hz 以上的谐波控制调波信号，以触发可控硅，使之形成方波交流电源，经变压器件变压，再整流为高压直流电源供 X 射线管使用。同样，电流控制器也采用谐波调制电路，频率采用 20～25kHz。高电压为 60kV，最大电流为 160mA。

第三节　X 射线管特性与选择使用

1. X 射线管结构特点

X 射线管是 X 射线光谱仪常用的激发源，其作用是由 X 射线管产生的 X 射线激发样品，发射出样品中各元素的特征 X 射线。从机械结构可分为侧窗型、端窗型和投射型。侧窗型的阳极靶接地，灯丝接负高压，常用的阳极靶材为 Cr、Mo、W、Ag、Pt 等。端窗型管则相反，是阳极靶接正高压的。端窗型管冷却靶用的水必须是电阻大于 $(5～10)×10^5 \Omega \cdot cm$ 的纯水，并使用离子交换树脂的循环水装置（侧窗型管用自来水冷却）。有关公司推出一种超尖锐大电流端窗铑靶 X 射线管，最大电压为 60kV，最大电流为 160mA。其特点是：Be 窗厚度为 $50\mu m$，在寿命期内，光管强度衰减最小，采用可机加工的陶瓷材料作为绝缘体；采用特殊的粗细相间的灯丝结构，以延长 X 射线管的使用寿命；尖锐的端头以缩短靶至样品间的距离，提高入射强度；超薄的 Be 窗增加长波辐射的透过率，提高轻元素分析的灵敏度。

透射阳极 X 射线管由多栅电子枪、薄的透射阳极（薄靶）和靶座组成，分别用玻璃管壳连接并抽成真空。薄靶焊接在导热良好的金属靶座上。多栅电子枪发射的电子束经调制和聚焦之后打在薄靶上。轰击薄靶所产生的 X 射线透过薄靶，由出射窗口出射。薄靶由厚度为 0.005～0.10mm 的纯金属薄片制成，常用的材料有 Cr、Cu、Mo、Rh、Ag、Au。

2. X 射线管的杂质线

X 射线管杂质线的存在将妨碍试样中同种元素的测定，因为除了背景升高外，杂质元素（Cu、Ni、Zn、Fe 等）特征线的相干散射线将完全重叠在试样中这些元素的测定线上。消除这些杂质线的方法有三种：使用初级滤光片；换用杂质线少的 X 射线管；估算杂质线的强度。利用组成近似的空白样品，测量这些杂质元素峰值和背景强度，并利用其强度之比不变这一关系，通过数学计算来校正。

3. 背景问题

由 X 射线管产生的连续谱线经样品散射变成背景，往往使测量精密度降低，检出限受影响。此外由 X 射线管产生的特征 X 射线相干散射（瑞利散射）及非相干散射（康普顿散射）在轻基体样品中很厉害，会干扰在其附近出现的分析线。在环境样品 Pb、As 和 Hg 等元素分析中一般都使用铑靶 X 射线光管，这是因为 Rh Kα、Rh Kβ 等特征线的激发效率高，对 Pb、As 等元素不干扰，而且其连续谱的背景低。

4. X 射线管的选择

适当选择 X 射线管阳极材料有助于提高被分析元素的灵敏度。因为 X 射线管产生的连续 X 射线和靶元素特征 X 射线共同参与样品的激发。初级 X 射线的强度越高，激发样品产生的 X 射线强度越高，初级线的有效波长越接近于样品中元素的吸收边的短波侧，激发效率越高，各种 X 射线管及其最适合的分析元素范围见图 11-1。除此之外，还要考虑 X 射线管杂质线及背景的影响。

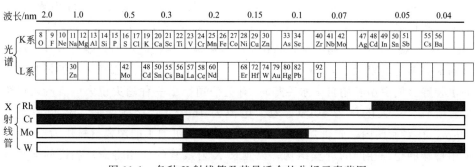

图 11-1　各种 X 射线管及其最适合的分析元素范围

5. X 射线管使用注意事项

① 避免碰撞和振动。X 射线管与电灯泡的构造相同，不能经受碰撞和振动。

② 勿用手触摸 X 射线管铍窗。管窗由很薄的金属铍做成（目前最薄为 $30\mu m$）。如用手或物品按压会导致铍窗破裂报废。X 射线管铍窗污染或有样品粉末时，可用吸耳球轻轻吹去。有时 X 射线管铍窗表面会被氧化，特别是靠近铍窗的四周边沿有被氧化后生成的白色氧化铍，毒性很大，需格外小心。

③ 注意防潮和除尘。因为 X 射线管要承受高压，所以在保管和使用时要注

意防潮和除尘，否则会引起放电。

④ 在电缆头上要抹耐压硅脂，以防止放电。

⑤ 注意温度变化。X射线管存放时，要把管内冷却X射线管管路中的水排净，同时温度不得低于9.4℃。

6. X射线管的老化

X射线管老化是将X射线管功率从低逐渐调到高的慢升操作过程。对新管或停机几天未工作的X射线管都须进行老化操作。因为从微观上看，新的灯丝或阴极表面不可能十分光滑，在较高电压下会引起放电，长期放置不用，灯丝表面可能被漏入空气氧化产生凹凸不平，也会产生电弧从而损坏。慢升功率可使在由低到高的高压下，逐步将可能存在的凹凸不平打平，减少或消除打火。

X射线管的老化步骤为：$20kV/10mA \rightarrow 30kV/10mA \rightarrow 40kV/10mA \rightarrow 40kV/20mA \rightarrow 50kV/30mA \rightarrow 60kV/40mA \rightarrow 60kV/50mA \cdots 60kV/66mA$。每步停留时间均为5min。

第四节　滤光片、面罩和准直器

1. 滤光片

在X射线管和试样间的光路中插入一块金属滤光片，利用滤光片的吸收特性可消除或降低X射线光管发射的原级X射线谱，尤其是消除靶材特征X射线谱和杂质线对待测元素的干扰，提高分析灵敏度和准确度，常用滤光片的功能见表11-1，滤光片还可用Ti、Ni和Zr等材料制成。

表11-1　常用滤光片的功能

滤光片	作用	K系范围
黄铜300μm	消除Rh K系靶线，提高20keV以上的峰背比	Rh以前K系
黄铜100μm	提高16～20keV范围的峰背比	Zr-Rh
铝750μm	提高12～16keV范围的峰背比	Zr-Rh
铝200μm	排除Rh L系靶线，提高4～12keV范围内的峰背比	Ti-Se

2. 面罩

在样品和准直器（狭缝）之间可装上一个视野限制面罩，以消除由试样盒面罩（面罩材质主成分、杂质等）产生的X射线荧光和散射线，确保准直器只检测来自样品的荧光X射线。为提高分析的灵敏度，各生产厂家仪器配置的视野限制面罩有所不同。目前，最多可配置10种，通常选用3～4个。典型的配置有20mm、27mm、30mm、37mm视野限制面罩。视野限制面罩的选择可根据分析样品尺寸的大小和被测元素的含量确定，被测元素含量较高可选择尺寸小的面罩，被测元素含量较低，为了提高强度可选择较大尺寸的面罩。

3. 准直器的选配

准直器是由许多间距精密的平滑的薄金属片叠积而成，它分为初级准直器和次级准直器。初级准直器安装在样品和晶体之间，次级准直器安装在探测器的前面，初级准直器使样品发射出的 X 射线荧光通过准直器变成平行光束照射到晶体上，经晶体分光后再通过次级准直器准直后进入探测器，初级准直器对光谱仪分辨率起着重要作用。

准直器金属薄片的长度和间距决定了准直器允许射线发散的角度，即所谓的发散度。发散度 α 可用狭缝长度 L（单位：mm）和片间距 S（单位：mm）按下式求得：

$$\alpha = \tan^{-1}(S/L)$$

由上式可知，缩小片间距可使发散度 α 减小，从而提高分辨率，但强度损失大。

轻元素荧光产额低，所以在分析轻元素时要选用粗准直器。对于超轻元素要选用超粗准直器，以提高灵敏度。重金属谱线复杂且又互相接近，所以要选用细准直器以提高分辨率。次级准直器对分辨率影响不大，选择时考虑的主要因素是不要使强度损失太大，通常采用中粗准直器或粗准直器。准直器最佳选择见表 11-2。

表 11-2　准直器的最佳选择

准直器/μm	L 系谱线	K 系谱线	准直器/μm	L 系谱线	K 系谱线
100/150	U-Pb	Te-As	150	U-Ru	Te-K
300	U-Ru	Te-K	550	Mo-Fe	Cl-F
700	Mo-Fe	Cl-O	4000		O-Be

第五节　晶体适用范围及其选择

晶体是光谱仪的重要色散元件，其作用是按布拉格衍射定律，把样品发射的各元素的特征 X 射线荧光，按波长分开以便测量每条谱线。不同的晶体和同一晶体的不同晶面具有不同的色散率和分辨率。

分光晶体分为平晶和弯晶两种。平面晶体不能聚焦，所以需与准直器联合使用，一般用于顺序式光谱仪；弯曲晶体能将光聚焦在点上，要与狭缝联合使用，弯晶多用于多道光谱仪。弯晶的特点是强度高，分辨率好。在 X 射线光谱仪中常采用全聚焦弯曲和对数螺旋弯曲晶体。

1. 晶体的选择标准

晶体选择原则：①波长范围适合于需要测量的分析线；②分辨率好，具有高角色散和窄衍射峰宽；③高衍射强度；④干扰少，晶体中不包含能发射自身特征谱线的元素；⑤在空气和在真空中，以及受 X 射线长时间照射后，仍具有高稳定性；⑥受温度、湿度变化影响小，热胀系数低；⑦信噪比大；⑧不会产生高次衍射干扰。

2. 晶体的适用范围和种类

晶体的适用范围受以下两方面限制：①布拉格衍射条件：$n\lambda/(2d)=\sin\theta\leqslant1$。即每块晶体其最大可产生衍射的波长为其面间距的 2 倍。因此为了覆盖元素周期表中各元素发出的不同波长，需要有不同 $2d$ 值的多块晶体或晶面用于分光。②测角仪的 2θ 角扫描角度范围。探测器的 2θ 角一般小于 $148°$。

常用晶体 $2d$ 值及适用范围见表 11-3，其中 PX1～PX6、PX9 和 AX06、AX09 均为人工多层薄膜晶体。这种晶体是将轻元素（如 B，C，…）和重元素（如 Mo，Ti，Ni，V，…）交替以 $2d$ 为间距沉积在硅基上，优点是可实现轻重元素与厚度和 $2d$ 值间的最佳化结合，从而使某一元素的特征线产生最佳衍射，且无高次线的干扰。

表 11-3　常用晶体的 $2d$ 值及适用范围

晶体	$2d$ 值/nm	适用范围	
		K 系线	L 系线
LiF(200)	0.4028	Te-K	U-In
LiF(220)	0.2848	Te-V	U-La
LiF(420)	0.1802	Te-Ni	U-Hf
Ge(111)	0.653	Cl-P	Cd-Zr
InSb(111)	0.748	Si	Nb-Sr
PET(002)	0.874	Cl-Al	Cd-Br
PX1	5.02	Mg-O	
PX2	12.0	B 和 C	
PX3	20.0	B	
PX4	12.0	C(N,O)	
PX5	11.0	N	
PX6	30	Be	
PX9	0.403	Te-K	U-In
AX06	6.0	O-Mg	
AX09	9.0	N	
AX16	16.0	C(O)	
AX20	20.0	B	

3. 晶体衍射效率

晶体除了有适宜的 $2d$ 值外，还应有良好的衍射强度和高分辨率。衍射后谱线轮廓的半高宽（FWHM）要窄。衍射效率取决于反射率和分辨率。

晶体不同反射率也不同。我们关心的是峰值反射率，而不是整体反射率。晶体在衍射峰附近小角度"摆动"时，角度和反射率变化的关系形成了晶体"摆动曲线"。曲线高度和宽度显示了整体反射率、峰值反射率和衍射轮廓宽度，决定这些特征的最重要因素是晶体"镶嵌结构"（mosaic structure）。如果晶体近乎完美，无疵点，无表面损伤，没有掺入杂质，它就有很高的摆动曲线和相当弱的峰值反射率。这起因于晶体中叫"自消"的现象,它是晶体内部平面的衍射波反射到无任何疵病的晶体中所形成的。仪器上所配晶体都经过了处理,以产生镶嵌结构和减轻自消影响。通过喷砂、淬火、弹性弯曲、掺杂、抛光、腐蚀和研磨等处理,可以提高衍射效率。这种处理必须有控制地进行,以便不展宽衍射轮廓而影响分辨率。通常,人工多层薄膜晶体衍射谱线轮廓宽度要比天然晶体宽。

InSb 晶体专用于 Si 的分析,其强度高于 PET 晶体(季戊四醇晶体)2 倍,但价格昂贵。Ge(111) 晶体适用于 P、S、Cl 分析。这些元素也可采用 PET 晶体,但 Ge(111) 衍射强度高、分辨率好,且只反射奇数级的衍射,没有二级反射线,干扰少。用石墨晶体分析 P、S、Cl 时,强度极高,但分辨率极差。分析 C 可用 PX2 或 PX4 多层薄膜晶体,PX4 的强度比 PX2 高,但价格很贵。PX9 晶体比 LiF(200) 晶体衍射强度高出近 2 倍,但价格昂贵。

4. 晶体角色散率

晶体角色散率是指某一晶体有效分开谱线的能力,即 θ 角对波长 λ 的变化率。通过对布拉格方程 λ 微分,则得到角色散率的关系式:

$$\frac{\mathrm{d}\theta}{\mathrm{d}\lambda} = \frac{n}{2d} \times \frac{1}{\cos\theta} = \frac{\tan\theta}{\lambda}$$

由式可见,晶体角色散率和晶体晶面间距 $2d$、衍射角 θ 及衍射级有关,即 $2d$ 间距越小,角色散率越大;衍射角 θ 越大,角色散率越高;衍射级 n 越大,角色散率越高。

用三种不同晶体,LiF(200)($2d = 0.4028nm$)、LiF(220)($2d = 0.2848nm$)和 LiF(420)($2d = 0.1802nm$),扫描同样波段(0.07~0.08nm),LiF(420) 的 $2d$ 值最小角色散率最好,谱线均能分解。但强度相反,角色散率最好而强度最差。因此,在考虑角色散率时不要忘了考虑强度,两者要折中考虑。在分析轻元素时,由于所用晶体 $2d$ 值很大,所以角色散率很差。但分析轻元素时角色散率并不十分重要,重要的是谱线强度。

5. 分辨率

分辨率($d\lambda/\lambda$)指谱线相对宽度,有时称为谱峰半高宽(FWHM)。它受初级和次级准直器片间距的影响,在某种程度上也受平面晶体或横向弯曲晶体选择的影响。横向弯曲晶体由于降低了峰的拖尾而获得很高的分辨率。光谱仪的分辨率不仅取决于晶体对光谱的角色散率,而且也取决于衍射线的 FWHM、准直器立体角、狭缝系统半高宽和晶体反射性能。

6. 晶体的稳定性

晶体的稳定性对准确测量非常重要,当温度变化时,晶体的面间距要发生变化,所以探测 2θ(°)角也发生变化(图 11-2)。

$$\Delta(2\theta) = -114.6\tan\theta \frac{\Delta d}{d}$$

因为 $\Delta d/d = \alpha(t_0 - t)$，$\alpha$ 为热胀系数，所以上式可写为：

$$\Delta(2\theta) = -114.6\tan\theta \times \alpha(t_0 - t)$$

式中，t、t_0 分别为当前温度和初始温度。

由上式可知，测定时分辨率越高，温度变化带来的影响越大。表 11-4 给出了温度变化和 X 射线强度变化关系。PET 晶体对温度最为敏感，特别是在大衍射角时更是如此。为了保证数据的稳定和提高测量的精度，各制造厂家把光谱室恒温在 ±1℃，帕纳科把温度控制在 30℃±0.05℃，有厂家还采用了晶体的局部恒温双重措施。

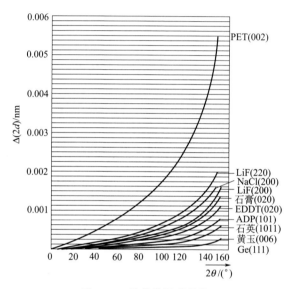

图 11-2　晶体的温度特性

表 11-4　温度变化和 X 射线强度变化的关系

谱线	晶体	狭缝	温度和 X 射线强度变化/%		
			1℃	2℃	5℃
Ag Kα	LiF(200)	粗	<0.1	<0.1	<0.1
		细	<0.1	<0.1	0.2
Cu Kα	LiF(200)	粗	<0.1	<0.1	<0.1
		细	<0.1	0.2	1.3
Ti Kα	LiF(200)	粗	<0.1	0.2	1.2
		细	0.1	0.4	3.5
Al Kα	EDDT	粗	<0.1	<0.1	0.3
		细	<0.1	0.3	2.0
	PET	粗	1.5	7.0	34.5

第六节　2θ联动装置

平均脉冲高度值（PH）、X射线能量（E）和增益（G）之间存在如下关系：

$$PH = KEG$$

G一定时，PH和E成正比关系。图11-3(a)表示G一定时各种元素的微分曲线。因为各种元素谱线的2θ角不同，所以这些谱线不会同时出现，但还是存在着要按谱线分别设定基线和道宽的问题，采用2θ联动装置消除了这种麻烦。

将布拉格公式代入，可得到：

$$PH = \frac{Khn}{2d\sin\theta}G = \frac{K'n}{2d\sin\theta}G$$

通过$\sin\theta$使G相对于2θ而变化，即改变放大器的放大倍数或探测器高压，可使得PH保持不变。

$$G = \frac{2d\sin\theta}{n}$$

图11-3(b)表示使用2θ联动装置的效果。用LiF(200)晶体，衍射级$n=1$进行角度扫描，同时相应地改变增益，各种元素的谱线能量尽管不一样，但脉冲高度却保持不变。

做定性分析时，若不使用2θ联动装置，就只能做积分测定，会出现高次线的干扰。若使用2θ联动装置，因为平均脉冲高度总是不变的，所以设定适当的基线和窗宽就能进行没有高次线干扰的扫描记录。

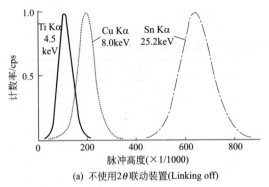

(a) 不使用2θ联动装置(Linking off)

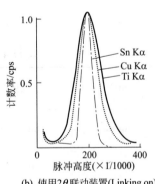

(b) 使用2θ联动装置(Linking on)

图11-3　2θ联动装置效果

第七节　测角仪

测角仪是XRF光谱仪核心部件之一，它与探测器、狭缝、分光晶体传动装置联合组成。直到 20 世纪末，大多数厂家生产的 X 射线光谱仪测角仪，均采用步进电动机驱动，蜗轮、蜗杆传动控制 θ-2θ 轴。探测器臂和晶体围绕共同的轴旋转，并以 2∶1 比例啮合，当晶体转动一个 θ 角，探测器的臂就转动 2θ 角。采用机械齿轮转动的测角仪体积大，扫描速率慢，齿轮有机械磨损。20 世纪 80 年代有公司推出莫尔条纹测角仪，探测器和晶体系统独立转动，由电子光学读出器计算两个光栅系统干涉所产生的莫尔条纹来准确定位。这种设计的优点在于：①转动速度（以 2θ 计）高达 4800°/min，比普通测角仪快 5 倍；②无齿轮、无摩擦，是一种无磨损的系统，具有优良的角度重现性（<±0.0002°）；③峰值定位准确，峰值能在理论角度出现；④晶体和探测器 $\theta/2\theta$ 关系的对准由微处理机自动完成；⑤非耦合移动允许 2 个探测器并排安装，这样可在每个探测器前设置最佳出射准直器，使计数率和分辨率达到最佳。

最近有公司推出了一种激光定位光学传感器驱动测角仪（DOPS），$\theta/2\theta$ 独立驱动，由光学定位传感器控制定位。测角仪的精度可控制在 0.0001°，$\theta/2\theta$ 精确度可达 0.0025°，该系统不受磨损、轮齿隙和振动的影响。

第八节　探测器特性与使用

X 射线探测器的作用是用来接收 X 射线光子并将其转换成可以测量的电信号，然后通过电子测量装置加以测量。X 射线荧光光谱仪常用的探测器有闪烁计数器、气体正比计数器及半导体探测器。气体正比计数器又分为流气式和封闭式两种，流气式气体正比计数器用于探测轻元素的长波辐射；封闭式气体正比计数器适用于中长波辐射的探测。闪烁计数器适用于波长短于 0.2nm 的重元素的探测；封闭式气体正比计数器可填充不同类型的惰性气体，能在不同的波长范围内达到最佳的计数率，因此适用于不同的波长范围。这种探测器主要用于多道光谱仪的固定通道和单道扫描光谱仪与流气计数器串联使用，以提高 V-Cu K 系线和 La-W L 系线的灵敏度。过去闪烁计数器与流气式正比计数器串联使用，现在则是装在流气式正比计数器旁边从而缩短了它与晶体之间的距离，有效地提高了分析元素的灵敏度。

一、闪烁计数器

闪烁计数器由闪烁体、光导、光电倍增管和附属电路组成，X 射线光子通过铍窗进入闪烁体，其部分能量使闪烁体的原子或分子受激发产生闪烁光子（能量约为 3eV，波长为 410nm 的蓝光）而射到光电倍增管上。

光电倍增管由光阴极、十多个打拿极（次阴极）以及阳极组成。在光电倍增管的阳极和阴极之间加 700～1000V 的高压。光子经光导进入光电倍增管的光阴极并产生光电子，光电子在电位不同的各打拿极之间加速，并产生倍增，在阳极上形成电脉冲信号，电信号经前置放大器输出供电路使用。

闪烁体在 X 射线光子照射下会发光。即将 X 射线光子的能量变成便于探测的光信号。闪烁体由一直径为 2.5cm、厚度为 2~5cm 的铊激活碘化钠[NaI(Tl)]单晶片构成，单晶圆片面向射线源一侧，且在其边缘上镀一层铝（Al），把镀铝的 NaI(Tl) 单晶片夹在 0.2mm 厚的铍窗（X 射线光子入射一侧）和聚甲基丙烯酸甲酯薄圆片（在光电倍增管一侧）之间，然后将夹层密封，以防止受潮；为防止漏光，可在夹层的边缘和受光面上涂以不透光的黑漆。

光导的主要功能是使闪烁体发射的可测光子打到光电倍增管的光阴极上。因此，一方面要防止光子散失；另一方面要防止在界面上产生反射。因而常用一些透光性很好、折射率相当的物质制成一定形状的光导，一端与闪烁体连接，另一端与光电倍增管的光阴极连接，形成可测光子的通道。

光电倍增管是将光信号转变为电信号的器件。由高压电源和分压电阻分别供给不同的电极以不同的电位。

光电倍增管的放大倍数 M 定义为光阴极发射的光电子有一个到达倍增极经多次倍增后阳极收到的电子数。在理想的情况下可以为：

$$M = K\sigma^n$$

式中，K 是第一个打拿极收集的电子数，其收集率约达 90%；σ 为打拿极的发射效率，相当于一个入射电子在打拿极上引发的次级电子数，一般值为 3~6；n 为打拿极数，一般为 14 级；M 值约为 10^{10}。一个入射光子进入探测器后会输出一个幅度正比于光子能量的脉冲，即这种计数器能进行能量甄别。

闪烁计数器能量分辨率不如正比计数器，另外噪声较高，波长大于 0.3nm 后信号与噪声的脉冲高度相差无几，两者很难分开。因此，它实际可应用的波长范围为 0.01~0.23nm。

二、气体正比计数器

正比计数器分为流气式和封闭式气体探测器。流气式正比计数器窗口膜可更换。封闭式正比计数器窗口膜厚度较厚。

1. 正比计数器特性与配置

正比计数器由金属圆筒（阴极）、金属丝（阳极）、窗口及探测气体（惰性气体）构成。阳极都制成均匀光滑的细丝状，一般由钨、钼、铂等稳定的金属丝制成。阳极丝的直径通常为 25~100μm，在细丝附近可得到更高的电场强度。窗口材料一般用很薄且对 X 射线吸收较小的轻金属片或有机薄膜制成。封闭式正比计数器的窗口由云母片、铝箔或铍片制成，铍片的厚度为 25~100μm。流气式正比计数器的窗口材料多选用聚丙烯酸酯或聚亚酰胺膜制成，厚度为 0.6~6μm，目前最薄的窗口膜为 0.3μm，从而大大提高了对超轻元素的探测强度。

正比计数器一般选用 Ne、Ar、Kr、Xe 作为探测气体，并加入一定量有机气体，如甲烷、乙烷、丙烷，防止正离子移向阴极时，从阴极上逐出电荷而引起二次放电——使之猝灭。例如，广泛使用的 P10 气体就是由 90% 的 Ar 和 10% 的甲烷混合而成的气体。而甲烷气体是用来抑制放电，起稳定放电过程和阻止持续放电（称为猝灭气体）的作用。有机气体比例变化可引起气体放大倍数相当大的变化，对于 P10 气体，甲烷比例变化 0.5%，引起输出脉冲幅度的变化为 10%～20%。所以，当 P10 瓶内的气压在 10bar（$1bar = 10^5 Pa$）以下时，就不应再继续使用，而要换一瓶新气。如温度和气压变化，流气式正比计数器中气体的密度也会改变。密度一变，不但输出的脉冲幅度值要变化，而且计数率也在变化，因此，新型的 X 射线光谱仪的正比计数器装在恒温的分光室内，且使用气体密度稳定器，使流过正比计数器的密度保持不变。

流气式正比计数器逃逸峰主要源于氩，例如当 Cu Kα 光子（约 8keV）入射到 P10 气体时，因 Ar Kα 光子能量约为 2.96keV，因此，Cu Kα 线逃逸峰能量约等于 5keV。如果 8keV 光子产生的脉冲高度调在 20V 处，则逃逸峰将出现在约 12.5V 位置。

X 射线进入正比计数器使气体电离产生电子离子对，并雪崩式放大，过程时间约为 10^{-7}s 量级。离子质量大于电子，移动速度要小于电子，因而在阳极丝周围形成阳离子层，阻碍了雪崩效应，只有当阳离子散去后，才又恢复到下一个过程。在离子层形成到消散的一段时间内，探测器像"死"了一样。因此，在一个光子引发电离后，探测器不能再探测下一个光子产生电离过程的时间为探测器的死时间，在这段时间内进入探测器的光子不被计数。探测器的死时间可用下面的公式进行修正：

$$I_{真实} = \frac{I_{实测}}{1 - I_{实测} T_R}$$

式中，$I_{真实}$ 和 $I_{实测}$ 分别表示真实强度和实测强度，cps；T_R 为分辨时间。由于死时间的存在，进入探测器的总光子数有一小部分没被计数，这种情况随荧光强度的增加而增强。因此，在出厂时，死时间一般都输入软件，然后根据这个时间进行数学校正，使没有被记录的光子数被补回来。近代仪器中死时间校正，已经可以达到很高的计数率。通过死时间校正，在使用流气式正比计数器、封闭式充氙计数器和闪烁计数器时，线性计数率分别达到 3000kcps、1000kcps 和 1500kcps。

2. 流气式正比计数器阳极丝的污染

流气式正比计数器长时间使用后，其阳极丝要被污染，造成能量分辨率下降。这时必须清理或更换阳极丝。阳极丝的污染由气体中的杂质和猝灭气体（P10 气体中的甲烷）所造成。

阳极丝污染后约一个月就开始引起分辨率下降，三个月后就会给分析带来误差，部分仪器中装有阳极丝清洁器，这种机构是在真空光路下，在阳极丝的两端加上 5V 直流电压，在高温下烧去阳极丝的污染物，使之恢复原有性能，得以稳定地进行轻元素分析。没有阳极丝清洁器时，必须拆卸流气式正比计数器，用溶剂进行清洗，当用溶剂清洗无效时必须更换阳极丝。

3. 流气式正比计数器的脉冲高度漂移

使用流气式正比计数器和封闭式正比计数器时，随着计数率的升高，脉冲高度有向低处漂移的现象，这是由于正比计数器阳极丝周围形成阳离子鞘，探测器内气体增益减小，而使脉冲高度降低的缘故。正比计数器的增益越大（探测器外加电压越高，阳极丝直径越细）这种现象越显著。而且入射能量越高漂移越厉害。在进行微量分析时，如果有强度大的高次线干扰，也会发生漂移。消除脉冲高度漂移的方法一是设定探测器高压在坪的中间，二是脉冲高度分析器条件设定要适当。

4. 流气式正比计数器脉冲高度稳定性

温度和气压变化将引起流气式正比计数器中气体密度改变。密度一变，计数率亦变，同时脉冲高度值也要改变。这两种变化和计数率的变化可由下式求得：

$$\frac{\mathrm{d}D}{D} = \frac{\mathrm{e}^{-\mu_\mathrm{g}\rho x}}{1-\mathrm{e}^{-\mu_\mathrm{g}\rho x}}\mathrm{d}p = \frac{q\mathrm{e}^{-\mu_\mathrm{g}\rho x}}{1-\mathrm{e}^{-\mu_\mathrm{g}\rho x}}\times\frac{\mathrm{d}p}{p}$$

式中，μ_g 为气体质量吸收系数；ρ 为气体密度；x 为探测器的直径（X 射线的通路）。

此外，压力和脉冲高度的变化可用下面经验公式表示：

$$\frac{\Delta\mathrm{PH}}{\mathrm{PH}} = -6\frac{\Delta p}{p} = 6(\frac{\Delta T}{T}-\frac{\Delta p}{p})$$

式中，p 为压力；T 为温度；PH 为脉冲高度值。

使用气体密度稳定器，则在气压和温度变化时，能使气体密度保持不变从而使测量稳定。

三、探测器的选择标准

选择探测器时，一般要考虑以下因素：①在所测量的能量范围内具有较高的探测效率，如在波长色散 XRF 光谱仪中用流气式正比计数器测定超轻元素碳、氮和硼时，入射窗的窗膜可用 $0.9\mu m$、$0.6\mu m$ 或更薄的膜，以减少对射线的吸收；②具有良好的能量线性和能量分辨率；③具有较高的信噪比，要求仪器暗电流小，本底计数低；④具有良好的高计数率特征，死时间较短；⑤输出信号便于处理、寿命长、使用方便，价格便宜。

在能量色散光谱法中，通常都采用半导体探测器，因为它有很高的探测效率和能量分辨本领，而且适用的探测能量范围相当大，包括周期表中大部分轻元素和重元素，这种探测器由于体积小，可以紧靠样品，从而可获得很高的几何效率。这种探测器目前最大计数率约为 200kcps。主要缺点是所用半导体材料要求较高，制作工艺复杂，对于电子线路要求也高，还需在液氮低温下使用。

闪烁计数器主要用于短波 X 射线探测。主要优点是探测效率高，死时间短，输出脉冲幅度大，而且温度影响小，长时间操作性能稳定可靠。缺点是碘化钠闪烁晶体的密封较困难，易潮解，致使能量分辨和探测效率下降。此外，光电倍增管易受外界磁场、电场和辐射场的干扰，与正比计数器和半导体探测器相比，能量分辨本领较差，本底较高。流气式正比计数器是探测长波和超长波 X 射线的主要装置，它的能量分辨本领仅次于半导体探测器，死时间较短，线性计数范围可达 3000kcps。它的输出脉冲幅度明显地受输入计数率等外部条件的影响，对于流气式正比计数器，还需要一套供气和气体密度稳定装置。各种探测器的性能的比较见表 11-5。

表 11-5　X 射线光谱仪常用探测器的性能比较

性质	盖革计数器	封闭正比计数器	流气正比计数器	NaI(Tl)闪烁计数器	Si(Li)半导体探测器
窗口位置	端窗	侧窗	侧窗	端窗	端窗
材料	云母	云母	Mylar[①]膜	铍(Be)	铍(Be)
厚度	$10\mu m$	$10\mu m$	$6\mu m$	0.2mm	—
气体	$Ar\text{-}Br_2$	$Xe\text{-}CH_4$	$Ar\text{-}CH_4$	—	—
内部增益	10^9	10^6	10^6	10^6	0
死时间/μs	200	0.5	0.5	0.2	
最大有效计数率/cps	2×10^3	5×10^4	5×10^4	10^5	2×10^4
背景强度/s^{-1}	2	0.5	0.2	10	
对 Fe Kα 的分辨率/%	—	12	15	50	5
有效波长范围/10^{-10} m	$0.5\sim4$	$0.5\sim4$	$0.7\sim10$[②]	$0.1\sim3$	$0.4\sim10$[③]

① 镀铝薄膜。

② 用超薄窗口和特殊气体时，有效波长可达 10nm(Be Kα)左右。

③ 采取某种特殊措施后，有效波长可达 5nm(C Kα)左右。

FWHM(W) 为最大计数值一半处的分布曲线的宽度。从实际测试来看，流气式正比计数器的能量分辨率为 20%～40%（轻元素更大），闪烁计数器的能量分辨率为 30%～60%，半导体能量分辨率用 [55]Fe 放射性核素源的 Mn Kα 的半高宽值表示。

探测器的理论分辨率可表示为：

$$R = Q\sqrt{\lambda}$$

式中，Q 为品质因子。对流气式正比计数器（$Ar\text{-}CH_4$），$Q=45$；充入 Ne 和 Xe 封闭式正比计数器，$Q=48$；充 Kr 封闭式正比计数器，$Q=54$；对于闪烁计数器，$Q=120$。

第九节　脉冲高度分析器

由试样发射的荧光 X 射线经晶体分光后，符合 $n\lambda = 2d\sin\theta$ 条件的波长都发生衍射并为探测器接收。在同一 2θ 位置探测的 X 射线除波长 λ 外，$\lambda' = \lambda/n$ 的其他谱线也进入探测器，除一次线外（$n=1$），高次线也将进入探测器。故需要利用探测器输出电压脉冲与入射 X 射线能量成正比的特点，由脉冲高度分析器将代表光子能量的不同脉冲按幅度分开。脉冲高度分析器由上限甄别器，下限甄别器和反符合电路组成（如图 11-4 所示）。

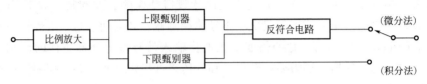

图 11-4　脉冲高度分析器原理图

输入到脉冲高度分析器的脉冲可分为三类：V_1（电噪声）、V_2（一次线）、V_3（高次线）。V 为下限甄别器电压，ΔV 为窗电压，$V + \Delta V$ 为上限甄别器的电压。输入 V_1 类脉冲时，上、下甄别器均未触发，没输出；反符合电路无输出。输入 V_2 类脉冲时，下限甄别器触发，有输出，但上限甄别器未触发，无输出；反符合电路一端有输入，故有脉冲输出。输入 V_3 类脉冲时，上、下限甄别器均触发，有输出；反符合电路两端均有输入，输出端无输出。V_2 类脉冲是经过选择的脉冲，可直接输入计数电路进行计数。通过调整下限甄别器的电压和窗电压，可将不同能量的电压脉冲进行区分。

脉冲高度分析器有微分和积分两种工作状态。微分方式是上、下限甄别器同时起作用，它只记录上、下甄别器间的脉冲。积分方式是上甄别器不起作用，它只记录幅度高于下甄别器的所有脉冲。

脉冲高度分析器的微分方式有以下作用：

① 过滤掉重元素的高次线对轻元素一次线的干扰。如图 11-5 所示，去掉 Zr Kα 二级线对 Hf Lα 线的干扰。

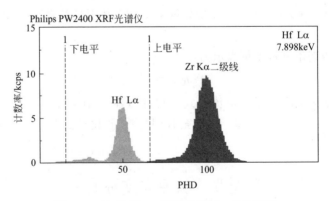

图 11-5　Zr 的 Kα 二级线对 Hf Lα 线的干扰

② 滤掉邻近谱线脉冲逃逸峰干扰。如图 11-6 所示，滤掉 Ba Lα 三级线对 Al Kα 线的干扰。

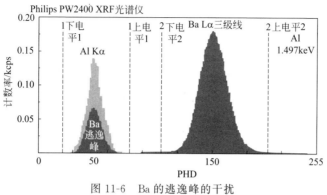

图 11-6　Ba 的逃逸峰的干扰

③ 滤掉晶体荧光对分析元素的干扰。如图 11-7 所示，Ge 晶体的 Ge Lα 线对 P Kα 线的干扰。

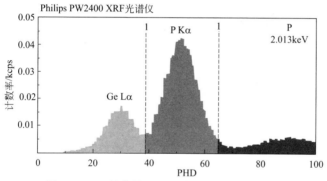

图 11-7　Ge 晶体的 Ge Lα 线对 P Kα 线的干扰

脉冲幅度与 X 射线能量成正比，但实际上，这种脉冲幅度并不是单一值，而是一种统计分布。造成脉冲幅度差异的主要原因是：①探测器中初始离子形成的有效电子数存在差异，且呈统计规律分布；②探测器光子放大倍数存在差异；③探测器电压波动；④入射光子强度、探测器死时间影响；⑤放大器增益波动。

在实际分析中，在轻重元素谱线密集区内，除首先做每条分析线的 2θ 角检查外，还必须做脉冲高度分布条件检查。

第十节　实验参数的选择

一、仪器参数的选择

X 射线管发射的连续谱和特征谱被用来共同激发样品。连续谱主要用于重元素的激发；靶特征线主要用于轻元素激发。仔细选择激发参数有利于获得样品的最佳激发条件。激发参数包括靶材、管压（kV）、管流（mA）和初级辐射的光谱分布等。图11-8显示了轻元素激发电压的最佳选择。在用 Rh 靶 X 射线管激发样品中轻元素时，一般选用 Rh L 系线作为激发源，能获得较高激发效率。以 Si Kα 为例，由于 Rh L 系光谱波长位于硅的 K 系吸收边 Si Kab 短波侧，对 Si 具有最佳激发效率；选择激发电压时，由于 Si K 系临界激发电压很低，因此选用的 X 射线管工作电压比较低。当工作电压 4 倍于 Si K 系临界激发电压时（1.839keV），其光谱强度可达到总强度的 90%，若将工作电压增加到 10 倍于临界激发电压，其强度的提高并不十分明显。实际工作中，激发轻元素时，选择 24kV 作为工作电压就足够了。

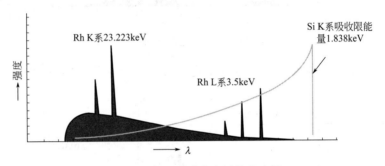

图 11-8　轻元素激发电压最佳选择

激发样品中重元素时，由于重元素的临界激发电位较高，因此选择的 X 射线管工作电压也高。表 11-6 中列出了部分主要元素的临界激发电压。

表 11-6　部分主要元素的临界激发电压　　　　　单位：keV

元素	K	L_1	L_{11}	L_{111}	M_1
F	0.687				
Na	1.080	0.055	0.034	0.034	
Mg	1.308	0.063	0.050	0.049	
Al	1.559	0.087	0.073	0.072	
Si	1.838	0.118	0.099	0.098	
Ti	4.964	0.530	0.460	0.454	0.054
Fe	7.111	0.849	0.721	0.708	0.093
Cu	8.980	1.100	0.953	0.933	0.120
Mo	20.002	2.884	2.627	2.523	0.507
Rh	23.22	3.419	3.145	3.002	0.637
Sn	29.19	4.464	4.157	3.928	0.894
W	69.506	12.090	11.535	10.198	2.812

对重元素 Cu，其 K 系谱线临界激发电压为 8.980keV，X 射线管的工作电压为：

$$V_{Cu\,K\alpha} = 4 \times E_{Cu\,K} = 4 \times 8.980\text{keV} = 35.92\text{keV}$$

所以在选择工作电压时，对于重元素，一般选择高电压，通常为临界激发电压的 2～4 倍；对于轻元素则选择低电压，一般为临界激发电压的 4～10 倍，如表 11-7 所示。现代仪器可根据 X 射线管的额定功率，自动给出被分析元素谱线的管压（kV）和管流（mA）。

表 11-7　激发电压的选择

管压/kV	K 系谱线	L 系谱线	管压/kV	K 系谱线	L 系谱线
60	Fe-Ba	Sm-U	30	Ca-Sc	Sb-I
50	Cr-Mn	Pr-Nd	24	Be-K	Ca-Sn
40	Ti-V	Cs-Ce			

二、光学参数的选择

晶体是光学系统中的主要分光元件，合理选择晶体参数直接影响分析结果稳定性、准确度和灵敏度。初级准直器的主要作用是提高 X 射线的分辨率，次级准直器的作用主要是降低背景，提高灵敏度。因此为了选择元素特征线的最佳测量条件，就光学系统而言，要涉及三个因素，即光路的角色散率、分辨率和灵敏度。增加反射级数和减少晶面间距 d 都可提高角色散率。所以 LiF（220）晶体（$2d = 0.2848nm$）角色散率大于 LiF（200）晶体（$2d = 0.4028nm$）。分辨率受初级和次级准直器片间距影响，不仅取决于晶体对谱线角色散率，而且取决于衍射线半宽度、准直器的立体角和晶体的反射性能等。光路总灵敏度取决于所选晶体的反射率和准直器的片间距。一般而言，灵敏度与分辨率是反比关系。高的色散晶体往往反射率低。因此，晶体与准直器组合的最佳选择必须使强度、色散率和分辨率三者兼顾。表 11-8、表 11-9 是一个 X 射线光谱仪晶体及准直器的最佳选择实例。在选择晶体和准直器时必须使两者达到最佳搭配。如图 11-9 所示，来自样品的两种光谱，均使用 LiF（200）晶体，但一种用 $100\mu m$ 准直器记录，另一种用 $300\mu m$ 准直器记录。用 $300\mu m$ 准直器时，Sb Kα 和 Sn Kα 两种谱线未完全分开，而用 $100\mu m$ 准直器时，这两种谱线完全分开。然而用 $300\mu m$ 准直器记录可获得较高的强度。因此，对于这些元素用 $300\mu m$ 准直器所用的计数时间比用 $100\mu m$ 准直器时要短。但是为了得到好的准确度必须进行谱线重叠干扰校正。关于光学参数的选择，在现代仪器的操作应用软件中会自动作出十分合理的选择。

表 11-8　晶体的最佳选择

晶体	$2d$/nm	元素 K 系	元素 L 系
LiF(420)	0.180	Te-Ni	U-Hf
LiF(220)	0.285	Te-V	U-La
LiF(200)	0.403	Te-K	U-In
Ge(111)	0.653	Cl-P	Cd-Zr
InSb(111)	0.748	Si	Nb-Sr
PET(002)	0.874	Cl-Al	Cd-Br
PX9	0.403	Te-K	U-In

表 11-9　准直器的最佳选择

准直器	L 系谱线	K 系谱线	准直器	L 系谱线	K 系谱线
100/150μm	U-Pb	Te-As	150μm[①]	U-Ru	Te-K
300μm	U-Ru	Te-K	550μm[①]	Mo-Fe	Cl-F
700μm	Mo-Fe	Cl-O	4000μm[①]		O-Be

① 帕纳科 X 射线光谱仪,若要测 C、N,则推荐用这 3 种准直器。

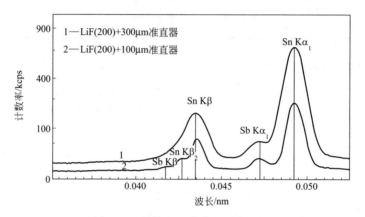

图 11-9　晶体和准直器的最佳选择

为了提高光学系统的灵敏度,在样品与 X 射线管窗口间的光路中,选择适当的滤光片,可减弱来自 X 射线管初级辐射的强度;减弱连续谱线的强度,从而降低散射背景;并消除靶线及杂质线的干扰,提高分析的灵敏度和准确度。常用滤光片的选择参见表 11-10,利用滤光片消除靶线的效果见图 11-10(a),利用滤光片提高峰背比的效果见图 11-10(b)。可见滤光片在实际中还是十分有用的。

表 11-10　常用滤光片的选择

滤光片	作用	K 系线的范围
黄铜 300μm	排除 Rh K 系谱线,提高 20keV 以上谱线的峰背比	Rh 以前 K 系
黄铜 100μm	提高 16~20keV 范围谱线的峰背比	Zr-Rh
铝 750μm	提高 16~20keV 范围谱线的峰背比	Br-Zr
铝 200μm	排除 Rh L 系谱线,提高 4~12keV 范围谱线的峰背比	Ti-Se

三、探测器与测量参数的选择

X 射线探测器的作用是将 X 射线光子的能量转变为可测量的电压脉冲。对波长短的 X 射线 (0.02~0.15nm;8~30keV),闪烁计数器具有最高的探测效率,适用于 Zn-Ba 的 K 系谱线范围和 U-Re 的 L 系谱线范围。在中长波段内 (0.08~0.85nm;0.1~15keV),一般使用封闭式正比计数器;在长波段内 (0.08~12nm;1.5~15keV),使用流气式正比计数器最灵敏。

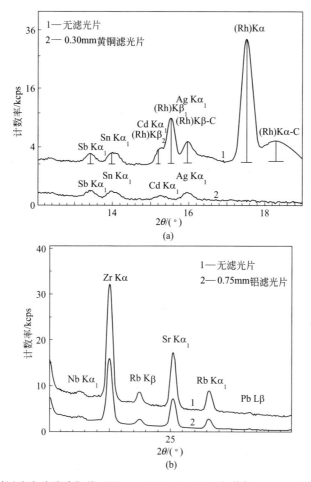

图 11-10　利用滤光片消除靶线（Philips PW2400 XRF 光谱仪）（a）、提高峰背比（b）

　　流气式正比计数器的窗口是由聚丙烯（C_3H_7）$_n$ 制成的。这种材料具有很高的机械强度，对长波 X 射线吸收很少。因此，选择窗口薄膜的厚度应兼顾对长波 X 射线的吸收和薄膜的机械强度。窗口越薄，吸收越低，但机械强度差，寿命短。用 6μm 的窗口机械强度最大，寿命最长。但对 Na Kα 线的透过率仅仅为48%；最佳的窗口厚度为 2μm，既有良好的机械强度，对 Na Kα 又有 78% 的高透过率。使用 1μm 的窗口，能获得极好的灵敏度，其透过率及吸收率分别见表 11-11 和图 11-11。

表 11-11　探测器窗口薄膜的透过率　　　　　　　　　　　　　　单位：%

Kα 线	1μm	2μm	6μm
Na	88.4	78.3	48.0
Mg	93.0	86.6	64.9
Al	95.7	91.6	76.8

Kα 线	1μm	2μm	6μm
Si	97.3	94.6	84.8
S	98.8	97.6	93.0
K	99.6	99.2	97.5
Ti	99.8	99.6	98.9

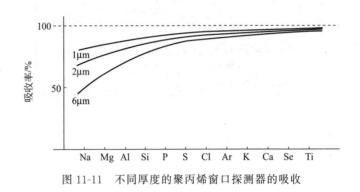

图 11-11　不同厚度的聚丙烯窗口探测器的吸收

第十一节　能量色散 XRF 光谱仪的特性和注意事项

由 X 射线管产生的原级 X 射线经过过滤片照射到样品上，或由二次靶所产生的特征 X 射线照射到样品上时，样品所产生的 X 射线荧光直接入射到探测器，探测器将 X 射线光子的能量转变为电信号，经前放和主放大器将信号幅度放大，经模数转换器将信号的脉冲幅度转换为数字信号。经计算机处理后，获得能谱数据。

EDXRF 光谱仪所用激发源除 X 射线管外，还有放射性核素源、同步辐射光源和质子光源。EDXRF 光谱仪通常采用低功率 X 射线管，功率通常为 4~9W，靶材有 Rh、Mo、Cr、Au 等，X 射线管和放射性核素源相比，除强度高以外，还可根据待测元素选择适当激发条件。为利用二次靶激发或偏振光激发，也可使用较大功率（50~600W），最高电压可达 60~100kV，可以激发周期表中所有元素 K 系线。二次靶采用 X 射线管发射出的原级 X 射线照射到另一纯元素制成的靶材上，用它产生的特征 X 射线去激发样品中的待测元素，利用选择激发，可以降低背景，提高峰背比。

作为 EDXRF 主要部件，半导体探测器需在一定条件下保存、使用和维护。

① 正确连接设备的各个部分，尤其对偏压的极性应十分注意。

② 偏压（100~1000V）是经过探测器直接接到前置放大器第一级场效应管的栅极上。由于半导体反接，偏压几乎全部降在探测器上，而栅极上电压降很小，当偏压突然上升或下降时，在高压电脉冲的冲击下，场效应管易损坏。因此

半导体探测器的偏压必须用连续可调的高压电源,缓慢增减。每次开始工作时,由零缓慢、均匀地调至工作电压,每一步不少于1min。

③ 低能辐射半导体探测器真空室都有一个厚度为微克量级的铍片制成的入射窗,作为射线的通道,它极易破碎,因此不宜直接对铍窗吹气,也不能用刷清洗。

④液氮冷却型半导体探测器须及时补充液氮。温度升高将使原来在漂移过程中形成的中性离子离解,称为"反漂移",会导致探测器性能下降,甚至损坏。

⑤ 防潮。潮湿会导致绝缘子及高压回路漏电。铍窗及真空室积水会损坏铍窗,造成漏气。除经常擦拭之外,最好的方法是用一个大的塑料袋把探测器和低温容器的出口一起罩上。由出口不断蒸发出来的低温干燥氮气逐渐赶除罩内的空气和水分,并保持很小的压力,保持罩内小范围干燥。

从放大器输出端输出的脉冲幅度应与入射X射线能量成正比,谱仪能量刻度就是将这种正比关系以线性拟合函数形式表达出来,在定性和定量分析时可以通过测得谱的峰位,确定所对应的入射X射线能量,从而确认待测元素。

对谱仪进行能量刻度多采用能量已知的放射性核素源、金属粉末混合物或纯元素进行测量。以封闭式正比计数管为探测器,所测元素能量范围在 0~10keV 时,可用金属铝和铁进行刻度;对半导体探测器,由于具有良好能量分辨率,一般只需要一个含有多元素的样片,如在 0~20keV 的能量区间进行能量刻度。用铝合金,通过测定铝、铁、铜,获得相应的能量-峰位点,作图或进行函数拟合,从而获得能量刻度曲线及其函数表达式。

参考文献

[1] 吉昂,陶光仪,卓尚军,等.X射线荧光光谱分析.北京:科学出版社,2003.

[2] 曹利国.能量色散X射线荧光方法.成都:成都科技大学出版社,1997.

[3] Birks L S. X射线光谱分析.高新华,译.北京:冶金工业出版社,1973.

[4] 张天佑,李国会,朱永奉,等.岩矿测试,1998,17 (1):68-74.

第十二章 仪器检定、校正与维修

X射线荧光光谱仪性能指标检测十分重要，是保证分析结果准确、可靠的关键方法之一，也是根据测试的性能指标，进行仪器校正和维护的依据。新仪器安装调试后，需要对光谱仪性能进行测试，并根据测试结果进行验收。仪器使用一段时间后，为检查仪器状态是否发生变化，也需要对其性能进行测试，并依据测试的综合性能指标评定其等级，确定使用范围。下边以3080E型和Axios等X射线荧光光谱仪为例，叙述与仪器各主要性能密切相关的检验项目、技术指标与测量方法。

第一节 仪器检定

一、实验室条件

正确配置实验室条件是保证仪器安装和使用安全的前提，主要包括：

① 电源：单相220V，三相380V，50Hz，电压波动不超过±10%；

② 接地电阻：<2Ω；

③ 冷却水：水温<21℃，水压3~4bar，流量>4L/min；

④ 室温：(15~28)℃±3℃；

⑤ 相对湿度：<70%。

二、检验项目及测量方法

1. 探测器的能量分辨率

(1) 闪烁计数器（SC）能量分辨率测量 采用Cu Kα线、LiF(200)分光晶体、闪烁计数器、2θ角为45.02°、黄铜或紫铜试样，调整管压（kV）、管流（mA），使计数率达20kcps以上，做微分曲线，计算能量分辨率（R_e），其值小于或等于60%为合格。

(2) 流气式正比计数器（F-PC）能量分辨率测量 采用Al Kα分析线、PET分光晶体、流气式正比计数器、2θ角145°、铝块试样，调整管压、管流，使计数率达20kcps以上，做微分曲线，计算能量分辨率（R_e），其值小于或等于40%为合格。

$$R_e = \frac{W(h/2)}{K(h)} \times 100\%$$

式中，$W(h/2)$ 为脉冲高度分布的半高宽；$K(h)$ 为脉冲高度分布的峰位。

2. 探测器的噪声

（1）闪烁计数器噪声的测量　采用 LiF(200) 分光晶体、闪烁计数器、黄铜或紫铜样品，采用积分方式，下限为 70 刻度。关掉 X 射线发生装置的电源，启动计数测量 100s，重复三次，计算闪烁计数器的平均噪声，其值等于或小于 10cps 为合格。

（2）流气式正比计数器噪声测量　采用 PET 分光晶体、流气式正比计数器、铝块样品，采用积分方式，下限为 70 刻度。关掉 X 射线发生装置电源，启动计数测量 100s，重复三次，计算流气式正比计数器平均噪声，其值等于或小于 1cps 为合格。

3. 计数线性检验

（1）闪烁计数器的计数线性检验　采用黄铜或紫铜试样、LiF(200) 分光晶体、2θ 角为 45.02°(Cu Kα)、PHA 设定范围为 70～350（视仪器不同而定）、粗准直器（或细准直器）、管压（30kV），分别以管流 10mA、15mA、20mA、25mA、30mA、35mA、40mA、50mA 等，每点测量 10s，重复三次，取其平均计数率，绘制计数率-管流（mA）曲线，并找出 1500kcps（直线上）处与实测的偏离值 $[\Delta E(\mathrm{kcps})]$，其偏差（ER）等于或小于 1% 为合格，$ER = \dfrac{\Delta E}{1500} \times 100\%$。

（2）流气式正比计数器的计数线性检验　采用铝块试样、PET 分光晶体、2θ 角为 145°（Al Kα）、PHA 设定为 70～350（视仪器不同而定）、细准直器、管压为 30kV，分别以管流 10mA、15mA、20mA、25mA、30mA、35mA、40mA、45mA、50mA、60mA、70mA 等，每点测量 10s，重复三次，取其平均计数率，绘制各点的计数率与管流（mA）之间的曲线，并找出 3000kcps（直线上）处与实测的偏离值 $[\Delta E(\mathrm{kcps})]$，其偏差（ER）等于或小于 1% 为合格。

4. X 射线的强度检验

Rh 靶 X 射线光管、视野光阑和试样面罩的直径为 30mm，PHA 设定为 70～350，X 射线强度检验的测量条件与计数率指标实例见表 12-1 所示。计数测量 10s，重复三次，其平均计数率大于或等于表中所列出的计数率为合格。

表 12-1　3080E X 射线强度测量条件与计数率指标

分光晶体	计数器	试样	$2\theta/(°)$	（管压/kV）/（管流/mA）	光路	准直器	计数率/kcps
LiF(200)	SC	黄铜	45.02	30/5	真空	3S-1S	70
LiF(200)	SC	钛片	86.13	30/5	真空	3S-1S	18
LiF(200)	F-PC	CaF₂	113.11	30/5	真空	3S-1S	90
LiF(220)	SC	铜片	28.84	40/10	真空	3S-1S	90
PET	F-PC	P、S、K 混合压片	144.70	40/5	真空	3S-3S	250
Ge	F-PC	GSD8	141.09	40/10	真空	3S-3S	40
PX4(InSb)	F-PC	玻璃片(1：5)	144.61	40/30	真空	3S-3S	90

5. 精密度检定

精密度检定以 20 次连续重复测量的相对标准偏差（RSD）检验。每次测量都必须改变机械设置的条件，包括晶体、计数器、准直器、2θ 角、滤光片、衰减器和样品转台位置等。连续 20 次测量中，如有数据超出平均值 $\pm 3S$，实验应重做。

测量条件 1：测量纯铜或黄铜试样 Cu Kα 计数值或计数率，采用 LiF(200) 分光晶体、细准直器、无滤光片、无衰减、闪烁计数器真空光路、计数时间 10s。

测量条件 2：测量纯铝试样 Al Kα 的计数值或计数率，采用 PET 晶体、粗准直器、加过滤片和衰减器、流气式正比计数器、真空光路，计数时间 1s 或 2s。

X 射线源电压设置在 40kV 或 50kV，调节电流，使测量条件 1 中 Cu Kα 计数率为 100～200kcps。条件 1 和 2 交替测定，每个条件分别测定 20 次，对于铜样品每次测定一次，必须变换进样转台中的样品位置。计算测定 Cu Kα 线 20 次的 RSD。

6. 稳定性检定

仪器的稳定性用相对极差（RR）表示：

$$RR = \frac{N_{\max} - N_{\min}}{\overline{N}} \times 100\%$$

式中，$N_{\max}$ 为测量过程中最大计数值；$N_{\min}$ 为测量过程中最小计数值；$\overline{N}$ 为整个测量的平均计数值。

测定条件：用不锈钢块样品测量 Cr Kα 或 Ni Kα 的计数值或计数率，采用 LiF(200) 晶体，调节电流电压，使 Cr Kα 或 Ni Kα 的计数率高于 100kcps，计数时间 40s，连续测量 400 次。

三、技术指标

在 1993 年我国颁布了《波长色散 X 射线荧光光谱仪》的检定规程（JJG 810—93），其技术性能指标见表 12-2。

表 12-2　技术性能指标

检测项目	A 级	B 级	注释
精密度（RSD）	$\leqslant 2.0 \times \dfrac{1}{\sqrt{N}} \times 100\%$	$\leqslant 3.0 \times \dfrac{1}{\sqrt{N}} \times 100\%$	①
稳定性（RR）	$\leqslant (0.2 + 6 \times \dfrac{1}{\sqrt{N}} \times 100)\%$	$\leqslant (0.4 + 6 \times \dfrac{1}{\sqrt{N}} \times 100)\%$	②
X 射线计数率	≥仪器技术标准规定的测量条件下初始计数率的 60%，或≥仪器出厂指标值的 90%	≥仪器技术标准规定的测量条件下初始计数率的 50%，或≥仪器出厂指标值的 80%	③

检测项目		A 级	B 级	注释
探测器分辨率	流动气体正比计数器 闪烁计数器	≤40%（Al Kα） ≤60%（Cu Kα）	≤45%（Al Kα） ≤70%（Cu Kα）	④
	封闭气体正比计数器	封闭 He，≤54 $\sqrt{\lambda}$% 封闭 Ar，≤45 $\sqrt{\lambda}$% 封闭 Kr，≤52 $\sqrt{\lambda}$% 封闭 Xe，≤60 $\sqrt{\lambda}$%	封闭 He，≤65 $\sqrt{\lambda}$% 封闭 Ar，≤55 $\sqrt{\lambda}$% 封闭 Kr，≤71 $\sqrt{\lambda}$% 封闭 Xe，≤89 $\sqrt{\lambda}$%	
仪器的计数线性		90%仪器规定最大线性计数率 的计数率偏差 CD≤1%	60%仪器规定最大线性计数 率的计数率偏差 CD≤1%	⑤

① 精密度以测量相对标准偏差（RSD）表示，$\overline{N}$ 为 20 次测量的平均计数值，$\overline{N} \geq 1 \times 10^6$ 计数。

② 稳定性以相对极差（RR）表示。$\overline{N}$ 为 400 次测量的平均计数值，$\overline{N} \geq 4 \times 10^6$ 计数。

③ 更换 X 射线管或晶体等重要部件后，按与仪器技术标准要求相同的测量条件测定 X 射线计数率。若测定的计数率高于出厂指标，则用更换部件后最初的 X 射线计数率代替原有的"仪器技术标准规定的测量条件下初始的计数率"，作为检定 X 射线计数率的标准；若更换部件后最初的 X 射线计数率等于或低于出厂指标，则出厂指标值代替原有的"仪器技术标准规定的测量条件下初始的计数率"，作为检定 X 射线计数率的标准。在质量保证期内的新仪器，此项技术要求按产品技术标准执行。

④：λ:分析元素 X 射线的波长（以 nm 为单位）。

⑤ 若 X 射线光管在最大额定功率时，实测的最大计数率为 61%~89%仪器规定的最大线性计数率，则 A 级的计数率值偏差按实测的最大计数率计算；若实测的最大计数率等于或低于 60%仪器规定最大线性计数率，则 A 级和 B 级不作区分，计数值偏差按实测的最大计数率计算，CD≤1%为 A 级。

在波长色散 X 射线荧光光谱仪的性能测试指标中，最重要的是光谱仪在动态情况下的长期稳定性，即光谱仪所有可动部件在每次测定中都要变换，这种综合性考核指标最能代表光谱仪的性能。

表 12-3 是采用帕纳科 Axios X 射线荧光光谱仪做动态长期稳定性检验的测定条件实例。在动态情况下做长期稳定性检验，所测元素计数率（kcps）达几百的情况下，其相对标准偏差小于 0.05%。

表 12-3　采用 Axios X 射线荧光光谱仪做动态长期稳定性检验的测定条件

分析线	分光晶体	管压/kV	管流/mA	准直器	峰位 2θ/(°)	探测器	PHA		样品
							LL	UL	
Cu Kβ	LiF(220)	60	40	150μm	58.5356	流气式正比计数器	20	80	纯铜
Ba Kα	LiF(200)	60	33	550μm	11.0090	闪烁计数器	20	80	C₃
Al Kα	PET	24	100	550μm	144.9548	流气式正比计数器	20	80	C₃

第二节　脉冲高度分析器的调整及仪器漂移的校正

一、脉冲高度分析器的调整

更换 P10 气体后，由于 P10 气体成分发生小的变化，探测器高压或仪器放大器增益出现波动等都会引起脉冲幅度的变化，从而对分析结果带来误差，特别是对高含量元素影响较大，必须对脉冲高度分析器进行调整。以帕纳科 Axios X 射线荧光光谱仪为例，说明其调整过程。点击 TCM 4400，进入 D（Detector check）。

①PSC 设定为 No。②根据要求设定不同的分光晶体、2θ 角、探测器，并装入样品（C_3 或 Cu）。③调节管压（kV）、管流（mA）、准直器、面罩等，使得计数率在 20kcps 左右。④按 F_1 键，开始测量，观察 Top position 是否为 50 ± 2。如果不是，调节探测器高压，使其为 50 ± 2。⑤条件设定：见表 12-4。⑥实验条件设置。分光晶体：LiF(200)，Ge，PET，PX1，LiF(220)。准直器：$150\mu m$，$300\mu m$，$700\mu m$。探测器：F-PC（流气式正比计数器），SC（闪烁计数器），封闭式正比计数器即可。⑦装样及卸样品：按 F_9（General）键，然后按 F_1（Load/ unload）键。⑧SC 通常一年或两年检查一次。

表 12-4 PHA 调节时的条件设定

晶体	探测器	样　　品	分析线	$2\theta/(°)$
LiF(200)	F-PC	Cu	Cu Kβ	40.45
Ge	F-PC	C_3	P Kα	140.96
PET	F-PC	C_3	Al Kα	145.00
PX1	F-PC	Cu	Cu Lβ	30.50
LiF(220)	F-PC	Cu	Cu Kα	58.53

二、仪器漂移的校正

由于仪器硬件的变化，如仪器电子线路的变化、分光晶体反射强度的改变、X 射线管的老化或更换、更换流气式正比计数器的窗口或芯线均会引起仪器漂移。为了保证定量分析方法能长期使用，需要对仪器漂移进行校正，即在任何时候均需要将仪器工作状态校正到与制定定量分析方法相同的状态。是否需要进行监控测量主要取决于测量强度或分析结果波动的性质，如果这种波动或变化来自仪器器件的变动，如更换 X 射线管、探测器窗口或 P10 气体，则更换后要立即进行监控测量；如果波动属于仪器的正常漂移，则执行监控测量的次数主要取决于准确度的要求。

（1）单点校正法　在测定标样前后，立即测定用于校正仪器漂移的监控样（或称标准化样品），令第一次测得监控样相应元素强度为 I_S，存入数据文件。在分析未知样时，先测定监控样，这时测得相应元素强度为 I_M，其校正系数为：$\alpha = \dfrac{I_S}{I_M}$，测得试样中该元素分析线强度乘以校正系数 α，即为校正后的强度，用以计算待测元素的含量。

（2）两点校正法　两点校正法也叫 α、β 法，是把校准曲线两端的试样作为监控试样的一种方法，校正后的 X 射线强度由 α 和 β 两个系数求得：

$$I_c = \alpha I + \beta; \alpha = (I_2 - I_1)/(I_{M2} - I_{M1}); \beta = I_1 - \alpha I_{M1}$$

式中，I_c 为未知试样校正后的 X 射线强度；I 为未知试样测定的 X 射线强度；I_{M1}、I_{M2} 为监控试样的测定强度；I_1、I_2 为监控试样的基准 X 射线强度，也可用于多个监控样品。

（3）监控样品的条件　监控样品必须包括所有的分析元素和干扰元素，各元素应具有足够高的含量，以便减少计数统计误差，监控样品的物理、化学性质要稳定，在后期辐照下，计数率变化要小。监控样是用来校正强度的，它不必要与未知样属于同一类型，通常选用稳定的玻璃片或金属作为仪器的监控样。

第三节　日常维护

为了使仪器保持稳定的运行，必须对仪器进行定期检查和保养。下面以帕纳科 Axios XRF 光谱仪为例叙述仪器的日常维护。

一、真空泵油位检查

要定期地检查真空泵的油位和油质。如果油中出现脏物或含有白色泡沫，则必须从排油孔中将原油排走，再按以下步骤重新注入真空泵油：

①关闭光谱仪电源；②卸下前盖板；③将真空泵移动，以便可以看到油位；④检查油位，确保在上下刻度线之间；⑤如有必要重新注油，可用漏斗将油注入到一个合适位置；⑥将真空泵移到光谱仪的原位；⑦盖好前盖板；⑧打开光谱仪电源。

二、P10 气体的更换

当钢瓶中的 P10 气体的压力在 10bar（1bar = 10^5 Pa）时，由于瓶中气体成分的变化及密度的变化，会引起计数率的变化及脉冲幅度的漂移，这时就要更换 P10 气体。其过程如下：

①将高压降为 20kV/10mA；②关高压；③设定介质为空气；④关闭钢瓶主开关，取下减压阀，更换气瓶；⑤快速打开钢瓶主阀并迅速关闭，冲走瓶口上的污染物，装上减压阀，检查压力为 0.75bar；⑥在仪器中检查气体流量为 1.0L/h 左右，更换介质为真空；⑦开高压，检查 PHA。

三、高压漏气检测

每次将钢瓶连接到光谱仪，都要按以下条件进行漏气检查：

①完全关闭减压阀，逆时针转动输出调节器；②慢慢打开主阀门，钢瓶压力表显示出 15MPa 的值，记下此数值；③完全关闭钢瓶上的主阀门，在此条件下，停留约 30min；④约 30min 后，将此压力与刚才记录的比较，若压力没下降，说明没漏气，若压力下降，说明高压连接处漏气。

漏气情况下的处理：

①打开输出调节器，放出残余气体，然后再完全关闭它；②卸下钢瓶；③用石油醚仔细地将连接器擦干净；④重新连接钢瓶，重复高压漏气检测。

四、密闭冷却水循环系统的检测

密闭冷却水循环系统，用去离子水冷却 X 射线管的阳极。贮存器水位低了，会因冷却水流量不足，导致内循环水温度太高而报警。因此要周期性地往水贮存器中加满去离子水，步骤如下：

①关闭光谱仪电源；②卸下左手边的盖板和前盖板；③卸下固定水处理单元的螺钉，慢慢移出贮存器；④松开过滤器盖；⑤把一个小漏斗插到过滤器孔中；⑥将去离子水注入到水贮存器中；⑦重新盖好过滤器盖；⑧将水处理单元放回原位，重新安装好盖板；⑨打开光谱仪开关。

五、检查初级水过滤器

水过滤器安装在光谱仪外冷却水系统中蓝色容器中。如果水流量太低，就会终止安全回路，关闭高压，计算机上显示"阴极水流量太低"。因此，必须更换水过滤器，其步骤如下：

①关闭高压和光谱仪电源；②关闭循环水制冷机电源；③在水过滤器下边，逆时针转动蓝色水容器，卸下容器；④从容器中取出水过滤器；⑤若过滤器被污染物堵塞，一般用大量的水喷射就可以把它清洗干净；⑥放回洗净的过滤器，或更换一个新的过滤器；⑦重新安装好水容器；⑧打开循环水制冷机电源，检查是否有泄漏；⑨打开光谱仪电源和高压。

六、X 射线管的老化处理

X 射线光谱仪关机后再开机时，需要对 X 射线管进行老化处理，否则会因电压或电源升得太快，导致 X 射线管放电。若停机超过 24h，需对 X 射线管进行老化处理。

（1）手动老化　开机后运行"TCM4400"软件的"T"界面，按以下顺序进行：

$20kV/10mA \rightarrow 30kV/10mA \rightarrow 40kV/10mA \rightarrow 40kV/20mA \rightarrow 50kV/30mA \rightarrow 60kV/40mA \rightarrow 60kV/50mA \cdots 60kV/66mA$ 等。如停机时间大于 24h 小于 100h 或停机时间大于 100h，每步停留时间均为 5min。

（2）自动老化（Breeding）

① 开机后运行"TCM4400"软件的"T"界面，如停机时间大于 24h 小于 100h，选择"Fast"老化；如停机时间大于 100h，选择"Normal"老化。

② 启动 XRF System Setup，运行 System 菜单下的 Tube Breeding，SUPER Q/System Setup/System/Tube Breeding，如停机时间大于 24h 小于 100h，选择"Fast"老化；如停机时间大于 100h，选择"Normal"老化。

七、日常检查项目

仪器的日常检查项目主要包括：①空压机的压力，5.0bar，每月排水一次并检查油位；②冷却水，检查流量，看是否漏水；③P10 气体，钢瓶上主阀压力是否大于正常压力（大于 10bar），二次减压阀压力为 0.7～0.8bar；④分光室真空度，应小于 100Pa；⑤仪器内部温度，30℃；⑥冷却 X 射线管阴极水流量应为 1～4L/min，冷却 X 射线管阳极水流量应为 3～5L/min，P10 气体的流量应为 0.6～2L/h（1L/h 最好）；⑦真空泵每月要将气镇阀打开，排除泵中水分，每次约 6h。

第四节　常见故障及维护

以 Axios 和 3080E 理学 X 射线荧光光谱仪为例进行说明。

一、机械问题

① 面罩超时，停机。在电动机驱动齿轮上点油。

② 塔盘超时。汽缸未下到最低值，试样高出杯子，皮带松等：a. 松开电动机 M100 和 M101 的固定盘，调节皮带松紧；b. 塔盘电动机的接头接触不好；c. 塔盘电动机坏，更换。

③ 活塞阻碍塔盘转动：a. 托盘下粉末太多，没充分下去，需清理；b. 汽缸行程不够，需增大；c. O 形圈有些黏，使样品托的下降变慢，没到位塔盘就开始转动，所以卡位，更换此密封圈时，不能涂真空脂；d. 三个缓冲弹簧片不对称，或有损坏，更换；e. 轴承 40 磨损，使塔盘转动超时，更换；f. 塔盘上定位卡钩位置偏移，需调节。

④ P10 气体流量报警。若 P10 气体的流量低于 0.5L/min，对 P10 气体的流量进行调节。

⑤ 晶体超时。重启计算机，更换电动机等。

二、X 射线高压发生器

其安全回路包括高压、真空、内循环水温度 51.5℃、内循环水位、外循环水流量小于 1L/min、内循环水的电导率 300μS/m、内循环水流量小于 3L/min。X 射线管高压关闭一般是由于安全回路方面的问题。

① 如果外循环低于下限 1L/min，高压会自动关闭，以保护 X 射线管。检查水压是否够，更换水过滤器，检查水泵等。

② 内循环水液位不够或者电导率高于 300μS/m，高压也会关闭。重新注入去离子水，更换离子交换树脂。

③ 高压回路中，X 射线指示灯坏，则高压关闭，更换 X 射线指示灯。

④ X 射线管电压电缆击穿，高压关闭，更换高压电缆。

⑤ 由于漏气，使仪器真空度下降，高压关闭。检查仪器真空度，检查正比计数器的入射窗膜是否破裂。

三、真空度不好

P10 气体的流量正常设定为 1L/min（其工作范围为 0.5～3L/h），如果 P10 气体流量变大，可将仪器的介质由真空改为空气。若流量变化超过 0.2L/min，则窗口膜可能坏了，也可能是晶体室内 P10 气体管有泄漏。

（1）Axios X 射线荧光光谱仪流气式正比计数器窗膜的更换步骤

①关闭仪器高压，设定 2θ 为 90°，把晶体室的介质设定为空气；②打开晶体室前面的盖子，用内六方扳手拆下面 P10 气体的橡皮管；③用套筒改锥拆下 $\phi6mm$ 长螺钉，用梅花扳手卸下短螺钉，取出探测器；④再用小梅花扳手松开 2 个固定探测器的螺钉，拆下探测器罩子，拆下旧膜；⑤打开包装的新窗口，小心地从玻璃板上拿出探测器窗口膜；⑥用吸耳球小心地除去流气探测器壳和准直器表面的灰尘；⑦把橡胶 O 形圈安装到探测器外壳凹槽中，O 形圈不要涂硅脂；⑧十分小心地把窗口膜放入探测器的原来位置，把准直器小心地放在窗口膜上，上好固定螺钉；⑨把探测器装入晶体室的原位，盖好晶体室的前面板。

（2）理学 X 射线荧光光谱仪流气式正比计数器窗口膜的更换步骤

①将流气正比计数器从分光室内取出；②取下狭缝与流气式正比计数器连接的 4 个螺钉，取下狭缝；③将膜取下，换上新膜，将狭缝与流气式正比计数器装好，用 4 个螺钉紧固。

四、探测器的故障

（1）闪烁计数器　闪烁计数器计数减少，光电倍增管老化 NaI 晶体潮解。取下闪烁计数器中的 NaI 晶体，肉眼可判断 NaI 晶体是否潮解。潮解时，NaI 晶体四周有明显的绿斑，向中间扩散，如果扩散的面积较大，就使计数减少。该晶体潮解的面积达 1/3 时就不能使用，只能更换新的晶体。

（2）流气式正比计数器　在高压正常的情况下，可以判断为芯线断，同时伴随真空度下降。因为芯线断后，落在窗口的薄膜上，导致薄膜击穿漏气，所以真空度下降。更换流气式正比计数器的芯线。

五、样品室灰尘的清扫

使用粉末样品压片制样，无论是用低压聚乙烯镶边垫底压片，还是用塑料环制样，尽管把制备的试样表面用吸尘器或吸耳球吸得很干净，但时间一长，总会有些低压聚乙烯粉末或样品粉末掉进样品室。这些粉末若通过真空管路吸入真空泵就会沉积在泵内，不但会污染真空泵油，而且还会对真空泵造成损坏。特别是对下照射式 X 射线荧光光谱仪，这些粉末在测量中还会掉在 X 射线管铍窗边缘，所以要对样品室的灰尘进行清扫。

（1）Axios X 射线荧光光谱仪样品室的清扫过程

①关闭仪器高压，把仪器设定为空气介质；②打开仪器上面的罩子，拿走放在仪器上面的全部样品盒；③卸下盖在样品室上面的金属板；④卸下固定样品室盖6个螺钉，拔掉连在样品室的抽真空用的黑色橡胶管；⑤两手握住样品室盖前面金属片，慢慢抬起，打开室盖，并用长螺钉固定它；⑥小心地拿去样品室中的样品塔盘；⑦用吸耳球小心吹去X射线光管铍窗周边的灰尘，把落入样品室的粉末样品及灰尘彻底清理干净；⑧把样品室的真空橡胶圈用酒精棉球擦干净，并涂以少量真空脂，再把它小心地放入原来位置；⑨拆下固定样品室盖的长螺钉，小心地把样品室盖放下；⑩对角上好固定样品室盖的6个螺钉，把抽真空用的黑色橡胶管插入原位；⑪把盖在样品室盖上的金属板装入原位。

（2）理学X射线荧光光谱仪样品室的清扫步骤

①关掉仪器高压，把仪器设定为空气介质；②卸下仪器的前下及侧面板，卸下固定样品室转盘的4个大螺钉；③用千斤顶摇把将样品转塔降下，然后把样品转塔小心地拿到地板上；④清去样品转盘上的全部样品粉末及低压聚乙烯粉末；⑤按与卸下样品转塔相反的步骤，把它装回去。

第五节　仪器选型常用标准与判据

购置大型 WDXRF 或 EDXRF 光谱仪对一个单位来说是一件相当重要的事情，因为它价格相当昂贵。因此在购置之前通过调研，并拿一些样品（本单位要用该仪器所测的样品）到各生产厂家仪器上亲自做实验或看着做出结果，还要做一些性能指标的测试，然后比较各厂家的样品分析结果和测试的仪器指标，即可对各厂家的仪器性能做出粗略的评估。仪器选型一般从硬件及软件两个方面来比较。

一、硬件

仪器硬件主要从X射线管使用寿命及照射方式（上照射或下照射）、高压发生器功率、测角仪扫描速率、定位精度、光学系统（包括X射线管过滤片、准直器、通道光阑、晶体交换器）、探测器计数线性范围、样品交换器、光谱仪恒温控制器、仪器长期动态稳定性（仪器的能动部件都要动并互相交换）指标来分析比较。

二、软件

软件的功能要齐全，操作简便灵活，使用户能分析各种类型的样品，而且在没有标样及很少标样的情况下，以及对样品含量超出分析曲线范围的情况，都能给出准确的分析结果。软件的设计既适合于高水平的专家，又使不了解X射线荧光光谱仪的操作人员也可以得到准确的分析结果。某些生产厂家最新型号X射线荧光光谱仪性能比较及仪器的基本配置见表12-5。

表 12-5　最新型号 X 射线荧光光谱仪性能比较及仪器基本配置

仪器型号	Axios	ADVANT'XP+	S4PIONER	ZSX100e	XRF-1800
X 射线管	4kW 陶瓷超尖锐,Be 窗厚 50μm,X 射线管保质期 2 年	4.2kW 超尖锐,Be 窗厚 75μm,X 射线管保质期 2 年	4kW 陶瓷,Be 窗厚 75μm,X 射线管保质期 2 年	4kW,Be 窗厚 30μm,X 射线管保质期 2 年	4kW,Be 窗厚 75μm,X 射线管保质期 2 年
X 射线发生器	4kW,最高电压 60kV,最大电流 160mA;外电压波动 1%时,输出波动 0.0005%	4.2kW,最高电压 70kV,最大电流 125mA;输入电压波动 10%时,输出波动 0.0001%	4kW,最高电压 60kV,最大电流 150mA;输入波动 1%时,输出波动 0.0001%	4kW,最高电压 60kV,最大电流 150mA;输入波动 10%时,输出波动 0.005%	4kW,最高电压 60kV,最大电流 150mA;输入电压波动 ＋15%～－10%时,输出波动 0.005%
样品室	下照射,样品自旋转速 30r/min,有除尘装置	下照射,样品自旋转速 30r/min,有除尘装置	下照射,样品自旋转速 30r/min,无除尘装置	上照射,样品自旋转速 60r/min	上照射,样品自旋转速 30r/min
测角仪	$\theta/2\theta$ 分别驱动,直接定位光学传感器驱动测角仪,无齿隙误差,扫描转速率 2400°/min,定位精度 0.0001° $\theta/2\theta$,定位的准确度 0.0025° $\theta/2\theta$	独一无二的莫尔条纹测角仪,$\theta/2\theta$ 分别驱动,无齿轮磨损,最大扫描速率(2θ)4800°/min,比普通测角仪快 4 倍,角度重现性小于 0.0002°,连续扫描速率最大 327°/min	$\theta/2\theta$ 分别驱动,光学编码控制定位,无磨损,连续扫描速率 200°/min,角度的重现性优于 0.0001°	$\theta/2\theta/2\theta$ 三轮独立驱动,齿轮转动系统最大扫描速率 1400°/min,角度的重现性 0.0002°,连续扫描速率最大 240°/min	$\theta/2\theta$ 独立驱动,最大扫描速率 1200°/min,连续扫描速率最大 300°/min,角度的重现性在 ±0.0003° 以内
滤光片	Al 200μm Al 750μm Cu 100μm Cu 300μm Pb 1mm	Be Al Cu Be		Ti Al Cu Zr Fe	Al Ti Ni Zr
准直器	0.15mm 0.30mm 0.70mm 0.15mm 0.55mm 4.0mm(分析 C、N,选购)可选 3 件	0.15° 0.25° 0.6° 2.5°(分析 C、N,选购)	0.23° 0.46° 1°	标准 高分辨率 高灵敏度(用于 C、N 分析,选购)	标准 高分辨率 高灵敏度(用于 C、N 分析,选购)

仪器型号	Axios	ADVANT'XP+	S4PIONER	ZSX100e	XRF-1800
视野限制光阑（或通道光阑）	φ37mm φ30mm φ27mm φ20mm φ10mm φ6mm	φ29mm φ15mm φ8mm φ38mm	φ34mm φ28mm φ23mm φ18mm φ8mm	φ35mm φ30mm φ25mm φ20mm φ10mm φ3mm φ1mm φ0.5mm	φ30mm φ20mm φ10mm φ3mm φ0.5mm
晶体	LiF(200) PET PX1 LiF(220) Ge(111) 选购以下 LiF(420) InSb TlAP PX3 PX4 PX5 PX9	LiF(200) PET AX06 Ge(111) LiF(220) 选购以下 InSb AX16+(C) AX09(N)	LiF(200) PET OVO-55 选购以下 Ge(111) OVO-C OVO-N LiF(220)	LiF(200) PET Ge(111) TAP 选购以下 PX4 PX9 PX35 LiF(220) RX40 RX45 RX60 RX70 RX80	LiF(200) PET Ge(111) TAP 选购以下 LiF(220) SX-52 SX-1 SX-14 SX-48 SX-76 SX-410
SC	2θ 角范围 $0°\sim109°$	2θ 角范围 $0°\sim115°$	2θ 角范围 $0°\sim115°$	2θ 角范围 $0°\sim118°$	2θ 角范围 $0°\sim118°$
F-PC	$13°\sim148°$	$17°\sim152°$	$17°\sim152°$	$1°\sim148°$芯线 自动清洗功能	$7°\sim148°$
计数器线性范围	SC:1.5×10^6cps F-PC:3.0×10^6cps	SC:1.5×10^6cps F-PC:2×10^6cps	SC:1.5×10^6cps F-PC:2×10^6cps		F-PC:2×10^6cps
样品交换器	2 位旋转器，133 位进样装置	可选 12 位、48 位、96 位进样器	60 位进样器	48 位进样器	ASF-40
样品环	φ37mm φ32mm φ27mm φ20mm φ10mm φ6mm	φ38mm φ29mm φ15mm φ8mm	10 个样品环(34mm)、20 个塑料杯	φ35mm φ30mm φ20mm φ1mm φ0.5mm	φ30mm φ20mm φ10mm φ3mm φ0.5mm
谱仪室温控制	谱仪恒温(30±0.1)℃	双重恒温，谱仪恒温（30±0.5）℃，晶体恒温(38±0.1)℃	谱仪恒温(37±0.05)℃	谱仪恒温(36.5±0.1)℃	谱仪恒温(35±0.3)℃

239

仪器型号	Axios	ADVANT'XP+	S4PIONER	ZSX100e	XRF-1800
微区分析	无	无	无	$500\mu m$	$250\mu m$
软件	SuperQ，定量和定性分析软件。IQ+无标近似定量软件、FP-MULT1涂层厚度及成分分析软件，NIFFCO合金分析及PRO-TRACE地质样品37种元素定量分析软件	WINXRF定量软件，QUN-TAS™无标近似定量软件、UNIQUNT无标样软件，可用于薄膜、不同形状样品的主、次、痕量元素分析	SPECTRA^PLUS软件，集成了定性、定量及无标样软件。可进行样品厚度校正及铑钯康普顿散射校正，具有自动电流缩减功能。定量分析具有变动α系数校正基体效应	FP无标样分析，SQX(半定量)软件包。多层薄膜（10层40成分)软件	基本参数法，背景基本参数法，工作曲线可分成5段，定性-定量分析，可分析块状与薄膜样品

参考文献

［1］ JJG 810—93 波长色散 X 射线荧光光谱仪.

［2］ 高新华. 帕纳科公司 Magix/Magix-Pro SuperQ 3.0 版本系统指南.

第十三章　同步辐射 X 射线荧光光谱分析技术与应用

人类运用电磁波作为研究手段来探索地球和生命有着悠久的历史。首先，人类用波长最长的无线电波来观察广阔的宇宙星空，用微波观测大气运动，用红外线进行夜视和雷达追踪，用可见光通过人眼观察七彩世界，用 X 射线研究物质组成和晶体结构，用伽马射线探索原子核内部世界。同步辐射也是电磁波的一部分，它的波长范围覆盖红外线到 X 射线。1947 年同步辐射首次在美国通用电气公司同步加速器上被意外发现，因此被命名为"同步辐射"。产生和利用同步辐射的装置称为同步辐射光源。

加速运动的自由电子会产生电磁辐射，利用弯转磁铁将高能电子束缚在环行同步加速器中以接近光速做回旋运动时，在圆周切线方向产生的电磁波就是同步辐射。同步辐射具有强度大、亮度高、频谱连续、方向性及偏振性好、有脉冲时间结构和洁净真空环境等优异特性。同步辐射装置犹如一台超级显微镜，为人类科学研究提供了一种观察微观世界的先进手段。同步辐射作为独特的宽光谱、高亮度光源，为科学研究提供了一个先进的研究平台，对实验科学已经产生了深刻和广泛的影响。它使我们可以在探测灵敏度提高几个数量级的基础上对其空间和时间分辨率进行改善，使小样品和薄膜的研究成为可能，也使一些新的光谱方法如磁散射、非弹性散射、实时动态研究及需要利用光束相干性的研究成为现实。

第一节　同步辐射技术的特点与发展

一、同步辐射的特点

同步辐射和普通 X 射线荧光光源相比有以下特点：

(1) 光谱连续且范围宽　同步辐射是一种能提供波长连续、可调光源的装置，波长范围覆盖红外、可见、紫外、软 X 射线和硬 X 射线光谱（图 13-1），由于各种研究对象不同的物理与化学性质，对不同波长的光的需求不一，研究者可通过使用光栅或晶体单色器从连续谱中选出感兴趣频谱波长，这是同步辐射最为重要的特性之一。

(2) 较高的辐射强度和光通量　在真空紫外和 X 射线波段，能提供比常规 X 射线管强度高 $10^3 \sim 10^6$ 倍的光源，相当于几平方毫米面积上有 $100\mathrm{kW}$ 的能

同步辐射

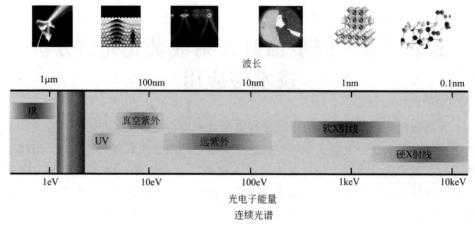

图 13-1　同步辐射的波长范围

流。这样高强度的光子束，为快速实验或使用弱散射晶体提供了有利条件。用常规 X 射线管需要 24h 才能做完的实验，若使用同步辐射，不到 1min 就能做完，这对实验条件不易控制的研究尤其重要。

（3）高稳定性　贮存环中为超真空，带电粒子束不易被其他分子散射，有稳定的回馈系统，故光源稳定。

（4）高度偏振　弯转磁铁或扭摆磁铁出来的同步辐射在电子运动轨道平面上为线性偏振，在垂直方向上随着发散角增大，逐渐由线性变成椭圆再到圆偏振，在全部辐射中，水平偏振占 75%。在贮存环平面上所产生的同步辐射，其偏振方向与加速方向平行。当垂直角小时，其偏振度更高，有助于开展电子能阶对称性及表面几何结构的研究。除了同步辐射及激光之外，一般光源均为非偏振光。

（5）具有脉冲时间结构　同步辐射是一种脉冲辐射，脉冲宽度为 $0.1 \sim 1ns$，第三代光源可达 30ps。这种特性对反应过程研究非常有用，如化学反应、生命过程、材料结构变化和环境污染微观过程等。

（6）高准直度　能量大于 $10^{10}eV$ 的电子贮存环，辐射光锥张角小于 1mrad，接近平行光束，小于普通激光束的发射角。能量越高光束的平行性越好。

（7）光束截面积极小　适于微区分析。

（8）超高真空环境　产生同步辐射时，贮存环和光束线真空度达 $10^{-10}mmHg$（$1mmHg = 133.322Pa$），因而吸收衰减小，适用于表面科学实验。

这些特性使同步辐射成为科学研究与探索的重要工具。

二、同步辐射装置的现状和发展

全球同步辐射装置在经历了第一、二、三代发展后，已开始向第四代发展。每一代更替都经历了光源能量的数量级飞跃。目前世界上主要第三代同步辐射光源能量参数如表 13-1 所示。

表 13-1　第三代同步辐射光源的能量参数

建成年代	同步辐射装置	能量
1992	ESRF，法国	6GeV
	ALS，美国	1.5～1.9GeV
1993	TLS，中国台湾	1.5GeV
1994	ELETTRA，意大利	2.4GeV
	PLS，韩国	2GeV
	MAX Ⅱ，瑞典	1.5GeV
1996	APS，美国	7GeV
	LNLS，巴西	1.35GeV
1997	Spring-8，日本	8GeV
1998	BESSY Ⅱ，德国	1.9GeV
2000	ANKA，德国	2.5GeV
	SLS，瑞士	2.4GeV
2004	SPEAR3，美国	3GeV
	CLS，加拿大	2.9GeV
2006	SOLEIL，法国	2.8GeV
	DIAMOND，英国	3GeV
	ASP，澳大利亚	3GeV
	MAX Ⅲ，瑞典	700 MeV
	Indus-Ⅱ，印度	2.5GeV
2008	SSRF，中国	3.4GeV
2009	PETRA-Ⅲ，德国	6GeV
2011	ALBA，西班牙	3GeV

由于自由电子激光（FEL）技术的发展和成功应用，从自由电子激光中引出同步辐射已经实现，即为第四代同步辐射光源。自由电子激光的物理原理是利用通过周期性摆动磁场的高速电子束和光辐射场之间相互作用，使电子动能传递给光辐射而使其辐射强度增大。由于电子和光场相互作用位相不同，一些电子失去能量，速度变慢；另一些电子则获得能量，速度变快，即电子产生能量调制从而形成光波长为周期的群聚。群聚电子束和光场相互作用加强，适当选取电子能量可使电子束把能量交给光场，对光场进行放大。光场可以是波荡器的两端加上反射镜构成的谐振腔存贮的辐射光产生的，也可是外加的激光产生的，或者由长波荡器中的辐射光产生。相应的自由电子激光器分别成为振荡器自由电子激光器，放大器自由电子激光器，自放大自发辐射自由电子激光器。

虽然自由电子激光名为激光，但它与通常所说的激光工作原理是不同的，只是因为两者都是相干光。常规的激光是由于原子的能级跃迁产生的，而自由电子激光则是自由电子与波荡器的磁场和辐射光场相互作用，是电子的动能转换成激光能量的结果。此外，自由电子激光器波长连续可调，调谐范围宽，波长可以从远红外到硬 X 射线，而普通激光器因为受原子能级跃迁限制，只能工作在某些特定波长。第四代同步辐射光源亮度要比第三代大两个量级以上：第三代光源最高亮度已达 10^{20}ph·mrad/[s·mm²·(0.1％BW)]，目前第四代光源空间全相干，光脉冲长度到皮秒级，甚至小于皮秒级，亮度达 10^{24}ph·mrad/[s·mm²·(0.1％BW)]。

2009 年 4 月，直线加速器相干光源 LCLS 在美国 SLAC 国家加速器实验室诞生，这是世界上第一个自由电子激光装置。这个巨型激光器的三段直线加速器分别依次把 135MeV 的电子加速到 250MeV、4.3GeV、13.6GeV。自由电子激光器从高能电子束获得能量，这些高能电子通过一个交替极性的磁体阵列（波荡器），利用磁场控制电子来回路径，并且释放光能。LCLS 是世界上第一个发射硬 X 射线的自由电子激光器，输出波长在 0.15～1.5nm 之间，并可调，输出脉冲宽度 80fs，每个脉冲包含 10^{13} 个 X 射线光子。由于其超强的亮度，LCLS 在原子、分子和光学等研究领域具有极大科学应用价值。

第二节　同步辐射原理

加速中的带电粒子会辐射电磁波，在圆形轨道上以近光速运动的带电粒子，会沿着轨道切线方向辐射电磁波。由于质量小的带电粒子较易产生辐射，因此目前的同步辐射均由最轻的带电粒子（电子或正电子），在加速至趋近于光速时产生。

一、同步辐射装置

产生同步辐射的设备由注射器与电子贮存环两大部分组成。注射器的功能是将带电粒子迅速加速至适当能量，再射入贮存环中；贮存环的功能则是为带电粒子提供一个理想的真空轨道，使其能以接近光速的速度在环中持续运转。同时贮存环的真空环境也能让同步辐射光源顺利引出，以供实验者使用。

带电粒子的注入方式有两种，全能量注射和低能量注射。若带电粒子在注射器中所加的能量，达到带电粒子在贮存环中运转的能量后，再射入贮存环中，则此种注射方式称为全能量注射。若在注射器中所加的能量，低于带电粒子在贮存环中运转的能量，则带电粒子由注射器注入贮存环后，须再由贮存环的高频腔加速至运转能量，这种注射方式称为低能量注射。

粒子注射器可分为电子直线加速器和电子同步加速器。电子直线加速器主要由产生电子源的电子枪、电子加速管、微波功率系统和真空系统等组成，沿加速管轴线方向分布微波电场，电子在微波电场中加速并获得能量。微波功率系统由速调管和调制器组成，并通过波导馈送到加速管中建立起微波电场。

　　贮存环是贮存高速运行的电子束流并使之保持相应能量的关键设备。它通常是一个环形真空设施，环可分四边形、六边形或更多边形；每个边均有长直段，每个长直段间以圆弧段连接。贮存环主要由磁铁系统、真空系统和高频系统和电源系统组成。磁铁系统的功能是维持带电粒子成紧密的一束，磁铁系统主要由二级磁铁（弯转磁铁）和四级磁铁组成。所有的二级磁铁、四级磁铁都安装在一个环形轨道上。二级磁铁的二级磁场用来弯转电子束，使电子束沿着设计的电子轨道运动。真空系统为环形，也被安装在设计的电子轨道上，真空度要求达到 10^{-13} atm（1atm$=101325$Pa）。高频系统由高频腔和高频发射机组成。安装在束流轨道上的高频腔通过电子轨道方向产生高频电场来加速电子，当电子束流贮存时，用来补充电子由于同步辐射而损失的能量。呈周期排列的磁铁作为插入件安装在贮存环两个弯转磁铁组件之间的直线段中，其排列的周期数为 N，周期长度为 λ。当电子经过时，在磁场的作用下，电子将沿一条近似于正弦曲线的轨道摆动，摆动的次数为 $2N$，摆动的曲率半径反比于磁场强度峰值 B_0，它的性能可用偏转参数 K 描述：

$$K = \frac{eB_0\lambda}{2\pi mc^2} = 0.934\lambda B_0 \tag{13-1}$$

当 $K>10$ 时的插入件叫扭摆器，用来使同步辐射波长向更短方向移动；当 $K<1$ 时叫波荡器，用来增加光强，并使同步辐射变为相干光。

　　扭摆磁铁主要安装在贮存环的直线节上，磁场极性正负交替呈周期性变化。当电子通过扭摆磁铁时，电子将随磁场发生周期性扭摆，以近似为正弦曲线的轨道运动。当磁场强度沿插入件方向的一次和二次剩余积分值为零时，电子通过扭摆磁铁后不改变其运动方向和位置，所以不会干扰电子在环中的稳定运动。由于扭摆磁铁设计的磁场强度高，可使辐射的特征波长变短，所以由扭摆磁铁产生的同步辐射，其光亮度、光强度等性能远优于由弯转磁铁发出的光，可扩宽同步辐射的应用范围。根据式（13-1），扭摆器使用具有较高磁场强度 B_0 和较长周期 λ（可达数十厘米）的插入件，使得 K 值很大。大的 B_0 使电子运动轨道曲率半径变小，从而使同步辐射光谱向高能方向移动，强度也增强 $2N$ 倍。

　　波荡器使用短周期的稀土合金永磁体磁铁，周期长度 λ 可为几厘米，N 可以很大。波荡器磁场较低，因此，电子在其中运动时，轨道只有轻微起伏，偏转角很小。这样，从不同磁极上发射的光子会相干叠加，产生干涉效应，使同步辐射光谱中出现一系列相干单色峰。它的强度要增加 N^2 倍，相干的结果不仅使其强度增加，而且还使其发射角减小，近似为原来的 $1/\sqrt{N}$。两者共同作用的结果使同步辐射光强增加 $2\sim4$ 个数量级。

不同周期的多极永磁扭摆磁铁在同步辐射装置中得到大量应用。与弯转磁铁相比，由永磁扭摆磁铁获得的同步辐射光谱，其性能得到很大的改善和提高，从而为同步辐射实验应用提供了高通量和高能量光源。

二、同步辐射基本线站及应用

同步辐射与样品的作用方式有 20 多种，当它作为入射光照射在样品上会产生透射光、散射光、荧光等，应用广泛，如图 13-2 所示。常见光束线站有：X射线吸收精细结构谱光束线站，硬 X 射线微聚焦光束线站，软 X 射线谱学显微光束线站，生物大分子晶体学光束线站，衍射光束线站，X 射线成像应用光束线站，X 射线小角散射光束线站等。

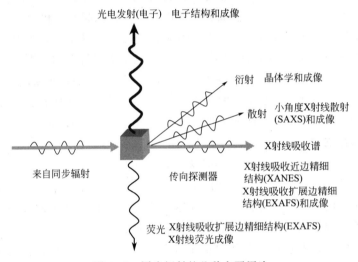

图 13-2　同步辐射的几种主要用途

X 射线吸收精细结构谱（XAFS）是研究物质结构的重要方法之一。该技术的主要特点是能够在固态、液态等多种条件下研究原子、离子的近邻结构和电子结构，具有其他 X 射线分析技术（如晶体衍射和散射技术）无法替代的优势。例如，用 XAFS 研究单晶，可以获得用晶体衍射方法所不能得到的和化学键有关的几何及电子结构信息，如氧化态、自旋态、共价键等。由于具有上述特点，XAFS 已被广泛应用于材料科学、生物、化学、环境和地质学等诸多领域。目前，XAFS 光束线站是世界同步辐射装置上涉及学科面最广、用户最多的光束线站。

在同步辐射中，由于波长范围宽，通常将 X 射线范围分为硬 X 射线和软 X 射线两个区间。硬 X 射线微聚焦线站结合 X 射线聚焦光学系统，得到高通量、能量可调微束单色 X 射线，配备硅漂移及多元能量探测系统，可开展微区 X 射线荧光分析（μXRF）、微区 X 射线吸收精细结构谱学（μXAFS）以及微区成像实验研究，具备原位分析样品元素组分、物质结构及二维分布能力。元素分析灵敏度可达 μg/kg 级，空间分辨率可达到微米至亚微米量级，目前世界上最好的装置分辨率可达纳米级。

软 X 射线谱学显微光束线站结合扫描透射 X 射线显微技术（STXM），可获得数十纳米的高空间分辨能力，适用于近边吸收精细结构谱学（NEXAFS）研究。软 X 射线谱学显微镜不仅可以研究自然状态下的细胞结构和功能相关性，也可以研究具有一定活性的生物样品结构和元素空间分布。软 X 射线谱学显微镜与扫描电镜、透射 X 射线显微镜（TXM）相比样品辐射损伤相对较小，可以在微观尺度研究固体、液体、软物质等多形态物质，其广泛应用于材料、环境、生物、有机地球化学等众多学科领域。

生物大分子晶体学光束线站采用多波长反常衍射方法、单波长反常衍射方法、同晶置换、分子置换等实验方法，可进行生物大分子复合物结构、膜蛋白结构以及面向结构基因组学的大规模、高通量蛋白质结构和功能研究。

衍射光束线站以多晶粉末、薄膜、纳米材料为主要研究对象，以粉末晶体衍射实验方法为主，可同时开展纳米和表面材料的掠入射（反常）衍射（GIX-AD）、反射率、倒易空间绘图、衍射异常精细结构（DAFS）测量等实验技术及动态过程研究。

X 射线成像线站中 X 射线显微成像的衬度机制已经得到极大丰富，除传统的吸收衬度外，还采用了相位衬度、化学衬度、元素衬度、磁二色衬度、散射衬度、衍射衬度等技术。由于通量的关系，在第一、二代同步辐射上只能进行静态成像研究，而第三代同步辐射的高亮度和高相干性，使得动态研究成为可能。动态 X 射线同轴相位衬度成像技术发展迅速，它利用了 X 射线透过样品时携带的位相信息进行成像，可以对轻元素组成的样品内部结构高分辨率成像。2002 年，"Nature" 报道了在第三代同步辐射光源用相位衬度成像观察到的电化学反应动态过程。2003 年，"Science" 第一次报道了昆虫的呼吸全过程，时间分辨率可达几毫秒到几十毫秒。第三代同步辐射光源的出现同时也催生了另一个重要成像手段——显微断层成像（XMCT），它的三维空间分辨率可达微米乃至纳米量级。第三代同步辐射光源是 XMCT 的理想光源，单色 X 射线的使用有助于消除赝像，同时减小了样品的辐射剂量，这对生物医学样品研究显得尤为重要。

X 射线小角散射光束线站以聚合物、纳米材料、液晶、生物分子等为主要研究对象，提供了一个以常规小角散射为主，兼顾反常小角散射、掠入射小角散射、小角和广角散射同时测量等的实验手段，可开展动态过程研究，在化学、材料科学、生命科学等领域已得到广泛应用。

第三节　同步辐射 X 射线荧光分析技术

一、SRXRF 技术的优势

波长在 $0.01 \sim 0.1\text{nm}$ 之间的 X 射线称为硬 X 射线，同步辐射硬 X 射线荧光光谱技术利用不同元素的特征吸收和荧光光谱来分辨不同基质样品中的元素种类、含量及其形态。

除了同步辐射硬 X 射线荧光技术外，可以得到元素含量的分析技术还有很多。火焰原子吸收光谱和电感耦合等离子光发射/质谱在块状样品分析中有很广泛的应用，检出限可以达到 $10^{-9} \sim 10^{-6}$，但是却越来越难以满足科学家对样品中元素的空间分布和化学形态研究的需求。元素的动态变化、生物有效性、毒性、元素在环境中的迁移转化等，在基质中不是以一个块状样品为基本单元的，而是与化学形态、多元素和官能团之间的协同和拮抗作用等密切联系。

研究环境样品中元素的种类也有着久远的历史。通常会将样品前处理提取技术和液相、气相色谱-质谱技术联用。这些方法同样具有很高的灵敏度，但不能获得元素原位分布信息。而原位微区分布信息在元素的迁移转化及动态过程研究中十分重要。

结合能量色散 X 射线光谱的环境扫描电镜和透射电镜可以在分析中定位元素在矿物、沉积物、颗粒物和生物样品中的分布。但是，电镜要求精细的制样过程以保证成像过程中理想的对比度；同时，一些样品（如液体样品等）不能在真空下测定，限制了其应用；此外，测定过程中高能量电子束会损伤样品；而且，样品准备过程中的化学固定和脱水等步骤都可能引发人为因素对超微结构的破坏（尤其是生物样品），例如造成细胞器的解体、化学环境的改变造成元素形态改变，脱水过程导致形状畸变等。这些都大大地限制了科学家对环境-生物交互作用等机制的研究。实际应用中，电镜测定还需要将样品进行切片，这也限制了电镜研究只能做元素的二维分布研究。电镜对于痕量元素的测定灵敏度较差。尽管激光烧蚀诱导等离子体技术（LA-ICP-MS）对样品制备要求没有电镜高，但是入射激光对样品有着破坏性烧蚀，使之不能应用于那些需要进行非破坏分析的样品和领域。

同步辐射硬 X 射线荧光技术可进行原位无损分析，制样技术简单，可多元素同时分析，检出限低，空间分辨率可达微米和纳米级，使得基于同步辐射的微区 X 射线荧光（μSXRF）分析技术优势凸显，应用愈加广泛。随着第三代同步辐射技术的成熟应用，高亮度同步辐射光源可以得到更高的空间分辨率。虽然 μSXRF 分辨率低于 SEM 和 TEM，但是同步辐射 X 射线能量分辨率达到亚电子伏特，并可实现共聚焦，这使得 μSXRF 在原位元素形态和元素三维空间分布研究中具有突出优势。

在环境样品的研究中，μSXRF 技术与其他微束分析技术相比有如下特点：
①无损分析。与其他微聚焦技术，如粒子激发 X 射线能谱和电子探针技术相比，μSXRF 入射光具有较低能量耗散，X 射线与带电粒子，如质子和电子相比，破坏性低很多，入射光带来的样品损伤较小。②样品准备过程简单。③可以同时得到多种元素的信息，这对于环境样品异质性分析尤为重要。④较深的穿透

深度。入射的 X 射线一般可以穿透样品表面几微米到几十微米的深度，为获得元素的三维分布信息提供了前提，这与入射光为带电粒子的 PIXE（粒子激发 X 射线荧光）有很大不同。⑤高空间分辨率。随着聚焦技术的发展，空间分辨率已经可以达到纳米和亚微米量级。⑥高灵敏度。µSXRF 的 X 射线背散射噪声比电子探针 X 射线微分析光谱中的韧致辐射要低很多。这种高偏振度的同步辐射使得 µSXRF 可以达到高信噪比和低的检出限。⑦实验可在自然条件下进行。但是，越来越多的元素形态容易受到实验环境改变的影响，为保持原始的元素形态信息，需要在低温和超低温实验环境下开展实验，这就为 µSXRF 的发展提出了新的要求。⑧可调谐性。光谱的波长可以调节，使得在进行 µSXRF 的同时，开展元素的吸收精细结构谱研究成为可能。

二、SRXRF 实验装置

基于同步辐射微束 X 射线聚焦技术的主要光学部件包括预聚焦镜、单色器、聚焦镜和狭缝（图 13-3）。

从前端区引出的 X 射线由掠入射水冷狭缝限束，然后由预聚焦镜在垂直方向平行化，在水平方向聚焦产生次级光源，预聚焦镜后的单色器对光子能量进行选择，最后由聚焦镜将 X 射线聚焦到样品处。采用分级聚焦方案可以方便地通过次级光源狭缝调节样品处光斑尺寸和光通量，并且减小了上游光源和光学部件不稳定对样品处光斑位置的影响。在实现微米、亚

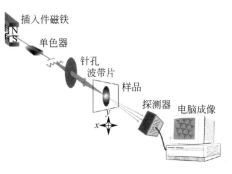

图 13-3　SRXRF 装置结构

微米光斑的基础上，光束线站设计中采用多种措施以保证样品处光斑位置稳定。预聚焦镜为超环面镜，由柱面镜压弯而成，预聚焦镜采用垂直放置，尽可能减小了面形误差对光束线性能的影响。单色器采用固定出口双平晶单色器；单色器的第一块晶体承受的热功率密度很高，采用间接液氮冷却方式。随后光束线经过微聚焦镜进行聚焦。

聚焦光学器件是一个 µSXRF 线站空间分辨率的最直接的决定因素。在同步辐射装置中，很多线站将入射 X 射线用 K-B（Kirkpatrick-Baez）镜、晶体或者波带片（fresnel zone plates，ZP）进行聚焦，使得横向分辨率达到 $1 \sim 10 \mu m$，这样才能满足土壤的微粒单元和生物组织的尺寸。K-B 微聚焦镜系统由两块镜子分别对光束的垂直方向和水平方向聚焦，K-B 镜的掠入射角可调，用于高次谐波抑制。另一种聚焦方式为波带片聚焦，可获得 100nm 级的聚焦光斑。随着聚焦技术的发展，少数线站的光斑大小已经可以达到小于 $100nm^2$，100nm 的分辨率目

前仍然是一些微聚焦线站的瓶颈。虽然理论上来说，硬 X 射线达到几纳米的分辨率是完全可行的，但是使用现有的聚焦光学器件来实现仍然存在很大挑战。

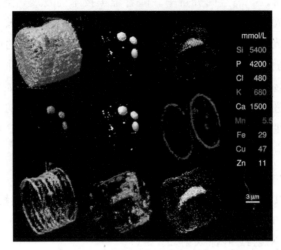

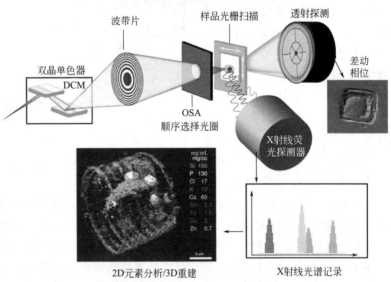

图 13-4　SRXRF 断层扫描装置结构及小环藻中元素 3D 分布特征及多元素空间分布重构

　　除了聚焦光学器件，空间分辨率很大程度取决于样品的厚度和测样的实际环境。虽然 X 射线的高穿透性有益于研究样品中元素组成，但是这也容易导致得到一些非均质样品的错误分析结果。μSXRF 得到的是一定穿透深度的平均信号，这取决于样品放置角度和厚度。这一方面限制了其空间分辨率，另一方面也补偿了某些痕量元素测定信息。μSXRF 技术中 X 射线的高穿透深度性可以和 μSRCT（微区原位同步辐射计算机断层扫描）相互补充，虽然 μSRCT 目前存在扫描时间过长及分辨率不够的缺点。

三、SRXRF 应用

通过多角度的扫描得到样品中元素的光谱信息，经过计算机重建可以得到外部元素分布的二维和内部元素分布的三维信息（如图 13-4 所示）。但是对一个部位进行多角度扫描容易导致含水样品失水损伤，限制了对活体组织等结构的研究。很多线站考虑到这种损伤的存在，搭建了冷冻、低温装置，以保持样品测定过程中的完整性。除此之外，快速探测技术也在飞速发展中，这样可以增加探测器的灵敏度，从而也减少了样品在入射光线下的平均暴露时间。通常而言，μSXRF 并不是一门独立的应用技术，它还可以和 μXAS、μXRD、μSRCT 及 μFTIR 等技术相互补充，从而可以得到关于元素价态、结构以及元素和官能团之间的联系的二维甚至三维信息的完整分布图像。

第四节　同步辐射 X 射线吸收精细结构谱与应用

同步辐射 X 射线吸收精细结构谱的发现与应用可以追溯到 20 世纪初叶。1913 年，Maurice De Broglie 成为第一个发现并测定出吸收边的科学家。1920 年，Hugo Fricke 使用 M. Siegbahn 真空光谱仪观察到了元素吸收边附近的精细结构。但在其后的 50 年里，XAFS 的理论研究和应用发展极其缓慢。尤其是 XAFS 模型到底是基于长程有序还是短程有序的争论，一直持续，没有结论。直到 1970 年，Stern，Sayers 和 Lytle 得出 XAFS 的合理解释，并指出利用 XAFS 谱可以获得结构信息。而也就在这个时期，同步辐射技术开始出现。

XAFS 技术需要入射 X 射线的能量是可调的。虽然在普通实验室使用常规 X 射线光源也可以实现能量可调，但往往设备庞大，耗时过多，光强也不够。而同步辐射的出现不仅实现了能量可调，而且还可以获得高能量的单色光，因而大大提高了 XAFS 的效率，目前几乎所有的现代 XAFS 实验都借助于同步辐射来实现。

XAFS 包含多种方法与技术，如扩展边 X 射线吸收精细结构（EXAFS）、X 射线吸收近边结构（XANES）、近边 X 射线吸收精细结构（NEXAFS）和表面扩展边 X 射线吸收结构（SEXAFS）。很多文章将它们简称为 X 射线吸收谱，即 XAS（X-ray absorption spectroscopy），虽然这些技术的基本原理从本质上来看是一致的，但是参数、技术、术语及理论方法在不同的情况下差别很大。因此以下将分别从 XAFS 原理、装置、方法及应用等方面对几种重要的吸收谱技术进行介绍。

一、XAFS 原理

X 射线吸收精细结构谱（XAFS）技术是从原子和分子水平分析样品中目标元素及其周围原子空间结构的重要工具。它不仅可应用于晶体分析，还可以应用于平移序很低或没有平移序的物质分析，例如，非晶体系、玻璃相、准晶体、无序薄膜、细胞膜、液体、金属蛋白、工程材料、有机和金属有机化合物、气体等。应用 XAFS 可以测定元素周期表中的大部分元素，并已在物理学、化学、生物学、生物物理学、医学、工程学、环境科学、材料科学和地质学等学科中得到了广泛应用。

XAFS 最重要的物理基础是 X 射线吸收边和 X 射线质量吸收系数 $\mu(E)$。随着能量的增加，质量吸收系数 $\mu(E)$ 逐渐减小，当达到特定物质的特定能量时，物质对该特定能量的 X 射线会出现显著吸收，$\mu(E)$ 急剧增加。对应的能量即为 X 射线吸收边。当出现特征 X 射线吸收时，意味着物质中相应壳层中的电子获得了足够的能量，使其从低能束缚态中被激发释放出来，产生空穴。

从物理学意义上讲，XAFS 是一种基于光电效应的量子力学现象。当 X 射线光子照射到样品中的一个原子并被吸收时，若能量高得足以从内层轨道激发出一个电子（例如 1s 轨道），这个产生的光电子会以受激原子为中心，发出出射波，当吸收原子周围存在近邻的配位原子，出射波将被吸收原子周围的配位原子散射，散射波与出射波有相同的波长，但相位不同，因而会在吸收原子处发生干涉，这种干涉使得吸收原子处的光电子波函数的幅度发生变化，使得探测 X 射线能量吸收特征成为可能性。将这些信号正确解译以后，就可以得出待测样品中的原子和电子结构，包括：①价态（valence），吸收物质元素的价态；②形态（species），吸收物质元素周围原子的类型与配位特性；③数量（number），周围的配位原子个数；④距离（distance），离吸收原子的距离；⑤无序度（disorder），在热运动和结构无序条件下的分布特征。

XAFS 可以用于研究初始态、束缚态和连续终态之间的转化过程，这和很多常见技术相似，如紫外-可见光谱（UV-Vis spectroscopy）。同样，XAFS 也可以用于探索 Fermi 面的束缚态、最高占据分子轨道和最低未占分子轨道。

二、XAFS 谱测定方法

X 射线吸收精细结构光谱的特征主要体现在吸收系数 $\mu(E)$ 的变化上。一般可以通过透射模式直接测定出来，但也可以在吸收边附近进行能量扫描，通过测定特定元素的荧光 X 射线而间接得到。通常进行 XAFS 分析有三种模式可选：透射模式、荧光模式和电子产额模式。

透射模式是最直接的测定模式。首先测定 X 射线透过样品之前和之后的强度，通过公式：

$$I/I_0 = \exp[-\mu(E)x]$$

可以计算出质量吸收系数：

$$\mu(E) = \ln(I_0/I)/x$$

逐步改变入射 X 射线能量大小，即可获得质量吸收系数与入射 X 射线光子的能量关系。当对一个特定元素，在其吸收边前后做能量扫描时，就获得了该元素 X 射线吸收边的精细结构光谱。XAFS 装置示意图如图 13-5 所示。

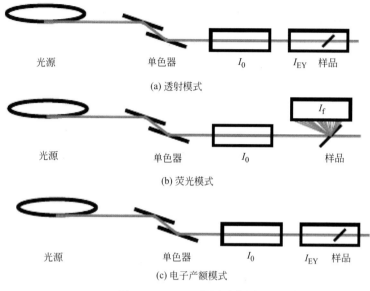

图 13-5　XAFS 装置示意图

对于荧光模式，首先测定入射光强度 I_0，同时测定样品发射荧光强度 I_i，根据公式：

$$\mu = CE_{abs}(12.398/E)^n$$

随着入射 X 射线能量的增加，质量吸收系数减小。在入射 X 射线能量小于吸收边以前，不能产生待测元素的特征 X 射线，没有 I_i 产生，I_i/I_0 很小。当入射 X 射线能量大于待测元素的吸收边时，内层电子被激发，出现吸收跃变 r。对于 K 系线的跃变因子 J 为：

$$J_K = (r_K - 1)/r_K$$

这时特征 X 射线荧光 I_{if} 产生，I_{if}/I_0 显著上升。随着入射激发能量的进一步增大，质量吸收系数与特征 X 射线荧光 I_{if} 及入射光强度将按下式变化：

$$I_{if}(E) = I_0 w_i q \frac{r_K - 1}{r_K} f_K \omega_K \frac{\mu_i(E)}{\mu_s(E) + A\mu_s(E_i)}$$

由上式可知，X 射线荧光与入射光强度和被测元素的质量吸收系数成正比。由于被测元素的质量吸收系数又是入射光能量的函数，随着扫描能量的逐步增加，被测元素的质量吸收系数下降；但样品基体元素的质量吸收系数也会随之下降。因此在假定入射光强度不变的前提下，被测元素荧光强度的总体变化趋势由被测元素和样品基体元素的质量吸收系数的总体平衡结果确定。而将 μ_i 与荧光和入射光强之比作图，则可以得到 X 射线吸收精细结构谱，反映了被测元素的原子结构与配位信息。

电子产额模式和荧光模式相似，都是间接测定方法，即通过测定再填充空穴时的衰变产物间接得到信号。在荧光模式中，测定的是光子，在电子产额模式中测定的是样品表面发射的电子。电子产额模式探测时具有相对较短的路径长度（约 1000Å，$1\text{Å} = 10^{-10} \text{m}$），这使得它对表面信号尤其敏感，因而对近表面样品元素形态信息的研究很有帮助，它也可以有效地避免荧光模式中的自吸收效应。

三、XAFS 实验方法

要获得高质量的 XAFS 光谱数据，好的实验方法和条件的掌握及采用必不可少。第一，要正确进行 XAFS 的几何配置。由于荧光信号中的弹性散射是光谱背景噪声的主要来源，所以探测器的位置需要调整到使弹性散射峰最小的位置。通常荧光探测器和入射光之间角度设置为 $90°$，样品和入射光之间为 $45°$。

第二，保证噪声足够小。对 EXAFS 和 XANES 来说，好的信噪比（S/N）是相当重要的。例如，EXAFS 实验一般需要信噪比好于 10^3 才可能正确地得到 $600\sim1000\text{eV}$ 附近的吸收谱数据。但是由于高无序度等原因，EXAFS 信号可能会在吸收边后迅速衰减，从而被噪声淹没，这就需要保证噪声很小，才可能得到很好的 EXAFS 数据。

第三，好的数据也需要在数据测定过程中采用高强度光源。通常需要带宽 1eV 下，至少大于 10^{10} 光子/s 的强度的入射光。这也是同步辐射光源对于 XAFS 研究的优势所在。

第四，入射能量的带宽要足够小。要解决 XAFS 问题，入射能量的带宽需要达到数个电子伏特，而开展 XANES 实验，至少需要带宽在 1eV 以下。虽然带宽越窄，分辨率越好，而且使用晶体单色器也可以很容易地获得狭窄带宽，但是保证实验测定过程中能量的精确性和稳定性更为重要。同时，一次能量变化可能需要在数秒完成，在能量变化的过程中，能量强度本身也不应该出现很大变化，否则得到的数据会呈现非线性系统变化。因此，综合考虑能量带宽和测量数据可靠性间的平衡是装置设计和具体实验中要精密掌控的。

第五，分析样品要均匀，不能太厚也不能太薄；应根据样品类型、待测元素浓度范围等，选择正确的测定模式。

第六，XAS 实验有时候看似很简单，但实质上却涉及很复杂的实验设计、数据处理和分析过程。尽管有时候我们可以很容易地得到很好的吸收边和好的扩展边振荡数据及可靠的傅里叶变化结果。但是很多时候，我们得到的结果是一些没有规律的扩展边振荡曲线，重复很多次以后，效果依然不理想。因此我们需要仔细评估数据质量；分析数据中的统计误差和系统误差，并解释这些误差现象与来源；根据想获得的 XAF 信息，设计好边后测定到什么能量范围，根据统计误差确定样品重复测定次数；特别是要根据当前的实验和数据，确定怎样改善我们今后的实验以得到更好的结果，以求获得更佳的数据处理结果和更合理的信息解释。

四、XANES 原理及应用

样品在 X 射线照射时，随着入射光子能量增加，总的吸收系数逐渐减小，在特定能量点上，吸收系数会发生阶梯函数式急剧增加，这个吸收系数急剧增加的能量点就是吸收边，随着能量越过吸收边能量继续增加，会出现一系列的摆动和振荡，这个振荡和吸收边的起跳高度相比很微小。对于 XAS 谱，在主吸收边附近有着分立的不连续吸收。当入射光子的能量足以克服吸收原子中内层电子束缚能时，把内层电子提升到高能量的未占据轨道时，就会发生这种吸收上的"跳跃"现象。XANES 是由低能光电子在配位原子做多次散射后再回到吸收原子与出射波发生干涉形成的，其特点是强振荡。通常边前结构给出原子的 d 轨道电子态信息，吸收边位置和形状与金属的价态和几何结构有关，近边吸收谱结构依赖于高层配位离子状态，近边吸收谱的定量拟合能提供亚原子结构。XANES 的物理和化学解释的关键在于：哪些电子态能够被 X 射线激发出来的内层电子填充。

对于 XANES，边前通常指吸收边前$-200\sim-20eV$的能量范围（图 13-6）。边前峰的出现是由于在偶极作用下，内层电子跃迁到空的束缚态的过程，并伴随吸收系数变化，从而产生边前锋的变化，其中包含了体系对称性和轨道杂化等信息，可以用分子轨道理论、配位场理论和能带理论来解释；从理论上讲，吸收边是一个电离阈值，当达到该阈值，内层电子被电离。边后为连续态，可以用来研究吸收原子的氧化态信息。氧化态越高，吸收越向高能方向移动。近边 XANES 则是一种由多重散射共振导致的吸收谱，通常关注的能量范围是$-20\sim30eV$，它包含了紧邻原子的立体空间结构，可以用多重散射从头计算理论来解释。

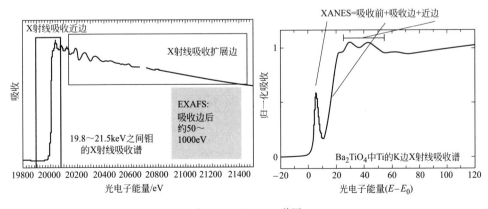

图 13-6　XANES 谱图

在进行 XANES 实验时，我们时常会观察到所谓的"白线峰（white line

peak)"。在光谱分辨率足够高时，吸收边附近会观察到精细结构，这一精细结构显示了原子中未占据轨道的存在信息。但是，芯态激发电子并不能跃迁到所有未占据轨道，也就是说，芯态电子吸收一定能量的 X 射线光子后跃迁到未占据轨道是具有选择性的。这种选择性体现在吸收截面计算中的跃迁矩阵元中 $<\phi_i$ $\mid \vec{r} \cdot \vec{\varepsilon} \mid \phi_f>$，只有当这个矩阵元不是零的时候，跃迁才是被允许的。这个矩阵元可以写成积分的形式：$\varepsilon \int \phi_i^* r\phi_f \, dr$。如果我们不预测跃迁强度，只关心这个跃迁是否存在时，则不必具体计算这个积分。在数学上，我们可以根据函数的奇偶性判断这个积分是否为零。元素对应的吸收边理论上存在 K 边，L_1、L_2 和 L_3 边。而白线峰取决于矩阵元和束缚终态的占据情况，矩阵元又取决于波函数的叠加，关键点在于轨道的填充最终会抑制白线峰。此外，样品粒径大小也会影响 XANES。很多 XANES 谱中包含了明显白线峰结构，但是当被测样品颗粒很大时，吸收边会被扭曲，这样很难得到正确数据。

五、EXAFS 原理及应用

当 X 射线照射物质时，在某能量位置处，X 射线能量正好对应于物质中元素 A 内壳层电子的束缚能，吸收系数突增，即吸收边位置。中心原子 A 吸收 X 射线后，内层电子由 n 态激发出来向外出射光电子波，此波在向外传播过程中，受到邻近几个壳层原子的作用而被散射，散射波与出射波的相互干涉改变了原子 A 的电子终态，导致原子 A 对 X 射线的吸收在高能侧出现振荡现象。

EXAFS 能够给出邻近原子之间的配位信息，EXAFS 信噪比要比 XANES 差 10^2；EXAFS 对大无序体系不敏感；EXAFS 只能给出多吸收中心的平均信息；EXAFS 只能给出平面平均结构；EXAFS 有时不能给出结构的细微变化，但 XANES 可以。由于低金属含量、大无序、轻配位元素，很多生物样品 EXAFS 振荡不强，无法进行数据处理。

参考文献

［1］ 麦振洪. 同步辐射光源及其应用. 北京：科学出版社，2013.

［2］ Philip W. An Introduction to Synchrotron Radiation Techniques and Applications. 2nd Edition. New Jersey：John Wiley & Sons Inc，2019.

［3］ Ketenoglu D. X-Ray Spectrometry，2022，51 (5-6)：422-443.

［4］ Hwu Y，Margaritondo G. Journal of Synchrotron Radiation，2021，28 (3)：1014-1029.

［5］ Saá Hernández A，González-Diaz D，Villanueva P. Journal of Synchrotron Radiation，2021，28 (5)：1558-1572.

［6］ Tiwari M K. X-Ray Fluorescence in Biological Sciences，2022：115-149.

［7］ Longo A，Giannici F，Sahle C J. Spectroscopy for Materials Characterization，2021：319-349.

［8］ Liu J，Luo L. X-Ray Fluorescence in Biological Sciences，2022：163-174.

［9］ Carminati M，Fiorini C. X-Ray Fluorescence in Biological Sciences，2022：295-308.

［10］ Rocha K M J，Leitão R G，Oliveira-Barros E G. X-Ray Spectrometry，2019，48 (5)：476-481.

第十四章　微区 X 射线荧光光谱分析与应用

微区 X 射线荧光（μXRF）光谱分析技术具有微区、原位、多维、动态和非破坏性特征，在生物、环境、考古样品产地和真伪鉴别，以及古气候古环境沉积纹层样品分析及刑侦物证鉴定等领域得到了广泛应用。

第一节　发展历程与研究现状

随着科学技术的迅猛发展，人们逐渐要求深入地了解宏观物体的微观组成和多维信息，近年来 μXRF 已成为获取样品微区结构、元素空间分布及时序性信息的有力工具。探索 μXRF 的实际应用，优化关键部件几何设计，开发高灵敏度、高空间分辨率的原位 μXRF 装置逐渐成为目前国内外研究的热点。

μXRF 可实现对微米级区域样品中主、次、痕量元素的定性和定量分析。该分析方法既要求将入射 X 射线聚焦在十到几十微米的激发区域内以达到分析区域内的高分辨率，又要求不能降低入射 X 射线束的光通量，以提高分析元素特征 X 射线荧光的激发效率、减小散射本底，实现对微米级区域内多元素高灵敏度测量。

1940 年，Castaing 和 Guinier 等提出了 X 射线微区分析方法。1949 年，Romand Castaing 公布了他使用电子显微镜观察到的铝合金材料中铜特征 X 射线实验结果，开启了 X 射线微区分析技术的先河，这种"超微观察和超微分析法"最初被应用到金属、半导体、陶瓷及医学等专业领域，引起了研究人员对微区分析的广泛关注。1951 年，W. Ehrenberg 和 W. Spear 等人提出并建造了微聚焦 X 射线源。20 世纪 60 年代前，微区分析主要停留在理论可行性及实验室试验阶段。

20 世纪 70 年代，随着电子技术的迅猛发展，出现了多种与扫描电镜相关、使用电子探针的微区分析法，如 X 射线微区分析法、扫描透射电镜、扫描俄歇电子分光光度法、电子损失能量分析等。

进入 20 世纪 80 年代，同步辐射 X 射线荧光（SRXRF）技术发展起来，提供了高亮度、微束斑 X 射线源，推动了传统 X 射线分析技术向微束化方向发展，实现了在微米尺度进行元素分析。到 80 年代末，苏联科学家库马霍夫教授提出用 X 射线在空心纤维导管内表面的多次反射来实现对 X 射线聚束。这是 X 射线聚束技术的一大突破，使得在大角度范围内对宽频带连续谱 X 射线束的调控得以实现。

从 20 世纪 90 年代以来，随着导管 X 射线学和 X 射线聚束系统的发展和成熟，微束 X 射线荧光光谱仪进入实用阶段，并逐步在考古学、生物科学、地学和环境科学等领域得到广泛和深入的研究与应用。

微区 X 射线常用的产生方法有聚焦电子束法、同步辐射源法、激光等离子体 X 射线源法、X 射线源与聚焦 X 射线光学元件组合等方法。μXRF 目前主要采用同步辐射或实验室聚毛细管 X 射线管作为激发光源。同步辐射光源具有高亮度、束斑小优点，可以在微米甚至纳米量级进行分析，但同步辐射光源装置庞大，数量有限，应用受到一定的限制。随着 X 射线聚焦透镜制造技术的日益成熟，实验室 μXRF 正成为常规分析手段，应用越来越广泛。

μXRF 分析技术具有以下优点：

① 非破坏性。μXRF 能够在不破坏样品情况下得到痕量组分数据，样品测定后还可进行二次分析。μXRF 非破坏特点在生物样品、考古样品分析中尤其重要，避免了对生物活体组织、珍贵考古样品的破坏。

② 制样简单。与常规扫描电镜、扫描质子微探针和电子微探针等技术相比较，μXRF 技术制样简单，无需镀导电膜，且能够提供样品深部成分分布信息。

③ 检出限低。SEM-EDX 采用聚焦电子束作为分析样品的激发源，电子束与分析样品表面作用后产生韧致辐射而导致较高背景；而 μXRF 采用聚焦 X 射线作激发源。背景相对较小，从而降低了微量元素的检出限。

④ 分析深度大。X 射线比电子束对物质穿透性大，可对多层结构的膜厚度和较厚镀层进行分析。

⑤ 可在点、线、面模式下对样品进行多元素同时分析。

μXRF 技术也具有以下缺点：

① X 射线在聚毛细管透镜里传输主要根据 X 射线的全反射原理，X 射线的全反射临界角随着入射 X 射线能量的增加而减小，焦斑尺寸随 X 射线能量的增加而减小，所以 X 射线焦斑尺寸是能量的函数。实现对高能量光子聚焦的系统目前还有一定的制造工艺和技术上的困难需要克服。

② μXRF 定量分析最主要的制约因素是微区标准物质的缺乏。普通标准物质用于微区分析存在均匀性问题。另外，在微区分析常规应用中，主要是研究样品组成的整体分布和趋势变化，如元素微区分布、动态迁移等，对于这类分析应用，可以借助普通标准物质来开展相关研究。

③ 强度增益随 X 射线能量的增大而降低。利用同步辐射光源测试半聚焦透镜强度增益性能，发现当 X 射线能量为 15keV 时，强度增益最大，为 650；随着 X 射线能量增加，强度增益逐渐降低，在 30keV 时的强度增益降低至 440。若用小尺寸 X 射线光源，聚毛细管透镜的透射效率增大，强度增益也增大。

④ 共聚焦 μXRF 分析技术最重要的应用是获取样品深部元素三维分布信息，

由于受到样品基质吸收效应的影响，深部样品元素的 X 射线强度小，探测困难，在微区定量分析中需要对基体效应进行校正。

第二节　实验装置

μXRF 光谱仪主要由 X 射线激发源、聚焦光学装置、三维移动样品台、显微装置和探测器等组成。对 μXRF 而言，初级 X 射线束的两个重要参数是 X 射线束的束径和束流强度。X 射线束的束径决定了仪器空间分辨率，束径越小，空间分辨率越高；X 射线束流强度影响仪器分析的灵敏度，束流强度越高，元素的检出限越低。因此，获取高亮度、小束径 X 射线源是研发 μXRF 分析装置的关键。

在 μXRF 装置中，聚焦光学装置可分为三类，一类是将 X 射线微束激发源和聚毛细管透镜组合，获得 X 射线聚焦微束，用高分辨率探测器直接采集样品中元素特征 X 射线荧光；另一类是在探测光路中使用准直聚焦透镜，仅接收来自 X 射线激发区域内每一特定位置的元素特征谱线信号。这两类装置用于样品单点、线扫描分析和面扫描成像分析。第三类是共聚焦 μXRF 分析装置，该装置以共聚焦模式为基础，在 X 射线激发光路和探测光路中分别安装聚焦透镜和准直透镜，将激发位置和探测位置调至共聚焦点，探测器只接收共聚焦点位置元素的特征 X 射线，可获得样品中元素分布三维信息，同时也减少了测试点周围物质的散射本底。

第三节　研究应用

目前，μXRF 已在环境、考古、生物及地质等样品单点测试和二维扫描分析中得到了广泛应用，成功获取了样品中的元素组分和微区分布特征信息。

一、颗粒物分析

大气降尘颗粒物是环境监测的重要对象，大气颗粒物的危害程度与自身有害组分的含量、颗粒物微观形貌、粒度大小及所吸附的毒害物质密切相关，颗粒物中元素含量及微区分布特征记录了其形成条件、环境暴露等丰富的信息。通过 μXRF 可以分析颗粒物组成，揭示其在环境中的演化途径与过程。

微陨石是一类直径小于 1mm 的外星微粒物质，包含有丰富的宇宙信息。微陨石中 Ni、Cr 杂质含量与特性受电子自旋共振影响。运用电子自旋共振和磁学方法研究南极地表富铁微陨石特征，用 μXRF 分析 Ni、Cr 含量，发现富铁微陨石中 Ni 在 1%～9% 之间，Cr 浓度<0.5%，结合微陨石 Ni、Cr 化学组分信息与详细的磁性特征数据，通过 Ni/Cr 比值，可把富铁微陨石分成 3 级，即低比率（<7%）、中间比率（9%～50%）和高比率（>100%）。

二、生物样品分析

生物样品成分多、结构复杂，分布不均匀。样品整体分析仅代表样品的平均水平，不能反映微环境下发生的生物化学反应。而通过测定组织、细胞内的元素分布及含量变化可以获得有关动植物生理学和病理学方面的信息。而 μXRF 不仅有助于了解植物体内元素在细胞或组织上的运输途径和过程，还可以根据元素在植物中的运输和富集过程，了解环境对植物生长的影响。

运用 μXRF 测定松针中元素的二维分布，发现沿松针长度方向，K 和 Zn 的含量从松针底部到尖部逐渐下降，而 S、Ca、Fe、Mn 沿松针尖端方向的分布趋势相反；沿横切面径向方向，Fe、Cu、Zn、S、Cl 呈 U 形分布，且在细胞表皮层和内皮层中含量比较高，内皮层往里含量降低，Ca 在内皮层处有一突变，含量高于其他位置。

运用 μSXRF 研究东南景天中的元素分布规律，通过对超积累生态型（AE）东南景天叶的横截面进行二维扫描分析，发现叶片中 Pb 主要积累在叶脉中，表皮层中，海绵组织和栅栏组织中含量最低，且仅与 S 的分布存在一定的相关性，相关性系数 $R^2 = 0.514$。P 在叶片中分布较均匀，K 主要积累在海绵组织中，Ca 主要积累在栅栏组织中，Zn 主要积累在表皮层中；通过对超积累生态型（AE）东南景天茎的横截面进行扫描分析，发现茎中 90.5% 的 Pb 积累于维管束中，维管束中 Pb 与 S 的分布有一定的相关性，相关性系数 $R^2 = 0.594$。同步辐射微区 X 射线荧光技术，相比实验室普通 X 射线光管产生的 X 射线具有更高的强度，光通量达 10^{10} ph/s（$1ph = 10^4$ lx），经 K-B 聚焦镜聚焦后光斑为 $3.3\mu m \times 5.5\mu m$。

运用 μXRF 进行矿物-生物界面、植物微区元素分布和迁移过程与转化机理研究，发现从矿物表面经生物膜向大气推移，Pb 的元素强度在矿物-生物膜界面逐渐增加，并出现最大值，之后逐渐降低。即 Pb 经生物膜进入生物体后，Pb 呈最大分布。发现了毒性元素 Pb 在含铁碳酸盐类矿物-生物膜-生物体间的活体运移证据，揭示了生物膜迁移是毒性元素在岩石和大气、水等之间迁移转化的重要途径。

三、地质样品分析

随着地学研究领域的深入与扩展，地球科学分析的对象已不仅仅是传统的无机固态岩石及矿物，冰心、化石及气、液、流体包裹体等都成为地质分析的对象，且元素组成、结构测定、形貌观察、形态、价态、同位素等都成了地学分析的重要内容，特别是微区分析已成为地质分析的重要发展方向和新热点。

μXRF 可以对沉积物单点位置或金属矿物颗粒进行分析，通过获取元素含量变化和结构相变信息，来揭示化学、矿物和沉积学时变特征，在古环境变化元素迁移研究中具有重要应用前景。应用 μXRF 对薄片上两种不同颜色岩石进行线扫描，揭示钾含量对熔结凝灰岩颜色起到了决定性影响，发现了随着钾含量的增加，熔结凝灰岩由深棕色变成黑褐色规律。运用 μXRF 对火山岩中硫化物的热液蚀变情况进行研究，分析 58 个样品中 11 种主量元素，通过扫描具有代表性的基质和碎片区域 11 种元素含量分布，结合氧化物含量计算，发现了 2 个蚀变分带。

四、考古样品分析

最近十几年来，应用 μXRF 进行考古样品原位微区分析发展迅速。利用低能阳极 Rh 靶 X 射线管作激发源，与聚毛细管透镜组成便携式 μXRF，实现了古代金饰焊接过程的鉴定。利用 Mo 靶 X 射线管和聚毛细管透镜组成 μXRF 装置，通过 Cl/Br 强度比分布对死海古卷来源进行了识别，发现 Cl 含量高的古卷来自盐岩岛。在 μXRF 用于鉴别青花瓷产地和真伪研究中，发现 Mn 和 Co 含量高低与青花颜色的深浅相关，Mo 和 Co 元素间相关性高（$R^2 = 0.99$），而其他元素相关系数小于 0.6。

五、司法鉴定和指纹样品分析

司法样品分析，过去一般应用 SEM 和 EDS。但多限于常量和低含量元素分析，对多数微量元素物证准确识别有难度。目前，μXRF 在伪币识别、犯罪现场物证分析、射击残留物鉴定、毒品来源及生产工艺识别等方面得到了广泛应用。

对真假纸币和被染料染黑真假纸币，采用 μXRF 分析其二维元素分布，发现纸币元素分布都具有特定性：面额相同且年版相同的纸币元素分布特征相同，面额相同但年版不同的纸币元素分布特征不同；真假纸币元素的分布存在显著差异，根据被染黑的纸币的元素分布信息，可鉴定其真伪并识别纸币种类。

采用 $100 \mu m$ 的 μXRF 技术，能有效检测颗粒直径大于 $10 \mu m$ 的射击残留物，对近距离射击时射靶上的射击残留物颗粒分析有明显优势。相比化学显色法，μXRF 分析指纹中残留元素，不受指纹基体颜色影响，对可见或潜伏指纹均可进行特征 X 射线成像，是刑侦科学中一门重要应用技术，具有潜在应用价值。

六、三维信息获取

利用共聚焦原理，在 X 射线入射和出射光路安装光学元器件，并使之焦点重合，探测器只接收共聚焦点荧光，可获得元素 3D 分布信息，实现样品深度分析。

2003 年，德国两位学者在同步辐射站研制出了第一台三维共聚焦 X 射线荧光光谱仪，该谱仪使用平行束透镜和复合锥形管实现共聚焦。采用 $49.2 \mu m \times 47.6 \mu m \times 32.2 \mu m$ 空间分辨率，在不破坏胶囊壳的条件下，对胶囊类药品的壳及其内部药物进行原位分析，根据内部药物对应的 XRF 谱可鉴别胶囊类药品种类。利用同步辐射共聚焦 μXRF 对甲壳类动物水蚤进行微量金属元素三维分析，使用 Ni/C 多层单色仪获取 19.7keV 的单色光，研究发现 Fe 主要分布在生物体血液循环系统，卵子内 Zn 的分布和 Fe 的分布相似，相比 Zn 分布，Fe 较不均匀地分布在卵子中心。随着 μXRF 光谱分析技术的快速发展，相信其应用领域将会越来越广泛。

参考文献

[1] Janssens K，De Nolf W，Van Der Snickt G，et al. Trac-Trend Anal Chem，2010，29（6）：464-478.

[2] Matsuda A，Nodera Y，Nakano K，et al. Analytical Sciences，2008，24（7）：843-846.

[3] Bjeoumikhov A，Erko M，Bjeoumikhova S，et al. Nuclear Instruments and Methods in Physics Research Section A：Accelerators，Spectrometers，Detectors and Associated Equipment，2008，587（2）：458-463.

[4] Ding X，Gao N，Havrilla G J. In Monolithic polycapillary X-ray optics engineered to meet a wide range of applications. International Symposium on Optical Science and Technology，International Society for Optics and Photonics，2000：174-182.

[5] Ohzawa S，Komatani S，Obori K. Spectrochimica Acta Part B：Atomic Spectroscopy，2004，59（8）：1295-1299.

[6] Trojek T，Hložek M. Radiation Physics and Chemistry，2022，200：110201.

[7] Ovide O，Corzo R，Trejos T. Forensic Science International，2023，343：111550.

[8] Lamela P A，Pérez R D，Pérez C A，et al. X-Ray Spectrometry，2018，47（4）：305-319.

[9] Akhter F，Fairhurst G D，Blanchard P E R，et al. X-Ray Spectrometry，2020，49（4）：471-479.

[10] Li F，Meng L，Ding W，et al. X-Ray Spectrometry，2022，51（4）：346-364.

[11] Carlomagno I，Antonelli M，Aquilanti G，et al. Journal of Synchrotron Radiation，2021，28（6）：1811-1819.

[12] Sharma A，Muyskens A，Guinness J，et al. Journal of Synchrotron Radiation，2019，26（6）：1967-1979.

[13] Lühl L，Andrianov K，Dierks H，et al. Journal of Synchrotron Radiation，2019，26（2）：430-438.

[14] Pessanha S，Silva A L，Guimarães D. X-Ray Spectrometry，2022，51（3）：184-185.

[15] Šmit Ž，Prokeš R. X-Ray Spectrometry，2019，48（6）：682-690.

[16] de Almeida E，Duran N M，Gomes M H F，et al. X-Ray Spectrometry，2019，48（2）：151-161.

[17] Melia H A，Dean J W，Smale L F，et al. X-Ray Spectrometry，2019，48（3）：218-231.

[18] Hell N，Beiersdorfer P，Brown G V，et al. X-Ray Spectrometry，2020，49（1）：218-233.

[19] Guilherme Buzanich A. X-Ray Spectrometry，2022，51（3）：294-303.

[20] Wang H，Treble P，Baker A，et al. Spectrochimica Acta Part B：Atomic Spectroscopy，2022，189：106366.

第十五章　X射线光谱在生命起源和全球气候变化等若干重大科学问题中的研究进展

生命起源、全球气候变化等是关系到人类未来命运的重大科学问题，X射线光谱（XRS）可原位测定物质组成与元素形态，在解决重大科学问题、揭示自然规律中发挥了重要作用：①在生命起源探索中，通过RNA结构和海洋热液自养体系元素形态分析，揭示了RNA形成机制和生物地球化学规律；②在地球早期生命研究中，通过沉积纹层、细胞组构测定，发现了远古生物保存机制与证据；③在全球碳循环研究中，通过物相与元素形态分析，揭示了铁源生物有效性与碳汇机制。利用XRS从微纳米尺度原位测定元素三维空间分布与形态，实现活体分析蛋白质信息传递与生物响应过程，探索元素与有机质构效关系，揭示生命起源与生物代谢机制及全球气候变化规律，是XRS未来发展中的重要领域。作为冶金、材料、地质、文物、工矿、生态、环境、医学与生命科学等领域中的重要分析手段，XRS所特有的无损、原位与活体分析特性，已呈现出巨大应用价值，在未来探索重大科学问题、解决关键技术难点的研究中，X射线光谱分析技术必将发挥更大作用。

生命从哪里来，到哪里去？是自然科学探索的永恒主题。寻找生命起源，研究生命进化，分析影响人类命运的重大事件，是国际科学研究的前沿领域。生命的诞生与进化，并非一帆风顺。一些重大事件的发生必然会产生显著性影响。发生在6600万年前的小行星撞击事件，直接导致了地球上76％的物种消失；全球气候变化，也正加剧自然生态恶化，增加人类患病风险，严重威胁着人类生存环境。控制和降低大气二氧化碳浓度、减缓全球气候变暖趋势，是我们共同面对和关注的重大科学问题。

第一节　生命起源与X射线光谱分析技术

生命起源有多种学说，如源于陨石或彗星等。化学观点认为生命始于有机物合成，主要包括RNA有机合成及深海热液新陈代谢两种学说。这两种理论假说相互间既有差异也协同互补。

一、RNA有机合成理论与XRS

RNA有机合成理论认为，地球初始大气组分富含CH_4、NH_3和H_2，在紫外辐射下产生氰化氢和乙醛等有机分子，经加氢反应后生成氨基酸，氨基酸的加氢聚合反应生成含核酸基团的腺嘌呤等物质。再经进一步浓缩和聚合产生缩氨酸及蛋白质，产生具有自催化和自复制功能的分子，由此开始 RNA、DNA 和蛋白质等的复制、信息编码、序列转录、转移和突变等生命历程。

目前，基于氰胺、羟乙醛、磷酸盐等的初始化学成分合成实验已取得显著性进展，在太阳系外星系云盘中也发现了 CH_3CN 和 HCN 等多样性氰化物证据，支持并解释了 RNA 有机合成理论的合理性。但另外，RNA 有机合成理论还有一些问题待解，例如关于基因编码的产生机制、RNA 合成反应效率及专属性影响因素等。

随着生命诞生，地球大气从富 CO_2 向富氧环境转变。在此过程中，气相组成与性质对 RNA 的生物分子结构也产生了重要影响。最近有研究运用 X 射线吸收近边结构（XANES）谱分析 C 形态，结合模拟温压热降解实验，发现在黏土矿 Mg-蒙脱石和富 N_2/O_2 条件下，有机质由富含 N 的芳香族杂环化合物组成；而在富 CO_2 条件下，则主要为脂肪族和氨基化合物（图 15-1），揭示冥古宙和太古宙时期的大气组成与性质是决定 RNA 结构的关键性因素。

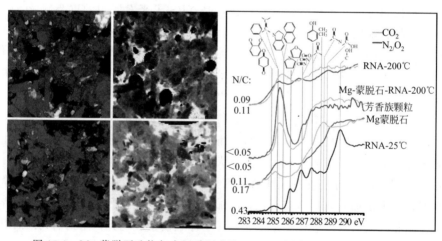

图 15-1 Mg-蒙脱石矿物与有机质组成及 XANES 测定与 RNA 分子相关性

水和核酸等有机聚合物是生命诞生的两个基本条件。作为核酸基本组成的嘌呤类化合物是 RNA 形成中的重要产物。目前关于腺嘌呤、鸟嘌呤等的形成机制知之甚少。最近有研究采用 XANES 技术测定水溶液条件下氮、氧 K 边吸收谱，获得了 RNA 基本核苷酸单元——单磷酸鸟嘌呤核苷在溶液状态下的分子结构，揭示了形成机制；利用 XANES 研究 RNA 大分子折叠机制及化学突变作用机理，可揭示 RNA 结构与核糖酶催化活性相关性规律及其反应机制。在探索生命起源和 RNA 分子构效关系研究中，XAS 技术已凸显出巨大价值，在未来探索 RNA 动态反应机制和规律研究中将会发挥更为重要的作用。

二、深海热液新陈代谢理论与 XRS

46 亿年（4.6Ga）前的超新星大爆炸，诞生了太阳系。到 4.5Ga 期间，地球受系内行星撞击，产生了月球并致地球旋转和倾斜，带来日夜交替、季节变化、热力和能量分配。早期地球处于缺氧还原环境，太阳光通量比现在大约低 20%。地球在 4.033～4.550Ga 间又受到大量小行星强烈轰击，使地球壳岩难以留存，生命难以诞生或延续。海洋约在 4.3～4.4Ga 期间形成。海洋的形成，为生命诞生提供了理想的温床。

深海热液新陈代谢理论认为，生命起源于深海热液系统硫化矿自养化学反应。地球形成初期，中洋脊火山作用产生的热液喷口及其海床提供了约 360～405℃的硫化物热液和生命所需能量，以及丰富的反应气体、溶解性元素、适宜的 pH 与温度条件和氧化还原梯度，这些物质和环境条件促生了单体有机物形成，并通过一系列自养反应和新陈代谢过程，形成了 RNA 分子和原始细胞，诞生了生命（图 15-2）。

两种学说的主要不同之处在于诞生生命所需的能量来源。有机分子合成理论认为 RNA 生物分子合成的能量源自空间紫外光照；而深海热液学说认为生命依赖于 H_2 和金属硫化物的催化作用，它通过乙酰辅酶 A（AcCoA）路径还原 CO_2，由此生成微生物新陈代谢中的核心碳架主链硫酯，由于在 H_2 和 CO_2 合成乙酸盐和 CH_4 时会释放能量，因此这一过程不需要来自空间的光照提供能量。目前这两种学说都仍在不断地探索和研究发展中。

金属硫化物是深海热液新陈代谢理论中的关键化合物，它催化了生命前体化合物的合成。热液中一氧化碳和甲基硫通过 FeS 和 NiS 的催化反应形成乙酰甲硫醚，同时也构建隔室内壁、防止反应产物扩散，形成了一个既可保有足够浓度，又具复制特性的 RNA 世界。模拟实验和 XANES 分析证实，H_2S 和 Fe（Ⅱ）在溶液条件下确可形成稳定硫化矿物相（图 15-3）。扩展 X 射线吸收精细结构（EXAFS）显示，四面体矿物相第一壳层含 4 个 S 原子、第二壳层含 2 个 Fe 原子，从而揭示了这种具有生命前体化合物催化性质的硫化矿物的形成过程与转化机制，对深入理解生命起源与进化过程具有重要参考价值。

深海热液体系硫-铁氧化还原反应不仅生成了黄铁矿，也提供了由一氧化碳合成生物前体化合物和氨基酸等分子时所需的自由能，且铁的形态也随之改变，并对生物地球化学循环产生影响。XAS 分析证实，在热液颗粒物中，Fe 不仅以黄铁矿形式存在，还会以磁铁矿和氢氧化铁等矿物相存在，C 以 C＝C、—CH 和 O—C＝O 存在。Fe 和 C 的 XANES 分析发现，海洋热液含碳颗粒物和团聚体由多种生物碎片和易变脂质、多聚糖、蛋白质组成，有机团聚体中包含水铁矿、针铁矿，且 Fe（Ⅱ）与 Fe（Ⅲ）共存，其中，Fe（Ⅱ）与 C 通过吸附或与含 S 基团成键，形成了二硫基亚铁有机络合物。XANES 分析显示，在热液沉积体系铁离子还原过程中,会伴随 FeS 积累;在缺氧或低氧过渡沉积带,含有以乙酸/乳酸为电子供体的 Fe(Ⅲ)、As(Ⅴ) 和硫酸盐还原菌,覆盖层含 Fe(Ⅱ) 氧化菌,这些含铁、砷微生物氧化还原循环控制了沉积物近表面生物地球化学过程。利用微区 XRF(μXRF) 测定海底热液沉积物铁-硅胶体和生物垫中 Fe、Mn、Ca 分布,发现生物垫中的球形结构富含 Mn,丝状结构富含 Fe,EXAFS 进一步揭示,颗粒物中 Mn 以层状三斜水钠锰矿存在,Fe 键小于无机矿物水铁矿中的键长,而与生物成因氢氧化铁一致,揭示该含铁生物垫由铁氧化菌形成。这些亚铁的氧化、氧化物沉淀、溶解性有机质和微生物作用,显著增加了海洋热液生物地球化学循环体系的复杂性,也使得探索生命起源的研究更具挑战性。

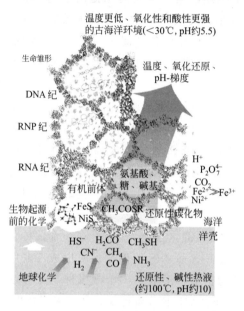

图 15-2 海洋热液生命起源

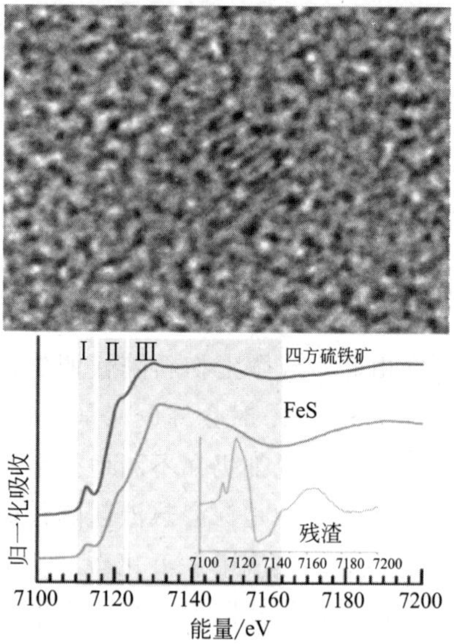

图 15-3 FeS 和四方硫铁矿

海洋热液体系中橄榄岩与水发生的蛇纹石化生氢作用,为产生初始非生物型甲烷及其碳氢化合物提供了所需 H_2 源,是海洋热液生命体系中的重要地球化学反应。低温生氢模拟实验和 XANES 分析表明,在水岩作用早期阶段,含 Fe(Ⅱ) 矿物与溶液态 Fe(Ⅱ) 在 100℃ 即可发生氧化反应,通过蛇纹石化作用产生溶解性 H_2、磁铁矿和低分子量有机酸。在球粒状陨石硅酸盐样品脱氢反应研究中,通过 XANES 测定 Fe^{3+}/TFe(全铁)比值,发现微米与亚微米级层状硅酸盐呈现不同氧化还原态,亚微米级细粒层状硅酸盐含 70% 高比值 Fe^{3+}/TFe,微米级粗粒层状硅酸盐氧化度较小,仅为 55%,揭示高速率生 H_2 与存在高含量 Fe^{3+} 密切相关,如以下化学反应所示:

$$3Fe + 4H_2O \longrightarrow Fe_3O_4 + 4H_2$$

$$2FeO + H_2O \longrightarrow Fe_2O_3 + H_2$$

三、生命进化过程与 XRS

蛋白质信号传递是生命进化研究中的一个重要科学问题，研究表明，它与元素的氧化还原过程相关。

叶绿体传感激酶（CSK）是一种两组分信号传导变性感应组氨酸蛋白酶，可以为质体醌（PQ）与光合作用基因表达提供信号传递链，其响应和信号传递与激酶中的 Fe 形态转化相关。利用 XAS 研究 CSK 感知和监控 PQ 氧化还原过程，发现 CSK 中铁以 Fe^{3+} 存在，EXAFS 傅里叶变换后的主、次峰位和键长揭示 CSK 中存在 Fe—S 键，半胱氨酸中存在 Fe-S 配位和 Fe—S—Fe 键桥。这表明 CSK 是一种通过进化留存下来的氧化还原 3Fe-4S 簇响应体，其氧化还原态的改变导致了 CSK 蛋白构象变化，从而实现自激酶活性的响应调制和信号传递。

随着生物进化，生命与碳、氢、氮、氧、硫和磷六种基本元素及起酶催化作用的过渡金属形成了紧密依存关系。过渡金属在生物进化中常相互替代，但生命基本元素较少观察到此类现象。近期研究发现，盐单胞菌可在有砷而无磷条件下生长，出现生命基本元素 P 被 As 替代的现象，μXANES 和 μEXAFS 分析显示，细胞中 As 为五价而非三价，第一壳层为四氧配位，第二壳层为 As（Ⅴ）-O、As（Ⅴ）-C 结构，而非 As-Fe 或 As-S 结构，表明盐单胞菌生长中不仅伴随着砷酸盐的吸收，而且还随之进入核酸、蛋白质、脂质及代谢物中，这一研究揭示了生物进化对环境的适应性和生物多样性。

在小行星撞击地球等重大事件后，地球及其承载生命的灾后恢复能力，是生物进化研究中的一个关键科学问题。基于 IODP/ICDP 国际科学钻探项目所获岩心样品和 XRF 分析，对经历白垩纪小行星撞击后的生态恢复过程进行研究，发现表征生产力的 Ba/Ti 比在小行星撞击后 3 万年为 1，撞击后 10 万年，Ba/Ti 比增加到 2.0（图 15-4），表明生产力恢复迅速，揭示生态进化过程本身才是生产力恢复的决定性因素。

动物组织结构、形态特征是生物进化和自然选择的结果。动物皮毛颜色可揭示年龄、雌雄、饮食特性，在自身伪装、交配、统建领地中发挥着重要作用。例如，生活在侏罗纪早期的狭翼鱼龙，与大多数当今仍栖息于远洋环境并呼吸空气的脊椎动物一样，一生多为黑色，它们的枝状载黑细胞可从生理上通过黑色素再分配调整肤色，过滤紫外线、隐蔽或在寒冷水温时保持体温稳定，这些特殊的形态和生理适应性调整，正是这些远洋四足动物为适应海洋生活而经历的必要生物进化过程。通过 XRF 和 XAS 分析发现，这种褐黑素中存在 Zn—S 键，褐色素残余物由 Zn 有机硫络合物组成，两者都与真黑素形成内环配位络合物，与二醇或羧基功能团中的 O/N 配位，但真黑素不含硫基团，褐黑素需要含硫基半胱氨酸。

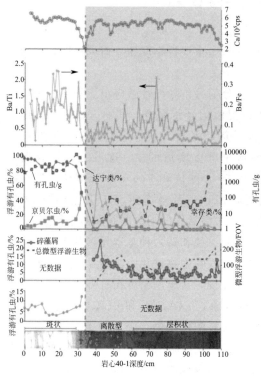

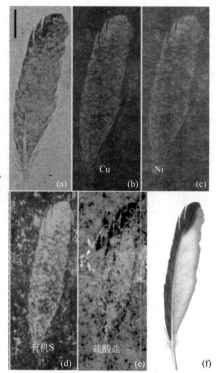

图 15-4　岩心样品和 XRF 分析揭示
生命进化过程

图 15-5　μXRF 和 XANES 分析晚侏罗纪
鸟类羽毛揭示自然进化与选择规律

在 3Ma(3×10^{6} 年) 前业已灭绝的哺乳动物化石中，μXRF 显示 Zn 主要分布在毛发末梢，XAS 揭示 Zn 与有机 S 形成了四面体络合物，构成了高浓度褐素体，且 Cu、Zn、S 在动物表皮呈不均匀分布，在尾足部有机硫缺乏，这表明 3Ma 前，此类哺乳动物尚未进化到均匀着色阶段，且羽、毛的组分特征和不易降解特性，也应是自然界生物进化的结果。

采用 μXRF 和 XANES 分析晚侏罗纪（150Ma）鸟类羽毛，在沉积物表层下鸟骨碎片中发现硫酸盐，与沉积物基质相比，硫醇在羽毛中浓度更高、硫酸盐更低；羽毛中 Cu 与有机硫的非均匀分布相关（图 15-5），揭示两者间形成了具有杀菌特性的铜有机螯合物，从而抑制了羽毛角质蛋白中的有机硫降解，有效保存了羽毛。羽毛中存在具抑菌作用的 Cu 有机螯合物，应是生物进化与自然选择的必然结果。这表明 XAS 在发现并揭示生物进化机制与规律中的重要作用。

XAS 在生命起源与进化研究中也面临一些挑战。例如在蛋白质信号传导机制 EXAFS 分析中，由于 N、O 散射特性相近，单一的 EXAFS 拟合不能区分 O 或 N。一些样品存在元素间干扰，如用 XAS 分析角质蛋白中 Zn 有机硫化物时，硫含量约为 7%，而降解产物富含氧化性硫。随着埋藏降解，双硫键氧化、断裂，产生的硫 K 吸收谱背景会干扰原始外皮角质蛋白中较弱的杂环硫振荡谱，遮蔽了原生硫信号。因此，在使用 XAS 技术开展生物进化过程与机制的研究中，还需进行深入的探索和多技术结合。

第二节　早期生命寻迹与 X 射线光谱分析技术

地球上早期生命可追溯至数十亿年前的远古时代。3.5Ga 是目前认为的最确切生命起点，3.8Ga 或更久远年代的发现亦有报道。XAS 技术在地球早期生命寻迹过程中也发挥了重要作用。

一、早期生命寻迹

地球上的早期生命迹象，主要在几处仍暴露于地表的古老稳定地块——太古宙克拉通地区发现，如澳大利亚和南非（3.2～3.5Ga）、格陵兰岛和加拿大（＞3.5Ga）等。

在澳大利亚，发现了 2.97Ga 古生物膜和球形微生物，在 3.20Ga 黑色硅质体和 3.24Ga 黄铁矿中分别发现了铁厌氧菌、丝状微生物及有机质与元素碳、氮、硫等。在 3.47Ga 重晶石中报道发现了硫酸盐还原菌和细胞壁降解产物；在南非，发现了 3.20Ga 前一种由潮滩微生物蚀刻作用形成的微生物垫，在 3.45Ga 沉积硅质岩中发现了与现代超嗜热菌相似的微生物，并可见细胞壁；在格陵兰地区，发现了由光自养菌产生的 3.7Ga 生物成因碳及 3.8Ga 层状石墨和磷灰石，石墨内含生物基本元素 N、P、S，推测为生物变质作用产物；在加拿大东北部 3.95Ga 变质沉积岩中，据报道发现了认为源于古生物有机质的石墨。在魁北克 3.77(U-Pb)～4.28(Sr-Nd)Ga NSB 表壳带铁质层，发现了具有海水化学组分和重 Fe 同位素特征的微米级管状和丝状赤铁矿，与海洋热液沉积层微生物近似，认为其为古微生物化石。

这些早期生命迹象的发现，对深入研究地球生命起源和进化具有重要意义。但由于年代久远，历经地质、环境巨变，使发现与确证面临重重困难。

二、早期生命质疑

对地球上已报道发现的早期生命迹象，目前的质疑主要包括三个方面：

首先，年代存疑。例如，关于加拿大东北部 3.95Ga 泥岩石墨地质年代，有观点认为这些样品并没有作者声称的那么古老。

其次，成因存疑。早期生命以碳基生命形式存在，并产生了碳同位素分馏为前提。相比 ^{13}C，生物选择性地从化学键中捕获并释放轻同位素 ^{12}C。在曾有微生物生存的地方，^{12}C 富集。例如 3.95Ga 泥岩石墨 $\delta(^{13}C_{org}) = -28.2‰ \sim -11.0‰$，含较丰富轻碳同位素，并与层叠有机质近似；碳酸盐 $\delta(^{13}C_{carb})$ 与泥岩石墨 $\delta(^{13}C_{org})$ 相差达 25‰，呈显著分馏，故认为其源于有机质。但碳同位素不是生物成因的唯一性判据，碳既可源于生物，也可源于非生物，受到了多种因素影响：

① 地质构造作用：在澳大利亚 4.252Ga 锆石中发现的钻石-石墨包裹体 δ (^{13}C) 低达 $-58‰$，但其可能是早期地球构造循环作用的产物，而非生物成因；

② 变质流体作用：格陵兰 3.8Ga 表壳铁质层石墨，结晶度不好，流体二次运移或高变质作用可导致非生物成因石墨生成；

③ 矿物分解作用：菱铁矿在 450℃ 发生歧化反应，产生非生物成因石墨：

$$6FeCO_3 \longrightarrow 2Fe_3O_4 + 5CO_2 + C$$

④ 非生物合成作用：实验室可合成非生物成因甲烷，所得碳同位素特征与生物成因相似，格陵兰 3.7Ga 石墨或是由非生物脱碳反应、或金属与 CO 的 F-T 合成反应产生。

再次，方法存疑。例如，尽管激光拉曼可揭示保存指数，但非生命指标；岩石粉碎、样品制备、非原位测定等，会引入污染，或致母岩缺失，较难获得准确年龄和成因。

因此，寻找早期生命迹象十分困难，对早期生命的识别与确证也面临挑战。

三、早期生命质证与 X 射线光谱

碳成因双重性，使得任何单一方法都难以实现对地球上早期生命的确证，需要包括 XRS 在内的多学科、多技术、多方法的协同研究和多信息佐证。

（一）生物成因识别

低 δ (^{13}C) 值是早期生命存在的主要证据，但具有双重性而不具充要性；铁、硫同位素生物和非生物成因分馏效应也与之相似。因此，在同位素分析的同时，探寻地质过程、伴生矿物、反应机制等的相互印证，就成为了辨识早期生命真伪的重要途径。在此过程中 XAS 技术显现了较显著的潜在应用价值。

（1）矿化机制　碳质进入沉积物，会经历氧化为碳酸盐、不溶性三价铁还原为可溶性亚铁等过程，并伴生含铁碳酸盐、亚铁硅酸盐和磁铁矿等矿物，生成莲花座形碳酸盐簇体：

$$CH_3COOH + 8Fe(OH)_3 + 2H_2O \longrightarrow 8Fe^{2+} + 2HCO_3^- + 22OH^- + 8H^+$$

这种特殊簇体可归因于微生物矿化作用。μXRF 和 X 射线计算机断层扫描（μXCT）既可准确测定碳酸盐组成，亦可测定岩石组构和空间结构，是生物矿化机制研究中的重要潜在技术手段和未来发展方向之一。

（2）物相特征　在加拿大东北部发现的 3.95Ga 石墨尽管存在歧化反应可能，但并未发现歧化反应产物菱铁矿和磁铁矿；同时，由共聚焦激光拉曼测得的物相结晶温度亦为 $(563±50)℃$，与母岩一致，表明石墨非源于后期污染；再结合其低的 δ (^{13}C) 值，故根据以上三点综合判断，此石墨为生物成因。与此类似，格陵兰 3.7Ga 石墨与母岩结晶温度的一致性也成为了非后期变质作用产生的主要证据之一。XRF可以定量测定菱铁矿，如结合XAS分析其中的Fe形态、区分生物和非生物成因纳米磁铁矿，将可更准确厘定矿物反应过程与产物，佐证生物或非生物成因机制。

（3）矿物形貌　近现代热液生态体系下，沉积物中微生物可产生管状赤铁矿；在加拿大3.77～4.28Ga热液沉积物中观察到丝、柱状物。根据均变论，远古时期的管状和丝状赤铁矿也应是细菌包层和胞外细丝矿化残留，其氢氧化铁圆柱体由蓝藻菌细胞形成。这种三维结构测定，正是μXRS技术的显著特点。例如，用μXRF扫描侏罗纪早期狭翼鱼龙化石，可获得早期矿化过程所保留的三维细胞形态，且元素微区分布表明，鱼龙表皮通过自生磷酸钙的部分复制形成了化石，促生了原位分子转化，有机分子转化为稳定大分子的地质聚合反应，使古生物获得了二次保存机会。μXRF不仅可以获得物质二维成分信息、三维元素分布及物质空间组构，还可以揭示古生物化石形成和保存机制，因此可为早期生命的识别与研究提供更丰富的多维数据信息。

（4）生命元素　磷等生命基本元素的存在，具有生物成因指示作用。海底碳质积累会通过生物代谢浓聚磷。在加拿大NSB表壳带含石墨碳酸盐中发现存在内生磷灰石，且与在古元古代晚期微生物生态系统中发现的磷灰石相似，表明该处石墨源于生物，揭示在3.77～4.28Ga前，生命即在海底热液喷口附近存在并栖息。磷灰石和磷可采用XRF测定，EXAFS可揭示过渡金属与磷灰石纳米晶体的键合位与结构，如果我们将XRS应用于碳、磷等元素分布与形态分析，将有助于揭示生命元素间的相关性特征。

（5）地质构造　沉积物和碳酸盐间的不断键合和捕获形成的沉积叠层结构是早期生命存在的重要迹象。用XRF扫描格陵兰3.7Ga变质碳酸岩中圆拱和锥形部位，发现元素分布与沉积纹层结构相关，在特定层位K、Ti显著降低，Si升高，Ca不变；稀土（REE）和钇（Y）元素分配模式与交叉沉积及波纹状角砾岩分布揭示其形成于海洋沉积环境，推测为生物CO_2埋存作用形成。但这种沉积叠层结构是否由生物活动产生仍受到质疑。用μXRF扫描样品，确证元素呈梯度分布且Ca、K、Ti变化与前文一致。但新观点认为，尽管元素叠层分布，但岩石从白云岩向石英质过渡时未发现分层残余物，岩石本身即由石英和富铁夹层组成；同步辐射扫描显示，REE＋Y分配模式并不只源于白云岩，云母也是重要载体；与碳酸盐相比，富含云母硅酸盐样品的REE＋Y丰度更高，Eu正异常也更显著。综合主次元素二维分布和稀土分配模式，所研究样品尽管源于海洋沉积环境，但碳并非生物成因。该研究尽管提及XANES，但未见详情报道。如能应用XAS原位分析元素形态，则应可更准确地质证其来源与成因。

（二）生物功能团鉴定

有机微化石是早期生命的重要标识。采用聚焦离子束（FIB）获取亚微米无污染新鲜样本，通过微区 XANES 原位测定 1.88Ga 前冈弗林特有机微化石组成和结构，发现远古生命已具备了蛋白质合成能力，且历经 1.88Ga 漫长地质过程仍可保存至今，极富挑战性。

（1）有机微化石中观察到丰富生物功能团　在 288.6eV、286.4eV、290.3eV 处观察到羧基、C＝N/S/O 未饱和键和纳米 OC-CaCO$_3$ 峰，以及酰胺/亚胺/腈（401.4eV）、芳香族 N（399.8eV/398.8eV）、钙/钾硝酸盐（401.7eV、405.4eV）和吡咯（402.2eV）等。微化石中低含量 N 导致了 XANES 信噪比低，带来一定的分析困难。

（2）多样配位结构反映了复杂地质环境变化　不同 N/C 比和 S-、N-、O-芳香基结构，反映了不同的热成熟度、复杂的氧化还原过程及多样成岩与保存条件。热成熟度增加，XANES 吸收谱峰由高能向低能漂移。高含量烯烃和/或对苯醌等芳杂环功能团将使芳香族和烯烃功能团 C-XANES 谱拓宽并由 285.1eV 向 284.9eV 漂移；酚基/羰基由 286.7eV 向 286.4eV 漂移。研究表明，芳香结构中杂原子嵌入、氨基酸与酚基间的缩聚反应等，是出现这种漂移的主要原因。

（3）配体特征揭示了远古与现代藻类的相似性与进化变异　由 XANES 测得有机微化石 N/C 比为 0.21 和 0.24，现代蓝藻和微藻为 0.24 和 0.17，这表明存在源于蛋白质的酰胺基团，揭示其尽管经历了 50℃ 的成岩温度变化，但亚微米级化石保存了与现代蓝藻和微藻相似的 C、N 有机功能团。有机微化石中含有更高含量的芳香化合物和含氧基团，也揭示了生物进化前后的变异特性。

（三）细胞形态分析

细胞空间结构和形态可揭示生物形成与地质过程的相互关系，从而为佐证生命迹象提供依据。法国阿尔卑斯变质沉积岩中 225Ma 石松类大孢子化石，经历 14000bar 和 360℃ 高压变质作用及 35km 俯冲造山运动，组构保存完好，孢壁呈有机质化学异质性。由 FIB 切得包含孢内壁和 4～5μm 外壁的薄片，用 μNEXAFS 测定内、外壁 C 吸收谱，在 285.1eV、292.8eV 和 286.7eV 处观察到芳香族/烯烃 C、C—C 键/芳香及酮基团；在 287.2eV、288.7eV 和 290.3eV 处，发现少量酚基、羧基、脂肪酸功能团；研究表明外壁由芳香族化合物、烯烃及饱和烃组成，内壁为石墨型碳，有机基团与石墨共存，表明部分有机质经历变质作用而石墨化，但在经历高度变质作用后，生物特征并未完全抹去，其残存有机分子信息仍是生命存在的重要证据。

在地球早期生命的研究中，尽管 XRS 已在生物成因识别、功能团鉴定及细胞形态分析中得到了成功应用，但更深入地开展 XRS 微区与形态原位分析，应是未来一段时期的发展方向。

第三节　全球气候变化与 X 射线光谱分析技术

全球气候变化是人类面临的重大科学问题，海洋碳循环是影响全球气候变化的重要因素。探索 Fe 的生物有效性和沉积碳汇机制，是提升海洋和内陆水系固碳能力的关键途径。

一、全球气候变化

随着工业化进程，大气 CO_2 浓度一直呈上升趋势。与工业革命前相比，CO_2 已上升 38%，到 2100 年，CO_2 还将增加 20%，减少大气 CO_2 刻不容缓。

（一）海洋碳汇与海洋铁循环

海洋碳循环是影响全球气候变化的重要因素。海洋 CO_2 储量是大气的 60 多倍，人类活动产生的 1/4 CO_2 已被海洋吸收。海洋浮游植物对大气 CO_2 的光合吸收与沉淀作用，是海洋吸存大气 CO_2 的主要机制，南大洋生物泵作用的强化导致了从间冰期向全冰期过渡时的 CO_2 降低。

海洋铁循环，是海洋碳循环的控制性因素，全球大洋 50% 的初级生产力受铁循环控制。铁在地壳中的丰度达 5.6%，但除部分冷水海域外，Fe 在海水中浓度极低（$<10^{-15}\,mol/L$），导致在 40% 的海域，特别是在高硝酸盐、低叶绿素海域，Fe 供给严重不足。铁量不足，使通过光合作用大量吸收大气 CO_2 的海洋浮游植物不能有效利用海洋中的氮和磷，导致海洋初级生产力下降，固碳能力减弱；而海洋铁量上升，则可使冰期大气 CO_2 浓度减少约 25%。海洋铁缺失，制约了海洋初级生产力和海洋碳汇能力。

海洋中铁的存在形态，决定了生物可利用度和海洋初级生产力。海水中铁量不足的原因在于三价铁 $[Fe(III)]$ 的低溶解度。海水中可溶性 $Fe(II)$ 浓度小于 $1\,nmol/L$。以可溶态和胶体颗粒物存在的铁-有机络合物是海洋中的主要形态之一。难溶性三价铁和铁有机络合物铁的存在，降低了海水中铁的生物可利用度，不利于海洋初级生产力的增长和碳汇能力的加强。

海洋铁源的时空分布与溶解性存在较大差异，对海洋铁循环产生了重要影响。铁既可源于海岸带和浅层沉积物、冰川、岛湖，也可源于火山、尘埃和生物燃烧。大气飘尘或气溶胶是海洋中铁的主要来源之一。在冰川尘粒、燃烧颗粒物和干旱土壤三类大气飘尘颗粒物中，铁的可溶性差异达三个数量级。大气飘尘在长距离（约 1500km）转运中，约有一半会沉积于海洋中，颗粒物中所含铁的矿物组成、物相和形态等，一定程度上控制了其生物可利用性和大洋初级生产力。此外，除了非生物性化学反应影响，海洋铁循环还会受微生物调控，其在碳铁循环中的作用亦不可忽视。

（二）内陆水系碳汇与铁有机络合物

内陆水系是主要碳源之一。目前内陆水系 CO_2 已处于过饱和状态，每年向大气排放 2.1Pg(C)/a 的 CO_2，河流释放的 CO_2 比湖泊和水库总排放量高约 5 倍。陆生碳库中约有一半通过内陆水系进入海洋。

另外，内陆水系也发挥着重要碳汇作用。它会将 CO_2 吸埋于水系沉积物中，且吸埋速率比海洋快。内陆湖泊、水库每年可吸埋有机碳约 0.15Pg(C)/a，其中水库吸埋占其中的 40%。

沉积有机碳汇是全球碳库的重要组成部分。全球海洋与水系沉积物中，超过 15% 的有机碳（OC）通过与活性铁结合形成稳定的有机碳-铁（OC-Fe）络合物，并在沉积物中长期封存。沉积型有机碳约占全球铁相关有机碳库的 21.5%，其中，总有机碳中 23%～27% 保持着与活性铁键合，与铁相关的有机碳储量是大气碳量的 2900～6800 倍。

（三）多元素体系对碳铁循环的潜在影响

铁的存在形态受共存元素的影响。化石燃料产生的含铁尘埃对部分海洋表水溶解铁的贡献率为 70%～85%，并与黑炭及 V、Ni、Al 等元素存在相互影响。Fe 与 C、N、O、S 的氧化还原反应在驱动全球生物地球化学循环的同时，也受到各种氧化物、氮化物、碳化物、硫化物及共存过渡金属元素的调控，例如：

$$NH_4^+ + 6FeOOH + 10H^+ \longrightarrow NO_2^- + 6Fe^{2+} + 10H_2O$$

$$4FeOOH + CH_3CHOHCOO^- + 7H^+ \longrightarrow 4Fe^{2+} + CH_3COO^- + HCO_3^- + 6H_2O$$

$$2Fe^{2+} + MnO_2 + 2H_2O \longrightarrow Mn^{2+} + 2FeOOH + 2H^+$$

与 Fe 相比，Cu 的高氧化还原电位及生物可获性使其从碳代谢物中可提取更多能量；Cu 与有机配体的键合力也高于 Fe；决定海洋初级生产力的海洋浮游植物生长需要有效利用海洋中的氮，而三种最重要的典型固氮酶在活性反应位除 Fe 外，还含有 V 和 Mo。因此，在海洋与内陆水系碳循环研究中，探索多元素体系下的相互关系与作用，十分必要。

二、全球气候变化研究中的科学问题

海洋浮游生物对大气颗粒物中 Fe 的吸收途径及其 Fe 形态转化机制，是全球气候变化研究中的一个关键科学问题。目前的主要观点包括：①光解作用下，Fe(Ⅲ) 与铁载体络合物分解，Fe(Ⅲ) 还原为生物可吸收态 Fe(Ⅱ)；②还原酶作用下，Fe(Ⅲ)-铁载体在吸收前被还原为过渡态 Fe(Ⅱ)，实现跨植膜运输；③生物调控作用下，异养和自养菌类原核生物从铁载体获取铁，硅藻类真核生物将溶液中溶解性 Fe(Ⅲ) 还原为 Fe(Ⅱ) 后吸收，兼养浮游生物直接吸收胶体铁；④矿物相作用下，大气飘尘中亚铁矿物含量决定了 Fe 的海洋浮游生物可利用度。因此，对海洋碳循环具有决定性影响作用的海洋铁的生物利用机制还需要深入探索。

铁-有机络合物精细结构是碳汇研究中的一个重要科学问题。有研究认为，OC-Fe 与细粒黏土矿物量正相关；但也有研究表明，反应铁相并未提供充足表面用于吸附，而是铁氧化物中的铁为溶解性有机大分子提供了具有内聚作用的共价键，通过黏土和金属氧化物吸附、共沉淀或直接螯合，将碳封存于沉积物中，目前，关于 OC-Fe 的准确配位结构也还没有取得一致性清晰辨识。

探索 OC-Fe 构效关系对厘清沉积碳汇机制具有重要科学意义。目前关于 OC-Fe 络合物的形成速率、固化过程和构效关系等还不十分明了；OC-Fe 在早期成岩和长期埋藏过程中的性质、演化和元素与矿物间的相互作用等科学问题，还需进一步研究。关于 OC-Fe 分解所导致的沉积有机碳汇向碳源转化的潜在可能风险、趋势与份额等，也亟待进行深入探索。

三、全球气候变化研究中的 XRS 分析技术

海洋铁含量极低，只有 $10^{-12} \sim 10^{-9} \, mol/L$，甚至低至 $10^{-15} \, mol/L$，在可以测定海洋低浓度铁之前，人们还不能认清海洋中碳循环本质。随着分析技术进步、分析灵敏度提高，人类才进行了海洋中 nmol/L 级铁量的测定，并由此发现了铁含量是海洋碳循环中控制因素这一重要科学规律，促进了海洋铁限学说和海洋碳铁循环理论的建立。在此基础上进行的大洋施铁实验，显著提高了海洋初级生产力。没有分析科学技术的进步，就没有海洋铁限学说的形成。

（一）海洋铁源生物有效性

大气飘尘是重要海洋铁源，铁形态是生物有效性的决定性因素。飘尘中 Fe 的生物有效性测定，如采用总体评估手段如淋滤实验，则所测溶解性 Fe 主要为胶体，而非真实溶解态 Fe。而采用 μXAS 直接测定大气飘尘中矿物和元素形态，则更为准确、可靠。μXAS 研究发现，源自干旱地区飘尘中的可溶性铁量最小（<1%），主要由含 $Fe(Ⅲ)$ 的水铁矿、针铁矿和赤铁矿组成；冰川尘粒含可溶性铁量略大（2%～3%），主要为混合矿物相；油品燃烧颗粒物中可溶性铁最高，可达 77%～81%，且以易溶 $Fe(Ⅲ)$ 存在。

有观点认为，蓝藻通过细胞表面过程增加溶解速率来实现对颗粒物中铁及其氧化物的利用。但也有观点发现，与非冰川物质相比，采用冰川颗粒物培养的海洋硅藻生长更迅速，并具有更高光合作用效率。XAS 数据显示，冰川颗粒物中所含原生 $Fe(Ⅱ)$ 硅酸盐矿物是产生这一结果的原因，大气飘尘的生物可利用度由其所含 $Fe(Ⅱ)$ 原生矿物量控制。该研究也揭示，冷冰期大气飘尘给海洋带来了生物有效性更高的铁源，从而增加了冷冰期海洋碳汇能力。

（二）铁有机络合物构效关系

铁有机络合物的构效关系决定了沉积有机碳汇的长期稳定性。利用 XAS 分别测定 C K 边和 Fe L_3 边，发现 $Fe(Ⅲ)$ 主要与 C＝C、C＝O、C—OH 络合形成 Fe—O—C 键，与—P、—N 等形成 Fe—O—P 键和 Fe—O—N 键。XAS 研究表明（图 15-6），沉积物中非活性铁占 56.9%～90.4%，OC-Fe 小于 18.1%，总活性铁为 8.1%～42.1%。其中，总活性铁中的 25%～62% 为 OC-Fe 络合物，

是低有机质深海沉积物中的 4 倍。OC-Fe 络合物共价键结构的形成，可将大量还原性 OC 转化至沉积池，降低了 OC 向 CO_2 转化的可能，是实现大气二氧化碳转化、沉积型碳汇形成的主要机制。

铁-有机质（Fe-OM）络合物的形成过程和存在形式对结构稳定性具有显著影响。EXAFS 分析表明，C/（C+Fe）比值变化会影响 Fe-C 结构和稳定性及 Fe、C 循环；因形成不溶性 Fe(Ⅲ)-OM 络合物，使得经共沉淀途径形成的 Fe-OM 可沉积更大量的碳，而吸附型沉积碳量较低。更为重要的是，与吸附机制相比，经共沉淀机制生成的 Fe-OM 解吸率更低，有利于碳储存。

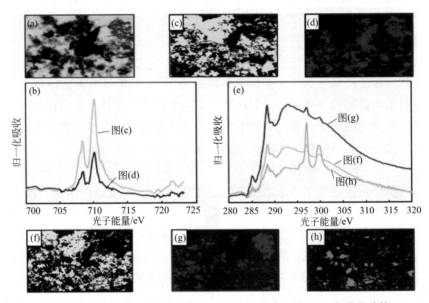

图 15-6　铁与有机质微区 X 射线显微组分和碳、铁 XAS 光谱及碳簇

（三）多元素体系

XRS 技术在碳铁生物地球化学循环多元素体系研究中也发挥了重要作用。例如，C、N 和 Fe 的 EXAFS 谱表明，氨基酸糖作为细胞壁中的重要 N 源，在富有机质土壤条件下，C 和 N 脂类化合物和蛋白质会在 Fe 氧化物或氢氧化物表面富集，揭示微生物 C 和 N 循环与羟基化 Fe 氧化物密切相关。海洋潟湖是海洋潜在铁源之一，XAS 分析发现，潟湖沉积物中有机碳浓度会影响 Fe、Ni、S 的存在形态和矿物相组成。

海洋 Fe 和相关性元素及沉积型有机碳在影响全球碳循环和气候变化的同时，气候变化也会通过影响元素存在形态进而影响有机质的稳定性和碳循环。例如，采集夏威夷山坡底土分析其中有机质，结合 XANES 谱，发现 Fe 和 Al 可稳定富 N 有机质；降雨量越多，还原态 Fe 越多；在还原性气候条件下，Al 对有机质的稳定性影响比 Fe 更具重要性；从而揭示气候变化对有机碳稳定性也产生了显著性影响。

第四节　地质样品分析

X射线荧光光谱分析由于制样技术简单，分析元素范围宽，可对原子序数≥11的元素实现多元素同时定量检测，现广泛应用于地质样品中主、次、痕量元素测定，检出限一般在 mg/kg 量级。

一、地质样品熔融制样特点

地质样品通常包含岩石和矿物类样品，例如硅酸盐、碳酸盐、橄榄岩，以及铝土矿、铅锌矿、铁矿石等。地质类岩石矿物样品分析通常采用压片和熔融法制样。压片技术相对简单，熔融技术具有以下特点和注意事项：

弱酸性熔剂（氧原子数/金属原子总数>1）四硼酸锂（$Li_2B_4O_7$）和碱性熔剂（氧原子数/金属原子总数≤1）偏硼酸锂（$LiBO_2$）分别适用于熔解碱性氧化物（Na_2O、CaO）和酸性氧化物（SiO_2、Fe_2O_3）等。

岩石和矿物通常由多种酸碱性不同的氧化物组成，故一般采用四硼酸锂和偏硼酸锂混合熔剂制备玻璃熔片，熔剂比（$Li_2B_4O_7$）∶（$LiBO_2$）＝4∶1，此时具有此类混合熔剂的最低共熔点为832℃。根据实际样品组分特点，可以适当更改配比。同时，为避免熔融物黏附坩埚，会加入 Li 或铵的卤化物，例如 LiF、LiBr、NH_4I 等。加入的脱模剂应注意避免残余物对于待测元素的谱线干扰。

地质样品中的常见元素 C、P、S、Ni、Cu、Zn、As、Ag、Sn、Sb、Pb、Bi 等易与 Pt(95%)-Au(5%) 坩埚形成低熔点合金或多晶化物，损害坩埚。例如 As_2Pt、Pt、AsP-72%Pt 混晶化物的熔点分别为 1500℃、1769℃ 和 597℃，因此，过量 As 的存在，会导致坩埚在不到 600℃ 即可能破裂。

含有还原性物质如硫化物、金属（矿石/矿物）、低价氧化物等地质样品分析前，要特别注意应进行必要的样品预氧化处理，一方面是为了保证样品的完全熔解，提高分析准确度；另一方面也是为了保护铂金坩埚不受损害。常用的氧化剂主要有 $LiNO_3$ 等硝酸盐和间接氧化剂 Li_2CO_3 等。

二、地质样品分析

地质样品 XRF 定量分析通常采用粉末压片法和玻璃熔片法进行。

粉末压片法具有简单、快速、成本低、环保等优点，是分析大量地质样品较为理想的方法。采用粉末压片法 XRF 测定多目标地球化学调查样品中 25 种主、次、痕量元素，La、Cr、Co 和 Th 的精密度优于 14%，其他各组分精密度均优于 6%。采用粉末压片法制样 EDXRF 对水系沉积物和土壤样品进行多元素测定，元素检出限约在 0.25～50μg/g 范围。

玻璃熔片法能有效地消除岩石和矿物粒度效应及矿物效应的影响，可获得较高的分析准确度，对于粉末压片法难以测定的主量元素，尤其是 Si、Al 等轻元素均可获得较好结果。因此在进行地质样品主、次元素定量分析时，通常选用该法。针对高 Sr、Ba 的硅酸盐样品，通过采用 $LiBO_2$-$Li_2B_4O_7$（22∶12）的混合熔剂，40mg/mL 的碘化锂溶液作为脱模剂，熔样温度 1150℃，预熔 2min，各主量元素的精密度（RSD）均小于 2%；主量元素的测量值和标准值基本一致。用玻璃熔片法测定页岩样品中 Si、Al、Fe、Ca、K、Mg、Na 7 种主量元素时，采用 $Li_2B_4O_7$-$LiBO_2$-LiF（4.5∶1∶0.4）混合熔剂，$LiNO_3$ 饱和溶液作为氧化剂，20mg/mL LiBr 溶液作为脱模剂，在 700℃ 保持 3min，自动升温至 1100℃ 保持 6min，自然降温，冷却时间 3min；使用理论 α 系数和经验系数相结合的方法校正基体效应，结果表明分析结果与化学法基本一致，方法精密度（RSD，$n=12$）≤1.5%。用熔融法测定区域地质矿产调查样品中 46 种元素，混合熔剂采用 $LiBO_2$（34%，适用于酸性样品）和 $Li_2B_4O_7$（66%，适用于碱性样品），测定结果的均方根值（RMS，$n=12$）<1%。

偏振能量色散 X 射线荧光（PEDXRF）光谱法可显著降低背景，改善检出限。对地质样品中 34 种元素进行分析测定。选择高取向热解石墨（HOPG）、Al_2O_3、Mo、Co 等偏振二次靶对目标元素进行选择激发，采用基本参数法（轻元素）和 Compton 散射内标法（重元素）相结合进行基体校正。测定值与标准值一致性良好，元素的检出限达到 $0.5\sim30\mu g/g$。

选用 Mo 二次靶测定 Pb、Zn 和 Cu 等元素，选择 Pb Lβ 和 As Kβ 分别作为 Pb 和 As 的分析线。Pb 和 Zn 检出限分别为 $1.1\mu g/g$ 和 $0.9\mu g/g$，平均相对误差分别为 7.6% 和 6.2%。Pb 含量不高时，选用 KBr 靶选择激发 As；当 Pb 含量远高于 As 时，采用 KBr 作为二次靶，不足以消除 Pb 对 As 的干扰；而选择 Pb Lβ 和 As Kβ 作为分析谱线，是避免 Pb、As 相互干扰的有效方法，但会使检出限升高；因此也可采用 Pb Lβ 和 As Kα 作为分析线并扣除重叠干扰的方法进行 Pb 和 As 的分析。

微区 XRF 技术可对地质样品进行高分辨元素分布分析。用微区 XRF 装置对陆源沉积物钻取岩心进行扫描分析，获取了 $100\mu m$ 分辨率的 Ca、Fe、Sr、K、Ti 和 S 等元素的分布信息，揭示了矿物和沉积物的时变特征。采用 $40\mu m$ 光斑微区 XRF 技术，对中亚地区咸海沉积钻探岩心进行元素分布分析，结果显示 Ca 含量的增加与样品中盐度增加一致，说明 Ca 可作为水蒸发化学特征变化的指示元素。

XRF 原位无损分析特点尤其适用于流体包裹体测定。对龙岗火山群地幔捕虏体中斜方辉石矿物及熔融包裹体进行同步辐射 XRF（SRXRF）分析，发现原始岩浆在上升过程中经历了部分熔融或分离。对可可托海伟晶岩绿柱石中单个流体包裹体进行 SRXRF 原位无损分析，发现该绿柱石中多数流体具有较高的 Zn、Sn、As 及 REE 含量，揭示其具有内生岩浆作用特征及壳源流体特点。

三、现场分析

EDXRF 具有体积小、轻便、易于操作和维护等优点而广泛应用于现场分析。

用车载化台式偏振 EDXRF 对由轻便钻采集的覆盖层和基岩样品进行现场分析，将现场分析数据与实验室分析数据对比发现，20 余种元素测定结果一致性良好；含量超过 $10\mu g/g$ 时，除 V 和 Ba 外，其他元素的平均相对偏差均小于 25%。

采用手持式 XRF 对工厂附近土壤中 As、Ba、Co、Cr、Cu、Fe、Mn、Pb、Zn 进行分析，并与 ICP-AES 数据进行比较，数据一致性良好。结合主成分分析，发现市区附近土壤受人类活动影响较大，从而导致各元素含量变化大。应用便携式 XRF 对西班牙矿区土壤中多种微量元素进行现场原位分析，发现 As、Pb、Zn 和 Cu 元素含量超出正常背景值，指出水和风蚀是有害元素传播的重要途径。

XRF 岩心扫描可获取岩心中元素含量变化，用于研究环境变化、成岩过程。对日本冲绳岛南部 Leg 195 海洋钻探项目海底岩心进行扫描，得到 Ca、K/Ti 元素含量剖面，结合 XRD 分析矿物含量及形成年代，提供了古环境变换的详细记录。

人类始终没有放弃对于地外行星的探索，XRF 技术在地外星球探测上占有重要地位。1976 年，XRF 技术首次应用于"海盗号"火星探测计划，并发现火星土壤中含有铁镁质组分，硫的含量高于地球地壳平均水平两个数量级。此后，随着 Si-PIN 探测器的发展，经过小型化和性能改进的 APXS 先后应用于 1997 年火星"探路者"、2003 年火星"漫步者"和 2012 年"好奇号"火星探测器。对由火星"探路者"上携带的 XRF 对火星表面 7 个土壤和 9 个岩石样品分析数据（Na_2O、MgO、Al_2O_3、SiO_2、P_2O_5、SO_3、Cl、K_2O、CaO、TiO_2、Cr_2O_3、MnO、FeO）进行深入研究，发现：①7 个火星土壤样组分相近，这与 1976 年的"海盗号"结论相吻合，虽然海盗 1 号和海盗 2 的两个着陆点彼此相距 6500km，但这两个海盗号站点的物质组成非常相似；②与陆地岩浆岩相比，火星岩石和土壤样中富含 Si、S、Fe，而 Mg 的含量较少；③火星岩石组分与玄武岩、安山岩相近。2004 年，Gellert 和 Rieder 等分别对"勇气号"和"机遇号"的岩石和土壤样品的 XRF 数据进行分析，发现岩石内部 Ni 和 Zn 含量较低，岩石表面 Ni 和 Zn 含量比土壤的平均水平高，这可能与当地橄榄石矿物的分解有关。而"机遇号"所测的 Fe、Ni 和 Cr 含量比"勇气号"所测的含量高，可能与当地发现大量赤铁矿有关。

第五节　生态环境样品分析

一、工业废弃物

XRF 技术在工业上应用广泛。工业样品种类繁多、样品量大，在检测过程中，XRF 的快速简单、廉价等优点得以充分发挥。

废旧木材中通常含有很多种木材防腐剂，其中多含有大量以 As 和 Cu 为基质的化合物。在处理这些木材时，需要对 As 和 Cu 含量高的木材进行筛选和处理。将 X 射线管和固体探测器安装于木材回收流水线，进行实时在线分析。在 500ms 分析时间内，As、Cu 的检出率分别达到 98% 和 91%，采用该 XRF 检测装置，每天对废旧木材的检测量可以达到 30t，大大提高了工作效率。

在工业污水化学处理中，对入口和出口处工业废水中重金属的监测十分必要，特别是对排出口污水中重金属的在线检测尤为重要。实验中，分别吸取 20μL 经化学处理前后的污水样品于石英玻璃载体上，采用红外灯照射干燥后，用台式 TXRF 测定冶金废水和制革废水中无机元素，测量时间为 1000s，检出限（mg/L）分别为 Cr：0.24，Mn：0.12，Fe：0.07，Ni：0.07，Cu：0.06，Zn：0.05，As：0.02，Se：0.09，Cd：0.003，Sn：0.03，Ba：0.48，Pb：0.01。

二、矿山污染物

矿山开采会造成其周围环境的破坏与污染，在金属矿山附近，毒性金属超标一直是人们关注的重点。XRF 在快速确定矿山附近污染物中发挥着重要作用。

采用 WDXRF 测定正在开采的和废弃的矿区及居民区附近的 57 个土壤样品中 As、Ba、Co、Cr、Cu、Mo、Ni、Pb、Sr、V、Zn 和 Zr，研究矿区周边土壤污染程度，利用地质累积指数、富集系数和污染负荷指数对该区域土壤污染程度进行评估，发现由于人为采矿活动，该矿区 Cr、Ni、Co 含量超标严重，土壤中 Cr、Ni、Co 富集因子显示该区域有毒重金属含量还在不断稳定增长。

采用 EDXRF 分析煤炭矿山开采区附近土壤中 Pb、As、Zn 等 10 种元素，检出限 5~1200mg/kg，用富集因子、地质累积指数和污染负荷指数对金属的污染程度进行评估，显示煤矿附近土壤污染最为严重，Mn、Zn、Pb、Ti 污染主要来自于煤矿开采和运输。

对西班牙利纳雷斯的铅银矿样品，进行 ICP-MS 和 XRF 分析，结果显示，样品中不同金属的含量主要与矿区岩性相关，XRF 的结果与 ICP-MS 的结果能够较好吻合。在定量分析方面 ICP-MS 具有优势，在岩性测定方面，XRF 技术要优于 ICP-MS，在检测高含量矿石样品中，XRF 检测更为廉价快速。

三、城市污染物

城市污染物主要包含大气微颗粒、垃圾回收厂和废旧电缆电线处理残余物等。迫切需要利用 XRF 等手段开展污染对人类健康危害与影响的深入研究。

室内环境灰尘对人体健康有着较大威胁，MacLean 等采集加拿大城市室内含 Pb 颗粒物，测得 Pb 含量高达 1000mg/kg。采用 XAFS 测定 Pb 形态，显示颗粒物含有铅单质、碳酸铅、氧化铅，以及铅吸附的铁羟基氧化物、柠檬酸铅和腐殖酸铅盐等，铅碳酸酯和/或铅羟基碳酸盐在样品中占总铅的 28%~75%。

电子垃圾会导致严重的环境污染。采用便携式 XRF 仪对加纳首都阿克拉郊区电子垃圾处理厂土壤、灰尘以及电子垃圾焚烧灰烬进行测定，取样量 1g，测量时间 120s，结果显示微量元素 In、Sb 和 Bi 在主要源于电子垃圾焚烧灰烬的黑色土壤中含量极高，Br（20～1500mg/kg）和 Hg（20～150mg/kg）的含量也非常高，表明这些土壤受到严重污染，且 Cu、Zn、Pb 和 Al 含量超过人体可以接受的最大值。

采用便携式 XRF 测定菲律宾马尼拉电子垃圾回收厂 Pb、Cu 和 Zn 含量与分布，结果显示在距离回收站 3m 处，Zn 含量下降一半，Pb 和 Cu 在距离站点 7m 处降低一半。相对于卤素污染物，重金属在土壤中的分布较为集中。采用 XRF 对印度海得拉巴废物处理厂土壤中 As、Cr、Cu、Ni、Pb、Zn 含量进行分析，结合土壤理化性质 pH 等数据，发现土壤中 Cu、Ni、Zn 的含量在 pH 为 5.7～8.9 范围内，呈现下降趋势，表明土壤 pH 显著影响金属溶解度和迁移速率，大多数金属可溶于酸性土壤，且比在中性或微碱性土壤中迁移速率快。

采用便携式 XRF 光谱仪，结合 XAFS 分析，研究废弃电线焚烧后的表层污染土壤中 Cl 与重金属的结合形态，发现电缆焚烧区附近样品中 Cl 含量极高，有的甚至超过 10000mg/kg。XAFS 揭示氯以有机芳香氯化合物和金属氯化合物存在，且高比率 $Cu_2(OH)_3Cl$ 的存在，是氯转化为芳香族氯化合物的催化剂。

第六节 生物样品分析

一、植物样品分析

在植物样品分析中，XRF 主要用来确定元素在植物中的分布和形态，由此揭示植物对元素的吸收、转运和储存机理。植物样品分析主要涉及两类，一类是关系到人体健康的农作物和蔬菜中的重金属元素的分布和含量分析，另一类是关系到植物修复技术中超富集植物对重金属的富集机理和分布特征研究。

海洋浮游植物的生长，必然伴随着对主要和微量营养元素的吸收利用，同时也通过光合作用吸收并转化二氧化碳，成为海洋碳汇的主要贡献者。浮游植物吸收并转化二氧化碳和营养元素是一个动态过程。结合 μXRF 和 XANES 技术，可以观察活体生物/微生物对元素的吸收和转化，揭示其生命的吸收代谢机制。

微生物的元素吸收和转化，受植物和周围环境的影响。利用分辨率为 150nm 的 μXRF 和 XANES，测定浮游态和附着在固体表面的两种荧光假单胞菌单细胞中元素分布，发现与浮游态细胞相比，附着型细胞中含有大量 Ca 和 P，在细胞表面形成大量磷灰石沉淀。将上述两种细胞在 $1000 \times 10^{-6} K_2Cr_2O_7$ 溶液中暴露 6h，通过细胞染色显微镜观察发现浮游态细胞大部分死亡，细胞内积累大量 Cr。而附着型细胞产生抗逆性，大量存活，元素分布未在细胞体内聚集。

用 μXRF 扫描细胞，观察到浮游状态细胞中 P、S、Ca、Fe 和 Zn 等大量丢失，细胞内富集大量毒性元素 Cr，并呈棒形分布；而附着态细胞中，部分过渡元素（Co、Cu、Ni 和 Zn）含量减少，Fe 和 Mn 含量增加，Cr 在细胞中没有明显增加（图 15-7），而是大量富集在细胞外 1~3μm 的区域。结合微区 XANES，发现在这一过程中，Cr(VI) 被还原为 Cr(III)，并与细胞外磷酰基官能团结合，从而实现附着型细胞对 Cr(VI) 的抗逆解毒机制，增加了微生物对毒性元素的抗性和耐受性。

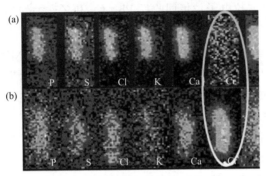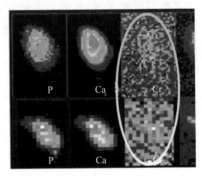

图 15-7　暴露于 $K_2Cr_2O_7$ 前（a）和后（b）浮游荧光假单胞菌元素分布

结合 μXRF 和 XANES 技术，观察活体和非活性微生物对 Au 的吸收过程，可以揭示其形态转化和解毒机制。将代谢活跃的贪铜菌暴露于 $50\mu mol/L$ 的 $HAuCl_4$ 溶液，利用 μXRF 测定细胞内 Au 分布，发现随着暴露时间增加，细胞吸收的 Au 浓度上升，TEM-EDXA 显示金以纳米金颗粒存在于细胞质中；XANES 显示细胞吸附金形成 Au(I)-S 化合物，最终形成 Au(I)-C 化合物和纳米金颗粒。该研究表明，微生物主动吸附金进入细胞质内进行还原，形成 Au^+ 中间体，最终还原为纳米金粒子，并将其排出体外，完成解毒过程。

植物样品微区分析有助于了解植物体内元素在细胞或组织水平上的运移途径和过程。利用 μXRF 对沙漠植物中元素分布特征及土壤中 As 与 Fe、Mn 元素相关性进行研究，发现 Ca 分布在表皮，K 分布在维管束，而 As 分布表皮到维管束之间的原始形成层中；土壤中 As(III)、As(V) 和 Fe 的空间分布相关性很强，皮尔森相关系数分别为 0.811 和 0.857，说明 As 吸附在 Fe 氧化物表面是其主要的地球化学过程。实验中所用光源能量为 12keV，光斑大小 $5\mu m \times 5\mu m$，步长 $10\mu m$，采用七元 Ge 探测器。利用 μXRF 技术研究精白米和糙米中元素的分布，发现在糙米中 As 优先在表皮和糊粉层富集，除 Ni、Cd 外，Cu、Fe、Mn、Zn 的分布与 As 相似；在精白米中 As 均匀分布于整个谷粒中，胚乳中含量较高，而 Cu、Fe、Mn、Zn 信号明显减弱。结果表明精白米的制作过程中，As 含量较高的表皮和糊粉层被去除的同时也造成了 Fe、Zn 等营养物质的损失。

利用 SRXRF 技术分析南部海洋单细胞硅藻细胞中 5 种元素的分布特征。选择入射光能量 10keV 激发 $Z=13(Al)\sim30(Zn)$ 间所有元素 Kα 系谱线，样品室充 He，

光斑为 $0.7\mu m \times 0.5\mu m$；检出限：Si 为 $7.0 \times 10^{-16}\,mol/\mu m^2$，Mn、Fe、Ni、Zn 为 $5.0 \times 10^{-20} \sim 3.9 \times 10^{-19}\,mol/\mu m^2$；重复测量偏差 Si、Mn、Fe、Zn＜5%，Ni＜10%。结果显示，K 均匀分布在硅藻整个细胞内，P、S、Ca、Mn、Fe、Cu、Zn 分布在内部细胞器上，Fe 大多集中在叶绿体中，而 Zn 和 P 分布相似，Ni 主要富集在外膜或细胞膜上。

植物样品中元素形态鉴别可为有毒重金属在生物体中代谢机理的研究提供重要信息。利用 μXRF 研究沙漠植物 *Parkinsonia florida* 中的 As 形态，证实其为 As-Cys$_3$（Cys，半胱氨酸），结合水溶性土壤溶液中 As 形态，推测 As 在土壤-植物系统中的吸收转运模式为 As(Ⅲ)在土壤中被氧化为 As(Ⅴ)，植物根系吸收土壤中的 As(Ⅴ)后将其还原为 As(Ⅲ)，并以与富含硫基的 Cys 结合形成 As-Cys$_3$ 存贮在体内。

通过透射电子显微镜（TEM）-能谱（EDS）联用技术能够观察细胞的超微结构和重金属在细胞中的富集部位，结合 XAS 可识别金属存在形式。将其应用于 Pb 富集植物 *B. decumbens* 和普通植物 *C. gayana* 中 Pb 元素形态分析，发现 Pb 最初在根被皮和皮层细胞中出现，然后以高度不溶（低毒）磷氯铅形式贮存在液泡中。在 *B. decumbens* 中，Pb 先积累在膜结构（如高尔基体）中，然后以磷氯铅形式封存在质外体中，从而减轻 Pb 对细胞的毒性伤害。

重金属污染会导致小羽藓植株内硫的化学形态发生明显变化，实验中将小羽藓暴露于不同浓度的铅、铁、铬重金属环境下进行培育，应用 SRXRF 测定小羽藓植株硫元素的含量，用 XANES 分析硫形态。结果表明重金属污染导致小羽藓植株内硫化学价态发生了明显变化，小羽藓植株中低价态硫含量增加，以硫酸盐形式存在的硫含量减少，而更多硫醇化合物的形成对于抵御重金属毒害是有益的。

由斑马鱼胚胎的 XRF 3D 扫描图可以清晰观察到 Zn、Fe、Cu 的三维分布和元素间相互关系；采用 X 射线荧光探针（XRFM）扫描测得生物细胞中 Cl、Eu、Zn 三维元素分布图，发现细胞中元素 Eu 与 Zn 密切相关。此外，还可将计算机断层扫描（CT）和纳米（nano）XRF 荧光图像技术结合，同时获得物质成分分布和物体形貌信息。纳米 CT 和纳米 XRF 分析显示，有机生物体中元素形态和空间分布密切相关，从而可揭示纳米物质在完整有机体内的迁移、分布、转化和相互作用过程与毒性机理。

二、动物样品分析

微小生物体（2～3mm）的生理作用和生物机能的研究往往受到缺乏微米级三维形态学技术的制约，得不到动物体内部信息而难以探知其行为和过程。使用传统的方法如解剖、消解后进行元素测定，由于要做必要的预处理、分离和提取等，应用于微小易碎组织样品的处理时就尤为困难。微区 X 射线光谱分析无须前处理，故特别适用于此类研究。例如利用同步辐射微区 X 射线吸收断层扫描技术，测定大型蚤内部结构特征和元素含量，构建 3D 图像，从获得的完整蚤 3D 吸收重构灰度图（分辨率 $3\mu m$）可清晰观察到 Ca 分布在外骨骼上，Fe 集中在类似于腮的组织中，Zn 分布在肠道和卵中。实验使用 20.7keV 激发能，测量时间 1000s，检测限可达 $0.01\sim0.10\mu g/g$ 范围。

生物体内部器官的元素分布和组织特异性为研究不同暴露途径与元素毒性效应相关性提供了重要信息。将鼠组织置于切片机支架平台，快速冷冻固定后作冠状连续冷冻切片至 $10\sim20\mu m$，切片随即平铺在 $6\mu m$ 厚聚乙烯薄膜上，固定后置于干燥器内自然干燥。采用 $1mm\times3mm$ 光斑照射样品，得到 Zn、Cu、Fe、Ca、K 元素相对含量分布。结合使用反转录聚合酶链式反应（RT-PCR）等分子生物学技术，可揭示锌等元素在脑切片中的分布与锌转运体表达模式之间的相互关系。

采用 XRF 研究蛛丝和蚕丝中的主量及微量元素的分布，结合样品中丝蛋白结构和性能信息，可以探索蛛丝和蚕丝中氨基酸组成、成丝机制及丝的刚性和韧性。XRF 测定数据显示，蛛丝中 N 元素含量较高，可能是蛛丝的刚性和韧性的基础元素；在蛛丝中 Na 和 K 元素含量高，而在蚕丝中 Ca 和 Mg 含量较高。

3D μXRF 是洞悉微小生物体结构和功能，特别是昆虫呼吸生理功能的有效工具，已成功应用于昆虫气管系统形态学检测、气管机制、液囊压力、昆虫口器咀嚼和吮吸机制的研究。利用同步辐射 X 射线衬度成像技术研究步行虫气管系统，获得了气管系统的复杂分支结构。应用同步实时监控录像技术动态研究脊椎动物如鱼类的呼吸作用是一项很有创意的探索，该研究首先将鱼轻度麻醉，然后用 X 射线照射水中鱼的头部。由于 X 射线要透过围绕在鱼周围的水层，故图像对比效果减弱，但咽喉狭口和舌骨的移动都清晰可见，对我们理解复杂的脊椎动物头骨内部运动有很大帮助。

XRF 技术还可以用来研究一些动物的特殊行为。如蟋蟀生性好斗，牙齿异常坚固，利用 SRXRF、广角 X 射线衍射（WAXS）、小角 X 射线散射（SAXS）技术对蟋蟀牙齿 8 个部位进行元素分布测定，并用 SEM 观察牙齿结构，显示 Zn 是蟋蟀牙齿中主要元素，牙齿表层是 $ZnFe_2(AsO_4)_2(OH)_2\cdot(H_2O)_4$ 晶体，在内部则是源自生物矿化的 $ZnCl_2$ 晶体，$ZnCl_2$ 纳米微纤维轴向指向齿尖的顶端，聚集于中央纤维，并在齿尖形成了一个纳米级的层状结构。锌和纤维层状结构共同坚固了蟋蟀的牙齿，使其成为使用牙齿作为锋利武器的好斗昆虫。

三、人体样品分析

XRF 技术在医学和生命科学上主要用于研究人体组织、血液、骨骼、牙齿以及毛发中的元素相关性和形态特征分析。

SRXRF 为神经性疾病、传染病和肿瘤等疾病的组织和细胞中痕量元素的分布分析提供了一种无损的分析技术。应用快速扫描 XRF 对帕金森患者脑组织轴向切片实现快速扫描，步长 $40\mu m$。扫描结果显示三种元素有各自特定的分布区域，在高 Fe、Cu 区域 Zn 含量相对较低。人脑中黑质、蓝斑、齿状核和小脑中 Cu 含量最高；白质 Zn 含量高于灰质，海马体和杏仁核中富含大量 Zn 功能神经元，故此处 Zn 很高。控制人体运动的脑组织区域 Fe 含量是其他区域 Fe 含量的 2～3 倍，灰质中含量高于白质，黑质、苍白球、硬膜、尾状核、红核、齿状核和蓝斑中 Fe 含量最高，由此推测 Fe 失衡可能导致人体运动障碍。

对肝癌 HePG2 细胞薄片进行 μXRF 分析，发现 As 积累在细胞核常染色质区，说明 As 把 DNA 转录过程中涉及的 DNA 和 DNA 转录蛋白作为标靶。XANES 和 EXAFS 分析确认砷与三个硫原子结合形成 As-蛋白质，进一步证实 As 与核蛋白质结合是 As 引发细胞毒性的一个关键因素。As 暴露引起的氧化应激压会导致 GSH 含量减少，但 XANES 分析中，As-GSH 并不是主要组成。用 XRF 测定 120 个慢性尿毒症患者血管、骨骼及多种组织中 13 种元素，统计分析表明尿毒症患者 Ca、Sr、Mo、Cd、Sn 含量增加，K、Rb 含量减少。

密致骨和骨小梁由骨骼结构单元组成，之间由黏合线分隔。对取自骨质疏松患者的骨折股骨颈和健康人骨骼，应用 SRXRF 与背散射电子显像技术进行骨质分析，发现结合线中 Zn 和 Pb 含量明显高于矿化骨基质，Pb 和 Sr 含量与矿化程度显著相关。Zn 强度和 Ca 没有相关性。这一研究表明，微量元素 Zn、Pb 和 Sr 在人体骨骼结构单元中有不同积累，说明不同元素存在不同的积累机制。

XRF 技术也被应用于牙齿中的元素测定和来源研究。运用 SRXRF 分析中世纪人的牙齿样品，发现古人牙齿明显受到内生环境影响，与现代牙齿相比，Ba 是古代牙齿中最丰富的元素，现代牙齿中 Ba 几乎不存在。浓度剖面图显示在接近外部牙釉质处 Ba、Pb 含量增加，分别达到了 $200\mu g/g$、$20\mu g/g$，在牙本质中逐渐减小，并在内部牙本质和牙根达到低含量稳定水平；Mn 和 Fe 的分布也与 Pb 的分布非常相似，牙齿外表面含量较高，表现出了很大的土壤污染特性。研究认为，利用牙骨质中微量金属含量可以区分其为内生或是外部成岩沉积作用形成，因此牙齿能够提供个人金属接触的年代表。

四、细胞分析

利用 SRXRF 技术，可以测定人体特征细胞或亚细胞中微量元素含量分布，有助于诊断病例和探索细胞毒理机制。

用 SRXRF 检测经羟基磷灰石纳米粒子作用后肝癌细胞内钙磷元素含量，发现其作用后肝癌细胞内的钙磷元素比既不同于磷灰石中的钙磷比，也不同于未经磷灰石纳米粒子处理的肝癌细胞内的钙磷比，说明磷灰石纳米粒子改变了癌细胞内的钙磷环境，结合细胞凋亡实验，表明此作用可以抑制肿瘤细胞的增殖。

通过测量正常和受辐射小白鼠小肠细胞痕量元素含量，发现 K、Ca、Fe 等元素含量有明显增加，Cu 元素含量明显降低，Mn 和 Zn 含量基本不变，这为临床医学上治疗辐射损伤提供了一定的线索，比如人们可以通过补充微量元素的方法来降低 X 射线辐射对生命机体的损害。

用 SRXRF 分析植物单细胞微量元素，研究病毒侵染植物后植物单原生质体内微量元素的相对变化，发现被烟草花叶病毒感染后烟草中的 Cl、Cu、Ge 离子含量变化不显著，但 Ca、Fe 离子含量下降。揭示病毒侵害会导致植物中元素分布变异。

五、金属蛋白质分析

微量元素通过金属蛋白或金属酶来实现生理生化功能，它们在生物体内的存在形态及分布直接影响其功能。元素的生物可利用性和毒性也取决于其化学形态。应用 μXRF 测定分离蛋白条带上的元素，可获得生物体系内金属蛋白质的结合环境、分布、特性等有用信息。

采用 SRXRF 测定经薄层聚丙烯酰胺凝胶分离的人血红蛋白各亚型条带内的 Fe、Cu 和 Zn 含量，用加入一定量元素的蛋白聚丙烯酰胺凝胶制作校准标样，以归一化后元素的信号峰面积对元素含量做工作曲线，结果表明，Fe、Cu 和 Zn 的检出限分别为 $2.43\mu g/g$、$1.12\mu g/g$ 和 $0.96\mu g/g$；Fe 和 Zn 的回收率分别为 90.4% 和 115.7%；在小于 $8\mu g/g$ 范围内校准曲线的线性回归系数 r 大于 0.99。

在检测经电泳分离后的蛋白条带内微量金属含量时，凝胶材料本底信号较强，干扰微量元素测定，限制了 SRXRF 在低含量金属蛋白质测定中的应用。将电泳后凝胶经干燥处理后再进行 SRXRF 分析，可使材料本底信号降低到采用湿胶时的 10%，减小了本底对元素测定的干扰，结果显示在乳酸脱氢酶位置有较强 Zn 峰，在细胞色素 C、血红蛋白、转铁蛋白处则有较强 Fe 峰，在牛血清蛋白处有弱 Fe、Zn、Cu 峰，而在没有蛋白的凝胶空白处则基本没有金属信号峰。

值得指出的是，用组成与等电聚焦（IEF）胶相同的浓缩胶电泳，制作定量分析工作曲线，是对等电聚焦分离后各亚型条带内的金属含量进行定量分析的一种有效途径。然而电泳制备定量标准有蛋白条带拖尾现象，且电泳过程本身可能使蛋白质上靠弱作用吸附的金属离子丢失，这些会对分析结果产生影响。此外，金属蛋白质中金属含量低，样品量也偏小，对于样品而言光斑范围不能完全覆盖蛋白样品。可采用沿条带方向均匀移动光斑来实现对较大范围的条带样品覆盖。

第七节　活体分析

利用活体 XRF（*in vivo* XRF）分析技术测定人体器官中的元素浓度，可获取人体组织部位中的元素原位分布信息。目前 *in vivo* XRF 的主要分析对象为人体骨骼和部分器官。活体 XRF 分析应用于人体测定最早可追溯到 20 世纪 60 年代末。1968 年，Hoffer 等首先进行了人体甲状腺中碘的分析。70 年代初，Ahlgren 等采用^{57}Co 进行了骨铅分析。此后，活体分析逐渐广泛开展起来。现在已可应用 XRF 对肾、肝、肺、脾、脑、眼、肠、胃、皮肤及骨骼中 Fe、Cu、Zn、As、Sr、Ag、Cd、I、Xe、Ba、Pt、Au、Hg、Pb、Bi、Th、U、Mn 等进行定量分析。

一、活体分析装置

在 XRF 活体分析中，目前应用较多的是运用放射性同位素作为激发源，也有一些应用 X 射线管的尝试。目前常用的放射性同位素放射源有^{57}Co、^{99m}Tc、^{109}Cd、^{133}Xe 和^{241}Am 等，见表 15-1。使用放射线进行人活体分析，首先要考虑人体可以承受的放射剂量。一般用于医学诊断的辐射剂量限为 150mSv（1Sv=1J/kg）。用于活体分析的有效剂量通常小于 1μSv。例如骨铅活体分析的放射剂量比肺部 X 光检查低 2～4 个数量级，采用^{109}Cd 作为放射源，在 30min 测量时间内，人受到的有效辐射剂量仅相当于 5～10min 天然本底，对人体的损伤可忽略不计。

表 15-1 放射源在活体分析中的研究与应用

放射源/检测器	测定对象	研究与应用
^{125}I/16mm HPGe	骨锶	骨质疏松患者服锶药剂后，骨锶浓度的变化
^{109}Cd	骨铅	上覆软组织对测定骨铅不确定度的影响
80kV X 射线管	甲状腺中碘	碘元素在甲状腺中的分布
平面偏振 X 射线	肾中镉	吸烟人体中元素浓度情况
同步辐射	皮肤中钙、铁、锌	不同层次皮肤中钙、铁、锌分布

二、骨铅与骨锶分析

铅对人体具有较强神经发育毒性、生殖毒性、胚胎毒性和致畸作用。目前人体内铅的监控主要依靠血铅含量监测，但血铅只能反映最近 2～4 周内铅的暴露水平，对长期和慢性铅暴露无法真实反映。成人体中铅的 90％沉积在骨骼中，儿童为 70％。活体骨铅测量可以确定骨铅的生物半衰期。骨铅含量真实地反映了积累性铅暴露，因此骨铅测量在确定慢性铅暴露效应上具有特别的应用价值，对于研究铅代谢机理也非常重要。目前，活体骨铅测定已成为评价人群长期性铅暴露程度的重要技术手段。

活体骨铅分析既可采用^{57}Co 为放射源也可用^{109}Cd 放射源。例如，采用 Co 源可测量人体手指中骨铅，而采用^{109}Cd 激发 Pb K 线谱系可提高检测灵敏度。对冶炼厂在职和退休员工进行骨铅分析，发现尽管退休人员的血铅浓度很低，但骨铅浓度依然很高，说明在职业接触结束多年以后，退休的冶炼工人的骨铅浓度依然很高。这是由于早期工作环境中高浓度铅所造成的。因骨铅代谢速度慢，

90%的铅在骨骼中沉淀，从而使骨铅成为内源性污染源。采用直径为 6mm 的四叶花瓣形检测器，^{109}Cd 为放射源，将检出限从 $6 \sim 10 \mu g/g$ 降低到 $2 \sim 3 \mu g/g$。在活体分析中，滤光片和准直器大小会对信噪比产生较大影响，当采用 In 作滤光片时，信噪比有所改善。目前，我们已将 *in vio* XRF 技术应用于中国本土活体骨铅分析的研究，获得了普通人群和污染区居民原位活体骨铅数据。实验采用 ^{109}Cd 作为放射源，高纯锗探测器，放射活度 0.5GBq（$1Bq = 1s^{-1}$）。

活体骨铅分析还需要考察软组织覆盖对测定结果的影响。通过 9 个腿骨模型研究证明，活体骨铅的检出限和不确定度会随着胫骨表面覆盖软组织厚度的增加而变大。活体骨铅标准物质缺乏，无疑是该分析技术的难点。目前多选用医用石膏 $CaSO_4 \cdot 2H_2O$ 模拟骨骼基质，掺加一定梯度浓度的铅化合物，形成骨骼铅模拟标样。目前国际上已开展了活体骨铅分析专用标准物质的研制，并取得一定进展。

锶在自然界中存在于水和土壤中，每日都会有一定量的锶被摄入人体，进入人体内后，99%以上的锶聚集在骨骼中。在女性骨质疏松志愿者中，在日服 Sr 680mg 后，测定指骨和踝骨中锶浓度。服锶前为 $(0.38 \pm 0.05) \mu g/g$ 和 $(0.39 \pm 0.10) \mu g/g$；24h 后为 $(0.62 \pm 0.14) \mu g/g$ 和 $(0.45 \pm 0.12) \mu g/g$；120h 后为 $(0.68 \pm 0.07) \mu g/g$ 和 $(0.93 \pm 0.05) \mu g/g$。连续服用 800d 后该浓度上升至正常水平的 7 倍和 15 倍。该研究表明尽管有 40%左右的测量误差，但 XRF 活体骨锶分析法仍然可用于监测骨锶的浓度变化，可用于骨锶代谢动力学机理研究，有助于揭示骨质疏松机理。

使用 ^{125}I 作为激发源对 22 人食指和胫骨踝关节中锶含量进行活体分析，用超声波测量软组织厚度。采用蒙特卡罗法进行计算，不同人之间测得的标准化 Sr 信号的精度值约为 12%，研究表明，亚洲大陆人骨骼中 Sr 浓度明显高于其他被测人群，揭示了饮食或种族差异与骨 Sr 含量的潜在相关性及不同种族间骨生物学上可能存在的差异。

三、肾活体分析

肾是人体重要排毒器官，有毒有害物质多经肾排出，同时也会对肾造成一定危害。铅和镉在肾中有很强的聚积能力，肾镉浓度超标会造成肾功能紊乱，肾铅浓度超标则导致肾功能损伤。

对 22 位经历过长期铅镉暴露的冶炼厂工人进行活体肾铅、肾镉分析，数据显示一位在职职工和 5 位退休职工有早期肾功能紊乱指征，且铅暴露的危害比镉暴露的危害更大。将偏振 X 射线荧光用于肾镉活体分析，数据显示瑞士南部吸烟人群中肾镉浓度（平均 $28 \mu g/g$，$n = 10$）比不吸烟人群高（平均 $8 \mu g/g$，$n = 10$），说明吸烟是瑞士南部普通人群重要的肾镉污染源。但是由于肾内部的检测限还不足以进行定量分析，目前还只是获得了肾表面的镉浓度信息。

对 20 位职业暴露人员肾汞浓度进行测定，并选择 12 人作为对照组。两组人员肾汞浓度平均值分别为 $24\mu g/g$ 和 $1\mu g/g$，最高值为 $54\mu g/g$。检出限随着肾深度的不同而处于 $12\sim45\mu g/g$ 之间。

镉的 Kα 线和汞的 Kα 线通过 5cm 厚的软组织会分别衰减 98% 和 60%。而肾处于体内深处，因此考虑软组织对于活体肾分析能力的影响就十分重要。以 ^{99m}Tc 为放射源，研究随着模型组织厚度（20～60）mm，金元素浓度（0～$500\mu g/g$)时金的 $Kα_1$ 线强度变化情况，发现当肾组织厚度为 20mm 和 60mm 时，分别可以检测出 $3\mu g/g$ 和 $10\mu g/g$ 浓度的金；在肾距离体表 50mm 时，肾中镉的检出限为 $10\mu g/g$，该技术可应用于普通人群的检测，与 AAS 法测定的结果比较，一致性较好。由于人体的组织和器官在大小形状及位置上存在着个体差别，所以在用 XRF 测定之前需要采用超声波确定器官组织的具体数据。

活体 XRF 分析技术作为可直接测定人体中元素浓度的重要手段，目前还在快速发展中，随着技术的进步，相信今后会在人类健康的研究中得到更广泛的应用。

第八节　大气颗粒物分析

大气颗粒物的粒径范围从 $0.001\sim1000\mu m$ 及以上。一般将粒径小于 $100\mu m$ 的颗粒物称为总悬浮颗粒物（TSP）；粒径大于 $10\mu m$ 的颗粒物由于重力作用可自然沉降，故称为降尘；空气动力学当量直径 $\leqslant10\mu m$ 的颗粒物悬浮在空气中，称为飘尘，又称"可吸入颗粒物"，多由物质燃烧产生，是大气中的主要污染物。大气环境污染物特别是大气飘尘对人类健康危害较大，已受到广泛关注。目前，XRF 技术已在大气颗粒物分析中得到了成功应用。

一、来源与危害

大气飘尘污染来源广泛。随着工业发展及城市化进程加快，矿山开采及各种冶炼厂排污，大量生活垃圾的产生及废弃物焚烧，都显著增加了空气中颗粒污染物浓度。由于飘尘粒径小、质量轻，故而能在大气中长期飘浮，飘浮范围可达几十公里甚至数千公里，并在大气中造成不断蓄积。大气飘尘影响是远距离、长期性的。

二氧化硫在与空气中的氧气接触时，可部分转化为三氧化硫，增加空气酸度。高浓度飘尘颗粒物还可降低大气透明度。粒径在 $0.1\sim1\mu m$ 的飘尘颗粒对可见光具有很强散射作用，从而影响光波辐射传输，减弱太阳对地球表面的辐射强度，进而可降低温度、影响风向和风速等。

大气中高浓度颗粒物既污染了环境，也会对人体健康产生不同程度的影响与危害。粒径小于 $2.5\mu m$ 的飘尘颗粒更易富集空气中的细菌、病毒、有毒重金属及有机污染物等。它可通过鼻腔进入人体。通过侵蚀人体肺泡，以碰撞、扩散、沉积等方式滞留在呼吸道中的不同部位。滞留在鼻咽部和气管的颗粒物，可与进入人体的二氧化硫等有害气体产生刺激和腐蚀黏膜的联合作用，从而损伤黏膜、纤毛并引起炎症和增加气道阻力。当粒径大于 $10\mu m$ 时，飘尘颗粒大部分被阻留在上呼吸道中，小于 $10\mu m$ 的飘尘颗粒能透过咽喉部进入下呼吸道，尤其是粒径小于 $5\mu m$ 的颗粒物能在呼吸道深部的肺泡中沉积，且沉积率随微粒的直径减小而增加，粒径为 $1\mu m$ 左右的微粒在肺泡上的沉积率可高达 80%。在肺部沉积的大量携带有害物质的细颗粒物可逐渐引起肺组织的慢性纤维化，使肺泡机能下降，导致肺心病、心血管病，甚至引起肺癌、阿尔茨海默病和呼吸衰竭等一系列病变。

二、成分分析

飘尘颗粒对人体的危害不仅与其物质组成有关，颗粒的大小也对人体健康的影响有着直接关联。通过对飘尘颗粒的化学成分及有毒元素在颗粒中存在形态的研究，能够揭示其对人体健康的危害和毒性作用机理；同时，通过对不同地区飘尘颗粒进行定性与定量分析，有助于分析解释其来源和迁移转化规律，进而采取相应的防控治理措施。

对于飘尘颗粒的定性及定量分析最常用的技术是电感耦合等离子体-质谱（ICP-MS）、电感耦合等离子体-发射光谱（ICP-AES）、粒子激发 X 射线荧光（PIXE）、扫描电子显微镜（SEM）和透射电子显微镜（TEM）等分析方法；也有采用离子色谱技术及液相色谱或色质联用等分析手段分析颗粒物的水溶性物种和飘尘上吸附的多环芳烃等有机物质的报道。

利用 TXRF 对气溶胶颗粒样品进行分析，采用对过滤器上的颗粒物经硝酸消化的方式进行预处理，可对 S 以后的元素进行准确测定，亦可对飘尘颗粒进行直接分析而无须进行前处理。

通过采集墨西哥海拔高度2240m的城市内大气颗粒物 $PM_{2.5}$ 及 PM_{10}，结合 PIXE 和 XRF 技术，测定其中的主要元素 Al、Si、P、S、Cl、K、Ca、Ti、V、Cr、Mn、Fe、Ni、Cu、Zn、Br、Sr、Pb 的含量，利用所建模型进行溯源分析，采用与土壤相关的元素为媒介，发现油料燃烧、工业原料与生活物质的燃烧是该区域大气颗粒物主要来源。

三、元素形态分析

大气飘尘中元素形态分析受到了广泛关注。针对石油加工及燃料燃烧产生的颗粒物，运用 XAFS 分析，发现铜、铅、锌在燃烧产生的颗粒物中主要以硫酸盐形态存在，砷主要以五价砷酸盐形式存在，但所存在的物相还难以确定。

当所测样品中元素含量低于 0.1% 时多采用 Lytle 检测器，对于元素含量极低的样品则多采用多元 Ge 阵列检测器。对城市和室内灰尘中铅、锰和铬形态进行 XANES 分析，采用城市灰尘（SRM 1649a）和室内灰尘（SRM 2584）两个标准物质，将标物及待测粉末样品均匀涂抹在双面胶带上进行测定，发现铅在城市灰尘和室内灰尘中的主要存在形态分别为 61% 硫酸铅＋39% 碳酸铅和 98.5% 碳酸铅＋1.5% 硫酸铅；锰在城市灰尘中主要以二价硫酸锰的形态存在，在室内灰尘中则以不同二价锰的混合物形态存在；铬在城市灰尘中最有可能以铬铁矿（$FeCr_2O_4$）的形态存在，在室内灰尘中主要以三氧化二铬和少量铬铁矿等混合物形态存在。该研究除对飘尘中的元素形态进行分析外还结合了纳米尺度表征分析，这有助于对毒性元素的生物有效性及其迁移转化规律提供更多信息。

X 射线光谱分析技术不仅在生命起源、地球早期生命、全球气候变化等重大科学问题的探索中取得了重大研究进展，在地质、工矿、生态环境与生命科学等领域中，XRS 也得到了广泛应用，其无损、原位、活体分析特性，可获得物质组分三维微区分布与元素形态信息的巨大应用潜力，在未来科学技术的探索研究中必将发挥更加重要的作用。

参考文献

[1] Viennet J C，Bernard S，Le Guillou C，et al. Applied Clay Science，2020，191：105616.

[2] Ukai M，Yokoya A，Fujii K，et al. Chemical Physics Letters，2010，495（1）：90-95.

[3] Ukai M，Yokoya A，Fujii K，et al. Radiation Physics and Chemistry，2008，77（10）：1265-1269.

[4] Akabayov B，Doonan C，Pickering I，et al. Journal of Synchrotron Radiation，2005，12：392-401.

[5] Wilde S A，Valley J W，Peck W H，et al. Nature，2001，409（6817）：175-178.

[6] Bada J L. Earth and Planetary Science Letters，2004，226（1）：1-15.

[7] Martin W，Russell M J. Philos Trans R Soc Lond B Biol Sci，2003，358（1429）：59-83.

[8] Matamoros-Veloza A，Cespedes O，Johnson B R G，et al. Nature Communications，2018，9（1）：3125.

[9] Orgel L E. Crit Rev Biochem Mol Biol，2004，39（2）：99-123.

[10] Li M，Toner B M，Baker B J，et al. Nature Communications，2014，5（1）：3192.

[11] Toner B M，Fakra S C，Manganini S J，et al. Nature Geoscience，2009，2（3）：197-201.

[12] Handley K M，Boothman C，Mills R A，et al. The Isme Journal，2010，4（9）：1193-1205.

[13] Edwards K J，Glazer B T，Rouxel O J，et al. The Isme Journal，2011，5（11）：1748-1758.

[14] Miller H M，Mayhew L E，Ellison E T，et al. Geochimica et Cosmochimica Acta，2017，209：161-183.

[15] Le Guillou C，Changela H G，Brearley A J. Earth and Planetary Science Letters，2015，420：162-173.

[16] Ibrahim I M，Wu H，Ezhov R，et al. Communications Biology，2020，3（1）：13.

[17] Wolfe-Simon F，Blum J，Kulp T，et al. Science，2010，332：1163-1166.

[18] Lowery C M，Bralower T J，Owens J D，et al. Nature，2018，558（7709）：288-291.

[19] Lindgren J，Sjövall P，Thiel V，et al. Nature，2018，564（7736）：359-365.

[20] Edwards N P，van Veelen A，Anné J，et al. Scientific Reports，2016，6（1）：34002.

[21] Barden H E，Bergmann U，Edwards N P，et al. Palaeobiodiversity and Palaeoenvironments，2015，95（1）：33-45.

[22] Manning P L，Edwards N P，Wogelius R A，et al. Journal of Analytical Atomic Spectrometry，

2013, 28 (7): 1024-1030.

[23] Dodd M S, Papineau D, Grenne T, et al. Nature, 2017, 543 (7643): 60-64.

[24] Witze A. Nature, 2017.

[25] Nemchin A A, Whitehouse M J, Menneken M, et al. Nature, 2008, 454: 92.

[26] Tashiro T, Ishida A, Hori M, et al. Nature, 2017, 549: 516.

[27] Allwood A C, Rosing M T, Flannery D T, et al. Nature, 2018, 563 (7730): 241-244.

[28] Alleon J, Bernard S, Le Guillou C, et al. Nature Communications, 2016, 7 (1): 11977.

[29] Bernard S, Benzerara K, Beyssac O, et al. Earth and Planetary Science Letters, 2007, 262 (1): 257-272.

[30] Moore J K, Doney S C, Glover D M, et al. Deep-Sea Research Part Ⅱ, 2001, 49 (1): 463-507.

[31] Sigman D M, Boyle E A. Nature, 2000, 407: 859.

[32] Jickells T D, An Z S, Andersen K K, et al. Science, 2005, 308 (5718): 67-71.

[33] Martin J H, Gordon R M, Fitzwater S, et al. Deep Sea Research Part A. Oceanographic Research Papers, 1989, 36 (5): 649-680.

[34] Schroth A W, Crusius J, Sholkovitz E R, et al. Nature Geoscience, 2009, 2: 337.

[35] Wehrli B. Nature, 2013, 503: 346.

[36] Raymond P A, Hartmann J, Lauerwald R, et al. Nature, 2013, 503: 355.

[37] Mendonça R, Müller R A, Clow D, et al. Nature Communications, 2017, 8 (1): 1694.

[38] Lalonde K, Mucci A, Ouellet A, et al. Nature, 2012, 483: 198.

[39] Melton E D, Swanner E D, Behrens S, et al. Nature Reviews Microbiology, 2014, 12: 797.

[40] Barbeau K, Rue E L, Bruland K W, et al. Nature, 2001, 413 (6854): 409-413.

[41] Shaked Y, Kustka A B, Morel F O M M. Limnology & Oceanography, 2005, 50 (3): 872-882.

[42] Boyd P W, Ellwood M J. Nature Geoscience, 2010, 3 (10): 675-682.

[43] Shoenfelt E M, Sun J, Winckler G, et al. Science Advances, 2017, 3 (6).

[44] Tagliabue A, Bowie A R, Boyd P W, et al. Nature, 2017, 543: 51.

[45] Aguilar-Islas A M, Wu J, Rember R, et al. Marine Chemistry, 2010, 120 (1): 25-33.

[46] Barber A, Brandes J, Leri A, et al. Scientific Reports, 2017, 7 (1): 366.

[47] Kenneth K M, Kelly S D, Lai B, et al. Science, 2004, 306 (5696): 686-687.

[48] Reith F, Etschmann B, Grosse C, et al. Proceedings of the National Academy of Sciences of the United States of America, 2009, 106 (42): 17757.

[49] Bourassa D, Gleber S-C, Vogt S, et al. Metallomics, 2014, 6 (9): 1648-1655.

[50] Victor T W, O' Toole K H, Easthon L M, et al. Journal of the American Chemical Society, 2020, 142 (5): 2145-2149.

[51] Cagno S, Brede D A, Nuyts G, et al. Analytical Chemistry, 2017, 89 (21): 11435-11442.

第十六章　X射线荧光光谱在半导体材料、冶金和考古样品分析中的应用

X射线荧光光谱（XRFS）分析具有简单快速、准确度高、精密度好、多元素同时测定和无损分析等特点，可实现原位及现场快速分析，目前在材料、冶金、考古等原位和现场分析等领域得到了广泛应用。

第一节　半导体材料分析

随着半导体材料工业的发展，XRF光谱分析技术，特别是TXRF分析技术，因其检出限低，且可以进行薄层分析和无损检测，而得到了广泛应用，是半导体材料工业分析中不可或缺的分析技术工具。

一、TXRF多层膜分析

近年来X射线光谱分析在材料分析领域取得了显著进展。例如，利用X射线驻波原理和用XSW扫描还可以获得金属元素和有机物覆盖层的厚度及元素分布信息。例如，在一Si基质上，覆盖80nm厚聚苯乙烯有机质，其上再覆涂一层1nm厚松散Au层。金并未形成连续覆盖层，而是呈簇状分布。当小于临界角时（$\theta_{polystyrene}=0.0858°@15keV$），在80nm聚苯乙烯膜内无XSW场，这是因为几乎很难有辐射可以进入该有机覆盖层，而仅在Si临界角（$\theta_{Si\_crit}=0.119°$）之上才在聚苯乙烯有机层内观察到微弱X射线驻波场，在该角度下，大部分辐射没有被反射而是已经穿透了基质。因为有这两个临界角的存在，XSW场强急剧上升，特别是在对应的角度处如果层厚正好等于振荡波长的整数倍时更是如此，此时表层和埋层信息就很容易被探测到，如图16-1（a）所示。

多层膜层厚与层数信息，对于多层膜材料特性研究具有重要意义。通常，磷脂多层膜和缓冲液间的光学反差小，一般难以区分。采用TXRF元素分析方法，可以分辨膜间界面特性。例如，在生物磷脂沉积在石英基质上形成L-B多层膜，将含有KCl的缓冲液分布在该L-B膜上，将磷作为生物磷脂内的标记原子，与缓冲液中的K和Cl一起，通过小角扫描，测量XSW场下的元素荧光信号。缓冲液产生的强散射会干扰测量，但三个元素的周期性振荡波仍然可以成功记录。

已知入射X射线波长$\lambda=0.0954nm$（$E=13.0keV$），且振荡波周期与辐射波长符合关系式：

$$\Delta\theta = \lambda / (2d)$$

由图 16-1(b) 中数据测量并结合计算可得振荡波间距为 8～11nm。应该注意的是，图中为角度，而利用上式计算 d 值时应换算成弧度。图中 P 的振荡周期可以精确测定，故拟合结果最好，K 和 Cl 的振荡周期稍差，结果不如 P。磷脂分子的测量链长为 3nm。研究表明硅质上磷脂以双层或三层形式存在，单层形式可以排除；此外，测量数据也表明，非晶质磷脂厚度为 8～11nm。这表明，通过 XSW 和 XRF 光谱测量，可以实现对于多层膜元素的分布及层厚信息分析。

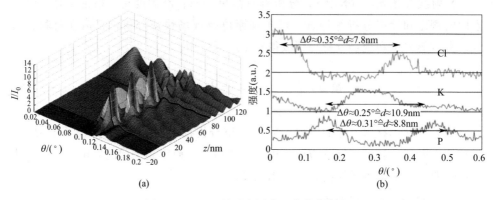

(a)   (b)

图 16-1　XSW 揭示多层膜元素分布信息

二、多层纳米材料元素组分测定与掠入射 XRF 光谱分析

GIXRF 特别适用于基质表层和层中近表层掺杂物分析。GIXRF 强度分布在近表层区域对入射角的改变十分敏感，而在更深区域，场强与角度梯度的依存关系下降。当待测分析物分别分布在表层 （A）、覆盖于表层 （B） 和位于层中 （F） 时，利用 XSW 和掠入射原理及公式，改变入射角度可获得荧光强度分布。这一过程和机制如图 16-2 所示。

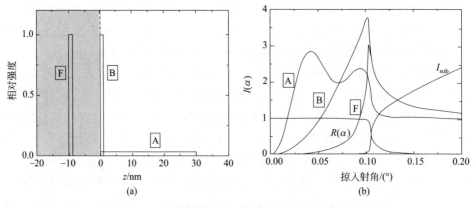

(a)   (b)

图 16-2　表层颗粒物、表层、埋层组分分析

利用 XSW 和掠入射 X 射线进行分析时，其 X 射线荧光强度分布具有四个特征：

① 基质上：随着入射光角度从小于临界角到大于临界角，基质上的颗粒分布物原子 A 首先受到驻波和全反射光的激发，并在临界角之前达到最大值。

② 基质表层：表层覆盖物在临界角达到最大值，随后呈指数下降。

③ 基质下：根据 XSW 和荧光公式，在临界角 XSW 场强分布最强，表层之下的待测物（标记原子），仍在临界角呈最大分布，随后亦呈指数下降。但在临界角前，荧光强度比表层覆盖原子上升更快，分布更为陡峭。

④ 基质：随着入射角增大，透射进入基质的 X 射线增加，如果基质足够厚，则基质 X 射线荧光强度不断上升。

当考虑多层薄膜时，尽管计算相对复杂，但仍可以获得不同薄膜的有效分布信息。考虑深度（z）、入射角（θ）、层厚 2.5nm 的 10 层 Ni/Ti，入射能量 8500eV，改变入射角，可以得到掠入射角 X 射线反射（GIXRR）和 GIXRF 分布。对于多层膜，由于存在 X 射线衍射作用，且其布拉格衍射角为 $0.89°$，因此在布拉格衍射角前，在 $0.86°$ 观察到 Ti 的 X 射线荧光强度最大值，由于此时入射 X 射线并未透射进入第二层 Ni 之中，故此时 Ni 的 XRF 强度最小；相反，在 $0.95°$，入射 X 射线进入 Ni 层，故此时观察到 Ni 的最大 X 射线荧光强度，而 Ti 的 XRF 强度最小。事实上，Ti 和 Ni 的 XRF 强度与角度和 XSW 场强密切相关，在 $0.86°$ 时，最强 XSW 出现在 Ti 层，而在 $0.95°$ 时，最大 XSW 场强出现在 Ni 层。此外，由于存在布拉格角的高反射作用，在布拉格反射角 $0.89°$，XSW 场也很强。

GIXRF 应用于硅晶片中 Co 离子植入物测定（密度为 $1.2×10^{17}$ 离子/cm^2），以深度间隔为 $\Delta z = 1$nm，进行掠入射角-强度测定，在 $z = -60$nm 测得的最大离子浓度为 $1.68×10^{15}$ 离子/cm^2，对应于总 Co 离子浓度的 34%，此即基质表面下植入物的定量分析数据。该结果与样品制备和其它分析手段获得的结果一致性较好。

三、半导体材料组分和元素形态测定与掠出射 TXRF 光谱分析

由于 GEXRF 与元素能量和覆盖层厚度密切相关，因此，通过 GEXRF 可以测定基质上的覆盖层厚度。例如对于 Si 单晶片上分别覆盖 5nm、10nm 和 20nm Al，尽管其掠出射临界角相同，但由于覆盖厚度不同，在厚度增加时，Al 的 GEXRF 特征谱线荧光强度也随之增强[图 16-3(a)]；当覆盖层为 Al 和 Al$_2$O$_3$ 不同组分时，由于它们的折射率不同，其掠出射临界角也明显不同[图 16-3(b)]，由此，GEXRF 不仅可区分覆盖层厚度，更可以分辨其覆盖物的化学形态。

采用 GEXRF 和柱状弯晶设计，由于在出射光路安装柱面弯晶提高了能量分

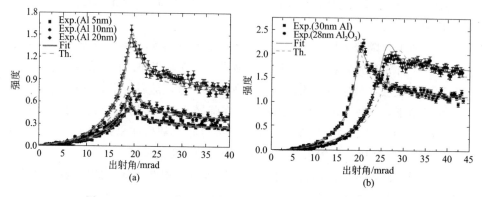

图 16-3　GEXRF 掠出射角与硅晶片覆盖物形态与层厚相关性

辨率，使得 GEXRF 可以进行元素形态分析，并更好地分辨中等原子序数的 L 系线和许多重元素 M 系线的谱线干扰，增加了峰背比，从而提高了低 Z 原子序数的灵敏度。这也是 GEXRF 的主要优点之一。例如，利用 GEXRF 测定并分辨 Si 晶片上 Al 和 Al_2O_3 覆盖层，这时，如果采用 GIXRF 则难以区分三者。而采用 GEXRF 分别测定 Al Kα(Al Kα＝1.486keV)、Al Kβ(Al Kβ＝1.557keV) 和 Si Kα(Kα＝1.740keV)，可以较好地分辨 Si 晶片、Al 和 Al_2O_3 覆盖物（图 16-4）。

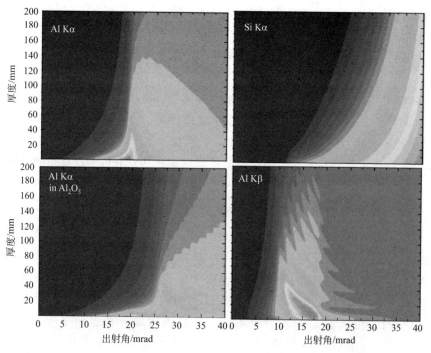

图 16-4　利用 GEXRF 测定并分辨 Si 晶片上 Al 和 Al_2O_3 覆盖物

对 Si 晶片基质、Al 膜和 Al_2O_3 薄层,分别存在 Al-真空和 Al-Si 界面,它们的覆层厚度与掠出射角表现出了不同相关性:①相应于 Al Kβ 线能量,Al 临界出射角小于 Si。②对于相同厚度 Al 层,Al Kβ 临界角最小,干涉效应比 Al Kα 更强。③对 Si Kα 线能量,Al 临界角大于 Si,故 Al 层之下基质 Si 的临界角随着 Al 层增厚向高角度漂移。这也表明,采用 GEXRF 完全有可能区分和分析 Si 晶片上的 Al 层厚度。④硅晶片上 Al 和 Al_2O_3 薄层,尽管均测定 Al 的 Kα 线,但相应于 Al Kα 线荧光光谱能量,由于 Al 和 Al_2O_3 对应的复折射率散射部分显著不同,因此,它们的厚度与出射角相关性也显著不同,Al 和 Al_2O_3 的临界角分别为 19.06mrad 和 25.50mrad,如图 16-4 中 Al 和 Al_2O_3 所示临界角与层厚关系图所示。因此,通过 GEXRF,可以分辨 Si 晶片上的 Al 和 Al_2O_3 薄层。利用全反射进行元素形态分析,也是 XRF 光谱分析的发展方向之一。并随着实验室 X 射线吸收谱分析装置的发展,呈现出良好的应用前景。

四、半导体材料生产工艺与 XRS 分析

XRS 分析技术是半导体材料生产工艺质量控制和装置设计中的重要技术手段。例如,用纳米 X 射线束照射纳米丝装置活性区,可使电流增加。在中等正和大负偏压下产生的持续大电流几与 X 射线无关;而反向击穿区碰撞电离导致了偏压相关性强电荷放大作用。通过 XANES 分析:可以发现金属 Ga 比 GaAs 和 Ga_2O_3 吸收边向低能偏移;在纳米丝点位 6-10,XANES 位移达 1eV,表明存在金属 Ga、四配位 GaAs(@10.372eV)和八配位 Ga_2O_3(@10.376eV)。采用单色光激发同时测定 XRF&XBIC,可以发现入射 X 射线能量<Ga Kab 前,已出现显著 XBIC 信号,当入射 X 射线能量>Ga Kab,电流信号增加 2 倍。揭示 Ga K 层电子被激发至导带,K 层电子受激作用导致装置电流产生,且单一吸收事件去激发作用导致了大量载荷子生成。

结合 XBIC 扫描,确定缺陷复合活性区。再用 μXRF(5μm×5μm)扫描获得复合活性区元素微区分布,由 μXAS 测定元素形态,可以发现 Cu/Fe 选择性沉积在硅中 Si_3N_4 和 SiC 位,且具有不同分布形式;而 Cu 选择性分布于 SiC,且大于 Si_3N_4 30 倍。另外,Fe 在氮化物中富集,Fe 与 Cu 不相关,而 Ni-Cu 强相关。表明 Fe 沉积机制与 Ni 不同,在 Si_3N_4 生成中 Fe 起催化剂作用。研究表明,硅铁化物液滴促生了 Si_3N_4,硅中 Fe 导致在 950℃热处理后,氧沉积增加,富 Cu 硅化物 Cu_3Si 有更大分子体积,选择性沉积在有局部引力场的扩展缺陷区以减小沉淀成核阻碍,SiC 颗粒物上增强的 Cu 沉淀源于在 SiC 包裹体周围应力场大小和强度。

半导体界面敏感于不纯物和结构缺陷,因此用作半导体的"焊料",需要具备不破坏半导体性质、可在非苛刻条件下使用的特质。通常采用由 Ⅱ-Ⅵ、Ⅳ-Ⅵ、Ⅴ-Ⅵ 族元素制备半导体 Cd/Hg/Pb/Bi-Te,例如 CdSe、CdTe;

$Hg_xCd_{1-x}Te$；$PbTe$；$(Bi_xSb_{1-x})_2Te_3$，Bi_2Te_3 等。利用碱金属 Na（K，Cs）Se/Te 可促进反应进行，形成具有结晶结构、可溶于甲苯和乙腈的化合物。通过 EXAFS，可以证实，在溶液中形成 $[CdTe_2^{2-}]$ 链式反应平衡，通过硫族元素（S、Se、Te）被 N_2H_2 还原，形成 0 价可溶性 Se/Te，并与金属离子形成可溶性络合物：

$$2n\text{Ch}+5N_2H_4 \longrightarrow 4N_2H_5^+ +2\text{Ch}_n^{2-}+N_2$$

$$2nM_x\text{Ch}_y+2m\text{Ch}_n^{2-}+5(n-1)mN_2H_4 \longrightarrow$$

$$2nM_x\text{Ch}_{(y+m)}^{2m-}+(n-1)mN_2+4(n-1)mN_2H_5^+$$

式中，Ch=S、Se 或 Te。研究表明，即使采用 250℃淬火工艺，这一工艺的半导体仍保有十分优秀的输出和转化特性。

X 射线辐射特性在新材料研究中也发挥了重要作用。例如在金属有机质骨架结构材料 MOF 的研究中发现，X 射线照射后，卤代沸石咪唑酯（h-ZIF）可溶于 DMSO，而 ZIF 不溶，其中 Zn 2p 和 N 2p 无变化，也无 Zn^{2+} 还原。在这一过程中，C—N 键断裂，使 C—N/Zn—N 键比随 N—H 键增加而减小，由 C—Cl 键的内裂作用形成 Cl 自由基，使 C—Cl 键减少、Zn—Cl 键增加，Cl 自由基致 C—C/C—N/Zn—N 键分裂，促进了 Zn—Cl 键形成。这一研究结果揭示，X 射线剂量影响到了 h-ZIF 的结构和性能：剂量增加，N—H&Zn—Cl 键强增强，C—Cl、C—N 和 Zn—N 键强下降。

在由 32-核苷酸 DNA 基块设计和 3D DNA 模块砌建工艺过程研究中，首先从 Tris/EDTA/$MgCl_2$ 缓冲液中由 2D DNA 基质装配 3D DNA 模并沉积于 Si 基质上，再经 $NiCl_2$ 浸培、干燥，采用氟基活性离子蚀刻（RIE），除去模残渣，制备出 Si 基纳米多层格栅。在用 SEM 获得 3D DNA 图像的基础上，由 EDS 可以获得无机元素的分布规律。研究发现，除热洗后仍残留的碳氟化物覆盖区外，主要为 Si 和 O、Ni。SEM-EDXS 显示，Ni^{2+} 在 DNA 罩模中低浓度均匀分布，Ni^{2+} 螯合维持了 3D DNA 的固有立体几何特征。氟基 RIE 将光刻模板从 3D DNA 转换到 Si 基，DNA 3D 特征沿 y 轴逐渐蚀变，保护了其下 Si 基质免受离子侵蚀。EDS 分析表面无 Ni 污染物存在，Ni 未扩散进入 Si 基。由 DNA 罩和 Si 基形成的无定形 C 和 SiO_2 夹层为 RIE 过程中金属离子扩散提供了防护。无机涂层可阻止 3D DNA 膜干性崩塌，但会降低始模分辨率、干扰 RIE 处理工艺。采用 Ni^{2+} 辅 DNA 沉积可稳定 Si 基上 3D DNA 膜而不形成矿化无机层。Ni^{2+} 除可促进 Si 基上 DNA 吸收，还可与邻近螺旋分子螯合，增强 3D DNA 结构硬度。

在制备 ZnO 纳米 3D 功能材料过程中，利用 μXRF 可以研究所制备的新型半导体材料的特性。首先将 ZnO 溶胶旋转喷涂，制作 PMMA 覆层，在经电子束刻蚀（EBL）和热液生长后，采用 μXRF 测定 ZnO 纳米涂层，由 μXRF 扫描子晶层发现，Si Kα、Zn Kα 和 β 可辨，Zn K 谱峰随线性扫描距离改变，但 Zn 在 Si 和 SiO_2/Si 上有效密度和厚度无显著变化，Zn 在 Si 基质上分布不均匀，表面即使工艺条件相同或相似，但封装产品存在差异，且元素分布会显著影响 EBL 和 HG 技术有效性。

泡沫玻璃和泡沫金属结构与性质呈动态性变化，3D X 射线层析成像 XRT 可动态揭示泡沫形成、裂变、聚并过程，对含 TiH_2 的 $AlSi_8Mg_4$ 合金前体金属泡沫形成过程进行 XRT 层析成像（1 帧/s）发现，液泡聚并过程受重力、生长应力、发泡剂局部峰压三种因素影响。

磁性斯格明子具有自旋组构，适于制备高密度、低功耗自旋电子装置。目前对其在真实世界中的手性磁组构超快动力学特性却知之甚少，实验观察十分困难。时间分辨频闪泵浦磁透射软 X 射线显微（MTXM）图像观察技术，可从纳米尺度对磁性斯格明子纳秒级瞬时反应动力学特性进行观测。通过实验测量，可获得与脉冲延迟时间相关的斯格明子直径、斯格明子矢量迁移距离数据，目前的空间分辨率已可达 25nm。研究发现，磁性斯格明子纳秒级瞬时反应动力学特性受纳秒级自旋轨道矩控制。

第二节　冶金样品分析

X 射线荧光光谱法对冶金样品的分析可分为两大类：原位分析和破坏分析。原位分析适用于合金产品类的分析，如在不破坏固体合金材料样品结构的前提下通过测定其成分特征对其进行鉴定和分类、无损分析合金镀层的厚度和组成分析等。破坏分析适用于均匀性差、颗粒不规则、基体复杂的样品，其应用范围较广，几乎涉及整个冶金流程，样品种类涵盖合金颗粒、富金属矿石、炉渣、各类添加剂等。

一、合金样品

XRF 可对浇铸的合金成品进行直接测定，体积较大者可切割后进行测定。由于直接浇铸或切割的试样表面比较粗糙，需要对试样表面做进一步抛光处理。

合金铸件样品分析需要特别关注磨料和研磨方式的选择：①通常使用的磨料有氧化铝（刚玉）、碳化硅（金刚砂）或氧化锆等。应根据待测样品的不同，选择相应的磨料。如分析低铝时，应避免使用氧化铝作磨料。②根据测量要求的不同，选择适合的研磨工具。若测量短波谱线如 Mo、Ni、Cr 等，采用适宜粒度的砂纸打磨即可；若测量长波谱线，特别是标准样品或重要的分析试样，样品表面一定要有一致的光洁度，可采用磨片机或磨床得到光洁度较高的表面。

在合金样品中不锈钢占很大比重，且不锈钢种类繁多，根据其 Cr、Ni、Mo 等特征元素含量的不同，对其进行等级分类。以 300 系列为例，同属该系列的 SS301、SS304、SS316，其 Cr 含量分别为 16%～18%、18%～20%、16%～18%；Ni 含量分别为 6%～8%、8%～10%、10%～14%；仅 SS316 含 Mo，其含量为 2%~3%。三者中 SS304 应用最为广泛，用于一般设备；SS301 强度较高，多用于成型产品；SS316 因含有 Mo，耐腐蚀性强，多用于海洋和化学工业环境。由此可见，不同等级的不锈钢应用途径不同，其等级的选择直接关系到生产的安全性，因此对不锈钢中各成分的准确分析非常重要，需要建立一种快速无损的分析方法对不锈钢产品进行等级分类。

Sulaiman 等用 EDXRF 对不锈钢标样进行直接测定，使用数字滤波器计数技术及改良 Lucas-Tooth 和 Price 模型，Cr、Mn、Ni、Mo 的校准曲线系数分别为 0.9906、0.9872、0.9996、0.9990，对 Cr、Mn、Ni、Mo 含量为 2.1%、0.61%、1.52%、1% 的不锈钢标样 BCS406 进行测定，测量值为 2.106%±0.027%、0.585%±0.0259%、1.542%±0.0328%、1.005%±0.0067%，该方法有效减少了 Fe、Cr 和 Mn 的重叠峰及基体效应造成的误差，可快速、准确确定样品中 Cr、Mn、Ni、Mo 等元素的含量从而确定不锈钢的等级。Yusoff 等用 XRF 技术分别结合回归法和修正的基本参数法用于测定不锈钢中微量元素含量的研究。通过运用低合金钢标准物质进行回归，并应用包含纯金属谱的基本参数法（FP 法）提高了分析准确度。回归法和 FP 法的分析误差范围分别为 0.3%~6.5% 和 1.2%~7.9%。

不同砂带粒度和材质研磨样品对元素测定具有一定的影响，使用含有待测元素材质的砂带会导致该元素测定结果偏高，因此实验时应确保建立校准曲线的标准样品和待测样品的表面处理条件保持一致，同时应关注砂带材质避免其对测定元素造成污染。对于部分以颗粒形式存在或者缺乏标准物质的合金样品，可以采用破坏分析的方法进行测定。Simona 用甲醇和液溴对钢片进行溶解处理，当完全溶解后用水转移和替代溶剂，在低于 100℃ 条件下加热溶液使甲醇和溴的残留物得以挥发，再继续加入水、硝酸对溴化物进行氧化，在含有 $Na_2S_2O_3$ 溶液的双阱中用水泵吸收蒸汽。将处理后的溶液转移至铂金坩埚，在电热板上加热蒸干，再以 $Li_2B_4O_7$-Li_3BO_3（1∶1）为熔剂，$Ba(NO_3)_2$ 为氧化剂，在熔珠制备仪（Philips Perl X）中制成熔珠。采用该制备方法，用 XRF 测定样品的相对标准偏差均小于 0.3%。

硅铁和金属硅样品采用熔融法 XRF 时，由于样品与熔剂反应剧烈，因此样品量和力度应足够小，且要与熔剂充分混匀，以免坩埚熔毁，应特别小心。铬铁样品熔融时，样品量不应超过 100mg。

二、涂层分析

为进一步提高合金的硬度、耐氧化性、耐腐蚀性或便于后续的表面加工，需在合金表面进行镀层，并完成钝化、磷化、涂耐指纹膜等处理。根据材料应用领域的不同，镀层材料也不同。随着各领域对产品性能的要求不断提高，涂层的成分也趋向复杂。涂覆在合金表面的涂层可分为金属（Zn、Sn、Cd、Pb、Al 等），非金属无机物（氧化物、磷酸盐、硅酸盐、胶泥等），有机物（涂料、高分子化合物、塑料等）。薄膜和镀层材料的化学组成、均匀性和厚度等重要性质直接影响到材料的使用，因此需对合金表面的涂镀层进行分析，以确保其处于需要的范围内。

用 XRF 可无损测定镀层中特征元素的强度，计算其浓度，完成对镀层成分的测定，并利用密度关系式计算出涂层厚度，测量范围一般在 0.1～1mm。由于获得薄膜样品的相似标样比较困难，国内外研究重点多集中在如何提高用非相似标样校正镀层样品的分析准确度。基本参数法可利用较少标样对基体效应进行校正，既可以用块样也可以用薄膜样品或纯元素标样。

为使镀层厚度控制在一定范围内，常将镀层材料按比例调配，再将其涂覆在合金表面，因此也可用镀层质量来反映镀层厚度。计算镀层质量厚度的过程中可以选择测量不同的元素谱线进行计算，既可以选用镀层元素谱线，也可以选用基材元素谱线，不同情况下采用不同谱线计算镀层厚度的准确性不同。Boer 等用纯元素 Au 和 Ni 块状样品对 Au/Ni 薄膜样品进行校正，认为测量 Au Lβ₁、Au Lβ₂、Au Lβ₃、Ni Kα 和 Ni Kβ 5 条谱线增大了计算自由度，能够有效降低 FP 计算过程中的不确定度，测量的薄膜厚度值最准确。通过测量 5 条谱线强度，使用 FP Multi 软件进行计算，预测的 Au 薄膜厚度结果与欧洲标准局标准值偏差在 2% 左右。

在实际应用中涂层材料会受到多种因素的共同作用，造成涂层材料的损伤和破坏，引发其下金属基体的腐蚀。研究和分析涂层的失效及其基体金属表面腐蚀过程，对进一步提高涂层的防护作用，提高和改善涂层材料的性能具有重要意义。微区元素分析是检测和评估涂层下腐蚀情况的重要方法，SEM-EDS 和 EP-MA 常用于腐蚀试样的分析。然而由于涂层下面的腐蚀是不可见的，这些方法都需要破坏性的预处理即剥离腐蚀金属表面的涂料层。Nakano 等采用自制 3D 共聚焦微区 X 射线荧光光谱系统，对经过腐蚀处理的汽车用涂层钢板进行了无损 3D 分析，采用硅漂移探测器，得到 Fe、Ti、Zn、Mn、Ca、Cl 共 6 种元素的深度分布和各层的分布情况。研究表明，微区 XRF 分析技术在镀膜分析，尤其是多层膜分析方面具有潜在的应用价值。

三、矿石原料

金属矿石成分复杂，各成分含量变化范围较宽，基体效应大，且粒度对 XRF 影响明显，建立一个好的矿石 XRF 分析方法具有较大的挑战性。

锰矿石是重要的工业原料，其各成分的含量对于矿石的价值和冶炼十分关键。除主要组分 Mn、Fe 需要准确分析外，通常还需要对 CaO、MgO 等有益组分，SiO_2、Al_2O_3、K_2O、Na_2O、TiO_2、P、S、As、BaO 等杂质及伴生金属 Cu、Co、Ni、V 等进行全面分析。采用高频感应熔样机，以 NH_4NO_3 为氧化剂、Li_2CO_3 为保护剂，可有效抑制 S、As 的挥发；加入 Cr_2O_3 作内标消除了基体效应对 Mn 测定的影响；选用高电流提高了微量、痕量组分的测量强度，使得各待测组分的相对标准偏差均小于 8%，可用于多种锰矿的常规全项分析。

磁铁矿和铬铁矿通常采用 XRF 进行测定。磁铁矿不含结晶水，是冶铁烧结与制球的重要原料。由于铁矿石中主要为 Fe，Co 与 Fe 原子序数相差为 1，Co 与 Fe 性质相近，且铁矿石中几乎不含 Co，通过定量加入 Co 作内标元素，能有效地消除 Fe 与其他共存元素间的吸收增强效应。因此目前 XRF 法测定铁矿石多采用 Co 内标校正，氧化钴的加入使熔体更加黏稠，不易获得均匀非晶玻璃体。铬铁矿主要用来生产铬铁合金、不锈钢和金属铬，在耐火材料、化工和铸石等行业也有广泛应用，是冶金工业中应用极为广泛的矿物原料。对这两类矿石通常采用大稀释比进行熔融，并以 $LiNO_3$ 作氧化剂进行样品制备。

富 Cr 矿物熔融时，由于 Cr^{3+} 低溶解性，常会在玻璃相中残留，影响分析准确度。熔融法标准误差（SEE）通常小于 0.01%（质量分数），而粉末压片法 SEE 一般在 0.01%~3%（质量分数）。如果将样品细碎至 1~25μm（50%），采用聚乙烯乙醇饱和水溶液作为黏结剂压片，结合适宜的基体校正方法和数据处理软件，MgO、Al_2O_3、SiO_2、TiO_2、Cr_2O_3、FeO_{tot} 的 SEE 可降至 0.3%（质量分数），绝对分析误差 0.01%~3% 左右。

含硫和含铁矿物，由于其挥发性和变价特性，是 XRF 分析中的难点。为保证硫化物、亚铁矿物的充分氧化，通常需要对样品进行灼烧等预处理。在 800℃ 电炉中灼烧过夜，黄铁矿、辉钼矿、磁黄铁矿、黄铜矿、闪锌矿中的 S 可完全除去，但方铅矿（16%）、辉铜矿（81%）中的 S 仅部分烧失。加入富含二价金属的脉石矿物可减小 S 烧失。经 900~1200℃ 熔融 20min 试验发现，1000℃ 下硫酸盐形式 S 可以保留。故含硫和亚铁矿物熔融制样条件为：800℃ 通氧灼烧过夜，加 20mg 碘化铵脱模剂，样品：四硼酸锂为 1:10，1000℃ 下熔融 20min。富铜硫化物易黏结模具，需在熔融结束前补加 10mg 脱模剂；也可先在 1000℃ 预氧化，再添加四硼酸锂等熔剂和脱模剂后进行熔片、测量。

四、炉渣分析

炉料结构是影响钢铁产量和质量的重要因素，特别对延长冶炼炉龄、保护炉况有很大的指导作用。炉渣成分含量是判断冶炼炉况过程中渣的流动性、炉况顺行以及调整配料的重要指标。炉料不纯物和游离元素主要通过炉料/炉渣和金属反应消除，炉料组分决定了冶金炉料和炉渣的热力学性质，分析研究冶金炉料/炉渣熔融混合氧化物的性质，深入探索炉料和炉渣化学组分对冶金工艺的影响，对于调节炉料组分，增加其与金属的有效反应，具有重要实践指导意义。

高磷钢渣是炼钢转炉脱磷工艺的主要产物之一，组分含量是观察炉况变化和判断炼钢脱磷效果的重要指标，快速准确地测定高磷渣中的组分含量十分必要。

锰铁是炼钢生产中常用脱氧剂和合金添加剂，可改善钢质量，提高钢力学性能。采用锰铁试样以水和硝酸于铂金坩埚中溶解并蒸干，加入 Co 作为 Mn 内标，以 $Li_2B_4O_7$ 为熔剂、KBr 为脱模剂，熔融制作玻璃熔片，可测定 Mn、Si 和 P 含量。

石灰石是钢铁冶炼中重要的造渣原料，可提高炉渣的碱度，有利于脱磷、脱硫反应，其纯度和质量控制离不开 CaO、MgO、SiO、Al_2O_3、Fe_2O_3 等各组分分析测定。为满足冶炼现场快、准、简的需要，可采用 $Li_2B_4O_7$ 为熔剂，NH_4I 作脱模剂，稀释比 1∶10，1100℃ 熔融 300s，测定了石灰石中 CaO、MgO、SiO、Al_2O_3、Fe_2O_3。

炉渣中通常 Si、S 含量较高，而且还含有还原性金属 Fe、Zn、Pb 等成分。样品在熔融过程中对坩埚腐蚀非常严重。采用压片法可测定转炉渣中 8 种成分、炼钢转炉高磷渣中 9 种组分，采用熔融法以 $Li_2B_4O_7$ 为熔剂，NH_4NO_3 为氧化剂，LiBr 作脱模剂可测定高炉渣、转炉渣、精炼渣、电炉渣、平炉渣中的 CaO、MgO、SiO_2、Al_2O_3、TFe、P_2O_5、TiO_2、MnO 和 S 等组分。

冶金炉料和炉渣熔体中的氟控制着混合氧化物的理化性质，氟化钙（CaF_2）常用于拓展流体相范围，增加反应活性，有效控制生产工艺质量，例如，氟化钙在氧气顶吹转炉炉料循环中使用，以增加 $CaO\text{-}CaF_2\text{-}Fe_tO$ 炉料中的 Fe_tO 活性和磷酸盐容量，但 F 实时测定困难，真实炼钢工艺中的反应历程不清。需要采用 XRF 进行快速、实时定量分析。因此，有研究人员结合人工标样制备，将炉渣研磨 24h 至小于 $10\mu m$，于 800℃ 烧结 48h 后，用硼酸衬底压片，利用 WDXRF 测定 F、Ca、Si、Mg、Al、Cr 元素 K 系线，通过 TCa、CaF_2、Ca（CaF_2）、Ca（CaO）间的换算和计算，准确获得了 CaF_2 含量。与 1∶15 熔融法相比，F 和 CaO 的测定灵敏度分别增加了 22 倍和 4 倍。

第三节　文物样品分析

XRF 技术在考古学中主要应用于鉴定文物的年代、真伪、产地、制作工艺以及文物保护等。本节重点介绍 XRF 在古陶瓷、古玻璃、古金属制品、绘画颜料等几个重要方面的应用。

一、古陶瓷与古玻璃制品分析

陶瓷在中国历史悠久，其产品丰富多样，是我国考古研究中最重要的分类之一，也是科技考古中最重要的应用领域。目前 XRF 技术在该领域也已得到广泛研究和应用。在实际应用中，缺乏标准物质，样品大小和形状不一，上釉样品分析等是 XRF 测定文物样品中的三个难点。

XRF 可以对古陶瓷表面、断面进行定性和定量分析。EPMA 和 XRF 分析研究表明：烧成试样与古瓷胎具有相近的物相结构，胎体致密度高、吸水率低。应用 XRF 进行古陶瓷的断代和分类是一个重要研究领域。例如，可采用 XRF 与聚类分析、主因子分析法等数学方法相结合，进行产地分析、工业研究等。

通过微区扫描测定，可以分析从釉到胎成分的变化，发现在釉胎之间存在一个偏光显微镜和扫描电镜看不到的中间层，且各元素浓度从釉到胎是连续变化的，从而揭示汝瓷的烧制工艺可能是二次烧成。

国内外研究者经过半个多世纪对中国古玻璃的科技考古，从最初的"外来说"逐渐演变为"自创说"，大量出土文物相关资料及 XRF 分析也证实了这一点。

准确测定古玻璃样品的化学成分可为判定其产地、分类等提供充分的科学依据。古玻璃烧制技术不高使得古玻璃中存在气泡等因素，导致古玻璃样品表面并非理想状态，从而对古代玻璃样品的定量分析造成了很大影响。选择合适的校正方法是准确定量古玻璃样品的前提。

古代西亚和埃及制造玻璃的历史要比中国久，但西方古玻璃的化学成分比较单一，主要成分为钠钙硅酸盐玻璃（Na_2O-CaO-SiO_2），次要成分为 K_2O、MgO、Al_2O_3 等。中国古代玻璃在发展历程中玻璃的主要化学成分与古代西方玻璃有较大的差异。通过用 XRF 测定其中各组分的含量，可以进行古代玻璃的断代研究。

古玻璃制品颜色各异，大多用于装饰。不同颜色的古玻璃，其着色剂成分不同，制作工艺也不同。例如在古玻璃中 CoO（蓝色）、CuO（蓝绿色）、Mn_2O_3（红色）等着色剂系人为引入，并非杂质。由于中国古代玻璃中使用 CoO 作着色剂始于东汉，因此，出土的战国时期含有 CoO 的蜻蜓眼珠系国外引入。

二、古金属制品

古金属制品种类繁多，比较常见的是金银、古钱币、青铜器、铁器等。由于冶炼技术比较落后，古金属制品大多为合金。从"眼学"角度判断古金属制品的材质有一定的困难。应用 XRF 可以轻松定性其主微量元素，但由于古金属制品表面情况各异，且经历了长时间的腐蚀风化，给定量分析增加了一定难度。适当的样品表面前处理，选择跟所测样品化学成分相近的标样以及合适的校正方法，有助于准确定量古金属制品中的主量、微量元素。

不同地点、不同时代所生产的金属制品的成分也不一样。如铜镜，汉代普遍使用高锡含铅的青铜镜，唐代青铜镜则加入大量的铅，宋代青铜镜加锌同时含铅量高达 30% 以上，元代以后大量使用白铜镜，明中期后使用黄铜镜。可根据不同时代、不同产地金属制品的成分特点，获知相应的年代或产地。

通过成分分析，还可以获知制作工艺。埃及第五或第六王朝时期两个"银面"花瓶，过去推测认为是表面含锑所致。经 XRF 分析得知，此种花瓶"银面"

由表面含砷所致，从而推测在铜表面上涂了一层氧化砷，加铺炭末烧红，砷被还原深入表面，冷却后抛光成了"银面"。

三、绘画颜料分析

不同时期不同颜色的颜料成分不同，利用 XRF 技术检测不同颜料的特征元素，结合拉曼光谱和文献报道即可分析其成分、来源及制作工艺。不同年代所使用的同种颜色颜料的成分也有一定差别，通过大量已知年代颜料成分分析，根据颜色、发现地点和年代不同进行多元统计，总结不同年代颜料的变化规律，可推断出未知绘画、彩绘等古代艺术品的年代。例如，利用 XRF 等研究莫高窟和麦积山石窟壁画，可发现早期莫高窟中大部分颜料不含石膏，而五代、宋朝之后，石膏开始被大量使用；而麦积山石窟从后秦开始石膏就是各种颜料的主要成分之一。根据这些规律，可以判断两地未知年代壁画制作的大致时期。

绘画作品往往有特定的年代归属，这对绘画作品的真伪鉴定具有重要意义。在绘画作品鉴定时，对绘画中某些特征颜料进行成分分析，判断该颜料的使用年代，结合文献报道就可以判断绘画作品的真伪。用 XRF 对 Diego Velázquez 在 1652 年创作的《奥地利皇后多纳马里亚纳》油画进行鉴定，发现其白色颜料的成分中含有铅白和石膏，由于 1870 年后油画所使用的白色颜料只含钛白，因此可证明该画非赝品。

四、隐文字画复显

在古文物中，会存在因不同原因导致的原始文字与画像消失或隐于其它覆层之下，而不知其原貌的情形。这时，μXRF 分析就可发挥重要作用。

在对一份古羊皮纸的研究中，XRF 充分显现了无损微区分析优势。这批古羊皮纸 174 页，为 10 世纪从希腊文原著转抄的阿基米德著作，是阿基米德论述浮力、引力和数学问题的著作仅存抄本。13 世纪时，有修士擦去羊皮纸原著，写上宗教文字，至 20 世纪早期，为提升价值，又有人在其之上添加金色宗教画像，导致无法知晓羊皮纸原始信息。经过 8 年的紫外、红外、可见光、电子照相技术，辨认出大部分隐藏文字后，仍有部分无法辨读。后来，利用 μXRF 射线束穿透羊皮纸上颜料和污渍，使残留墨水印迹中铁元素发出 X 射线荧光，得以识别原始面目，显示出了阿基米德著作文字。

不仅如此，本书在第一章给出了凡·高油画绿草地光学照片图（图 1-7），图中方框区域用 X 射线反射谱（XRR）和红外反射光谱（IRR）分析，可以获得如图 16-5（a）和（b）所示的图像，较为模糊。而采用 μXRF，测定 Sb，则可获得图 16-5（c）中较为清晰画像。对照当时画家作品，可以清晰分辨出原作人物。

总之，X 射线光谱分析技术不仅在生命起源、地球早期生命、全球气候变化等重大科学问题的探索中取得了重大研究进展，在冶金、材料、地质、文物、工

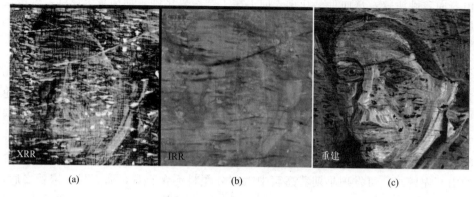

图 16-5 μXRF 揭示图下隐画

矿、生态环境与生命科学等领域中，XRS 也得到了广泛应用，其无损、原位、活体分析特性，可获得物质组分三维微区分布与元素形态信息的巨大应用潜力，在未来科学技术的探索研究中必将发挥更加重要的作用。

参考文献

[1] Krämer M，von Bohlen A，Sternemann C，et al. Journal of Analytical Atomic Spectrometry，2006，21 (11)：1136-1142.

[2] Brücher M，von Bohlen A，Becker M，et al. X-Ray Spectrometry，2014，43 (5)：269-277.

[3] Biswas A，Abharana N，Jha S N，et al. Applied Surface Science，2021，542：148733.

[4] Kayser Y，Szlachetko J，Banaś D，et al. Spectrochimica Acta Part B：Atomic Spectroscopy，2013，88：136-149.

[5] Johannes A，Salomon D，Martinez-Criado G，et al. Science Advances，2017，3 (12)：eaao4044.

[6] Trushin M，Seifert W，Vyvenko O，et al. Nuclear Instruments and Methods in Physics Research Section B：Beam Interactions with Materials and Atoms，2010，268：254-258.

[7] Garcia-Moreno F，Kamm P H，Neu T R，et al. Nature Communications，2019，10 (1)：3762.

[8] Merkle R K W，Sunder Raju P V，Loubser M. X-Ray Spectrometry，2008，37 (3)：273-279.

[9] Turmel S，Samson C. X-Ray Spectrometry，1984，13 (2)：87-90.

[10] Jung S-M，Sohn I，Min D -J. X-Ray Spectrometry，2010，39 (5)：311-317.

附　录

附表1　元素X射线吸收边和发射谱线能量表

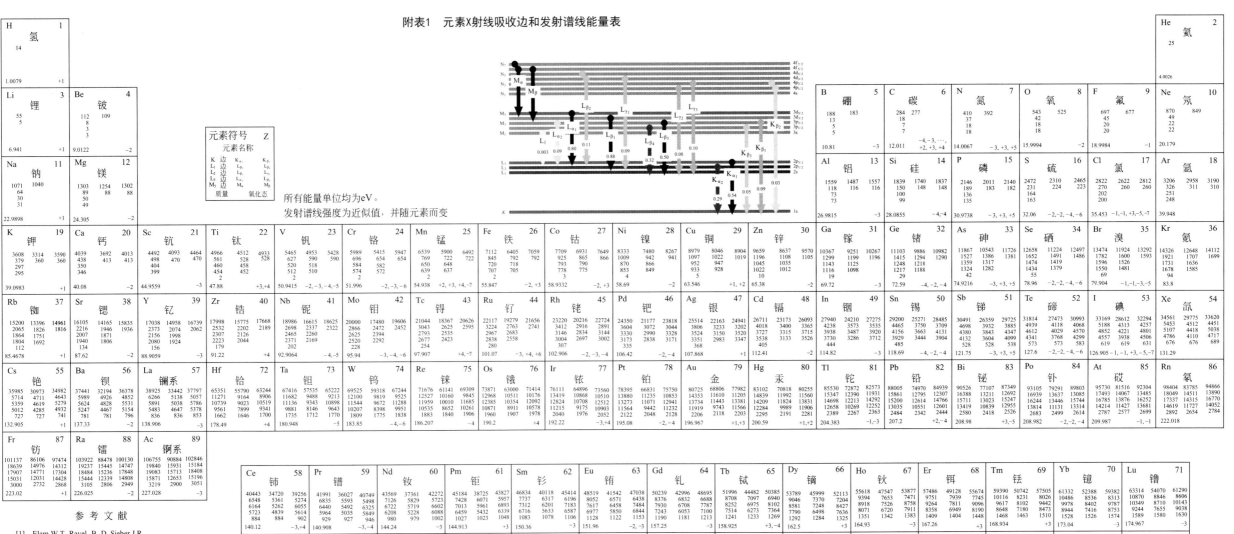

所有能量单位均为eV。
发射谱线强度为近似值，并随元素而变

元素符号　Z
元素名称
K 边　　K_α
L₁ 边　　L_β
L₂ 边　　L_γ
L₃ 边　　L_α
M₅ 边　　M_α
质量　　氧化态

参 考 文 献

[1] Elam W T, Ravel B D, Sieber J R.
Radiation Physics and Chemistry, 2002, 63:121-128.

[2] Greenwood N N ,Earnshaw A. Chemistry of the
Elements. 2nd ed. Oxford:Heinemann Press,1997.

[3] http://xafs.org/Databases/XrayTable
Version 2, 26-Mar-2013.

附表 2　元素 K、L、M 壳层 X 射线谱线能量

元素	$K\alpha_1$	$K\alpha_2$	$K\beta_1$	$L\alpha_1$	$L\alpha_2$	$L\beta_1$	$L\beta_2$	$L\gamma_1$	$M\alpha_1$
3 Li	54.3								
4 Be	108.5								
5 B	183.3								
6 C	277								
7 N	392.4								
8 O	524.9								
9 F	676.8								
10 Ne	848.6	848.6							
11 Na	1040.98	1040.98	1071.1						
12 Mg	1253.60	1253.60	1302.2						
13 Al	1486.70	1486.27	1557.45						
14 Si	1739.98	1739.38	1835.94						
15 P	2013.7	2012.7	2139.1						
16 S	2307.84	2306.64	2464.04						
17 Cl	2622.39	2620.78	2815.6						
18 Ar	2957.70	2955.63	3190.5						
19 K	3313.8	3311.1	3589.6						
20 Ca	3691.68	3688.09	4012.7	341.3	341.3	344.9			
21 Sc	4090.6	4086.1	4460.5	395.4	395.4	399.6			
22 Ti	4510.84	4504.86	4931.81	452.2	452.2	458.4			
23 V	4952.20	4944.64	5427.29	511.3	511.3	519.2			

元素	$K\alpha_1$	$K\alpha_2$	$K\beta_1$	$L\alpha_1$	$L\alpha_2$	$L\beta_1$	$L\beta_2$	$L\gamma_1$	$M\alpha_1$
24 Cr	5414.72	5405.509	5946.71	572.8	572.8	582.8			
25 Mn	5898.75	5887.65	6490.45	637.4	637.4	648.8			
26 Fe	6403.84	6390.84	7057.98	705.0	705.0	718.5			
27 Co	6930.32	6915.30	7649.43	776.2	776.2	791.4			
28 Ni	7478.15	7460.89	8264.66	851.5	851.5	868.8			
29 Cu	8047.78	8027.83	8905.29	929.7	929.7	949.8			
30 Zn	8638.86	8615.78	9572.0	1011.7	1011.7	1034.7			
31 Ga	9251.74	9224.82	10264.2	1097.92	1097.92	1124.8			
32 Ge	9886.42	9855.32	10982.1	1188.00	1188.00	1218.5			
33 As	10543.72	10507.99	11726.2	1282.0	1282.0	1317.0			
34 Se	11222.4	11181.4	12495.9	1379.10	1379.10	1419.23			
35 Br	11924.2	11877.6	13291.4	1480.43	1480.43	1525.90			
36 Kr	12649	12598	14112	1586.0	1586.0	1636.6			
37 Rb	13395.3	13335.8	14961.3	1694.13	1692.56	1752.17			
38 Sr	14165	14097.9	15835.7	1806.56	1804.74	1871.72			
39 Y	14958.4	14882.9	16737.8	1922.56	1920.47	1995.84			
40 Zr	15775.1	15690.9	17667.8	2042.36	2039.9	2124.4	2219.4	2302.7	
41 Nb	16615.1	16521.0	18622.5	2165.89	2163.0	2257.4	2367.0	2461.8	
42 Mo	17479.34	17374.3	19608.3	2293.16	2289.85	2394.81	2518.3	2623.5	
43 Tc	18367.1	18250.8	20619	2424	2420	2538	2674	2792	
44 Ru	19279.2	19150.4	21656.8	2558.55	2554.31	2683.23	2836.0	2964.5	
45 Rh	20216.1	20073.7	22723.6	2696.74	2692.05	2834.41	3001.3	3143.8	
46 Pd	21177.1	21020.1	23818.7	2838.61	2833.29	2990.22	3171.79	3328.7	

元素	$K\alpha_1$	$K\alpha_2$	$K\beta_1$	$L\alpha_1$	$L\alpha_2$	$L\beta_1$	$L\beta_2$	$L\gamma_1$	$M\alpha_1$
47 Ag	22162.92	21990.3	24942.4	2984.31	2978.21	3150.94	3347.81	3519.59	
48 Cd	23173.6	22984.1	26095.5	3133.73	3126.91	3316.57	3528.12	3716.86	
49 In	24209.7	24002.0	27275.9	3286.94	3279.29	3487.21	3713.81	3920.81	
50 Sn	25271.3	25044.0	28486.0	3443.98	3435.42	3662.80	3904.86	4131.12	
51 Sb	26359.1	26110.8	29725.6	3604.72	3595.32	3843.57	4100.78	4347.79	
52 Te	27472.3	27201.7	30995.7	3769.33	3758.8	4029.58	4301.7	4570.9	
53 I	28612.0	28317.2	32294.7	3937.65	3926.04	4220.72	4507.5	4800.9	
54 Xe	29779	29458	33624	4109.9	—	—	—	—	
55 Cs	30972.8	30625.1	34986.9	4286.5	4272.2	4619.8	4935.9	5280.4	833
56 Ba	32193.6	31817.1	36378.2	4466.26	4450.90	4827.53	5156.5	5531.1	883
57 La	33441.8	33034.1	37801.0	4650.97	4634.23	5042.1	5383.5	5788.5	929
58 Ce	34719.7	34278.9	39257.3	4840.2	4823.0	5262.2	5613.4	6052	978
59 Pr	36026.3	35550.2	40748.2	5033.7	5013.5	5488.9	5850	6322.1	—
60 Nd	37361.0	36847.4	42271.3	5230.4	5207.7	5721.6	6089.4	6602.1	978
61 Pm	38724.7	38171.2	43826	5432.5	5407.8	5961	6339	6892	—
62 Sm	40118.1	39522.4	45413	5636.1	5609.0	6205.1	6586	7178	1081
63 Eu	41542.2	40901.9	47037.9	5845.7	5816.6	6456.4	6843.2	7480.3	1131
64 Gd	42996.2	42308.9	48697	6057.2	6025.0	6713.2	7102.8	7785.8	1185
65 Tb	44481.6	43744.1	50382	6272.8	6238.0	6978	7366.7	8102	1240
66 Dy	45998.4	45207.8	52119	6495.2	6457.7	7247.7	7635.7	8418.8	1293
67 Ho	47546.7	46699.7	53877	6719.8	6679.5	7525.3	7911	8747	1348
68 Er	49127.7	48221.1	55681	6948.7	6905.0	7810.9	8189.0	9089	1406
69 Tm	50741.6	49772.6	57517	7179.9	7133.1	8101	8468	9426	1462

续表

元素	Kα₁	Kα₂	Kβ₁	Lα₁	Lα₂	Lβ₁	Lβ₂	Lγ₁	Mα₁
70 Yb	52388.9	51354.0	59370	7415.6	7367.3	8401.8	8758.8	9780.1	1521.4
71 Lu	54069.8	52965.0	61283	7655.5	7604.9	8709.0	9048.9	10143.4	1581.3
72 Hf	55790.2	54611.4	63234	7899.0	7844.6	9022.7	9347.3	10515.8	1644.6
73 Ta	57532	56277	65223	8146.1	8087.9	9343.1	9651.8	10895.2	1710
74 W	59318.24	57981.7	67244.3	8397.6	8335.2	9672.35	9961.5	11285.9	1775.4
75 Re	61140.3	59717.9	69310	8652.5	8586.2	10010.0	10275.2	11685.4	1842.5
76 Os	63000.5	61486.7	71413	8911.7	8841.0	10355.3	10598.5	12095.3	1910.2
77 Ir	64895.6	63286.7	73560.8	9175.1	9099.5	10708.3	10920.3	12512.6	1979.9
78 Pt	66832	65112	75748	9442.3	9361.8	11070.7	11250.5	12942.0	2050.5
79 Au	68803.7	66989.5	77984	9713.3	9628.0	11442.3	11584.7	13381.7	2122.9
80 Hg	70819	68895	80253	9988.8	9897.6	11822.6	11924.1	13830.1	2195.3
81 Tl	72871.5	70831.9	82576	10268.5	10172.8	12213.3	12271.5	14291.5	2270.6
82 Pb	74969.4	72804.2	84936	10551.5	10449.5	12613.7	12622.6	14764.4	2345.5
83 Bi	77107.9	74814.8	87343	10838.8	10730.91	13023.5	12979.9	15247.7	2422.6
84 Po	79290	76862	89800	11130.8	11015.8	13447	13340.4	15744	—
85 At	81520	78950	92300	11426.8	11304.8	13876	—	16251	—
86 Rn	83780	81070	94870	11727.0	11597.9	14316	—	16770	—
87 Fr	86100	83230	97470	12031.3	11895.0	14770	14450	17303	—
88 Ra	88470	85430	100130	12339.7	12196.2	15235.8	14841.4	17849	—
89 Ac	90884	87670	102850	12652.0	12500.8	15713	—	18408	—
90 Th	93350	89953	105609	12968.7	12809.6	16202.2	15623.7	18982.5	2996.1
91 Pa	95868	92287	108427	13290.7	13122.2	16702	16024	19568	3082.3
92 U	98439	94665	111300	13614.7	13438.8	17220.0	16428.3	20167.1	3170.8
93 Np	—	—	—	13944.1	13759.7	17750.2	16840.0	20784.8	—
94 Pu	—	—	—	14278.6	14084.2	18293.7	17255.3	21417.3	—
95 Am	—	—	—	14617.2	14411.9	18852.0	17676.5	22065.2	—

附表 3　元素 K、L、M 层 X 射线谱线光子能量和相对强度
(元素各壳层最强谱线强度设定为 100)

能量/eV	元素	谱线	相对强度	能量/eV	元素	谱线	相对强度
54.3	3 Li	$K\alpha_{1,2}$	150	868.8	28 Ni	$L\beta_1$	68
108.5	4 Be	$K\alpha_{1,2}$	150	883	58 Ce	$M\alpha_1$	100
183.3	5 B	$K\alpha_{1,2}$	151	884	30 Zn	L_1	7
277	6 C	$K\alpha_{1,2}$	147	929.2	59 Pr	$M\alpha_1$	100
348.3	21 Sc	L_1	21	929.7	29 Cu	$L\alpha_{1,2}$	111
392.4	7 N	$K\alpha_{1,2}$	150	949.8	29 Cu	$L\beta_1$	65
395.3	22 Ti	L_1	46	957.2	31 Ga	L_1	7
395.4	21 Sc	$L\alpha_{1,2}$	111	978	60 Nd	$M\alpha_1$	100
399.6	21 Sc	$L\beta_1$	77	1011.7	30 Zn	$L\alpha_{1,2}$	111
446.5	23 V	L_1	28	1034.7	30 Zn	$L\beta_1$	65
452.2	22 Ti	$L\alpha_{1,2}$	111	1036.2	32 Ge	L_1	6
458.4	22 Ti	$L\beta_1$	79	1041.0	11 Na	$K\alpha_{1,2}$	150
500.3	24 Cr	L_1	17	1081	62 Sm	$M\alpha_1$	100
511.3	23 V	$L\alpha_{1,2}$	111	1097.9	31 Ga	$L\alpha_{1,2}$	111
519.2	23 V	$L\beta_1$	80	1120	33 As	L_1	6
524.9	8 O	$K\alpha_{1,2}$	151	1124.8	31 Ga	$L\beta_1$	66
556.3	25 Mn	L_1	15	1131	63 Eu	$M\alpha_1$	100
572.8	24 Cr	$L\alpha_{1,2}$	111	1185	64 Gd	$M\alpha_1$	100
582.8	24 Cr	$L\beta_1$	79	1188.0	32 Ge	$L\alpha_{1,2}$	111
615.2	26 Fe	L_1	10	1204.4	34 Se	L_1	6
637.4	25 Mn	$L\alpha_{1,2}$	111	1218.5	32 Ge	$L\beta_1$	60
648.8	25 Mn	$L\beta_1$	77	1240	65 Tb	$M\alpha_1$	100
676.8	9 F	$K\alpha_{1,2}$	148	1253.6	12 Mg	$K\alpha_{1,2}$	150
677.8	27 Co	L_1	10	1282.0	33 As	$L\alpha_{1,2}$	111
705.0	26 Fe	$L\alpha_{1,2}$	111	1293	66 Dy	$M\alpha_1$	100
718.5	26 Fe	$L\beta_1$	66	1293.5	35 Br	L_1	5
742.7	28 Ni	L_1	9	1317.0	33 As	$L\beta_1$	60
776.2	27 Co	$L\alpha_{1,2}$	111	1348	67 Ho	$M\alpha_1$	100
791.4	27 Co	$L\beta_1$	76	1379.1	34 Se	$L\alpha_{1,2}$	111
811.1	29 Cu	L_1	8	1386	36 Kr	L_1	5
833	57 La	$M\alpha_1$	100	1406	68 Er	$M\alpha_1$	100
848.6	10 Ne	$K\alpha_{1,2}$	150	1419.2	34 Se	$L\beta_1$	59
851.5	28 Ni	$L\alpha_{1,2}$	111	1462	69 Tm	$M\alpha_1$	100

能量/eV	元素	谱线	相对强度	能量/eV	元素	谱线	相对强度
1480.4	35 Br	$L\alpha_{1,2}$	111	2012.7	15 P	$K\alpha_2$	50
1482.4	37 Rb	L_1	5	2013.7	15 P	$K\alpha_1$	100
1486.3	13 Al	$K\alpha_2$	50	2015.7	42 Mo	L_1	5
1486.7	13 Al	$K\alpha_1$	100	2039.9	40 Zr	$L\alpha_2$	11
1521.4	70 Yb	$M\alpha_1$	100	2042.4	40 Zr	$L\alpha_1$	100
1525.9	35 Br	$L\beta_1$	59	2050.5	78 Pt	$M\alpha_1$	100
1557.4	13 Al	$K\beta_1$	1	2122	43 Tc	L_1	5
1581.3	71 Lu	$M\alpha_1$	100	2122.9	79 Au	$M\alpha_1$	100
1582.2	38 Sr	L_1	5	2124.4	40 Zr	$L\beta_1$	54
1586.0	36 Kr	$L\alpha_{1,2}$	111	2139.1	15 P	$K\beta_1$	3
1636.6	36 Kr	$L\beta_1$	57	2163.0	41 Nb	$L\alpha_2$	11
1644.6	72 Hf	$M\alpha_1$	100	2165.9	41 Nb	$L\alpha_1$	100
1685.4	39 Y	L_1	5	2195.3	80 Hg	$M\alpha_1$	100
1692.6	37 Rb	$L\alpha_2$	11	2219.4	40 Zr	$L\beta_{2,15}$	1
1694.1	37 Rb	$L\alpha_1$	100	2252.8	44 Ru	L_1	4
1709.6	73 Ta	$M\alpha_1$	100	2257.4	41 Nb	$L\beta_1$	52
1739.4	14 Si	$K\alpha_2$	50	2270.6	81 Tl	$M\alpha_1$	100
1740.0	14 Si	$K\alpha_1$	100	2289.8	42 Mo	$L\alpha_2$	11
1752.2	37 Rb	$L\beta_1$	58	2293.2	42 Mo	$L\alpha_1$	100
1775.4	74 W	$M\alpha_1$	100	2302.7	40 Zr	$L\gamma_1$	2
1792.0	40 Zr	L_1	5	2306.6	16 S	$K\alpha_2$	50
1804.7	38 Sr	$L\alpha_2$	11	2307.8	16 S	$K\alpha_1$	100
1806.6	38 Sr	$L\alpha_1$	100	2345.5	82 Pb	$M\alpha_1$	100
1835.9	14 Si	$K\beta_1$	2	2367.0	41 Nb	$L\beta_2 15$	3
1842.5	75 Re	$M\alpha_1$	100	2376.5	45 Rh	L_1	4
1871.7	38 Sr	$L\beta_1$	58	2394.8	42 Mo	$L\beta_1$	53
1902.2	41 Nb	L_1	5	2420	43 Tc	$L\alpha_2$	11
1910.2	76 Os	$M\alpha_1$	100	2422.6	83 Bi	$M\alpha_1$	100
1920.5	39 Y	$L\alpha_2$	11	2424	43 Tc	$L\alpha_1$	100
1922.6	39 Y	$L\alpha_1$	100	2461.8	41 Nb	$L\gamma_1$	2
1979.9	77 Ir	$M\alpha_1$	100	2464.0	16 S	$K\beta_1$	5
1995.8	39 Y	$L\beta_1$	57	2503.4	46 Pd	L_1	4

能量/eV	元素	谱线	相对强度	能量/eV	元素	谱线	相对强度
2518.3	42 Mo	$L\beta_{2,15}$	5	3150.9	47 Ag	$L\beta_1$	56
2538	43 Tc	$L\beta_1$	54	3170.8	92 U	$M\alpha_1$	100
2554.3	44 Ru	$L\alpha_2$	11	3171.8	46 Pd	$L\beta_{2,15}$	12
2558.6	44 Ru	$L\alpha_1$	100	3188.6	51 Sb	L_1	4
2620.8	17 Cl	$K\alpha_2$	50	3190.5	18 Ar	$K\beta_{1,3}$	10
2622.4	17 Cl	$K\alpha_1$	100	3279.3	49 In	$L\alpha_2$	11
2623.5	42 Mo	$L\gamma_1$	3	3286.9	49 In	$L\alpha_1$	100
2633.7	47 Ag	L_1	4	3311.1	19 K	$K\alpha_2$	50
2674	43 Tc	$L\beta_{2,15}$	7	3313.8	19 K	$K\alpha_1$	100
2683.2	44 Ru	$L\beta_1$	54	3316.6	48 Cd	$L\beta_1$	58
2692.0	45 Rh	$L\alpha_2$	11	3328.7	46 Pd	$L\gamma_1$	6
2696.7	45 Rh	$L\alpha_1$	100	3335.6	52 Te	L_1	4
2767.4	48 Cd	L_1	4	3347.8	47 Ag	$L\beta_{2,15}$	13
2792	43 Tc	$L\gamma_1$	3	3435.4	50 Sn	$L\alpha_2$	11
2815.6	17 Cl	$K\beta_1$	6	3444.0	50 Sn	$L\alpha_1$	100
2833.3	46 Pd	$L\alpha_2$	11	3485.0	53 I	L_1	4
2834.4	45 Rh	$L\beta_1$	52	3487.2	49 In	$L\beta_1$	58
2836.0	44 Ru	$L\beta_{2,15}$	10	3519.6	47 Ag	$L\gamma_1$	6
2838.6	46 Pd	$L\alpha_1$	100	3528.1	48 Cd	$L\beta_{2,15}$	15
2904.4	49 In	L_1	4	3589.6	19 K	$K\beta_{1,3}$	11
2955.6	18 Ar	$K\alpha_2$	50	3595.3	51 Sb	$L\alpha_2$	11
2957.7	18 Ar	$K\alpha_1$	100	3604.7	51 Sb	$L\alpha_1$	100
2964.5	44 Ru	$L\gamma_1$	4	3636	54 Xe	L_1	4
2978.2	47 Ag	$L\alpha_2$	11	3662.8	50 Sn	$L\beta_1$	60
2984.3	47 Ag	$L\alpha_1$	100	3688.1	20 Ca	$K\alpha_2$	50
2990.2	46 Pd	$L\beta_1$	53	3691.7	20 Ca	$K\alpha_1$	100
2996.1	90 Th	$M\alpha_1$	100	3713.8	49 In	$L\beta_{2,15}$	15
3001.3	45 Rh	$L\beta_{2,15}$	10	3716.9	48 Cd	$L\gamma_1$	6
3045.0	50 Sn	L_1	4	3758.8	52 Te	$L\alpha_2$	11
3126.9	48 Cd	$L\alpha_2$	11	3769.3	52 Te	$L\alpha_1$	100
3133.7	48 Cd	$L\alpha_1$	100	3795.0	55 Cs	L_1	4
3143.8	45 Rh	$L\gamma_1$	5	3843.6	51 Sb	$L\beta_1$	61

能量/eV	元素	谱线	相对强度	能量/eV	元素	谱线	相对强度
3904.9	50 Sn	L$\beta_{2,15}$	16	4651.0	57 La	Lα_1	100
3920.8	49 In	Lγ_1	6	4714	54 Xe	L$\beta_{2,15}$	20
3926.0	53 I	Lα_2	11	4800.9	53 I	Lγ_1	8
3937.6	53 I	Lα_1	100	4809	61 Pm	L$_1$	4
3954.1	56 Ba	L$_1$	4	4823.0	58 Ce	Lα_2	11
4012.7	20 Ca	K$\beta_{1,3}$	13	4827.5	56 Ba	Lβ_1	60
4029.6	52 Te	Lβ_1	61	4840.2	58 Ce	Lα_1	100
4086.1	21 Sc	Kα_2	50	4931.8	22 Ti	K$\beta_{1,3}$	15
4090.6	21 Sc	Kα_1	100	4935.9	55 Cs	L$\beta_{2,15}$	20
4093	54 Xe	Lα_2	11	4944.6	23 V	Kα_2	50
4100.8	51 Sb	L$\beta_{2,15}$	17	4952.2	23 V	Kα_1	100
4109.9	54 Xe	Lα_1	100	4994.5	62 Sm	L$_1$	4
4124	57 La	L$_1$	4	5013.5	59 Pr	Lα_2	11
4131.1	50 Sn	Lγ_1	7	5033.7	59 Pr	Lα_1	100
4220.7	53 I	Lβ_1	61	5034	54 Xe	Lγ_1	8
4272.2	55 Cs	Lα_2	11	5042.1	57 La	Lβ_1	60
4286.5	55 Cs	Lα_1	100	5156.5	56 Ba	L$\beta_{2,15}$	20
4287.5	58 Ce	L$_1$	4	5177.2	63 Eu	L$_1$	4
4301.7	52 Te	L$\beta_{2,15}$	18	5207.7	60 Nd	Lα_2	11
4347.8	51 Sb	Lγ_1	8	5230.4	60 Nd	Lα_1	100
4414	54 Xe	Lβ_1	60	5262.2	58 Ce	Lβ_1	61
4450.9	56 Ba	Lα_2	11	5280.4	55 Cs	Lγ_1	8
4453.2	59 Pr	L$_1$	4	5362.1	64 Gd	L$_1$	4
4460.5	21 Sc	K$\beta_{1,3}$	15	5383.5	57 La	L$\beta_{2,15}$	21
4466.3	56 Ba	Lα_1	100	5405.5	24 Cr	Kα_2	50
4504.9	22 Ti	Kα_2	50	5408	61 Pm	Lα_2	11
4507.5	53 I	L$\beta_{2,15}$	19	5414.7	24 Cr	Kα_1	100
4510.8	22 Ti	Kα_1	100	5427.3	23 V	K$\beta_{1,3}$	15
4570.9	52 Te	Lγ_1	8	5432	61 Pm	Lα_1	100
4619.8	55 Cs	Lβ_1	61	5488.9	59 Pr	Lβ_1	61
4633.0	60 Nd	L$_1$	4	5531.1	56 Ba	Lγ_1	9
4634.2	57 La	Lα_2	11	5546.7	65 Tb	L$_1$	4

能量/eV	元素	谱线	相对强度	能量/eV	元素	谱线	相对强度
5609.0	62 Sm	$L\alpha_2$	11	6587.0	62 Sm	$L\beta_{2,15}$	21
5613.4	58 Ce	$L\beta_{2,15}$	21	6602.1	60 Nd	$L\gamma_1$	10
5636.1	62 Sm	$L\alpha_1$	100	6679.5	67 Ho	$L\alpha_2$	11
5721.6	60 Nd	$L\beta_1$	60	6713.2	64 Gd	$L\beta_1$	62
5743.1	66 Dy	L_1	4	6719.8	67 Ho	$L\alpha_1$	100
5788.5	57 La	$L\gamma_1$	9	6752.8	71 Lu	L_1	4
5816.6	63 Eu	$L\alpha_2$	11	6843.2	63 Eu	$L\beta_{2,15}$	21
5845.7	63 Eu	$L\alpha_1$	100	6892	61 Pm	$L\gamma_1$	10
5850	59 Pr	$L\beta_{2,15}$	21	6905.0	68 Er	$L\alpha_2$	11
5887.6	25 Mn	$K\alpha_2$	50	6915.3	27 Co	$K\alpha_2$	51
5898.8	25 Mn	$K\alpha_1$	100	6930.3	27 Co	$K\alpha_1$	100
5943.4	67 Ho	L_1	4	6948.7	68 Er	$L\alpha_1$	100
5946.7	24 Cr	$K\beta_{1,3}$	15	6959.6	72 Hf	L_1	5
5961	61 Pm	$L\beta_1$	61	6978	65 Tb	$L\beta_1$	61
6025.0	64 Gd	$L\alpha_2$	11	7058.0	26 Fe	$K\beta_{1,3}$	17
6052	58 Ce	$L\gamma_1$	9	7102.8	64 Gd	$L\beta_{2,15}$	21
6057.2	64 Gd	$L\alpha_1$	100	7133.1	69 Tm	$L\alpha_2$	11
6089.4	60 Nd	$L\beta_{2,15}$	21	7173.1	73 Ta	L_1	5
6152	68 Er	L_1	4	7178	62 Sm	$L\gamma_1$	10
6205.1	62 Sm	$L\beta_1$	61	7179.9	69 Tm	$L\alpha_1$	100
6238.0	65 Tb	$L\alpha_2$	11	7247.7	66 Dy	$L\beta_1$	62
6272.8	65 Tb	$L\alpha_1$	100	7366.7	65 Tb	$L\beta_{2,15}$	21
6322.1	59 Pr	$L\gamma_1$	9	7367.3	70 Yb	$L\alpha_2$	11
6339	61 Pm	$L\beta_2$	21	7387.8	74 W	L_1	5
6341.9	69 Tm	L_1	4	7415.6	70 Yb	$L\alpha_1$	100
6390.8	26 Fe	$K\alpha_2$	50	7460.9	28 Ni	$K\alpha_2$	51
6403.8	26 Fe	$K\alpha_1$	100	7478.2	28 Ni	$K\alpha_1$	100
6456.4	63 Eu	$L\beta_1$	62	7480.3	63 Eu	$L\gamma_1$	10
6457.7	66 Dy	$L\alpha_2$	11	7525.3	67 Ho	$L\beta_1$	64
6490.4	25 Mn	$K\beta_{1,3}$	17	7603.6	75 Re	L_1	5
6495.2	66 Dy	$L\alpha_1$	100	7604.9	71 Lu	$L\alpha_2$	11
6545.5	70 Yb	L_1	4	7635.7	66 Dy	$L\beta_2$	20

能量/eV	元素	谱线	相对强度	能量/eV	元素	谱线	相对强度
7649.4	27 Co	$K\beta_{1,3}$	17	8841.0	76 Os	$L\alpha_2$	11
7655.5	71 Lu	$L\alpha_1$	100	8905.3	29 Cu	$K\beta_{1,3}$	17
7785.8	64 Gd	$L\gamma_1$	11	8911.7	76 Os	$L\alpha_1$	100
7810.9	68 Er	$L\beta_1$	64	8953.2	81 Tl	L_1	6
7822.2	76 Os	L_1	5	9022.7	72 Hf	$L\beta_1$	67
7844.6	72 Hf	$L\alpha_2$	11	9048.9	71 Lu	$L\beta_2$	19
7899.0	72 Hf	$L\alpha_1$	100	9089	68 Er	$L\gamma_1$	11
7911	67 Ho	$L\beta_{2,15}$	20	9099.5	77 Ir	$L\alpha_2$	11
8027.8	29 Cu	$K\alpha_2$	51	9175.1	77 Ir	$L\alpha_1$	100
8045.8	77 Ir	L_1	5	9184.5	82 Pb	L_1	6
8047.8	29 Cu	$K\alpha_1$	100	9224.8	31 Ga	$K\alpha_2$	51
8087.9	73 Ta	$L\alpha_2$	11	9251.7	31 Ga	$K\alpha_1$	100
8101	69 Tm	$L\beta_1$	64	9343.1	73 Ta	$L\beta_1$	67
8102	65 Tb	$L\gamma_1$	11	9347.3	72 Hf	$L\beta_2$	20
8146.1	73 Ta	$L\alpha_1$	100	9361.8	78 Pt	$L\alpha_2$	11
8189.0	68 Er	$L\beta_{2,15}$	20	9420.4	83 Bi	L_1	6
8264.7	28 Ni	$K\beta_{1,3}$	17	9426	69 Tm	$L\gamma_1$	12
8268	78 Pt	L_1	5	9442.3	78 Pt	$L\alpha_1$	100
8335.2	74 W	$L\alpha_2$	11	9572.0	30 Zn	$K\beta_{1,3}$	17
8397.6	74 W	$L\alpha_1$	100	9628.0	79 Au	$L\alpha_2$	11
8401.8	70 Yb	$L\beta_1$	65	9651.8	73 Ta	$L\beta_2$	20
8418.8	66 Dy	$L\gamma_1$	11	9672.4	74 W	$L\beta_1$	67
8468	69 Tm	$L\beta_{2,15}$	20	9713.3	79 Au	$L\alpha_1$	100
8493.9	79 Au	L_1	5	9780.1	70 Yb	$L\gamma_1$	12
8586.2	75 Re	$L\alpha_2$	11	9855.3	32 Ge	$K\alpha_2$	51
8615.8	30 Zn	$K\alpha_2$	51	9886.4	32 Ge	$K\alpha_1$	100
8638.9	30 Zn	$K\alpha_1$	100	9897.6	80 Hg	$L\alpha_2$	11
8652.5	75 Re	$L\alpha_1$	100	9961.5	74 W	$L\beta_2$	21
8709.0	71 Lu	$L\beta_1$	66	9988.8	80 Hg	$L\alpha_1$	100
8721.0	80 Hg	L_1	5	10010.0	75 Re	$L\beta_1$	66
8747	67 Ho	$L\gamma_1$	11	10143.4	71 Lu	$L\gamma_1$	12
8758.8	70 Yb	$L\beta_{2,15}$	20	10172.8	81 Tl	$L\alpha_2$	11

能量/eV	元素	谱线	相对强度	能量/eV	元素	谱线	相对强度
10260.3	31 Ga	$K\beta_3$	5	11877.6	35 Br	$K\alpha_2$	52
10264.2	31 Ga	$K\beta_1$	66	11924.1	80 Hg	$L\beta_2$	24
10268.5	81 Tl	$L\alpha_1$	100	11924.2	35 Br	$K\alpha_1$	100
10275.2	75 Re	$L\beta_2$	22	12095.3	76 Os	$L\gamma_1$	13
10355.3	76 Os	$L\beta_1$	67	12213.3	81 Tl	$L\beta_1$	67
10449.5	82 Pb	$L\alpha_2$	11	12271.5	81 Tl	$L\beta_2$	25
10508.0	33 As	$K\alpha_2$	51	12489.6	34 Se	$K\beta_3$	6
10515.8	72 Hf	$L\gamma_1$	12	12495.9	34 Se	$K\beta_1$	13
10543.7	33 As	$K\alpha_1$	100	12512.6	77 Ir	$L\gamma_1$	13
10551.5	82 Pb	$L\alpha_1$	100	12598	36 Kr	$K\alpha_2$	52
10598.5	76 Os	$L\beta_2$	22	12613.7	82 Pb	$L\beta_1$	66
10708.3	77 Ir	$L\beta_1$	66	12622.6	82 Pb	$L\beta_2$	25
10730.9	83 Bi	$L\alpha_2$	11	12649	36 Kr	$K\alpha_1$	100
10838.8	83 Bi	$L\alpha_1$	100	12652	34 Se	$K\beta_2$	1
10895.2	73 Ta	$L\gamma_1$	12	12809.6	90 Th	$L\alpha_2$	11
10920.3	77 Ir	$L\beta_2$	22	12942.0	78 Pt	$L\gamma_1$	13
10978.0	32 Ge	$K\beta_3$	6	12968.7	90 Th	$L\alpha_1$	100
10982.1	32 Ge	$K\beta_1$	60	12979.9	83 Bi	$L\beta_2$	25
11070.7	78 Pt	$L\beta_1$	67	13023.5	83 Bi	$L\beta_1$	67
11118.6	90 Th	L_1	6	13284.5	35 Br	$K\beta_3$	7
11181.4	34 Se	$K\alpha_2$	52	13291.4	35 Br	$K\beta_1$	14
11222.4	34 Se	$K\alpha_1$	100	13335.8	37 Rb	$K\alpha_2$	52
11250.5	78 Pt	$L\beta_2$	23	13381.7	79 Au	$L\gamma_1$	13
11285.9	74 W	$L\gamma_1$	13	13395.3	37 Rb	$K\alpha_1$	100
11442.3	79 Au	$L\beta_1$	67	13438.8	92 U	$L\alpha_2$	11
11584.7	79 Au	$L\beta_2$	23	13469.5	35 Br	$K\beta_2$	1
11618.3	92 U	L_1	7	13614.7	92 U	$L\alpha_1$	100
11685.4	75 Re	$L\gamma_1$	13	13830.1	80 Hg	$L\gamma_1$	14
11720.3	33 As	$K\beta_3$	6	14097.9	38 Sr	$K\alpha_2$	52
11726.2	33 As	$K\beta_1$	13	14104	36 Kr	$K\beta_3$	7
11822.6	80 Hg	$L\beta_1$	67	14112	36 Kr	$K\beta_1$	14
11864	33 As	$K\beta_2$	1	14165.0	38 Sr	$K\alpha_1$	100

能量/eV	元素	谱线	相对强度	能量/eV	元素	谱线	相对强度
14291.5	81 Tl	$L\gamma_1$	14	18953	41 Nb	$K\beta_2$	3
14315	36 Kr	$K\beta_2$	2	18982.5	90 Th	$L\gamma_1$	16
14764.4	82 Pb	$L\gamma_1$	14	19150.4	44 Ru	$K\alpha_2$	53
14882.9	39 Y	$K\alpha_2$	52	19279.2	44 Ru	$K\alpha_1$	100
14951.7	37 Rb	$K\beta_3$	7	19590.3	42 Mo	$K\beta_3$	8
14958.4	39 Y	$K\alpha_1$	100	19608.3	42 Mo	$K\beta_1$	15
14961.3	37 Rb	$K\beta_1$	14	19965.2	42 Mo	$K\beta_2$	3
15185	37 Rb	$K\beta_2$	2	20073.7	45 Rh	$K\alpha_2$	53
15247.7	83 Bi	$L\gamma_1$	14	20167.1	92 U	$L\gamma_1$	15
15623.7	90 Th	$L\beta_2$	26	20216.1	45 Rh	$K\alpha_1$	100
15690.9	40 Zr	$K\alpha_2$	52	20599	43 Tc	$K\beta_3$	8
15775.1	40 Zr	$K\alpha_1$	100	20619	43 Tc	$K\beta_1$	16
15824.9	38 Sr	$K\beta_3$	7	21005	43 Tc	$K\beta_2$	4
15835.7	38 Sr	$K\beta_1$	14	21020.1	46 Pd	$K\alpha_2$	53
16084.6	38 Sr	$K\beta_2$	3	21177.1	46 Pd	$K\alpha_1$	100
16202.2	90 Th	$L\beta_1$	69	21634.6	44 Ru	$K\beta_3$	8
16428.3	92 U	$L\beta_2$	26	21656.8	44 Ru	$K\beta_1$	16
16521.0	41 Nb	$K\alpha_2$	52	21990.3	47 Ag	$K\alpha_2$	53
16615.1	41 Nb	$K\alpha_1$	100	22074	44 Ru	$K\beta_2$	4
16725.8	39 Y	$K\beta_3$	8	22162.9	47 Ag	$K\alpha_1$	100
16737.8	39 Y	$K\beta_1$	15	22698.9	45 Rh	$K\beta_3$	8
17015.4	39 Y	$K\beta_2$	3	22723.6	45 Rh	$K\beta_1$	16
17220.0	92 U	$L\beta_1$	61	22984.1	48 Cd	$K\alpha_2$	53
17374.3	42 Mo	$K\alpha_2$	52	23172.8	45 Rh	$K\beta_2$	4
17479.3	42 Mo	$K\alpha_1$	100	23173.6	48 Cd	$K\alpha_1$	100
17654	40 Zr	$K\beta_3$	8	23791.1	46 Pd	$K\beta_3$	8
17667.8	40 Zr	$K\beta_1$	15	23818.7	46 Pd	$K\beta_1$	16
17970	40 Zr	$K\beta_2$	3	24002.0	49 In	$K\alpha_2$	53
18250.8	43 Tc	$K\alpha_2$	53	24209.7	49 In	$K\alpha_1$	100
18367.1	43 Tc	$K\alpha_1$	100	24299.1	46 Pd	$K\beta_2$	4
18606.3	41 Nb	$K\beta_3$	8	24911.5	47 Ag	$K\beta_3$	9
18622.5	41 Nb	$K\beta_1$	15	24942.4	47 Ag	$K\beta_1$	16

能量/eV	元素	谱线	相对强度	能量/eV	元素	谱线	相对强度
25044.0	50 Sn	$K\alpha_2$	53	33034.1	57 La	$K\alpha_2$	54
25271.3	50 Sn	$K\alpha_1$	100	33042	53 I	$K\beta_2$	5
25456.4	47 Ag	$K\beta_2$	4	33441.8	57 La	$K\alpha_1$	100
26061.2	48 Cd	$K\beta_3$	9	33562	54 Xe	$K\beta_3$	9
26095.5	48 Cd	$K\beta_1$	17	33624	54 Xe	$K\beta_1$	18
26110.8	51 Sb	$K\alpha_2$	54	34278.9	58 Ce	$K\alpha_2$	55
26359.1	51 Sb	$K\alpha_1$	100	34415	54 Xe	$K\beta_2$	5
26643.8	48 Cd	$K\beta_2$	4	34719.7	58 Ce	$K\alpha_1$	100
27201.7	52 Te	$K\alpha_2$	54	34919.4	55 Cs	$K\beta_3$	9
27237.7	49 In	$K\beta_3$	9	34986.9	55 Cs	$K\beta_1$	18
27275.9	49 In	$K\beta_1$	17	35550.2	59 Pr	$K\alpha_2$	55
27472.3	52 Te	$K\alpha_1$	100	35822	55 Cs	$K\beta_2$	6
27860.8	49 In	$K\beta_2$	5	36026.3	59 Pr	$K\alpha_1$	100
28317.2	53 I	$K\alpha_2$	54	36304.0	56 Ba	$K\beta_3$	10
28444.0	50 Sn	$K\beta_3$	9	36378.2	56 Ba	$K\beta_1$	18
28486.0	50 Sn	$K\beta_1$	17	36847.4	60 Nd	$K\alpha_2$	55
28612.0	53 I	$K\alpha_1$	100	37257	56 Ba	$K\beta_2$	6
29109.3	50 Sn	$K\beta_2$	5	37361.0	60 Nd	$K\alpha_1$	100
29458	54 Xe	$K\alpha_2$	54	37720.2	57 La	$K\beta_3$	10
29679.2	51 Sb	$K\beta_3$	9	37801.0	57 La	$K\beta_1$	19
29725.6	51 Sb	$K\beta_1$	18	38171.2	61 Pm	$K\alpha_2$	55
29779	54 Xe	$K\alpha_1$	100	38724.7	61 Pm	$K\alpha_1$	100
30389.5	51 Sb	$K\beta_2$	5	38729.9	57 La	$K\beta_2$	6
30625.1	55 Cs	$K\alpha_2$	54	39170.1	58 Ce	$K\beta_3$	10
30944.3	52 Te	$K\beta_3$	9	39257.3	58 Ce	$K\beta_1$	19
30972.8	55 Cs	$K\alpha_1$	100	39522.4	62 Sm	$K\alpha_2$	55
30995.7	52 Te	$K\beta_1$	18	40118.1	62 Sm	$K\alpha_1$	100
31700.4	52 Te	$K\beta_2$	5	40233	58 Ce	$K\beta_2$	6
31817.1	56 Ba	$K\alpha_2$	54	40652.9	59 Pr	$K\beta_3$	10
32193.6	56 Ba	$K\alpha_1$	100	40748.2	59 Pr	$K\beta_1$	19
32239.4	53 I	$K\beta_3$	9	40901.9	63 Eu	$K\alpha_2$	56
32294.7	53 I	$K\beta_1$	18	41542.2	63 Eu	$K\alpha_1$	100

能量/eV	元素	谱线	相对强度	能量/eV	元素	谱线	相对强度
41773	59 Pr	$K\beta_2$	6	51957	66 Dy	$K\beta_3$	10
42166.5	60 Nd	$K\beta_3$	10	52119	66 Dy	$K\beta_1$	20
42271.3	60 Nd	$K\beta_1$	19	52388.9	70 Yb	$K\alpha_1$	100
42308.9	64 Gd	$K\alpha_2$	56	52965.0	71 Lu	$K\alpha_2$	57
42996.2	64 Gd	$K\alpha_1$	100	53476	66 Dy	$K\beta_2$	7
43335	60 Nd	$K\beta_2$	6	53711	67 Ho	$K\beta_3$	11
43713	61 Pm	$K\beta_3$	10	53877	67 Ho	$K\beta_1$	20
43744.1	65 Tb	$K\alpha_2$	56	54069.8	71 Lu	$K\alpha_1$	100
43826	61 Pm	$K\beta_1$	19	54611.4	72 Hf	$K\alpha_2$	57
44481.6	65 Tb	$K\alpha_1$	100	55293	67 Ho	$K\beta_2$	7
44942	61 Pm	$K\beta_2$	6	55494	68 Er	$K\beta_3$	11
45207.8	66 Dy	$K\alpha_2$	56	55681	68 Er	$K\beta_1$	21
45289	62 Sm	$K\beta_3$	10	55790.2	72 Hf	$K\alpha_1$	100
45413	62 Sm	$K\beta_1$	19	56277	73 Ta	$K\alpha_2$	57
45998.4	66 Dy	$K\alpha_1$	100	57210	68 Er	$K\beta_2$	7
46578	62 Sm	$K\beta_2$	6	57304	69 Tm	$K\beta_3$	11
46699.7	67 Ho	$K\alpha_2$	56	57517	69 Tm	$K\beta_1$	21
46903.6	63 Eu	$K\beta_3$	10	57532	73 Ta	$K\alpha_1$	100
47037.9	63 Eu	$K\beta_1$	19	57981.7	74 W	$K\alpha_2$	58
47546.7	67 Ho	$K\alpha_1$	100	59090	69 Tm	$K\beta_2$	7
48221.1	68 Er	$K\alpha_2$	56	59140	70 Yb	$K\beta_3$	11
48256	63 Eu	$K\beta_2$	6	59318.2	74 W	$K\alpha_1$	100
48555	64 Gd	$K\beta_3$	10	59370	70 Yb	$K\beta_1$	21
48697	64 Gd	$K\beta_1$	20	59717.9	75 Re	$K\alpha_2$	58
49127.7	68 Er	$K\alpha_1$	100	60980	70 Yb	$K\beta_2$	7
49772.6	69 Tm	$K\alpha_2$	57	61050	71 Lu	$K\beta_3$	11
49959	64 Gd	$K\beta_2$	7	61140.3	75 Re	$K\alpha_1$	100
50229	65 Tb	$K\beta_3$	10	61283	71 Lu	$K\beta_1$	21
50382	65 Tb	$K\beta_1$	20	61486.7	76 Os	$K\alpha_2$	58
50741.6	69 Tm	$K\alpha_1$	100	62970	71 Lu	$K\beta_2$	7
51354.0	70 Yb	$K\alpha_2$	57	62980	72 Hf	$K\beta_3$	11
51698	65 Tb	$K\beta_2$	7	63000.5	76 Os	$K\alpha_1$	100

能量/eV	元素	谱线	相对强度	能量/eV	元素	谱线	相对强度
63234	72 Hf	$K\beta_1$	22	75575	77 Ir	$K\beta_2$	8
63286.7	77 Ir	$K\alpha_2$	58	75748	78 Pt	$K\beta_1$	23
64895.6	77 Ir	$K\alpha_1$	100	77107.9	83 Bi	$K\alpha_1$	100
64948.8	73 Ta	$K\beta_3$	11	77580	79 Au	$K\beta_3$	12
64980	72 Hf	$K\beta_2$	7	77850	78 Pt	$K\beta_2$	8
65112	78 Pt	$K\alpha_2$	58	77984	79 Au	$K\beta_1$	23
65223	73 Ta	$K\beta_1$	22	79822	80 Hg	$K\beta_3$	12
66832	78 Pt	$K\alpha_1$	100	80150	79 Au	$K\beta_2$	8
66951.4	74 W	$K\beta_3$	11	80253	80 Hg	$K\beta_1$	23
66989.5	79 Au	$K\alpha_2$	59	82118	81 Tl	$K\beta_3$	12
66990	73 Ta	$K\beta_2$	7	82515	80 Hg	$K\beta_2$	8
67244.3	74 W	$K\beta_1$	22	82576	81 Tl	$K\beta_1$	23
68803.7	79 Au	$K\alpha_1$	100	84450	82 Pb	$K\beta_3$	12
68895	80 Hg	$K\alpha_2$	59	84910	81 Tl	$K\beta_2$	8
68994	75 Re	$K\beta_3$	12	84936	82 Pb	$K\beta_1$	23
69067	74 W	$K\beta_2$	8	86834	83 Bi	$K\beta_3$	12
69310	75 Re	$K\beta_1$	22	87320	82 Pb	$K\beta_2$	8
70819	80 Hg	$K\alpha_1$	100	87343	83 Bi	$K\beta_1$	23
70831.9	81 Tl	$K\alpha_2$	60	89830	83 Bi	$K\beta_2$	9
71077	76 Os	$K\beta_3$	12	89953	90 Th	$K\alpha_2$	62
71232	75 Re	$K\beta_2$	8	93350	90 Th	$K\alpha_1$	100
71413	76 Os	$K\beta_1$	23	94665	92 U	$K\alpha_2$	62
72804.2	82 Pb	$K\alpha_2$	60	98439	92 U	$K\alpha_1$	100
72871.5	81 Tl	$K\alpha_1$	100	104831	90 Th	$K\beta_3$	12
73202.7	77 Ir	$K\beta_3$	12	105609	90 Th	$K\beta_1$	24
73363	76 Os	$K\beta_2$	8	108640	90 Th	$K\beta_2$	9
73560.8	77 Ir	$K\beta_1$	23	110406	92 U	$K\beta_3$	13
74814.8	83 Bi	$K\alpha_2$	60	111300	92 U	$K\beta_1$	24
74969.4	82 Pb	$K\alpha_1$	100	114530	92 U	$K\beta_2$	9
75368	78 Pt	$K\beta_3$	12				

附表 4 元素电子结合能

单位：eV

元素	K 1s	L_1 2s	L_2 $2p_{1/2}$	L_3 $2p_{3/2}$	M_1 3s	M_2 $3p_{1/2}$	M_3 $3p_{3/2}$	M_4 $3d_{3/2}$	M_5 $3d_{5/2}$	N_1 4s	N_2 $4p_{1/2}$	N_3 $4p_{3/2}$
1 H	13.6											
2 He	24.6*											
3 Li	54.7*											
4 Be	111.5*											
5 B	188*											
6 C	284.2*											
7 N	409.9*	37.3*										
8 O	543.1*	41.6*										
9 F	696.7*											
10 Ne	870.2*	48.5*	21.7*	21.6*								
11 Na	1070.8†	63.5†	30.65	30.81								
12 Mg	1303.0†	88.7	49.78	49.50								
13 Al	1559.6	117.8	72.95	72.55								
14 Si	1839	149.7*b	99.82	99.42								
15 P	2145.5	189*	136*	135*								
16 S	2472	230.9	163.6*	162.5*								
17 Cl	2822.4	270*	202*	200*								
18 Ar	3205.9*	326.3*	250.6†	248.4*	29.3*	15.9*	15.7*					
19 K	3608.4*	378.6*	297.3*	294.6*	34.8*	18.3*	18.3*					
20 Ca	4038.5*	438.4†	349.7†	346.2†	44.3†	25.4†	25.4†					
21 Sc	4492	498.0*	403.6*	398.7*	51.1*	28.3*	28.3*					
22 Ti	4966	560.9†	460.2†	453.8†	58.7†	32.6†	32.6†					
23 V	5465	626.7†	519.8†	512.1†	66.3†	37.2†	37.2†					

续表

元素	K 1s	L_1 2s	L_2 $2p_{1/2}$	L_3 $2p_{3/2}$	M_1 3s	M_2 $3p_{1/2}$	M_3 $3p_{3/2}$	M_4 $3d_{3/2}$	M_5 $3d_{5/2}$	N_1 4s	N_2 $4p_{1/2}$	N_3 $4p_{3/2}$
24 Cr	5989	696.0†	583.8†	574.1†	74.1†	42.2†	42.2†					
25 Mn	6539	769.1†	649.9†	638.7†	82.3†	47.2†	47.2†					
26 Fe	7112	844.6†	719.9†	706.8†	91.3†	52.7†	52.7†					
27 Co	7709	925.1†	793.2†	778.1†	101.0†	58.9†	59.9†					
28 Ni	8333	1008.6†	870.0†	852.7†	110.8†	68.0†	66.2†					
29 Cu	8979	1096.7†	952.3†	932.7	122.5†	77.3†	75.1†					
30 Zn	9659	1196.2*	1044.9*	1021.8*	139.8*	91.4*	88.6*	10.2*	10.1*			
31 Ga	10367	1299.0*b	1143.2†	1116.4†	159.5†	103.5†	100.0†	18.7†	18.7†			
32 Ge	11103	1414.6*b	1248.1*b	1217.0*b	180.1*	124.9*	120.8*	29.8	29.2			
33 As	11867	1527.0*b	1359.1*b	1323.6*b	204.7*	146.2*	141.2*	41.7*	41.7*			
34 Se	12658	1652.0*b	1474.3*b	1433.9*b	229.6*	166.5*	160.7*	55.5*	54.6*			
35 Br	13474	1782*	1596*	1550*	257*	189*	182*	70*	69*			
36 Kr	14326	1921	1730.9*	1678.4*	292.8*	222.2*	214.4	95.0*	93.8*	27.5*	14.1*	14.1*
37 Rb	15200	2065	1864	1804	326.7*	248.7*	239.1*	113.0*	112*	30.5*	16.3*	15.3*
38 Sr	16105	2216	2007	1940	358.7†	280.3†	270.0†	136.0†	134.2†	38.9†	21.3	20.1†
39 Y	17038	2373	2156	2080	392.0*b	310.6*	298.8*	157.7†	155.8†	43.8*	24.4*	23.1*
40 Zr	17998	2532	2307	2223	430.3†	343.5†	329.8†	181.1†	178.8†	50.6†	28.5†	27.1†
41 Nb	18986	2698	2465	2371	466.6†	376.1†	360.6†	205.0†	202.3†	56.4†	32.6†	30.8†
42 Mo	20000	2866	2625	2520	506.3†	411.6†	394.0†	231.1†	227.9†	63.2†	37.6†	35.5†
43 Tc	21044	3043	2793	2677	544*	447.6	417.7	257.6	253.9*	69.5*	42.3*	39.9*
44 Ru	22117	3224	2967	2838	586.1*	483.5†	461.4†	284.2†	280.0†	75.0†	46.3†	43.2†
45 Rh	23220	3412	3146	3004	628.1†	521.3†	496.5†	311.9†	307.2†	81.4*b	50.5†	47.3†
46 Pd	24350	3604	3330	3173	671.6†	559.9†	532.3†	340.5†	335.2†	87.1*b	55.7†a	50.9†
47 Ag	25514	3806	3524	3351	719.0†	603.8†	573.0†	374.0†	368.3	97.0†	63.7†	58.3†

323

元素	K 1s	L₁ 2s	L₂ 2p₁/₂	L₃ 2p₃/₂	M₁ 3s	M₂ 3p₁/₂	M₃ 3p₃/₂	M₄ 3d₃/₂	M₅ 3d₅/₂	N₁ 4s	N₂ 4p₁/₂	N₃ 4p₃/₂
48 Cd	26711	4018	3727	3538	772.0†	652.6†	618.4†	411.9†	405.2†	109.8†	63.9†a	63.9†a
49 In	27940	4238	3938	3730	827.2†	703.2†	665.3†	451.4†	443.9†	122.9†	73.5†a	73.5†a
50 Sn	29200	4465	4156	3929	884.7†	756.5†	714.6†	493.2†	484.9†	137.1†	83.6†a	83.6†a
51 Sb	30491	4698	4380	4132	946†	812.7†	766.4†	537.5†	528.2†	153.2†	95.6†a	95.6†a
52 Te	31814	4939	4612	4341	1006†	870.8†	820.0†	583.4†	573.0†	169.4†	103.3†a	103.3†a
53 I	33169	5188	4852	4557	1072*	931*	875*	630.8	619.3	186*	123*	123*
54 Xe	34561	5453	5107	4786	1148.7*	1002.1*	940.6*	689.0*	676.4*	213.2*	146.7	145.5*
55 Cs	35985	5714	5359	5012	1211*b	1071*	1003*	740.5*	726.6*	232.3*	172.4*	161.3*
56 Ba	37441	5989	5624	5247	1293*b	1137*b	1063*b	795.7†	780.5*	253.5†	192	178.6†
57 La	38925	6266	5891	5483	1362*b	1209*b	1128*b	853	836*	274.7*	205.8	196.0*
58 Ce	40443	6549	6164	5723	1436*b	1274*b	1187*b	902.4*	883.8*	291.0*	223.2	206.5*
59 Pr	41991	6835	6440	5964	1511	1337	1242	948.3*	928.8*	304.5	236.3	217.6
60 Nd	43569	7126	6722	6208	1575	1403	1297	1003.3*	980.4*	319.2*	243.3	224.6
61 Pm	45184	7428	7013	6459	—	1471	1357	1052	1027	—	242	242
62 Sm	46834	7737	7312	6716	1723	1541	1420	1110.9*	1083.4*	347.2*	265.6	247.4
63 Eu	48519	8052	7617	6977	1800	1614	1481	1158.6*	1127.5*	360	284	257
64 Gd	50239	8376	7930	7243	1881	1688	1544	1221.9*	1189.6*	378.6*	286	271
65 Tb	51996	8708	8252	7514	1968	1768	1611	1276.9*	1241.1*	396.0*	322.4*	284.1*
66 Dy	53789	9046	8581	7790	2047	1842	1676	1333	1292.6*	414.2*	333.5*	293.2*
67 Ho	55618	9394	8918	8071	2128	1923	1741	1392	1351	432.4*	343.5	308.2*
68 Er	57486	9751	9264	8358	2207	2006	1812	1453	1409	449.8*	366.2	320.2*
69 Tm	59390	10116	9617	8648	2307	2090	1885	1515	1468	470.9*	385.9*	332.6*
70 Yb	61332	10486	9978	8944	2398	2173	1950	1576	1528	480.5*	388.7*	339.7*

元素	$N_4 4d_{3/2}$	$N_5 4d_{5/2}$	$N_6 4f_{5/2}$	$N_7 4f_{7/2}$	$O_1 5s$	$O_2 5p_{1/2}$	$O_3 5p_{3/2}$	$O_4 5d_{3/2}$	$O_5 5d_{5/2}$	$P_1 6s$	$P_2 6p_{1/2}$	$P_3 6p_{3/2}$
48 Cd	11.7†	10.7†										
49 In	17.7†	16.9†										
50 Sn	24.9†	23.9†										
51 Sb	33.3†	32.1†										
52 Te	41.9†	40.4†										
53 I	50.6	48.9										
54 Xe	69.5*	67.5*	—	—	23.3*	13.4*	12.1*					
55 Cs	79.8*	77.5*	—	—	22.7	14.2*	12.1*					
56 Ba	92.6†	89.9†	—	—	30.3†	17.0†	14.8†					
57 La	105.3*	102.5*	—	—	34.3*	19.3*	16.8*					
58 Ce	109*	—	0.1	0.1	37.8	19.8*	17.0*					
59 Pr	115.1*	115.1*	2.0	2.0	37.4	22.3	22.3					
60 Nd	120.5*	120.5*	1.5	1.5	37.5	21.1	21.1					
61 Pm	120	120	—	—	—	—	—					
62 Sm	129	129	5.2	5.2	37.4	21.3	21.3					
63 Eu	133	127.7*	0	0	32	22	22					
64 Gd	—	142.6*	8.6*	8.6*	36	28	21					
65 Tb	150.5*	150.5*	7.7	2.4	45.6*	28.7*	22.6*					
66 Dy	153.6*	153.6*	8.0*	4.3*	49.9*	26.3	26.3					
67 Ho	160*	160*	8.6*	5.2*	49.3*	30.8*	24.1*					
68 Er	167.6*	167.6*	—	4.7*	50.6*	31.4*	24.7*					
69 Tm	175.5*	175.5*	—	4.6	54.7	31.8*	25.0*					
70 Yb	191.2*	182.4*	2.5*	1.3*	52.0*	30.3*	24.1*					

続表

元素	K 1s	L$_1$ 2s	L$_2$ 2p$_{1/2}$	L$_3$ 2p$_{3/2}$	M$_1$ 3s	M$_2$ 3p$_{1/2}$	M$_3$ 3p$_{3/2}$	M$_4$ 3d$_{3/2}$	M$_5$ 3d$_{5/2}$	N$_1$ 4s	N$_2$ 4p$_{1/2}$	N$_3$ 4p$_{3/2}$
71 Lu	63314	10870	10349	9244	2491	2264	2024	1639	1589	506.8*	412.4*	359.2*
72 Hf	65351	11271	10739	9561	2601	2365	2108	1716	1662	538*	438.2†	380.7†
73 Ta	67416	11682	11136	9881	2708	2469	2194	1793	1735	563.4†	463.4†	400.9†
74 W	69525	12100	11544	10207	2820	2575	2281	1872	1809	594.1†	490.4†	423.6†
75 Re	71676	12527	11959	10535	2932	2682	2367	1949	1883	625.4†	518.7†	446.8†
76 Os	73871	12968	12385	10871	3049	2792	2457	2031	1960	658.2†	549.1†	470.7†
77 Ir	76111	13419	12824	11215	3174	2909	2551	2116	2040	691.1†	577.8†	495.8†
78 Pt	78395	13880	13273	11564	3296	3027	2645	2202	2122	725.4†	609.1†	519.4†
79 Au	80725	14353	13734	11919	3425	3148	2743	2291	2206	762.1†	642.7†	546.3†
80 Hg	83102	14839	14209	12284	3562	3279	2847	2385	2295	802.2†	680.2†	576.6†
81 Tl	85530	15347	14698	12658	3704	3416	2957	2485	2389	846.2†	720.5†	609.5†
82 Pb	88005	15861	15200	13035	3851	3554	3066	2586	2484	891.8†	761.9†	643.5†
83 Bi	90524	16388	15711	13419	3999	3696	3177	2688	2580	939†	805.2†	678.8†
84 Po	93105	16939	16244	13814	4149	3854	3302	2798	2683	995*	851*	705*
85 At	95730	17493	16785	14214	4317	4008	3426	2909	2787	1042*	886*	740*
86 Rn	98404	18049	17337	14619	4482	4159	3538	3022	2892	1097*	929*	768*
87 Fr	101137	18639	17907	15031	4652	4327	3663	3136	3000	1153*	980*	810*
88 Ra	103922	19237	18484	15444	4822	4490	3792	3248	3105	1208*	1058	879*
89 Ac	106755	19840	19083	15871	5002	4656	3909	3370	3219	1269*	1080*	890*
90 Th	109651	20472	19693	16300	5182	4830	4046	3491	3332	1330*	1168*	966.4†
91 Pa	112601	21105	20314	16733	5367	5001	4174	3611	3442	1387*	1224*	1007*
92 U	115606	21757	20948	17166	5548	5182	4303	3728	3552	1439* b	1271* b	1043†

326

元素	$N_4 4d_{3/2}$	$N_5 4d_{5/2}$	$N_6 4f_{5/2}$	$N_7 4f_{7/2}$	$O_1 5s$	$O_2 5p_{1/2}$	$O_3 5p_{3/2}$	$O_4 5d_{3/2}$	$O_5 5d_{5/2}$	$P_1 6s$	$P_2 6p_{1/2}$	$P_3 6p_{3/2}$
71 Lu	206.1*	196.3*	8.9*	7.5*	57.3*	33.6*	26.7*					
72 Hf	220.0†	211.5†	15.9†	14.2†	64.2†	38*	29.9†					
73 Ta	237.9†	226.4†	23.5†	21.6†	69.7†	42.2*	32.7†					
74 W	255.9†	243.5†	33.6*	31.4†	75.6†	45.3*b	36.8†					
75 Re	273.9†	260.5†	42.9*	40.5*	83†	45.6*	34.6*b					
76 Os	293.1†	278.5†	53.4†	50.7†	84*	58*	44.5†					
77 Ir	311.9†	296.3†	63.8†	60.8†	95.2*b	63.0*b	48.0†					
78 Pt	331.6†	314.6†	74.5†	71.2†	101.7*b	65.3*b	51.7†					
79 Au	353.2†	335.1†	87.6†	84.0	107.2*b	74.2†	57.2†					
80 Hg	378.2†	358.8†	104.0†	99.9†	127*	83.1†	64.5†	9.6†	7.8†			
81 Tl	405.7†	385.0†	122.2†	117.8†	136.0*b	94.6†	73.5†	14.7†	12.5†			
82 Pb	434.3†	412.2†	141.7†	136.9†	147*b	106.4†	83.3†	20.7†	18.1†			
83 Bi	464.0†	440.1†	162.3†	157.0†	159.3*b	119.0†	92.6†	26.9†	23.8†			
84 Po	500*	473*	184*	184*	177*	132*	104*	31*	31*			
85 At	533*	507	210*	210*	195*	148*	115*	40*	40*			
86 Rn	567*	541*	238*	238*	214*	164*	127*	48*	48*	26		
87 Fr	603*	577*	268*	268*	234*	182*	140*	58*	58*	34	15	15
88 Ra	636*	603*	299*	299*	254*	200*	153*	68*	68*	44	19	19
89 Ac	675*	639*	319*	319*	272*	215*	167*	80*	80*	—	—	—
90 Th	712.1†	675.2†	342.4†	333.1†	290*a	229*a	182*a	92.5†	85.4†	41.4†	24.5†	16.6†
91 Pa	743*	708*	371*	360*	310*	232*	232*	94*	94*	—	—	—
92 U	778.3†	736.2†	388.2†	377.4†	321*ab	257*ab	192*ab	102.8†	94.2†	43.9†	26.8†	16.8†

注: * 数据源自附录参考文献 [2] 并做校正;† 数据源自附录参考文献 [3];a 由于原始芯孔寿命短、单粒子近似无效;b 数据源自附录参考文献 [1]。

附录参考文献

［1］ Bearden J A，Burr A F. Rev Mod Phys，1967，39：125.

［2］ Cardona M，Ley L. Photoemisswn in Solids I：General Principles. Berlin：Springer-Verlag，1978.

［3］ Fuggle J C，Martensson N. J Electron Spectrosc Relat Phenom，1980，21：275.

完美的元素分析
优化您的过程控制

X 射线荧光光谱仪

- 超低检出限，卓越的元素分析能力
- 速度更快、高通量分析能力
- 优异的精度和重现性
- 灵活的样品处理
- 多版本适配各种应用领域

Epsilon 1 系列

Epsilon 4 系列

Zetium 系列

Tel: 400 630 6902
Email: info@malvern.com.cn
www.malvernpanalytical.com.cn

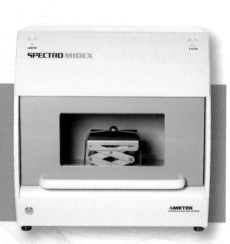
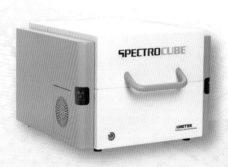
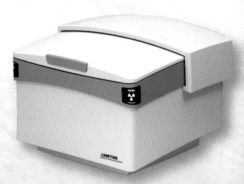